自 然 资 源

分配、经济学与政策

〔英〕朱迪·丽丝 著

蔡运龙　杨友孝　秦建新 等译

蔡运龙 校

商 务 印 书 馆

2005年·北京

Judish Rees

NATURAL RESOURCES

Allocation, Economics and Policy

(Second Edition)

Routledge, London and New York, 1990

(根据英国鲁特勒基出版公司 1990 年版本译出)

内容简介

本书从多学科角度,运用多学科方法,关注全球可更新资源和不可更新资源问题。这是一本涉猎广泛的权威性著作,其中强调的两大关键问题是:谁对自然资源的配置掌握有真正的决策权?自然资源的开发利用和保护等一系列过程对谁有利?

作者考察了资源可得性的空间分布,资源开发与消费,以及自然资源所创造之财富和福利的分配。指出了问题的复杂性,分析了经济势力、行政结构和政治体制之间的复杂相互作用;认为可按照对人类福利几个关键目标(即经济效率、经济增长、分配公平、持续的资源保障、维护环境质量标准)的贡献,来评价现行资源管理体制的表现。公共政策措施常常被用来改变资源配置,本书将政策看作是一种动态的权衡过程,更多地出自管理决策(和不决策)及其实施,而不是外在的立法意向。本书还论及了可持续发展及其可操作化这个重要的热门论题。书中用大量的实际案例和数据来说明理论和观点,所附参考文献中还收录了丰富的有关自然资源的重要论著。

这本结构严谨的著作是在作者本人科研和教学积累的基础上写成的,对从事地理科学、环境科学、资源科学以及经济学、政策学、区域发展等的研究人员、教学人员、管理人员、研究生及高年级大学生都是一本重要的阅读材料。

译者前言

朱迪·丽丝的《自然资源:分配、经济学与政策》是国际上很有影响的一部专著,1985年出版后,很快产生了广泛的影响,遂于1990年又出版第二版,已成为国际公认的关于自然资源的权威著作。以下是国际学术界对该书的部分评价:“一部极其重要的参考书……对我们关于多维环境问题的理解补益良多,对所有关注资源分析的人都是一本基本教科书”;“对当代世界资源管理的所有方面几乎无一遗漏地作了根本性的透视”;“以明晰的权威性风格作了明晰的论述,论证丰富而连贯,综合地涉及了有关范围但并不专断……对所有的环境研究者都是一本很好的参考书”;“一本极其有趣、极其有价值的书……所附的重要参考文献及其观点都与国际资源学术氛围的变化保持同步……本书将为相关大学课程奠定极好的基础”。

作者在本书初版时是英国伦敦经济学院地理系高级讲师(英制大学每系只设一名教授);后曾相继作过英国布里斯托尔(Bristol)大学地理系(国际地理学的一个创新中心)教授和伦敦经济与政治科学院教授;现为英国赫尔大学的地理学教授,国际权威的地理学和自然资源学学报 Geoforum 主编。她长于资源管理和环境规划,是国际上很有影响的地理学和自然资源学专家,发表了大量论文和专著,本书是她的代表作。

自然资源紧缺对人口众多的我国实为最重大、最紧迫的问题之一,而我国自然资源研究的理论水平尚处初级阶段。因此,急需加快自然资源学,尤其是资源政策的研究,以用于解决迫切的实际问题。然而,迄今所见的有关著作基本上只限于自然资源评价和经济学原理,更进一步阐述资源政策的专著尚附阙如。本书全面论述了涉及自然资源各个方面的问题,尤其对发达国家和发展中国家各自的自然资源问题及其对策作了客观而深入的分析。本书对我国自然资源学、环境管理学、政策科学和地理学等学科,尤其对实际资源管理政策的制定,都有积极的借鉴意义,因此我们把它翻译成中文,以期推进我国资源政策的研究,促进我国有关学科的深入发展。

本书根据1990年第二版(英文)译出,翻译过程中还参考对照了第一版(Methuen, London and New York, 1985)。其中的序、第一章、第二章、第五章由蔡运龙翻译;第三章由蔡运龙、秦建新、袁浩、王廷辉翻译;第四章由蔡运龙、龙晓华、陈晔、徐正榕翻译;第六章由蔡运龙、秦建新翻译;第七章由蔡运龙、袁浩、韩荡、冯若梅、夏星辉翻译;第八章由蔡运龙、袁浩、徐正榕翻译;第九章由蔡运龙、杨友孝、徐正榕、龙晓华、陈晔翻译;第十章由王滔、蔡运龙翻译;第十一章由权晓红、蔡运龙翻译;索引由杨友孝整理,图由蒙吉军、龙花楼清绘;张建林、仵宗卿、张志斌、刘波、刘松、祁黄雄、陈忠晓、张茵参加了部分译稿的整理工作。全书由蔡运龙统校定稿。译者水平有限,不当之处,还望读者指正。

在向社会主义市场经济转轨的大潮中,商务印书馆并非唯经济效益是瞻,积极出版这样一部对我国社会发展有重要借鉴意义的学术著作,可歌可赞。此外,还要特别感谢地理编辑室的李平主任,正是他对国内外地理和资源科学进展的深切把握,才使得本书中文版的出版选题列入计划。

蔡运龙

1998年7月15日 于北京大学燕北园

目　录

序

过去25年来，有关自然资源危机的论调甚多，已引起公众和政治界、学术界的关注。所涉及的问题看来多种多样，包括环境质量标准的下降、对全球生命支持系统可能是不可修复的损伤、旱灾和荒漠化引起的灾难、矿产储备自然耗竭的迫近、政治分歧所引起的对自然资源贸易的经济威胁和安全威胁，以及若不能在南北之间建立一套新的、较平等的贸易关系，则世界经济体系将有崩溃的可能。然而，所有问题最终归结于不同社会利益、经济利益和政治利益之间的冲突。问题的基点是自然资源以及从中获得的财富和福利在时间和空间上的分配方式。

分配这个论题是本书的中心，围绕它来解释资源生产和福利分配的运作过程，评价其后果，分析谁有权力决定分配模式，并评估公共政策措施在引起分配体制显著变化方面的作用和功效。

当然，任何简单化的解释都不能说明问题，对此类问题仅仅从单一的意识形态或学科角度都显然不能作有效的探究。因此，要力图考察广泛的解释并把各学科的材料综合起来。但是分析中又不可避免反映出我自己的学科训练和个人偏好。自然资源显然是一个庞大的集合，其范围从各种矿物材料到全球生物化学循环所提供的多样服务。大多数分析家都倾向于把矿产资源和环境质量资源当作两种很不相同的研究对象分别对待。虽然这两种资源部门运作的方式有明显的重要差别，我还是认为在本书中对两者都加以考察是很重要的。这不仅是因为储存性矿产的开发决策已对环境财货和服务的供给和质量产生了极其重要的影响,而且从某种分配的观点来看,两种资源所涉及的原则和问题是显著相似的。经济实力和政治势力使矿产消费和从中得到的财富产生空间不平等,它们的作用又影响到环境质量和其他可更新资源流的时空可得性。在发展和实施有效的公共政策方面所涉及的深层问题对于两类资源都是共同的,而且两者的研究都需要同样的一套概念工具和见解。然而,既然决定覆盖如此宽广的范围,那么仅仅是为了说明基本概念和基本问题,就有必要选择性地使用专项资源或特定国家的详细信息。

我力图从广泛的社会科学学科中吸取材料,这些学科对目前自然资源问题的研究都卓有贡献。但是,还没有一本权威著作可以说得上是跨学科的,因为它们都不能以同等的深度和权威性来对待所有的观点。本作者的学科专业倾向不可避免会占优势,这就意味着本书的基本学科指向是地理学和应用经济学。虽然经济学概念会贯穿全书,但只是在有助于我们认识提供本书中心论点的分配问题时,或在对资源管理的理论和实践有重要作用时,才用到它们。因此本书并非资源经济学教科书,它设想读者并非都经过经济学训练。本书主要适合于规划、地理学、环境研究或专项资源管理计划领域里的高年级大学生和研究生,但也希望对公共行政、政治学、国际关系和应用经济学的学者同样是一本有用的参考书。

本书酝酿良久,其中的材料和思想多为我在伦敦经济学院15年以上的资源管理和环境规划科研和教学中积累起来的。不言而喻,我在此期间大大受惠于很多学界同仁的智慧;也得益于好几届学生,他们是本书教学的实验对象,他们也不断对我的有关思想提出挑战。

（以下致谢从略）

第二版序

在本书初版以来的这段时间里，对资源的关注显然已有所变化。能源价格的下跌，若干初级产品需求的呆滞以及供给盈余的广泛出现，已减小了对储存性资源稀缺的恐惧。同样，在这个全球一体化(glasnost)的时代，北方从第三世界资源势力中感受到的安全威胁已大为降低，而关于苏联集团可能发动一场反西方资源战的论调也已失去了号召力。

另一方面，发展中国家企图建立一种国际经济新秩序，企图在资源开发所创造的财富中得到更高份额的渴望仍然进一步受阻。矿产实际价格的下跌，迫使很多依赖矿产出口的国家在一场维持其出口收益价值的徒劳斗争中努力增加生产。而这样一来，他们又进入新一轮的供给剩余、价格下跌、外汇短缺和债务偿还问题。在受打击最惨重的国家中(例如赞比亚)，出口收益已低到不能维持关键出口产业所需的投资和新设备、备件的进口。萧条的循环如此往复。

当对矿产储备的自然稀缺和地缘政治稀缺之关注在降低时，对全球尺度和国家尺度环境破坏危险的关注却大大增高。污染和生物简单化会瓦解极其重要的全球生物地球化学循环，这种危险在20世纪60年代后期首次引起公众焦虑，而现在则牢固地列进了政治议程。关于臭氧层损毁和大气上层温室气体累积的长期效应，虽然仍有不确定性，但现在大多数国家的政府都接受了危险将至这个事实。然而,目前的政治许诺已经很多,这部分为需要环境意识日益上升的选民的支持所激发而实际行动却仍然太少。许诺是廉价的,而有效且可实施的环境政策才是可贵的。

虽然过去的五年在资源关注上经历了某些变化,但主要原则仍然是那些,中心问题仍然围绕着取自资源基础的财富和福利的分配,以及资源保护代价的分担。当前在发达西方与第三世界国家之间,关于谁应承担诸如二氧化碳和氟利昂(用于电冰箱的制冷剂和作为喷雾罐的推进剂)之类污染物控制费用的争论,本质上还是早先关于矿产贸易和国际经济新秩序之争的重演。

这种主要原则和关键争论的延续性意味着既无必要修改本书的基本目标,也无必要重构第二版结构。但是需要更新实际信息(书中已作了重要改动,并增加了一些最新注释)和提供最近的参考文献。更为重要的是,更多的注意力已集中在与可持续发展和政治"绿化"有关的问题上。"可持续性"已成为一个很时髦的概念,但它到底意味着什么?如何才能实现?这些问题仍然捉摸不定。本书新加了一章结束语"探求可持续性"来考察这些问题。

第一章　导论

关注的起源

没有必要强调20世纪60年代所经历的在自然资源问题上公众关注和学术兴趣的复兴，其实这种复兴可追溯到遥远的过去。也不可能不厌其烦地重复以下观点："对最近将来工业社会严重资源短缺的广泛关注已是一个最新发展"。(Smith，1975，p.vii①)正如金凯德(Kincaid,1983)指出的,历史上多数时期的大多数人都生活在赤贫之中和稀缺的边缘,因此毫不奇怪,资源稀缺一直是西方政治思想中的核心问题。

在欧洲,关于物质储备的短缺,关于环境质量的退化,甚至关于进口依赖的危险之类的末日式警告,在其名字被赋予此类悲观预言的马尔萨斯(Malthus，1798)之前就早已有之。而在北美,对稀缺的恐惧自19世纪后期以来就一再出现,当时随着未开发处女地的终结——一种导致美洲例外论神话破产的终结,资源基础的有限性已初见端倪(Pickens，1981)。正如在很多领域一样,怀特黑德的格言在自然资源领域里也是非常正确的:"每一件重要的事情都早就被谈论了,而谈论它的人并没有理解它"。(引自 Stree-

① 本书所引参考文献的页码,一律用"p.××"表示。

ton, 1961, p.96)

近期关于原料稀缺和环境退化关注的一个最直接的前兆,就是第二次世界大战期间金属矿产和能源矿产的迅速耗竭。在美国和整个欧洲,关于重建和工业增长复兴所需要的这些矿产还能得到多少曾掀起了一股忧虑的浪潮。政府各种报告预测着美国石油储量的枯竭;1950 年时曾认为世界铁矿供给仅能维持 20 年;在欧洲,所谓"能源缺口"被看成是对重建的一大威胁。然而,对原材料短缺危险的经济反应和技术反应都极为敏捷。技术上的大量投资,使原先不经济的矿产储量得以开采,并大大提高了原材料和能
2 源投入的效率。此外,更重要的是,随着尚未开发的第三世界国家中投资的高涨,开发活动的规模逐步升级。

至 20 世纪 50 年代末,作为经济发展一大制约的直接资源短缺已成为过去。但是自然极限总会在某一天到来,这种潜在的威胁依然存在。而与 20 世纪 50 年代和 60 年代里超速经济增长相联系的资源消耗之迅速增长趋势,为这种恐惧火上加油。在发达的市场经济国家,人均国民生产总值在 50 年代以年均 3%的速度上升,60 年代则超过 4%。工业产出在 20 年间翻了两番(4 倍),这个增长速度比此前的上半个世纪高出 4 倍。其结果是,所有重要金属和能源矿产的消费空前高涨。综合消费的增长速度至少是年均 2%,很多矿产则超过 5%(例如,铁矿 7%,铂 9%,铝 9.8%)。这种景象酷似现已广为人知的马尔萨斯模式,它把此类指数增长的消费与设想为固定的资源基础相比较,从而预言经济灾难将迫近。

日益深入地认识自然界物质不灭定律,更加深了对潜在物质稀缺的忧虑。原材料在加工和利用之后不会轻易消失,残余物质

最终会以大致与当初提取时相等的量释放到地球生态圈中,并在某处集聚。因此,环境变化日益被看成是矿产开发不可避免的后果。更重要的是,开发利用低等级矿藏和难进入矿藏的压力剧增,这不仅使所产生的废料比例加大,还需要投入更多的能源,并将开发推进到环境更为脆弱的地区。这样,在对原材料供给自然极限日益增长的忧虑之外,又加上了对环境吸收废物之能力的担心。现在越来越清楚地认识到,自然环境其实是一个封闭系统,在物质—能量和同化—再生能力方面基本上是固定的(d'Arge, 1972)。因此,在很多人看来,在现有经济与政治体制的增长指向性质与“太空船地球”的固定极限之间,本质上存在某种不相容性。

在20世纪60年代后期,人们对人类生存可持续性的忧虑与那种救世主式的热情一起迸发(Cotgrove, 1982)。很多人,特别是北美那些卷入公民权运动和反越战运动的不满青年,赞同经济增长已构成对生态的挑战。正如奇泽姆(Chisholm,1972, p.xi)指出的:“生态学在1969年秋突然像一种新的宗教一样流行于整个国家大学校园里的青年中”。对那些已对消费主义的合理性提出质疑,并准备放弃经济竞争的人,环境运动似乎提供了一种新的生活哲学。更广泛的公众在关注当地所有形式的经济增长压力下环境 3
质量的下降,他们也同情环境运动。

资源关注的性质

要对过去25年来所争论的形形色色资源问题理出头绪,是费力不讨好的事情。但是,概而论之,可把现在的资源关注分为两大阶段,虽然其间的界线并不明显。

环境限制

在第一阶段,关注焦点大多集中在自然环境及其极限和质量的退化上。资源的基本问题倾向于限定在自然概念内,注意力围绕着四种稀缺:

(1) 重要金属矿藏和能源矿藏的耗竭;

(2) 存在某种危险,即污染和生物单一化会破坏极其重要的全球生物地球化学循环,以至维系生命的生态圈将严重受损乃至整个消亡;

(3) 天然可更新的"生产性"资源(诸如淡水、土壤、森林和鱼类)的耗损;

(4) 至少对部分人口具有康乐和美学价值的环境质量资源的日益丧失和稀缺。

在后三类关注中,问题的核心是污染和可更新资源的耗损;但在后两种情况里,问题并未看成是全球性的威胁,注意力只集中在地方和区域的空间尺度上。

在环境运动作为一种政治力量出现之前,社会科学家对资源和环境问题的兴趣程度是极其有限的。即使在80年代后期,施奈伯格还正确地指出,对环境问题的实质性威胁还缺乏某种明晰的社会学透视。同样,一度把其论题限定为人与环境关系研究的地理学家,在20世纪60年代还忙于数量革命和空间秩序探究,自然环境消失在城市聚落空间布局和运输网络发展的纯规划后面。对自然资源问题作出的社会科学贡献无疑主要来自经济学,但即使在那里,从事该领域应用研究的分析家数量还是寥寥无几。用传
4 统福利经济学的框架看问题,可更新资源耗竭和环境退化都被看

作是市场失效和存在外部性的结果。为了促进对一切自然资源产品和环境服务的合理、有效利用，就必须保证它们具有价格(价值)并全部纳入市场体系中。这里贯穿一个假设，即任何资源管理计划的合理目标都是使从资源利用中获得的经济福利达到最大。换言之，即接受了增长的范式，而没有注意有限自然系统可能施加的生态限制。所有的社会科学家都不准备在资源稀缺关注的第一阶段起某种独特的作用，当别人提出问题时他们才有所反应，而不是从自己学科的视野来重新界定问题之关键。

显然，最剧烈的反应是由所谓"全球末日(global Armageddon)"的观点造成的，这种观点出现在埃利希(Ehrlich，1970a)、福里斯特(Forrester，1970)、康芒纳(Commoner，1972b)、戈德史密斯(Goldsmith et al.，1972)、梅多斯(Meadows et al.，1972)及其追随者的著作中。物质储备的稀缺必将成为对经济发展的一种日益迫近的绝对限制，这种思想遭到了强烈的反对。反对者正确地指出资源的文化性质和动态性质，并强调技术和社会经济变革在对付特定矿产自然短缺中的作用。经济灾难论者所提出的解决办法也受到挑战，那些主张结束人口增长、技术变革和经济发展的人被看作是不食人间烟火的精英，无情又无德。他们准备为少数人的生态完整性和持续未来所付出的代价，必然包含千百万人的死亡。社会科学家们开始分析各种非增长方案的社会经济后果和政治可行性，并播下了资源关注新时期即第二阶段的种子。

社会经济及政治关注

第二阶段的标志是，重新定义资源问题的核心，并将注意力从原来的自然稀缺和环境变化转向资源利用更为广泛的社会、经济和政策方面的考察。到 1975 年，预言储存性资源耗竭的模式大多丧失了信誉，也落后于现实；现在的关键问题是地缘政治稀缺和全球分配公平。

很多人把 1973 年的石油危机看成是国际经济新秩序的破晓。文献中充斥着诸如此类的陈述:“1973 年 10 月是国际关系史的一个转折点……是第三世界国家认识到自己的实力而不仅仅是权利的转折点”(Amin, 1977, p.65)。加德纳等人(Gardner et al.,1977, p.57)一脉相承地认为 OPEC(石油输出国组织)“对建立多年的南北经济关系引发了一次大爆炸”。而科恩(Cohen,1978, p.276) 则认为，已经发生的事正是“国际经济力量结构中的一种根本转
5 移”。事后看来，这些见解也如新马尔萨斯主义的稀缺模型已被证明的那样，是夸张了，而且在概念上过于天真。它们在某种程度上是一厢情愿，并整个是以对现存社会经济和政治体制之脆弱性的错误认识为基础的。然而，对资源开发和国际贸易关系的地缘政治方面的注意，在激励经济学、国际关系、政治学和法律等重要研究上还是很有价值的，已显著加深了我们对国际矿产体系的认识。

关于环境变化和可更新资源耗竭问题的研究也在 70 年代中期有了明显扩展。虽然更明晰的科学判断已证明那些“世界末日(eco-gloom-and-doom)”学派的见解是过分夸大了，并且是建立在含糊数据基础上的，但是任何人都不会对这些实实在在的问题装聋作哑。环境运动的兴起被当作一种社会现象来研究；替代的管理战略要根据其经济效率、社会功效、政治可行性和分配后果来分析；环境利益集团对资源政策和管理决策的影响得到评价；资源政策的制定和实施方式也被审视。

人们很快就认识到，环境污染和可更新资源的耗竭对所有国家的所有人们并无共同的绝对意义。正如霍尔德盖特(Holdgate, 1979, p.ix) 正确指出的："由于世界在环境和经济上的多样性，问题很少是同样的……各种社会将在其优先考虑的细节上正确地分道扬镳"。这种观点在1971年联合国人类环境大会上变得更加清晰。在这次大会上，发展中国家对环境运动表示了根深蒂固的怀疑，他们认为这是剥夺其实现物质昌盛机会的另一场闹剧。不仅如此，控制污染或减缓资源流耗竭的策略和技术，不能简单地就是从一个国家转移到另一个国家，它们的表现严重依赖它们应用于其中的社会经济、法律和政治背景，这一点也越来越清楚。

即使在一个国家内部，可更新资源管理和污染控制的目标也不会是一致的；对用以实现这些目标的方法也不会达成一致意见。依靠"价值自由"的科学评价并不能找到任何简单的解决办法。污染的发生，景观的变化，水产资源的耗损，生物种类的丢失，这些事实并非就自动意味着应该采取措施来避免此类环境扰动。所有形式的可更新资源退化都将经济和福利的损失强加于社会中的某些团体，但是要避免耗竭和污染的损害，并不是一个无需代价的过程。总有一些人必须为此付出代价，而选择哪一种避免机制 6
将决定这些人是谁。提供何种环境财货和服务？谁得到它们？谁来支付？最终都必须作出选择。而这些选择都不可避免地是主观的、政治的、社会的和道德上的，它们都不会，也不可能由理性的分析得出。

正如某些评论家把石油危机看成为国际经济关系巨大变化的一大标志一样，很多人把环境运动看成是经济发展史上的一个转折点，被认为是代表了一个新的后物质时代的开端，这个时代已从物质价值上转移。然而,这种解释似乎更多地是希望的产物而不是现实的产物。当越来越多的人在需求环境财货和服务时,对物质财富的争夺是否终将会减弱呢?这看来是大可质疑的。正如米瓦尔德和韦尔奇(Miewald and Welch,1983,p.10)指出的:"富裕的欲望使对物质繁荣变本加厉的追求以更漂亮的包装表现出来"。

本书的目标

我希望上述关于资源关注非常简要的回顾足以说明,问题的范围是极其广博的,可以审视这些问题的角度是多种多样的。显然,任何一本书企图对这个论题领域提供一种百科全书式的覆盖是不可能的。本书决不试图依次讨论每一种资源或一类资源的分布、经济学和政治问题。本书专注于可普遍应用于自然资源领域的各种原则和概念,当然,这些原则和概念将联系特定的矿产资源或流动性资源加以说明。

本书有四大基本目标。第一,力图解释产生以下三种分配的过程或运作力:

(1) 资源可得性、开发和消费的空间分布;

(2) 资源,更为重要的是资源所创造的财富和福利,在国家之间、利益集团和社会集团之间、个人之间的分配;

(3) 资源产品和服务随时间的分配。显然,这牵涉到对未来潜在稀缺的考虑。

之所以如此专注于分配,是出于一种认识,即所有资源问题本质上产生于资源及从中得到的福利随时间和空间在各集团之间分配方式的冲突。这当中的解释并不简单,必然涉及对自然系统、经济过程、社会组织、法制和行政结构以及政治体制的认识。在寻求解释时必须抛弃下述思想：一种模型、理论或单一的学科透视能够提供全部答案。任何解释和改善我们对这些分配模式之认识 7
的企图，当然都是一种挑战，其本身就值得在学术上尝试。然而，除非我们准备完全接受那些分配结果，否则解释本身并不是目的，而是对形成政策至关重要的一种输入。若对过程如何运作缺乏了解，要改正现行资源开发和利用过程中已知的任何缺点是不可能的。

本书的另一个目标是，以各种不同的方式关注自然资源政策的发展和实施。这第二个目的也就是要评价资源分配在多大程度上满足了非常重要却又常常相冲突的各种公共政治目标。任何资源都被设想为原本是无价值的，它们的价值在于对人类福利的贡献。当讨论局限于无生命之物如铁矿或者煤时，多数人并不反对上述设想；但这个设想无疑将冒犯所有那些人，他们主张地球上每一种生命形式都有其固有的、与人类利用和审美重要性无关的价值。然而，按照定义，资源是支持人类生存的有助之物或手段，不借助于人们赋予它们的意义或价值，是不可能加以评价的。

根据资源对人类福利的贡献来评价各种资源管理体制表现的努力，都不得不面临一个问题，即对福利还没有度量方法。因此，即使设想公共政策确实与福利有关，还是不存在单一的资源政策目标。必须对表现的标志拓宽视野，这里选择的标志有：经济效率、分配公平、经济组织和创造就业、资源保障或稳定性、维持“可接受的”环境质量标准。但是应该承认，在现实世界里，一些不甚强调的目标，诸如保持某一政党的权力，或者让某些人富起来，也会在自然资源部门的发展中起至关重要的作用。

本书的第三个目标是,分析已经用以或可以用来纠正当前资源配置中已知缺陷的政策措施之范围。如前所述,所用的各类纠正机制可能具有大相径庭的分配后果。此外,社会经济、政治和环境各系统具有相互联系的性质,在这种情况下,力图实现某一政治目标的措施很可能使其他目标的完成更加困难。

本书的最后一个,但决不意味着最次要的一个目标,是力图分析政策如何形成,谁来形成它们,它们的运作对谁有利。

本书决不是"资源末日"学派的著作,此派文献已经汗牛充栋。然而,对那些感受到现行资源配置体制之不利的人,本书的结论将
8 会被看成是悲观的。从对有效资源政策的分析中,很难看出对现状的挑战;阻碍重要变动的力量,盘根错节地深伏在我们的社会经济和政治结构中。

本书的组织

在组织本书所包含的材料时,决定保持对资源分类的惯例,即分为储存性资源和可更新资源,后者包括环境质量资源。但是必须强调,在设计有效政策响应时所涉及的问题和困难,对两种资源来说是共同的。此外,它们之间自然性质的区分,在某种程度上是人为的。只有能源矿藏可以看作是具有固定储量的,元素矿藏至少在理论上全都是可循环的,因而作为人类投资的结果是可更新的。同样,只有水、大气和得自太阳的能源永远是天然可更新的,虽然在前两种情况中人类的干预可能改变其质量的可得性。所有其他所谓的可更新资源都可能由于过度利用而转换为储存性资源,然后其可更新性又将取决于人类的投资。

除了方便和易于说明外，把这两种资源分开处理的主要原因是，习惯上大多数（并非全部）储存性资源容易被某个公司（公有的或私有的）占有。关于资源、资源产品及其中所得财富之分配方式的决策，都是由这些公司作出的，它们要努力实现公司自己的目标，当然，是在经济政治体制所设置的限制以内。另一方面，很多可更新资源不可能由个别占有来实现其自己的最终目的。因此，公共政策的一种重要功能就是设计各种体制，以能够分配使用权并对使用加以控制，同时决定可得到哪种资源产品和服务，得到多少，什么时候得到。

章节排列的设计，是要逐渐引导读者进入不同的视角，接触到越来越复杂的问题。一开始就直接讨论资源的性质和稀缺，矿产储备和可更新资源同时考虑。由此进入矿产资源的讨论。第三章试图解释资源开发和贸易的格局，只采用了非常基本的经济模型，不太显露地侧重于私有部门内的决策及影响决策的因素。虽然这章是关于矿产资源的，但很多基本原理同样适用于为工业提供生产性输入的可更新资源。木材生产者和锡生产者的行为和势力很少受他们提供到市场上的资源类型的影响。

第四章包含对矿产部门表现的评价。在这个评价过程中将介绍经济效率的概念，然后讨论作为该概念之基础的一些假设，分析该概念的局限。这个概念虽然表面上是按照矿产资源来说明的， 9
但效率概念极其重要，在讨论可更新资源时将广泛采用。本章还提出了分配公平这个极其重要的问题（这是本书的核心问题），并从国际和国家两种尺度上加以考察。在矿产资源的关联域内，要把公平问题和资源在推进经济增长和就业中的潜在作用分离开来是不可能的。因此，所有这些表现的标志都将串起来讨论。第四章的末尾评价了国家(资源)保障这个使人动感情的问题，评价了欠发达国家生产者能够和已经施加其资源势力来实现更为公平的财富分配所到达的程度。

第五章是论述矿产资源的最后一章，以考察公共政策的形成开始。本章还简要地介绍了政策的性质，介绍了政策制定者在保证公共官僚公司和私有公司满足公众而不是他们自己的目标时所面临的一些限制。但是，由于这些论题的极端复杂性，论证要到第九章才能完全展开。所以本章只试图专注于政府为了改变矿产部门某些方面的表现而采取的各种措施。

本书的其余部分，除第十章[①]外，都是关于可更新资源的。开始时讨论了对流动性资源问题性质之透视的多样性，以及这些问题的原因和管理目标。多数分析家赞成，可更新资源部门的表现是有缺陷的，耗损和退化无疑正在发生，诸如水那样一些最基本资源的稀缺已经影响着千百万人的生活。但是关于为什么有缺陷，对缺陷该做些什么，迄今的记录并无一致意见。

第七和第八章以经济透视作为起点，分析了两个关键的政策问题。第一，如何在竞争的用户之间分配可得的资源供给，应采用何种分配机制？第二，为了向未来提供额外的供给，会发生什么样的投资？这些问题显然属于经济范畴，但是对本质上是伦理问题、社会问题和政治问题的那些方面，经济透视并不能提供任何必然“正确”的解决办法。这两章中引用的多数例子都取自环境质量资源(例如污染控制问题)、水和水产资源；但其概念和原理同样适用于整个可更新资源部门。

① 也除开第十一章。——译者

至此,本书的大部分都假设资源政策的发展是一个相对理性的过程。这个假设在第九章中被终止,该章又回到了有效政策的形成和实施这个论题。政策是动态的,没有任何固定不变的政策目标可据以判断资源管理体制的表现。有效的政策是由上自中央政府、下至个别资源用户的所有层次上的无数个别决策(包括无所作为的决策)形成的。因此,对决策作出的方式以及决定(或影响)选择的因素获得某种认识就很重要。这些论题已经引起了强烈的 10
争论,形成了两大意识形态阵营,一些人把决策看成是多边讨价还价的结果,另一些人则认为决策是资本主义社会结构的产物。

在进入本书实质性内容以前,有必要指出两小点。第一,并非所有的自然资源都得到相同程度的覆盖,某些资源甚至几乎没有提及。缺乏对可更新能源、金,甚或砂料和石料的注意,这毫无疑问会引起一些人的哀叹。但是著者希望,已从足够广泛的国家范围考虑了足够充分的实例,以便有效地阐述关键的问题、原理和范式。有所选择是必要的,有所忽略不可避免地在这种选择中起一定作用。然而,有些遗漏是故意的,例如,食物问题频繁地出现在资源教科书中,但在这里却与其他一些"制造"品一起被排斥了。显然,食物供给完全取决于全部自然资源,但是从严格意义上说,其本身已不再是"自然"产物。既然多数惯例上归类为自然的资源其实是人造的,这种区分也就不可能推行得太远,至少是在它们具有任何使用价值以前;但在某处划线还是需要的。

第二,与上述情况有点类似,虽然作出了显著的努力,从对我们认识自然资源问题已有贡献的众多学科中吸取材料,还是不可能自称对所有学科的观点都作了同等程度和权威性的覆盖。多尔曼在说下述话时清楚地指出了这一点:

分析家通常是其自己背景的战俘,他背负着自己专业学科的包袱。无论他怎样提倡需要跨学科方法来研究复杂现象,他总是戴着单一学科的眼镜,这就不仅控制了他如何处理问题的视野,更为重要的是也控制了他要处理什么问题的视野。(Dolman, 1980, p.4)

很抱歉,女分析家的视野也不会更完满[①]。

第二版导言

在1984年,当本书第一次写出来时,鉴别了对不同资源问题之关注的两个阶段。今天显然已进入了第三阶段,兴趣集中在污染、可更新资源耗损和全球环境变化。虽然就核心问题仍然是自然环境对人类发展施加的限制来看,这种关注是20世纪60年代
11 后期忧虑的回声,但寻求解决办法的重点已有了显著的变化。非增长学派要求终止所有经济增长和技术变化的简单化做法,在70年代后期的经济萧条时已全线崩溃。非增长解决不了发达国家的失业,使生活在第三世界国家的广大人民无望。要解决自然退化问题,就不得不承认人类福利方面。可持续增长而不是非增长成为了关键概念。

资源关注第三阶段的这个核心论题,为新的一章"寻求可持续性"提供了主题,这章就作为本书第二版的结束语。

① 本书作者为女性。——译者

第二章　自然资源：性质与稀缺 12

资源的界定

资源是由人而不是由自然来界定的。正如西里阿锡－万特鲁普(Ciriacy-Wantrup,1952, p.28)指出的："'资源'概念预先就意味着某个'计划管理者'在评价其环境对于达到一定目的所具有的作用"。人类世世代代都在探测自然环境,评价其中特定有机成分和无机成分的价值。任何成分在被归为资源以前,必须满足两个前提:首先,必须有获得和利用它的知识和技术技能;其次,必须对所产生的物质或服务有某种需求。如果这些条件中任何一个不能满足,那么自然物质仍然只是"中性材料"(Zimmermann, 1951)。因此,正是人类的能力和需要,而不仅仅是自然的存在,创造了资源的价值。

资源定义的动态性

什么构成资源?对这个问题的看法响应于知识的增加、技术的改善,一直改变着所知需要之文化的发展而随时剧烈变动。虽然地球的总自然秉赋本质上是固定的,但资源却是动态的,没有已知的或固定的极限。迄今的资源利用史一直是不断发现的历史,对资源基础的定义在不断拓展。旧石器时代的人类所知的资源不多,天然可得的植物、动物、水、木头和石头是那时的全部基本资源。将原始植物采集者转变成农夫的新石器革命,以及后来在苏美尔、埃及和中国产生的以金属为基础的技术,开始了社会结构和组织变化的累积过程。此过程中的每一阶段都产生了对产品和服务的一系列新需求,这又反过来刺激技术革新,并导致对自然环境要素有用性的重新评价。然后,技术和经济的变化又影响社会结构,如此循环往复。

文化组群之空间分化的发展意味着,即使在任一时段,关于资源基础也没有单一的定义;在一种社会中具有很高资源价值的东
13 西,在其他社会很可能只是"中性材料"。即使在今天,评价资源的方式在空间上也是千差万别的。然而,现代通讯系统和世界经济体系中所有国家之间日益增加的相互依赖,已使金属和能源矿产的定义显著地收敛;现在这些资源在很大程度上是按照发达国家的技术和需求来定义的。国际上占优势的资源价值评价很少考虑诸如景观和自然生态系统那样的环境质量资源。现在已充分认识到,自然环境要素的文化意义在各社会之间是显著不同的,对那些满足美学需要的资源所赋予的价值或优先权,与一个国家的物质财富大有关系。

较容易说明的是矿产资源定义的变动性。历史上的技术革新,从原先无价值或未利用的自然物质中突然创造出各种资源。例如,由于 1886 年霍尔—埃鲁[①]电解精炼过程的发明,使得铝的商

① Hall-Heroult。霍尔,Hall, Charles Martin(1863—1914),美国化学家,发明电解制铝法,从而使铝广泛用于工业。埃鲁,Heroult, Paul-Louis-Toussaint,(1863—1914),法国化学家,发明广泛用于炼钢的电弧炉;与霍尔同时发明电解制铝法。经过长期的专利权诉讼后,两位发明家达成协议,电解制铝法以霍尔—埃鲁命名。埃鲁还以埃鲁电炉著称,这种电炉先在欧洲广泛用于炼制铝和铁合金,后流传全世界。——译者

业性萃取成为可能,于是铝矾土取得其资源地位(Warren, 1973)。更近的事情是核动力的发展,无论是用于军事目的或用于发电,都创造出铀矿的资源价值。然而,对这一点不能强调得太过分,因为知识和技术技能仅仅创造出一些机会,它们并不是决定性的力量。此类机会实际上能否被抓住,首先取决于对最终产品需求的强度,其次取决于组织经济系统的方式,再次取决于对维持已建立技术起作用的既得利益。例如,从可更新来源(潮汐、风、太阳)中产生可用能源的技术已经存在,但还无法保证它们会被采用。

同样,自然界中的环境质量资源也是动态的,其动态虽然不直接伴随技术和经济条件,但响应于人类价值、渴望和生活方式的变化。既然"环境保护主义者"理想的加强主要是对所感受到的工业化"病态"的反应,而这种感受是根据人与自然交流的分离,生命支持系统的扰动,或者传统社会结构的崩溃;所以前面"不直接"这个词的选择是经过深思熟虑的。环境价值看来从来不是静态的,而是响应于洛和戈伊德(Lowe and Goyder, 1983)所谓的世界经济循环的起落或升或降。随着持续增长期(19 世纪 90 年代,20 世纪 20 年代、50 年代后期和 70 年代早期)的结束,新技术的效应和工业扩展步伐的效应所涉及的代价得到更加清楚的认识。此外,随着人们越来越相对富足,他们才有能力将注意力转向非物质的价值[1]。

虽然在个别社会中,对自然保护、景观的重要性或对河流和大气的质量,会有某些广泛认同的概念,但对特定的环境组分却不一定有一致的价值判断。对某个人可能是具有真正重要价值之资源的组分,对另一些人则可能是代价高昂的阻碍或者是毫不相干的东西。例如沼泽地的积水地段,生态学家和鸟类看守人会看成是 14

至关重要的自然保护区，农民会看成是降低农业生产力的讨厌之处，而对失业的城市居民来说则根本不相干。正是这些价值判断的区别，成为当前关于环境资源之利用和配置有如此众多冲突的核心问题，这将在第六至第九章中讨论。

资源的类型

一般把资源分为两大类型，储存性或不可更新资源以及流动性或可更新资源（图 2.1）。两者之间的本质区别在于它们发展的时间尺度。既然所有的资源都是自然循环的产物，那么严格说来所有的资源都是可更新的，但更新的速率大不一样。

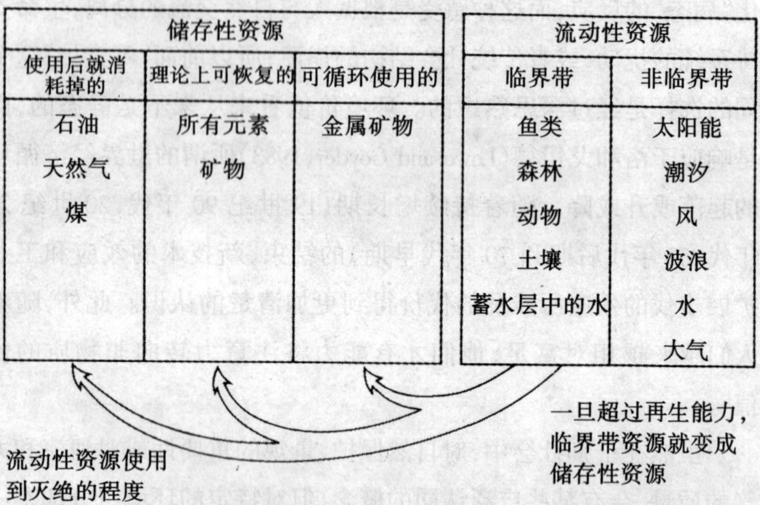

图 2.1　资源类型的一种划分

储存性资源

储存性资源指所有的矿藏和土地,它们是经过千百万年才形成的物质,因而从人类视角看来其当前供给是固定的。因此,其最终可利用的数量必然存在某种极限,虽然我们既不知道这个极限在何处,也不知道如果达到这个极限时所余物质是否仍可看作是资源。然而,对储存性资源并无一致的分类,一个重要的区别产生于两类之间,一类是“使用后就消耗掉的”,另一类是可循环使用的。

“使用后就消耗掉的”的类型中包括全部矿物燃料,其当前的消费速度必然影响未来的可得性。因此一个关键的管理问题是:时间上最佳的利用速率是什么?这个问题在有关文献中一直是有很多争论的,并没有使大家肯服从的简单明了的答案。只有在完全竞争市场体系运作的理想世界中,对个别资源储备才可能建立起可实现最佳消耗途径的条件(Fisher, 1981)。正如第四章中显示的,这种理论性的方法不仅必须适应所谓市场体系不完备的考虑,此外还必须考虑整个下述概念:最佳的消耗速率有赖于定义“最佳性”的方式,有赖于假设资源管理者将确实力图达到最佳。在现实这个模糊不清的复杂世界里,并不存在任何最佳的消耗速率;在资源所有者、开发者和使用者的视角、需求和目标都大异其趣的情况下,也不可能存在。

已经存在使大多数金属能再使用很多次而只有少量损失的技术。那么,考虑地壳中所余的金属和暂时储存在产品中的金属,总储备必然在原则上永远保持不变。这在概念上也适用于所有非金 15
属元素矿物,例如钾碱(氢氧化钾),但是在这种情况下,即使笃信人之技术创造力的乐观主义者，也会承认所有这些矿物实质性恢复的前景是暗淡的。即使是金属，完全循环的理想也只能保持在理论上。正如普赖斯早在1955年就指出的，熵的热力学定律表明使用一定物质的最后趋势是不可得性（混沌）；换言之，矿物在使用中最终会变得太分散，并与杂质混合，从而不可恢复。更为重要的是，再使用是一种能源密集的活动，严重依赖（至少是在目前）"使用后就消耗掉的"资源（Pearce and Walter, 1977）。

流动性资源

流动性资源限定为那些在充分短暂的、与人类相关的时间间隔内可自然更新者：包括水、大气、动物和植物、太阳能、风能、潮汐能。然而，有似乎独立于人类活动的流动性资源，有当使用不超过其繁殖或再生能力时可无限更新的流动性资源，在两者之间有必要加以区别。

所谓临界带（critical zone）的所有资源都可能被掠夺到灭绝的
16 程度。如果使用的速率超过自然更新的速率，那么此类资源就可能实际上在被开采，就像任何矿产资源一样。在某一点——临界带上——耗竭过程可能会被推进到如此之远，以致供给流的自然恢复再也不可能发生，即使是在所有掠夺已经停止时。显然，其可更新依赖生物繁衍的大多数资源都属此类。当植物、动物和鸟类群落变得稀少而分散时，它们就不仅不能繁衍，而且会对捕食者更加脆弱。众所周知，过度地捕捞、狩猎、污染以及生境的破坏，已严重地降低了很多物种的可更新能力，可以举出无数实例说明追随着掠夺性开发的是其最后结局——灭绝。例如，蒂维和奥黑尔（Tivy and O'Hare, 1981）就指出，到1968年，全球已知失去的哺乳动物36种和鸟类94种已记录在案,另有311个物种归为严重危急者。

除这些生物资源外,土壤和蓄水层也会具有临界带。土地一旦被过度使用或误用到由于土壤侵蚀、盐碱化或沙漠化而退化,就绝不能保证在与人类活动相应的时间尺度内发生恢复过程,无论是自然的恢复还是通过有计划的补救措施。联合国最近承认,其加强的荒漠化计划已经不能控制退化过程,不能恢复重要地区受损害的土地。这清楚地表明,土壤实际上可因为人类利用而从流动性资源转变为短命的储存性资源。同样,当蓄水层(例如下伏在萨赫勒地区的蓄水层)具有残留物特征,是过去气候状况的产物时,它们也可能会被开发到耗竭的程度,绝无希望在几百年内恢复。

非临界带的资源尽管有人类活动干预也仍然可更新,虽然某些会由于过度利用而暂时耗竭。河中的水流会由于过度提取而减少,水体降解废物的能力会由于太多的营养物和污水注入而毁灭,地方大气资源的质量会由于污染物排放而下降。在所有这些情况中,流量和质量水平都是自然形成的,而且一旦使用速率控制在再生或同化能力之内就可迅速恢复[2]。曾经认为太阳、潮汐和波浪所产生的能量流规模不会受人类的影响,虽然从中获得的有用能源是人类决策和投资的一个函数。然而,关于进出的辐射流是否会由于把大气圈用作废物排放而受到人为的影响,在20世纪70年代引起了激烈的科学争论和政治争论。臭氧层吸收紫外线辐射,并显著地影响到世界气候。像氟利昂——用作制冷剂和喷罐的喷雾剂——那样的污染物,已被设想为会减少臭氧集聚从而增加辐射的进入水平(Hare, 1984)。的确,最近的研究已揭露出极地同温

17 层中臭氧的耗损。同样地,主要因化石燃料消耗而导致的二氧化碳(CO_2)在大气下层的日益集聚,可能会由于妨碍反射能逸散到空间而具有所谓的“温室”增暖效应(Holdgate, 1979)。虽然对温室效应还没有明确的证明,但堆积如山的科学证据支持以下观点:正在积累的温室气体(二氧化碳、氟利昂、甲烷、臭氧)在21世纪将产生可度量到的气候变化。如果情况确实如此,那么没有任何可更新资源会在人类活动影响之外。

资源可得性的度量:储存性资源

一种事物一旦被看作是自然资源,就必然要提出一个问题,即可为人类利用的数量有多少?人们已做了大量工作来估算自然资源的最终利用极限,所得到的结论各种各样,甚至是大相径庭。这种差别部分是由于采用了不同的评估方法,对将来人类技术和经济发展的潜力也作了不同的假设,同时还直接因为各种各样的研究并非总是考察同一种资源类型。为了解开相冲突的证据之网,最重要的首先是判别资源这个术语及其多种多样的划分被使用的不同方式。

资源基础(resource base)

当采用资源基础这个概念时,就产生了潜在可得性的最泛义看法。资源基础的定义是:地球系统中物质或财富的总量。当应用于储存性资源时,这是一个在概念上很简单的看法,但它很难用于可更新资源,因为从定义可知,可更新资源的可得性不是静态的。例如对太阳能而言,不可能计算任一时期的最大流入量,而整

表 2.1 几种矿物的元素资源基础及其期望寿命的估算

矿物	资源基础(公吨)①	不同消耗增长率下的期望寿命(年)②				实际年均消耗增长率(1947—1974,%)
		0%	2%	5%	10%	
铝	2.0×10^{18}	166×10^{9}	1107	468	247	9.8
镉	3.6×10^{12}	210×10^{6}	771	332	177	4.7
铬③	2.6×10^{15}	1.3×10^{9}	861	368	196	5.3
钴	600×10^{12}	23.8×10^{9}	1009	428	227	5.8
铜	1.5×10^{15}	216×10^{6}	772	332	177	4.8
金	84×10^{9}	62.8×10^{6}	709	307	164	2.4
铁	1.4×10^{18}	2.6×10^{9}	898	383	203	7.0
铅	290×10^{12}	83.5×10^{6}	724	313	167	3.8
镁	672×10^{15}	131.5×10^{9}	1095	463	244	7.7
锰④	31.2×10^{15}	3.1×10^{9}	906	386	205	6.5
汞	2.1×10^{12}	223.5×10^{6}	773	333	178	2.0
镍	2.1×10^{12}	3.2×10^{6}	559	246	133	6.9
磷	28.8×10^{15}	1.9×10^{9}	881	376	200	7.3
钾	408×10^{15}	22.1×10^{9}	1005	427	226	9.0
铂	1.1×10^{12}	6.7×10^{9}	944	402	213	9.7
银	1.8×10^{12}	194.2×10^{6}	766	330	176	2.2
硫	9.6×10^{15}	205.3×10^{6}	769	331	177	6.7
锡	40.8×10^{12}	172.2×10^{6}	760	327	175	2.7
钨	26.4×10^{12}	677.2×10^{6}	829	355	189	3.8
锌	2.2×10^{15}	398.6×10^{9}	1151	486	256	4.7

① 资源基础的计算方法是:元素丰度(克/公吨)乘以地壳总重量(24×10^{18}公吨)。

② 期望寿命的计算是基于 1972—1974 年的年平均生产数字,有些数据取自美国矿产局(US Bureau of Mines)的 Commodity Data Summaries, 1972 - 6 和 Minerals Yearbook, 1974。

③ 生产数字假设铬浓度为 46%。

④ 生产数字假设锰浓度为 46%。

资料来源:Tilton, 1977, p.12—13。

个时期中可得到的总量对所有的实际目的而言又是无限的。

已作出一些努力来计算某些特殊的非燃料矿物的资源基础,

其方法是,用这些矿物的元素丰度(度量为克/吨)乘以地壳的总重量,更常用的是乘以 1 公里或 1 英里深的地壳总重量(Lee and Yao, 1970)。如表 2.1 所示,用这种方法计算的可得资源极其巨大,如果年消耗水平静止在 1972—1974 年的水平上,那么所有这些矿物都可维持几百万年。然而,消耗最终即使在年均 2% 的速率上,资源寿命就急剧降低;而如果年均增长率为 10%,则所有的矿物都将在 260 年以内枯竭。

18 这种寿命期望的计算建立在一种假设的基础上,即假设所发生的技术进步能使全部可得元素都在低到足以维持需求水平的成本下开采。显然,这是一个很难证实的假设。普遍认为,"元素"基础中实际上只有一部分将被开采,在这种情况下,从中得出的期望寿命数字大致是乐观的。然而,这种元素方法也包含另一个基本的缺点,它将导致相反的看法,即各种寿命期望事实上是相当悲观的。除了用于核裂变的铀以外,各种元素都不会由于使用而消失;从理论上讲,它们都可重复使用,因此各种元素的总储备保持不变。

在现实中,即使对元素矿物,最终资源基础是可以计算的这个概念仍然难以捉摸。当地壳岩石或已使用矿物产品中的富集程度变得很低的时候,技术发展能否使其不断恢复?而且至少在能维持对该产品任何需求的成本水准上,尚不得而知。此外,恢复所需的能源是否能满足?社会是否愿意并且确实能够接受由这种密集萃取活动所造成的环境退化水平?这些问题也都是不确定的。

关于碳氢化合物能源矿产的资源基础就更是一个假想的概念。虽然显然会有某种方法,但没有任何方法能脱离目前人类的知识和技术来作资源可得性的估算。一切关于未来发现的判断都受制于过去的发展趋势，而且不仅随着勘探和开采技术的改进，也随着经济和政治环境的变化而改变。因此，关于未来可得性的估算一般不采用资源基础的概念，而采用**储量**(reserves)、**远景资源**(hypothetical resources)和**理论资源**(speculative resources)等概念。

所有这些度量都是资源基础的动态子集，随着人类知识的发展，它们会不断扩展，在资源基础中所占的比重会逐渐增大(如图2.2)。以其计算系统中由于开采和使用而造成的损失，不如计算储量的增加，以及估计尚未发现之资源的增长。对于每一种个别的储存性自然资源来说，这种增长过程不可避免会在某个时期终止。这种终止的发生是因为已达到资源基础的最终自然极限？还是因为生产成本增加以致使那部分资源的价值丧失殆尽？仍然不得而知。对人类的创造力持乐观看法的那些人认为经济耗竭总是先于自然耗竭；而另一些人则怀疑经济和政治体制是否能足够快地防止消费冲击到资源可得性的自然边界(见 47 页[1])。

探明储量(proven reserves)

探明储量是指已经查明并已知在当前的需求、价格和技术条件下具有经济开采价值的矿产资源藏量。这个定义似乎表明，对 19
任一矿区或国家内在任一时刻的探明储量都有一个一致的数字，实际并非如此。所谓经济开采价值，取决于生产者的判断和利润要求，因此在私有采矿公司和生产国政府之间，关于储量水平的看法大不一样。

---

① 此类参见页码以及书后作者索引和主题索引中的页码，皆指英文原版页码，在本书中以边码表示。——译者

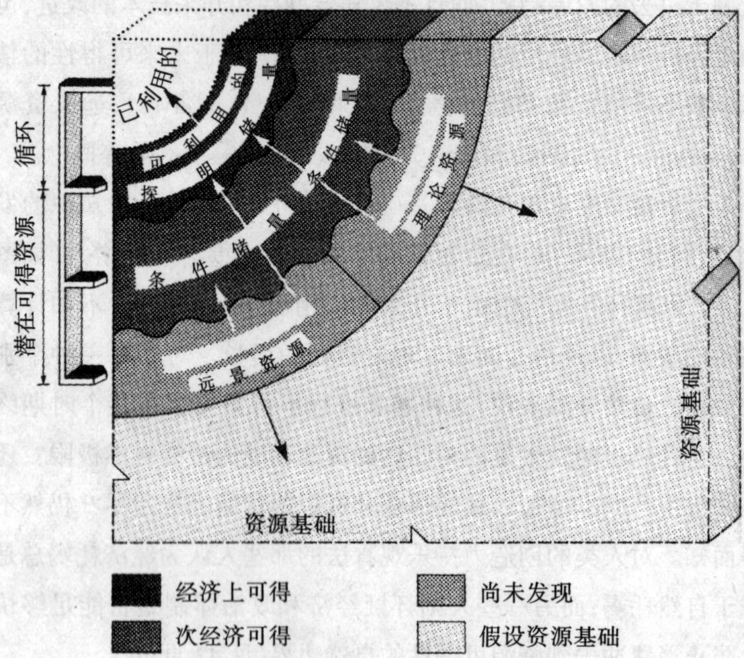

图 2.2 资源基础及其子集

正如在第三章中将要看到的那样,如果一个公司只把能使投资产生 15%甚至 20%回报的矿区视为具有经济开采价值,这就会
20 大大限制探明储量点的数量。即使需求、价格和技术水平保持不变,较低的回报要求也会使探明储量增加。此外,个人回报率的要求在各国之间会有很大的差别,很大程度上取决于生产者对其投资风险的评价。所以,例如在美国或南非被看成是探明储量的,如果在赞比亚或博茨瓦纳碰巧也有同样的矿藏,则不一定看成是探明储量(见第三章,111 页)。既然政府通常会有与私有公司不一样的生产目标,那么如果矿产开发掌握在公共部门手中,或者如果"鼓励"私有企业考虑广泛的国家目标,对探明储量的评价是会有

显著变化的。诸如提供就业机会和减少进口之类的目标会使矿藏
达到或维持在探明储量水平,而如果市场系统一直自由运转,这些 21
矿藏很可能达不到这种水平。换言之,对任何资源的探明储量决不会得到一个客观的数字。

无论探明储量如何确定,当用来预测资源寿命时,就作了一个隐含的假设,即假设不再有新的发现,没有技术上的变化,不修正生产目标,价格也不会改动。只有在相当数量的资金用于勘探和钻井试验后,储量才能探明。采矿企业,无论是私有的还是政府所有的,往往不愿在勘探上大量投资,尤其是在他们已掌握足够的储量因而能满足 20—30 年内的预计需求时。因此,就大多数矿产来说,探明储量只反映了当前的消费水平和企业的勘探政策,并不能完全说明资源总储存量的潜在规模。事实上,有些公司出于直接的经济利益考虑还会限制其探明储量的规模,因为探明储量作为公司的财产是要纳税的(Tanzer, 1980, p.33)。

任一时期的探明储量水平取决于相互联系的五大因素:

(1)**技术、知识和工艺的可得性**。

(2)**需求水平**。这又反过来取决于若干变量,包括人口数量、收入水平、消费习惯、政府政策,以及竞争产品或附属产品的相对价格。

(3)**生产和加工成本**。这部分取决于矿藏的自然性质和区位,但更取决于所有生产要素(土地、劳动、资本要求和投资基金)成本和政府的税收水平。此外,此类成本必然包括政治动乱或没收对固定资产的风险。

(4)**资源产品的价格**。价格必然反映需求水平和供给成本,但也受生产者价格政策和政府干预的影响。

(5)**替代品的可得性与价格**。包括循环产品的成本。

所有这些因素都是高度动态的,而它们的变动会极大地影响探明储量。例如,人类知道并使用矿物石油已有了几个世纪的历史,但直到1859年以前,只是把渗到地表或可在浅层抽取的那部分藏量视为探明储量。然而19世纪机械化的扩散极大地促进了对润滑油的需求,因而其价格大大抬升,这就为深层开采技术提供了强烈的刺激。德雷克[①]发现了可使用简单的缆索方法,开始刺激技术、供给、价格和需求的循环,这就使我们关于探明储量的观念发生了革命性的变化。随着这一技术上的突破,石油供给增加,价格下降,这又进一步促进了石油利用技术的发展和使用范围的
22 扩大,于是需求又得以增加,这种累积过程不断继续。现在人类已能在20年前闻所未闻的地区和深度作商业性的石油开采。此外,对含油构造中所含石油的采掘比例也越来越高,40年代能采的比例还不到25%,后来引入了二次和三次采掘技术,即在岩石构造中注水或天然气以增加油压,使得回采率提高到60%以上(Odell and Rosing, 1980)。生产者对任一构造中探明储量的评估,在很大程度上取决于此类采掘技术能否采用和在多大程度上采用的商业判断。

上述五种变量也影响探明储量的区位。不仅价格和需求的情况在一个市场范围不同于另一个市场范围,而且总生产成本、技术

① Drake, Edwin Laurentine(1819, 3, 29—1880, 11, 8)。美国第一口油井的钻工。本为列车员,后研究钻盐井的技术,1859年8月28日在21米深处钻出石油。随着德雷克钻探技术的推广,泰特斯维尔和宾夕法尼亚州西北各居民点成为繁荣的城镇。但是他没有取得钻井方法的专利,后来在石油投机方面赔了钱,过了10年的贫困生活,最后州议会给予他养老金。——译者

的可得性、资本的可得性及其代价也都表现出显著的空间变化。因此,具有相似自然特征的藏量并非在世界上每个国家都可列为储量。例如在苏联,矿产自给自足的目标意味着,诸如锡或铝矾土资源就其埋藏和生产成本条件被当成是储量来源者,在多数市场经济国家中是不能接受的。还必须记住,探明储量是勘探的结果。

正如第三章将要显示的,矿产勘探的格局一直向发达国家偏斜;因此,很多欠发达国家的当前储量水平与其真正的资源秉赋简直没有什么关系。有一个实例足以说明这一点。牙买加在 20 世纪 70 年代由于完全依赖进口石油而负债累累,但牙买加本土被认为有足够满足其 50%需求的石油矿藏(Barnet, 1980)。那里有需求,可是这个国家本身既无资本又无技术来作必要的钻井勘探,以证明存在按其自身可行标准可发现的储量。具备财源和技术的石油大国则运用完全不同的经济可发现度标准,它们的兴趣只是在于把其储量扩展到足以提供一个出口市场,而且它们的可行性计算中必然包括政治动荡和财产没收的风险。

条件储量(conditional reserves)

和探明储量一样,条件储量也是已查明的藏量,但在当前价格水平下,以现在可得的采掘技术和生产技术来开采是不经济的。显然,这种储量也不是静止不变的;资源开发史上充满着储量突破经济可行性界线的例子,而且不仅是单向突破。此外,正如探明储量的情况一样,经济储量和不经济储量之间的关系是复杂的,而且在很大程度上受制于政治力量和市场力量。虽然技术革新对于经济可行性边界的变化起着关键作用,但它一般只有在需求和价格 23
上涨的刺激下,或者是感觉到了需要在所谓安全、稳定和政治上友好的国家中发展多样化供给来源时,才是如此。

探明储量与条件储量之间的划分方式在不同时期和不同地方会大不一样,铜矿储量的变化命运提供了一个很好的说明。在本世纪初期,金属含量小于10%的铜矿石是不会被多数冶炼厂采用的,因而实际上没有价值。40年后,技术发展了,需求也大大增加了,含量仅为1%的矿藏也被当作探明储量(Warren, 1973)。现在,如果矿藏在关键成本或风险降低因素等的结合上有利,即使含量低到0.4%的铜矿也是经济上可采的了。当然,这些矿藏应大到使规模经济成为可能,要充分接近地表以利高度机械化的露天开采,并且要求当地具有足够发达的基础设施和稳定的政府。若此类自然特征不具备,或者尚需作巨额的基础设施投资,那么类似等级的矿藏仍然被归为条件储量之列。正如我们将要看到的,欠发达国家一般都把矿石等级定得较高,以抵消额外的基础设施费用,更重要的是抵消私有生产者对东道国政府稳定性和政治复杂性的担忧(见77页)。

即使在这两种已知且鉴明了的资源类型中,就其可指定为任何一种储量数字的确定度而言,仍有显著的差别。在那些矿藏已被密集地勘探,因而能确定其范围、质量和地质特征的地方,可以认为已"测出"各种储量,但其可得性的估计仍有近20%的误差范围。对于那些勘探密集度不足的矿藏,则是部分通过勘探资料、部分通过地质学分析来"证明"各种储量。而在那些矿藏位置已确定但仍未勘探的地方,储量数字只能从该区域内的地质条件中"推断"出来。

远景资源(hypothetical resources)

与前两类储量不同,**远景资源**是未知的藏量,但可望将来在目前仅作了部分勘察和开发的地区发现它们。北海已生产出相当数量的石油和天然气,但并不意味着全部潜在储油层都作了钻井探测,因此这是一个存在远景资源的地区。估计这些远景资源范围的常用方法是,从过去生产的增长率和探明储量的增长率外推,或根据过去每钻进单位深度的发现率外推(可参见的文献例如有 Hubbert, 1969, 1974)。这种外推不可避免地假设曾经影响过去发现率和生产率的所有变量(政治的、经济的、技术的)将继续像过去 24
一样起作用。由于价格和技术发展之类的因素是极不稳定的,所以这种估计会有很大的差别,不同时期所作的估计大不一样。例如,按 1973 年以前的价格水平估计的远景石油资源,显著低于按 1973—1985 年价格数据所作的估计。

已作了一些努力来克服机械外推的问题,方法是请一些专家来预测未来可能的发现,然后取他们估计范围的平均值(Exxon, 1978)。但这种方法显然仍有局限,因为各种估计都基于对未来技术和经济条件的不可靠假设,而这又反映了各专家固有的乐观或谨慎。石油公司的专家们因为估计太保守尤其受到指责(Odell, 1977; Wall et al., 1977; Odell and Rosing, 1977)。人们认为这些公司在作出保守估计时有某种既得利益,它们企图描绘出一派稀缺的景象,以便维持较高的价格和利润(Tanzer, 1980; Barnet, 1980)。

理论资源(speculative resources)

如果说远景资源都很难以任何确定的程度来估计的话,那么

理论资源甚至面临更大的问题。理论资源是指那些被认为具有充分有利的地质条件,但迄今尚未勘察或极少勘察的地区可能会发现的矿藏。例如,全世界大约有600个可能存在石油和天然气的沉积盆地,但迄今只对其中的三分之一作了钻井勘探(Exxon, 1978)。与美国相比较,其他潜在产油区的勘探和油井开发都作得很少;中国、东南亚、非洲和拉丁美洲相对来说还是处女地,如图2.3所示(Odell and Rosing, 1983)。一旦在未勘察的地区钻井,其潜在资源状况很可能显著改变。北海在25年前还只是可能具有理论资源的地区,现在已认为它具有远景资源,很快还将确定其位置。但另一方面,如果作了广泛的钻井仍未发现碳氢化合物,那么
25 这些地区甚至连理论资源的地位也会丧失。

已经作了一些努力来估计理论资源,方法是根据已勘察地区过去的发现模式外推。这种方法假设目前尚未勘察的地区将会像过去已开发的地区一样,具有自然上的生产力并将带来利润回报。但是很多评论家认为这是极不可能的。极有可能的是,规模最大、地质条件最有利、通达性也最好的构造都已经被开采。如果证明是这种情况,那么当开发推进到自然和政治上都较困难的地区时,资本的利润回报将会减少,投资水平也将下降,石油和天然气的发
26 现率也会降低。

最终可采资源(ultimately recoverable resources)

估算涉及很多问题,而且未来的技术、市场因素和政治环境都具有不确定性,在这样的情况下,最终可采资源储备的估算是如此大相径庭就不奇怪了。几乎对所有矿种未来形势的估计都出现了显著的不同,而对石油的估计尤其意见纷纭。目前,根据公认的资

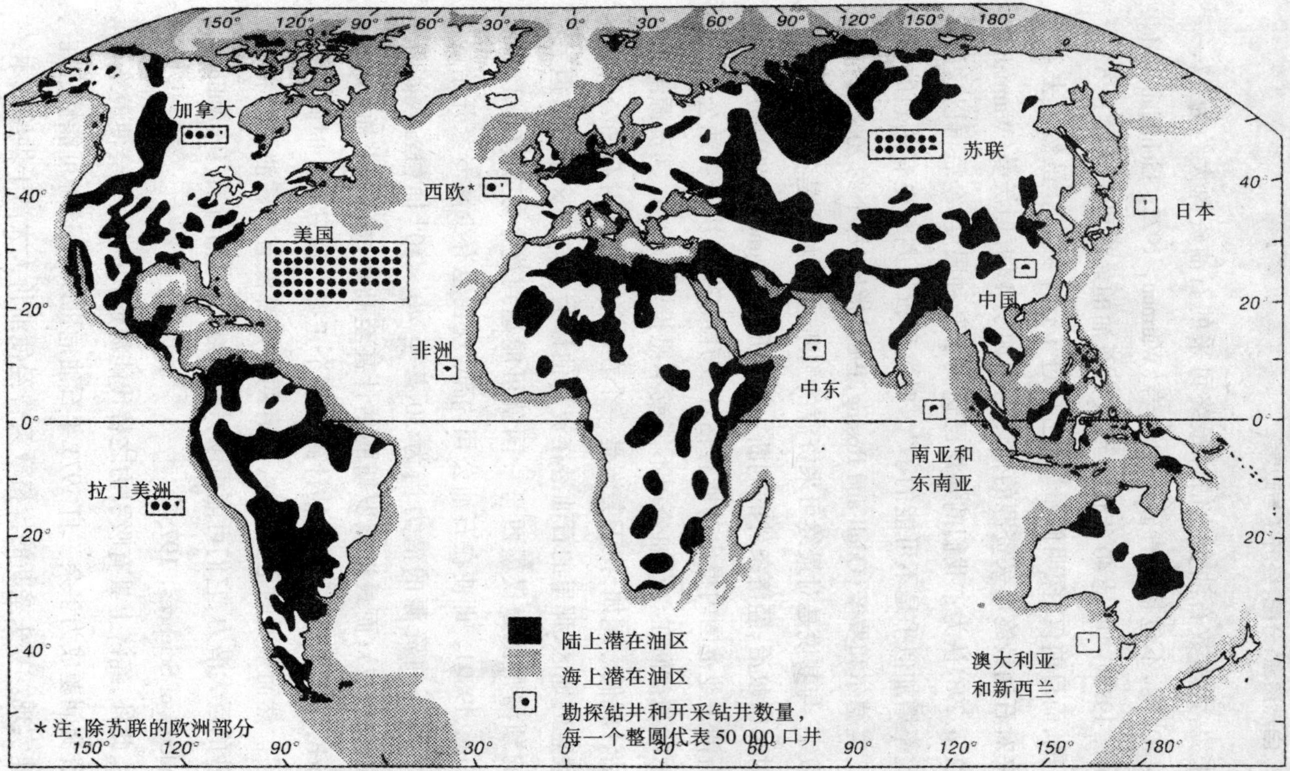

图 2.3　潜在产油区与勘探水平

资料来源：Odell and Rosing, 1983, p. 27, p. 33。据 Odell, 1988, p. 18—19 修正。

料来源,大多数石油企业估计最终可采的石油资源大约为 17—22×10^{11} 桶,不包括沥青砂和油页岩(Warman, 1972; Lichtblau and Frank, 1978)。可是 40 年代一致认为石油的最终可采资源是 5×10^{11} 桶,而目前仅“探明储量”就已超过了这个数字。虽然过去 40 年来对石油最终可采资源的估计已增加了 4 倍,但沃曼(Warman, 1972,p.293)认为:“我们的知识已达到了某种限度,今后再以这样的比率增加似乎是不可能的了”。对这种价值判断也有热烈的争论。奥德尔和罗辛(Odell and Rosing,1980)指出,那个约 20×10^{11} 桶的数字,与其说是对最终可采资源的判断,倒不如说是各个石油公司对未来政治、经济条件的判断。而巴尼特(Barnet,1980)则声称,在石油工业范围内得出的所有估计或升或降,取决于石油公司所显示的利益何在。石油公司不能或不愿投资的地方,其资源潜力的估计就低。例如,拉丁美洲是一个在政治上普遍对石油公司怀有敌意的地区,那里的石油潜在资源估计为 15—23×10^{10} 桶,但另外的预测则认为仅墨西哥一国就可能达到这个数字(Odell and Rosing, 1980)。即使在石油公司内部,现在也有少数专家开始谈论世界石油资源的潜力当为 30 甚至 40×10^{11} 桶(Français du Pétrole, 1977);而最近俄罗斯的估计甚至高达 110×10^{11} 桶(Styrikovich, 1977)。以上各种估计到底哪个正确?这只有让时间来检验了。然而重要的是要记住,所有的估计都没有考虑油页岩和沥青砂的巨大潜力,它们可能贡献另外 300×10^{11} 桶石油(US National Academy of Sciences, 1975)。

此外,经济上具有吸引力之替代能源形式的发展,会使最终石油资源问题成为多余。自 1973 年石油危机以来,这种可能性已在加速实现。寡头垄断的价格政策曾经使油价大大高于供给成本,这就刺激了替代能源的发展,也促进了能源经济。同时,主要石油输出国内不停的政治动荡,不仅削弱了消费国对石油的信心,按照罗辛和奥德尔(Rosing and Odell,1983)的说法,也动摇了石油企业对其能否适应全球政治形势变化的信心。结果是,过去50年来石油工业内部关于未来可采资源的预测大大降低,而且“石油工业……将……被当代种种困难削弱,以至表现出没有力量进一步 27
利用世界石油资源(Rosing and Odell, 1983,p.19)。

资源可得性的度量:可更新资源

最大资源潜力(maximum resource potential)

人类中心主义估计未来可更新资源可得性的企图,通常以资源在一定时期内可生产有用产品或服务的能力或潜力这个概念为基础。对各种可更新能源,如太阳能、潮汐能、风能,已估算过它们的最大自然能量潜力,得出的可得性数字显示出非常美妙的前景。例如,在理论上从太阳获得的总能量可为世界能源消耗提供的数字是目前获取量的一千万倍以上。但这种估计并无多少实际意义,现实中的可得性取决于人类把这些潜力转换为实际能源的能力,取决于人类是否愿意担负这样作的代价和成本,包括对环境退化的代价。

对土地和海洋的总生物潜力也作过类似的估算,结果表明,如果“发挥”至其最大潜力,那么按目前的人口数量,地球每年可为每一个人生产出约40吨食物,这是实际需要量的100倍。这里还没有考虑从二氧化碳、水和氮中化学合成食物的可能性,这除了技术上的可行性以外，还要求投入大量能源。此类估算尝试本质上只能看作是肤浅的，对于未来可更新资源开发的实际规划并无价值。重要的并不是理论上的自然潜力，而是必要的人类投资能力，以及所涉及的社会的、态度的、组织的和经济的巨大变化。在一些人看来，把地球生态系统当作一部机器，只是让她提供人类需要的食品和能源，这至少在道义上是说不过去的。生态学家们则进一步指出，这种做法会使世界的生态系统产生可怕的单一化，并导致自然生态循环的瓦解，因而无论如何是一种灾难性的策略。

能源和生物潜力的估算都建立在自然系统自然输出的基础上，而忽略了由人类经济、社会系统之能力所施加的局限。然而，另一种估算可更新资源潜力问题的方法是，把世界上多数已开发
28 地区的情况外推到不发达地区和未开发地区。这种方法尤其在企图估算农业潜在可得的土地面积时用得更多。假设在每一特定土壤类型中，农业经济不发达地区农耕地的比例可达到农业发达地区的水平，那么全世界的耕地面积将达到32亿到36亿公倾，而不是现在的14亿公顷(Gerasimov, 1983)。显然，这种方法也是有局限的，因为它假设形成现有耕地的多种因素在时间和空间上都保持不变，但它至少承认了某些人类限制。通过直接发现使用现有技术在自然上可耕种的土地面积显然在66亿公顷以下，用这种方法也产生了各种可得性估算(US President's Science Advisory Committee, 1967)。

可持续能力(sustainable capacity)

可更新资源的利用要在时间上进行分配，以便为后代留下平等的机会，当按这种要求来调节可更新资源的自然潜力时，就要采

用可持续能力或可持续产量的概念。在渔业资源中,从理论上讲,通过控制捕捞活动,可以使鱼产量长期维持。如图 2.4,在可持续产量曲线的任一点上,鱼的年产量可维持一定水平,使得可在未来 29
年份生产同样产量的鱼资源储存水平保持协调。当人类捕捞活动初始时,由于对食料的竞争减少,可持续产量水平是上升的,鱼群数及其生物生产率都可以有一定的增长率。但是,一旦捕鱼活动超过了 Y 点,可持续产量将开始下降;当达到临界点时,鱼群就耗竭到不能维持再生产的地步。

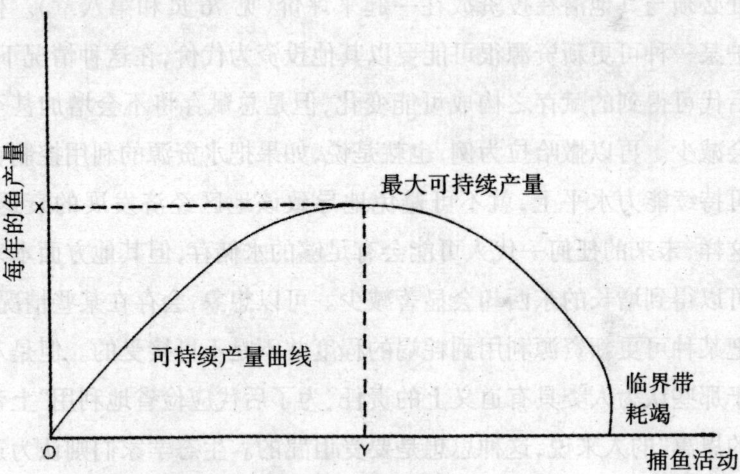

OX＝与可持续性相适应的最大年产量
OY＝使可持续产量达最大所要求的年捕鱼活动

图 2.4　可持续产量曲线

对于畜水层也采用了类似的可持续产量概念,即不能让抽取率超过年平均补给率。对于诸如英国的蓄水层,这是一条可接受的管理准则,那里的补给期相对较短;但对于含水层是过去气候条件遗留产物的地区,应用这条准则就比较困难了。例如,在人们的生存完全依赖自流泉的撒哈拉地区,就很难牺牲目前的生计来为后代维持水资源的完整。可更新资源的利用应控制在可持续能力以内(IUCN, 1980),这通常已作为公理而被广泛接受。然而,这个虽然有点极端的特例却表明,是否遵循这一准则取决于价值判断和优先权。

正如斯科特(Scott,1955a)那样的经济学家指出的,维持可持续产量并不是一种无需代价的策略,因为它意味着须抑制当前的消费。所放弃的这一部分消费可看作是对未来的一种投资,其好处必须与其他潜在投资放在一起来评价(见 76 页和第八章)。保护某一种可更新资源很可能要以其他投资为代价,在这种情况下,后代可得到的赋存之构成可能变化,但是总赋存将不会增加甚至会减少。再以撒哈拉为例,也就是说,如果把水资源的利用控制在可持续能力水平上,就不可避免地导致该地区经济发展的衰退。这样,未来的任何一代人可能会有足够的水储存,但其他方面本来可以得到增长的东西却会显著减少。可以想象,会存在某些情况,把某种可更新资源利用到耗竭的程度并不是不可接受的。但是对于那些认为人类具有道义上的责任、为了后代应俭省地利用"上帝的恩惠"的人来说,这种思想是要受诅咒的。生态学家们则认为这是一种短见策略,因为从长远来看,遗传基因和物种多样性的损失,对于人类自己的生命支持系统是一种极大的威胁(Eagles, 1984)。

吸收能力(absorptive capacity)

还有一个严重依赖价值判断的资源能力概念是吸收能力或同化能力。为了排放人类活动(自觉或不自觉)产生的废物而使用环境媒介(水、土地、大气)的地方,就要采用这个概念。废物都要经历自然的生物分解过程,所以整个环境系统具有一定吸收废物而 30
又不导致生态或美学变化的能力。但是,如果排放的速率超过了分解能力,或者所排放的物质是非生物降解的,或只有经过很长时间才能降解,那么环境变化就不可避免。

任何环境媒介的吸收能力都不是一成不变的,它不仅随气候等环境因素的变化而发生天然变化,也可以被人类改变。例如,一条河流降解污水、废水的能力,可以因为增加了流量或含氧量而提高;另一方面,若水被抽取从而减少了流量,或如果河道被截弯取直、被挖深、被混凝土化从而减少了氧的吸收量,河流的吸收能力将会降低。如果到了极端情况,即需要氧气来维持其功能的细菌极度缺氧,那么全部生物分解过程就会完全停止。基于把废物排放量控制在吸收能力限度内的政策包含一个假设,即可更新资源应该保持其"自然"状态。由于这个政策会使社会付出经济代价,关于这些代价是否会超过环境变化所造成的损害和风险,就决不会有一致的意见。

承载能力(carrying capacity)

常用的最后一个可更新资源可得性度量的概念是承载能力。这个概念是从农业中借用过来的,类似于持续能力和吸收能力的概念,因为它也建立在一个假设的基础上,即应把资源利用限制在不使环境发生显著变化,或使资源生产力得以长期维持的水平上。例如麦克哈格(McHarg,1960)和奥德姆(Odum,1971)就采用了这种思想,以力图确定各区域内人类居住的极限;而无数的研究已经计算旅游区的承载能力。后一种情形里在确定区域旅游活动的极限时,不仅考虑了自然损害标准,也考虑旅游者的感应。在所有这些应用里,要建立一个简单、唯一、绝对的承载能力值是不可能的;任何估算都在很大程度上取决于管理目标和资源利用的特定途径,取决于利用者所要求的生活标准和生活空间。

两极端的稀缺之争

20 世纪 60 年代后期和 70 年代,人们普遍认为在某些重要资源的可得性与将来对它们的需求之间存在某种不平衡。所出版的
31 一系列专著表示出对人类未来有一种启示录式的忧虑(例如,Forrester, 1970; Goldsmith et al., 1972; Meadows et al., 1972)。关于储存性资源的稀缺,往好处说是对经济继续发展的限制,尤其是对第三世界的经济;往坏处说则预示着主要矿产储备的彻底耗竭,并由此导致社会在 21 世纪早期完全崩溃。这些关注所点燃的忧虑之火,为 1973 年的石油危机火上加油,随后又是阿拉伯—以色列战争,接着 OPEC[3] 又成功地控制了石油供给,并大幅度提高石油的实际价格(图 2.5)。稀缺成为一大政治问题,生产国已有能力并将会通过限制基本矿产的供给而施加政治、经济压力的可能性,对于整个 20 世纪 60 年代日益依赖从欠发达世界进口的发达国家,看来已构成一种严重威胁。

其实这种稀缺恐惧并不新鲜,早在 1798 年,马尔萨斯关于“人口原理”的论著就作了充分论证。他认为有一种普遍而且不可改变的法则支配着人口与资源之间的关系。在资源有限并固定而人
32 口呈指数增长趋势的情况下,人均收入不可避免地要随着时间的推移而减少,直到饥荒和疾病使资源和人口数量之间的平衡重新

恢复。实际上马尔萨斯所关注的还只是农产品，这是使用固定的土地储备就可更新的资源。而当应用于随利用而减少的矿产资源储备时，他的法则就更具有警告性。然而马尔萨斯忽略了技术和资本投入在增加生产率上的作用，这在他写那篇论文的时代条件下是可以理解的。40年后，恩格斯提出了不同的观点，他认为：如人口呈指数增长，那么生产食物的劳动力也呈指数增长。恩格斯强调劳动生产率和人口利用科学技术以满足需要的能力，因此马尔萨斯法则并非不可改变。迄今为止被证明正确的是恩格斯。技术和经济的进步不仅防止了资源储备的耗竭，而且是在人口和人均消费水平大大提高的情况下做到这点的。

资源开发过程中达到预期自然耗竭的情况就更难发现了。按照李嘉图(Ricardo, 1817)的说法，"最好"的或成本最小的资源储备首先被利用，在这种情况下，消费的增加只能由相继开采总储备中的次等资源来满足。于是，由于生产每一额外单位产出所需的劳动力和资本投入增加，生产率必然下降。在绝对自然耗竭发生之前，会出现一个阶段，此时边际自然产量开始下降，单位劳动的报酬(或产出)递减发生(图2.6)。换言之，当用维持产出所需的要素投入来测度时，资源开发成本的实际费用将会上升。当然，在利用埋藏更深、位于对市场的通达性更差的地区的次等矿石或矿床时，劳动和资本的报酬递减并不见得就一定出现，这也是无可争辩的(Barnett et al., 1984)。技术革新看来已能延缓报酬递减的出现。如图2.6所示，矿产开发中劳动的边际自然产量曲线已随时间的推移而从T上移和外移到T^2。

然而，如果承认李嘉图的基本法则仍然有效，那么资本分析就面临两个主要问题。第一，将来此类移动会在什么范围内继续发

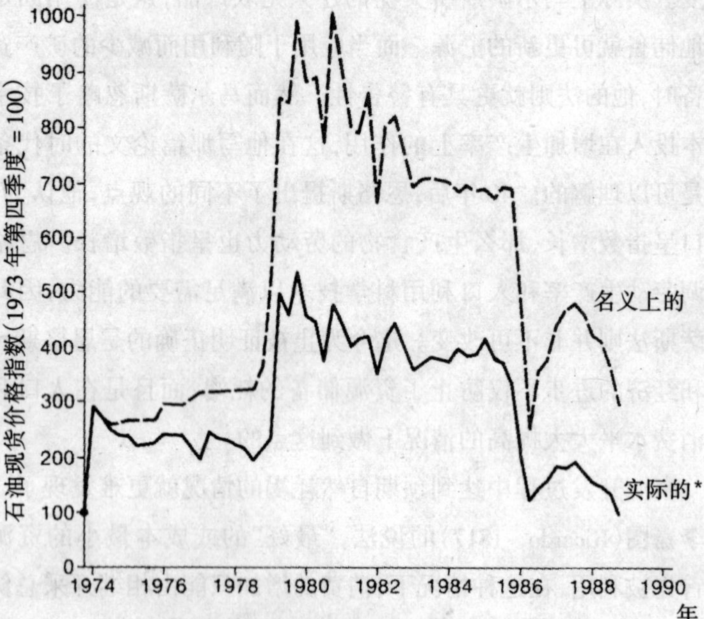

图 2.5 石油价格指数,名义上的和实际的,1973—1988 年实际价格的那些变化伴随着 20 年的价格显著稳定;直到 1970 年,价格都一直趋于逐渐下落,1970 年时达到 60,是 1973 年的名义价格指数。

资料来源:The Economist, 15, October, 1988, p.97。

生?第二,如果某一特定矿产确已报酬开始下降,那么技术、经济和社会的变化将会对减少其资源意义起作用吗?20 世纪 70 年代早期发生的关于资源稀缺的两极端之见,基本上代表了对这两个问题的不同回答和判断。悲观派强调封闭的、固定的自然系统所固有的极限;而乐观派则认为市场机制、有目标的技术革新和社会变革将会共同起作用,并解决一切稀缺问题。

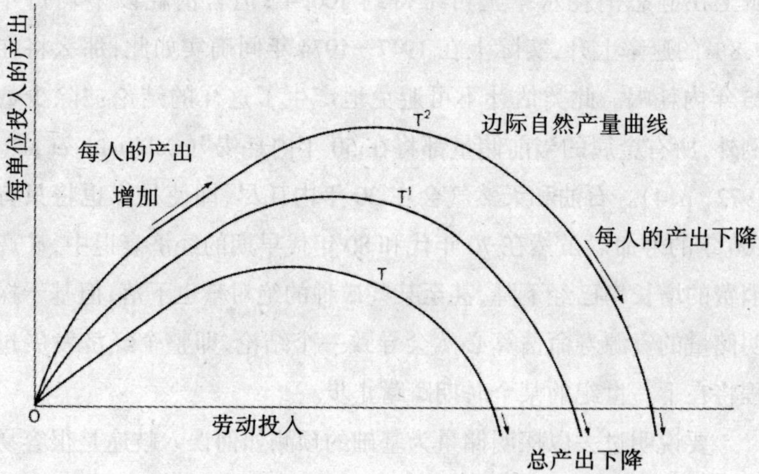

图 2.6 报酬递减和边际自然产量曲线

悲观派

33

若以当前探明储量作为资源可得性的极限,则会得到关于储存性资源寿命的最为悲观的结论。正如我们已经看到的,“关于储量的统计只不过是采矿业对可用资源存货的一种表达”(Manners, 1977, p.387)。在应用这些统计时隐含着某些假设,即对勘探将不再追加投资,技术、政治或经济的变化也不会将条件储量转化为经济上可采的资源。那么就可以用现在每年的消耗量除当前储量来粗略地计算每种矿藏的寿命,这给出了所谓静态寿命指数。以此为基础的计算显示,多数主要矿产资源将会在 40 年内耗竭,虽然煤看来可维持 2000 年,而铁矿会有 200 年的寿命。

如果假设年消耗不是保持当前水平不变,而是如迄今所发生的那样不断增加,那么就会出现更惊人的结果。如图 2.7 所示,铝矾土在静态消耗水平上可维持约100年;但若消耗以平均每年9.8%的速率上升,实际上在1947—1974年间确实如此,那么将在
34 25年内耗竭。此类估计不可避免地产生了这样的结论:“除少数例外,所有金属的当前储量都将在50年内耗竭”(Goldsmith et al., 1972, p.4)。石油和天然气会在30年内耗尽,即使是煤也将只有100年的寿命。虽然在70年代和80年代早期的经济衰退中,矿产消费的增长率已经下降,甚至某些矿种的绝对量也下落,但基于探明储量的资源寿命估算必然会导致一个结论,即整个经济发展过程将在下一世纪的某个时期踌躇止步。

要说明过去以探明储量为基础的预测如何误入歧途是很容易的。例如,1939年美国内政部就预测其国内石油储量将在13年内耗竭。然而从那时起,储量的增加一直与年产量的增加同步。虽然美国探明储量相应于重大新发现而波动,但过去40年里总保持比产量大9—15倍之间的水平。同样,1950年作出的世界铁矿储量会在1970年以前耗竭的预测是多么不准确,事实上1970年前储量的增加足以使那时的消费水平再维持240年。

对多数矿产而言,明显的事实是:新发现和技术、经济变动使探明储量增加的速度一直超过(或至少持平于)消费量的增加速度。表2.2清楚地表明,所有常用非燃料矿物的实际情况确实如此,这也适用于石油和天然气。现在的世界石油消费量比1940年高出7倍,但探明储量与年消费量之比并未下落。相反,1940年的这个比值显示全世界的供给会在约15年内耗竭,而今天的比值则表明还有30年以上的寿命。奥德尔和罗辛(Odell and Rosing, 1983)曾指出,即使假设无新的发现,实际的石油储量能维持的时间也比储量—消耗量之比所表示的长得多。这种观点源于以下事

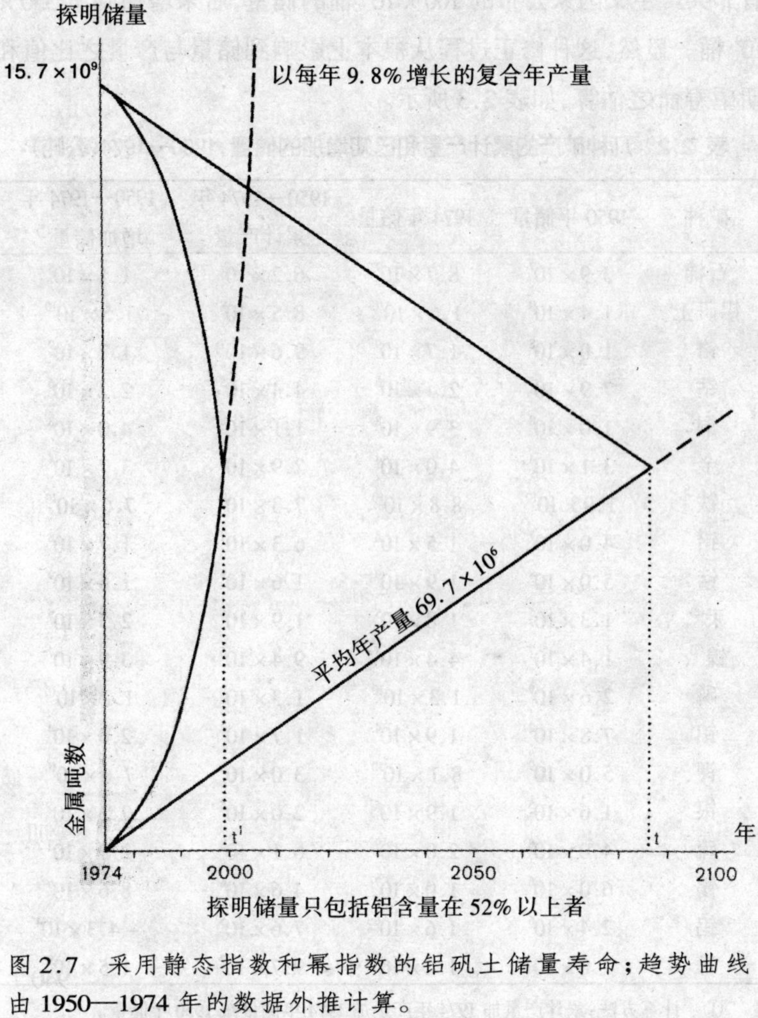

图 2.7 采用静态指数和幂指数的铝矾土储量寿命;趋势曲线由 1950—1974 年的数据外推计算。

实:任何油田在发现时所公布的探明储量都是高度保守的估算,而当生产实际进行时都会无例外地向上修正。储量的增加过程表明,任何一年公布的储量都对实际情况打了 3 倍以上的折扣。例如英国石油部发表的数据(British Petroleum, 1979)显示,1950 年所有非共产主义国家公布的 100×10^9 桶的储量,后来增加到了 350×10^9 桶。显然,这种修正过程从根本上影响到储量与产量之比值和期望寿命之估算,如表 2.3 所示。

表 2.2 几种矿产的累计产量和已知增加的储量,1950—1974(公吨)

矿种	1950 年储量	1974 年储量	1950—1974 年累计产量	1950—1974 年增加储量①
石棉	3.9×10^7	8.7×10^7	6.2×10^7	1.1×10^8
铝矾土	1.4×10^9	1.6×10^{10}	8.5×10^8	1.5×10^{10}
铬	1.0×10^8	1.7×10^9	9.6×10^7	1.7×10^9
钴	7.9×10^5	2.4×10^6	4.4×10^5	2.2×10^6
铜	1.0×10^8	3.9×10^8	1.1×10^8	4.0×10^8
金	3.1×10^4	4.0×10^4	2.9×10^4	3.7×10^4
铁	1.9×10^{10}	8.8×10^{10}	7.3×10^9	7.6×10^{10}
铅	4.0×10^7	1.5×10^8	6.3×10^7	1.7×10^8
锰	5.0×10^8	1.9×10^9	1.6×10^9	1.6×10^9
汞②	1.3×10^5	1.8×10^5	1.9×10^5	2.5×10^5
镍②	1.4×10^7	4.4×10^7	9.4×10^6	3.9×10^7
磷	2.6×10^9	1.3×10^{10}	1.3×10^9	1.2×10^{10}
铂	7.8×10^2	1.9×10^4	1.7×10^3	2.0×10^4
钾	5.0×10^9	8.1×10^{10}	3.0×10^8	7.6×10^{10}
银	1.6×10^5	1.9×10^5	2.0×10^5	2.3×10^5
硫	4.0×10^8	2.0×10^9	6.1×10^8	2.2×10^9
锡	6.0×10^6	1.0×10^7	4.6×10^6	8.6×10^6
钨	2.4×10^6	1.6×10^6	7.6×10^5	-4.3×10^4
锌	7.0×10^7	1.2×10^8	9.7×10^7	1.5×10^8

① 计算方法:累计产量加 1974 年产量加 1974 年储量减 1950 年储量。

② 共产主义国家的储量数据不完备。

资料来源:Tilton, 1977, p.10。

假设最终已知储量是当前水平的若干倍(一般专断地认为是 5 倍),那么显然,探明储量至少在可见的将来会继续增加。对此,有些预测试图作一点补充。但另一方面,从当前消费水平也可得出同样专断的最终极限。例如,梅多斯的“世界Ⅲ”模型就包含一个未经证明也无法证明的假设:“世界资源的最大估计数量”也就 35
是1970年消费水平的250倍(Meadows, 1974)。无论采用什么数字,总有一个隐含的假设,即将来储量发现和重新界定的过程再也不会像过去那样了。

5倍于当前探明储量水平的最终资源基础看来是够丰富的了,而仅仅是1950—1970年的20年间,增加到或超过这个数的就有铁矿、铬铁矿、铝矾土、石油、钾碱、磷以及若干其他常用矿物。同样,250倍于消费量的数字看来也够乐观的,而事实是,第二次世界大战后几种关键矿产的累计储量已经显示出这种增长水平。例如,铁矿的累计储量在1974年已经达到76×10^9吨,这已经超过了1950年生产量的260倍。显然,如果说过去的消耗量呈指数增长,那么已知储量也呈指数增长,而且常常以更快的速度增长。自20世纪50年代以来,世界石油的探明储量一直以比消费量快出2%的增长速率增长。任何假设最终资源基础是当前探明储量或消耗量之倍数的模型,必然也包含另一个假设,即储量发现和重新界定的过程正在放慢。虽然不证自明的是,每一种资源储备必然都有一个极限,但我们既不掌握可说这个极限在哪里的信息,也不能确定当接近自然极限时所剩物质是否还能当作资源。如果一个模型包含这样的条件:某种物质对经济发展至关重要,它又不可替 37
代,它必须满足呈指数增长的消费;那么结论必然是同样的,而无论它所赖以为基础的固定资源极限有多大。不同的储量估算会改变自然耗竭限制生产的日期,但都不得不考虑消费指数增长的性质。换言之,任何对动态的资源概念设定静态的物理量纲的模型,无论多么复杂,都会“按马尔萨斯的推理演绎成灾难”(O'Riordan, 1976, p.60)。

表 2.3　石油探明储量的鉴识过程(1950—1988)

年份	A 基于公布储量(各年)的储量寿命	B 基于评估储量(各年)的储量寿命(1978 年计算)	C 基于评估储量并假设年使用量增加的储量寿命	消费年增长率(%)
1950	24.7	95	19.2	5.41
1951	23.8	91	17.6	6.50
1952	25.9	90	18.9	6.74
1953	27.8	84	20.3	6.76
1954	31.3	84	22.7	6.97
1955	33.5	75	23.4	7.77
1956	37.6	75	25.6	8.28
1957	40.4	73	27.7	8.13
1958	41.6	75	30.2	6.95
1959	41.0	71	28.7	7.71
1960	38.9	66*	27.6	7.38
1961	38.0	64*	28.1	6.55
1962	35.3	63*	25.5	7.08
1963	34.7	58*	25.0	7.08
1964	33.0	55*	23.3	7.51
1965	32.0	53*	23.2	6.94
1966	32.0	51*	23.3	6.88
1967	31.7	53*	23.0	6.98
1968	30.6	46*	20.7	8.37
1969	34.0	46*	23.8	9.75
1970	32.4	45*	22.4	7.06
1988	22.3	40*	38.7	0.40

* 这些年份的整个鉴识过程很难完备。

资料来源:Odell and Rosing, 1983, p.43;又据 Odell, January 1989 补充。

注:列 A 和 B 给出储量与产量的比值,并假设消费保持在那年的水平上;列 C 给出的比值考虑了过去整个十年石油消费的平均增长百分率。

所有自然决定论的模型都没有注意到资源是由文化决定的, 38
是社会选择、技术和经济系统作用的产物这个事实。人类不是盲目的自动机器,不会把储存性资源消费推进到灾难性的极限。生活方式不一定非得依赖某种特定资源储备。我们至少在理论上有控制消费的能力,可以通过资源保护、循环利用做到;也有开发可更新资源潜力的能力。资源悲观派既忽视了人类的响应机制,也忽视了资源的文化性质,这种论证方式使他们受到严厉批判。福里斯特和梅多斯的著作被说成是"科学技术的严重退化"(Nordhaus,引自 Kay and Mirrlees, 1975, p. 147, Graham and Herrick, 1973, p.415),"天真的概念,外行的结论。在利用经验数据时既避重就轻,又有所歪曲"。暂时避开经济增长实际上是否会在社会和环境方面符合愿望这个基本问题,问题仍然是我们的政治、社会和经济制度能否在实践中足够快地行动,以防止储存性资源稀缺成为经济继续发展的障碍。悲观派构建其模型的方式,实际上假设不存在响应机制,或假设行动已晚;而乐观派则认为市场体系会对防止严重耗竭问题自动作出响应(Beckerman, 1972b, 1974)。

市场乐观派

市场响应模型

在运作完善的市场经济中,任何已变得稀缺的资源产品之价格不可避免地会上涨。随着报酬递减的出现,生产成本增加,这就意味着在现有价格水平下生产者会对市场减少供给,因而价格上涨,直到恢复供求均衡。这种价格上涨会立即引发一系列的需求、技术和供给的响应(图 2.8)。首先,由于用户转向较便宜的替代品,或采取节约、经济的措施,需求会减少。对于金属来说,还由于循环利用在经济上更有利,废料就更有价值因而更值得收购,对原始资源的需求也会减少。其次,价格的上涨和对稀缺的担忧都会为革新发明提供一种刺激。所导致的技术变化很可能增加资源的可得性,降低替代品的成本,并促进节省方法。然后这些变
39 化又会通过价格机制反馈来抑制需求,从而减小资源产品的稀缺
压力。再次,价格的上涨将使原来开采起来不合算的矿藏变成经济的,将鼓励探寻新的供给源泉,并将促进萃取技术的发展从而提高已知矿藏的有效产量。当然,对于任何单独的储存性资源物质而言,人们也认识到上述最后一种适应机制不可能无限制地继续下去。

如果接受有关经济系统运作的这种情景,那么消费将不会增长到自然极限而至崩溃,而是随着价格的上涨相对平缓地终止。梅多斯的"世界Ⅲ"模型推断,当资源储存已消耗掉 90%时供给成本将上涨 20 倍[4]。能设想如此重大的成本上涨将不会对资源需求曲线有任何影响吗? 显然不能。虽然需求对价格变化的响应还不能确切地知道,尤其是就长期而言,但一般认为价格每上涨 10%,大多数非燃料矿物的需求将降低 6% 到 20%(US Congress, 1974; Tilton, 1977)。石油的需求也已显示出有价格响应,正如 1973 年
40 以来世界消费的减少所表明的那样(见 96 页)。在 1979 年,美国
需求随价格的波动而迅速下降,这更说明即使在很短的时期内也可能发生显著的价格响应(见 184 页)。

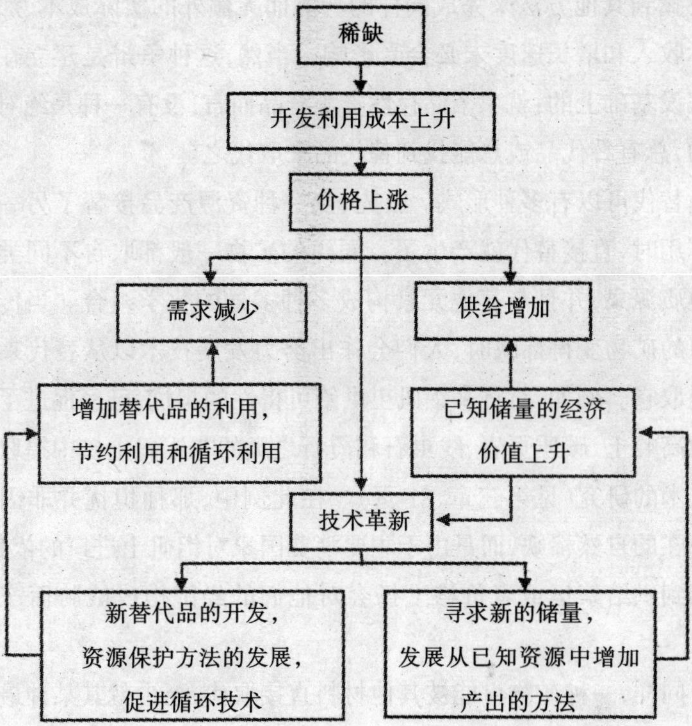

图 2.8　对资源稀缺的理想市场响应

替代的作用

乐观派的争辩还不仅只认为需求的减少将使耗竭速度放慢，还认为这种减少本身不一定就会导致生活标准的下降或经济增长速度的降低。虽然随着价格的上涨消费者再也买不起那么多更贵的矿物产品了，因而会发生某种初始需求的下降，但到一定时候替代将成为关键的需求替代机制。必须记住，根据定义，若不从其产生 的有用服务和产品中获得价值，资源是毫无实际意义的。因此，只要找到其他方法来完成同样的功能而无额外的**实际成本**,那么实际收入和增长速度未必会受影响。当然,这种争辩是建立在如下假设基础上的:就单个储存性资源产品而言,没有一种是绝对必须的,总有替代品或总能找到替代品来取代之。

替代可以有多种形式。首先,当一种资源产品接替了另一种的作用时,直接替代就产生了。同样的矿物一般都取自不同类型的地质源泉,并且与其他元素构成多种多样的化学组合。当传统来源的矿物变得稀缺时,人们会作出努力发展技术以从替代来源中提取它。例如,对将来铝矾土供给可得性的担忧,已经促进了从诸如高岭土、碳质页岩、线虫石和霞石之类的非铝矾土矿中提取铝的技术的研究(见第三章,81 页)。在此例中,那种担忧并非因任何潜在的自然稀缺,而是由于主要消费国家对铝矾土进口的依赖,并感到供给禁运或者价格上扬会对他们的经济构成威胁而产生的。

同样,一种矿物可能被其他材料直接取代,至少就其某种最终用途来说是这样。例如,铝、不锈钢、塑料都是铜的替代品,铝已经普遍占据了高压输电线市场,铝和不锈钢也已经大大取代了铜炊具。塑料管道同样也已取代了家庭中的铜管件,虽然石油价格的上涨已使塑料向传统金属最终用途市场进军的速度放慢。数尽所有的储存性资源,很难找到一种根本没有替代品的,虽然有些情况里替代的技术和所涉及的费用还是大问题(178—181 页)。如在炼钢中寻求锰的替代品就是这种情况,其中的消耗目前已占整个高等级锰矿产量的 90%(Klass et al., 1980)。

41 正是直接替代品加上地壳中可得元素多样性的潜力,使得诸如曼纳斯(Manners)那样的评论家认为,绝对自然意义上的稀缺是

不存在的:

> 既然地球表层中有着足够的矿物原料可满足人类长期的需要,大多数矿物供给自然丰饶性的前景是无可质疑的……只要对地壳的组成有所认识,就会否定纯自然意义上矿产耗竭概念的实际内涵。整个地球都是由矿物组成的,人类不可能把地球本身开采殆尽。(Manners, 1977, p.388)

当对某种特定资源产品或服务的需要被替代技术或资本减少时,另一种形式非常不同的替代就产生了。还是以铜为例,海底电缆至今仍是铜的最终重要用途,但随着微波技术和通讯卫星的发展,对其需要已大大减少(Mikesell,1979)。促进特定资源利用效率的各种措施也已显著地影响了消费。众所周知,生产一吨生铁所需的焦炭,已从19世纪中期的8吨多一下子降到1900年的3吨,而今则不到半吨。同样,家庭里可在安装双层玻璃和其他隔热形式上投资而降低其能源消耗。这些情况都说明,需求的减少可以在不降低生活标准或放慢增长速度的条件下达到。资源乐观派认为,技术变化现在是一种有计划的积累过程,它在市场体制的刺激下可望把任何一种特定储存性资源耗损的影响减少到最低限度。

第三种形式的替代包括增加"二手"材料的使用从而减少矿产品消费。就很多金属而言,回收的废旧碎片[5] 已经在最终产品市场上占了很大比例。多数评论家都认为,矿产价格哪怕相对很小的上涨也会大大提高回收的经济可能性水平。有人已计算过,美国已回收了30%的废铜品用于再加工,而且在2000年以前可增加到50%或60%(US Buareau of Mine, 1974)。熵会对重复利用起限制作用的观念,至少对于可见的将来看来是大可怀疑的,因为

1961—1970 年间仅有 1%的未复原铜消散于复原物之外(Mikesell, 1979)。事实上,作为很多金属产品结局(汇)的固体废物存放点,很可能用来积聚而不是分散废金属,并能提供未来的矿点。铜循环利用的潜力对于其他金属并非没有典型意义,而且重复利用也并不限于金属矿物;数量可观的化学原料和非金属元素已经在回
42 收并重复利用(部分由于成本原因),这也是一种污染控制措施。

最后,当生活方式或需求变化而改变了最终产品和服务的组合,就在一种大不相同的意义上造成了替代。基于重工业和初级产品的经济向资源较不密集经济的变化过程已在西方世界得到极大推进。正如里德克(Ridker,1972)指出的,经济组合变化,二次加工、第三产业和娱乐业的结合更显重要,使得储存性资源的需要显著降低。经济体制的变化可望导致某些生活方式的变化,同时还应记住,个人和政府都能对如何生活和消费哪种储存性资源有所选择。当然,他们是否愿意或能够实施其选择,这又是另一个问题。

上述形式的替代在过去已经发生了,这是无可辩驳的事实;现在也毫无理由认为此类替代会在将来突然停止起作用。凯和米尔利斯(Kay and Mirrlees,1975)曾经非常清楚地指出,如果承认需求对价格的上涨会作出响应而下降,而且资本可替代资源,那么梅多斯的"世界Ⅲ"模型将会产生极其不同的结果。按照对替代潜力的较高但并非无道理的估计,该模型仅让资源利用增长 8 倍,就可使产出增加 4 000 倍;而 8 倍的资源利用实际上并未超出所有资源的探明储量。作者强调指出,不要把他们的这种论证看作是对未来经济活动和资源利用的严肃预测,他们的工作只是有力地证明了那种设想对逼近的稀缺作出响应是微不足道的模型之不足。

对乐观派的挑战

任何关于需求变化、技术革新和社会适应的预测都带有很大的不确定性,而且越是推测到遥远的将来就变得越不确定。里德克和沃森清楚地说明了这点:

> 要在绝对意义上对遥远的将来作很多有用的预测是不可能的。将来是由新的发现和发明、新的意识形态运动和社会体制结构决定的,甚至时而取决于偶然被安排在战略地位上的那些人任性而鲁莽的决策。对此类人类历史中的不连续性从来不会有经得起检验的预测。(Ridker and Watson, 1980, p.11—12)

像赫尔曼·卡恩等人(Herman Kahn et al.,1976)那种展望未来200年之久的书,可以看成是一些有趣的科幻小说;而大多数严肃 43
的预言家现在都把注意力集中在未来25—50年的资源状况上。现有的著作几乎毫无例外地都断言,储存性资源在这种时间尺度内的自然稀缺将不会在经济福利上引起任何严重的损失。因此对绝对自然稀缺将造成社会危机和灾难性崩溃的说法可不予考虑。但是,对于乐观派关于市场过程将自行解决一切稀缺问题的荒谬论点,却有很多理由可提出挑战。

对乐观派构成挑战的关键基础有三个。第一,市场体系显然是不完备的;第二,市场运作的结果很可能与社会的文化、经济、政治目标不相符合;第三,市场不能克服——实际上还在制造——某些形式的自然资源稀缺。

市场不完备

为了对需求、技术和供给作出响应,以便在时间和空间上优化配置资源于相竞争的用户之间,市场需要完善的竞争机制,构成市场的企业要按合理规定的方式行动以使其利润最大化,而且要由具有无所不知的能力以预测未来资源需求和价格水平的经纪人来管理。此外,市场系统还需要避开政府的干涉。不言而喻,这样的条件在现实世界不存在。那么问题就出现了,实践中"不完备性"是否会在相对近期的将来产生出物质稀缺问题?

储存性资源产品很容易被少数几个大型私有公司或国有企业控制,这个事实使某些评论家认为稀缺问题很可能变得更缓和而不是更严重。从定义上看,竞争不完善的公司就是大得足以影响其产品最终市场价格的企业[6]。为了长期使其利润最大,他们将限制当前产量以维持价格水平;而如果没有障碍阻止新的公司进入该产业,那么此类对产量的限制会继续很长时期。换句话说,比之完备市场条件下已有的情况,所生产和消费的资源会更少,因而将来可利用的资源必然更多。甚至有人认为,现在的资源还"欠开采"(underexploited),"世界资源利用得太慢才是真正的危险","如果我们为后代留下生产设备而不是地下矿藏,那么他们的利益将会得到更好的满足。"(Kay and Mirrlees, 1975, p.171)

风险及不确定性的影响

市场存在的其他不完备性却导致相反的而且更广泛接受的意
44 见,即现在的资源开发为了获取最大化的长期利润,已经是太过分了。在不完备市场条件下,一个竞争者为了有利于将来的报酬,要在把他目前的生产限制到什么程度这个问题上作出最优选择,他需要知道需求、供给和价格的长期变化情况。因此,他必须能够预测世界经济、技术革新的未来状况,预测其他供给者的活动和消费者偏好及生活方式的变化。他不能靠把现在可指望的产品留待遥远将来的市场上去出售,来减少围绕未来报酬的不确定性(Heal, 1975; Dasgupta and Heal, 1979)。如果未来市场不明朗,则风险和不确定性很可能推动生产者加速开发已知矿藏。

某些资源产品的价格一直是极其易变的,不仅如此,贸易条款还随时间的推移愈发对原材料不利,因为其价格的上涨比加工产品的要慢。在这种情况下,生产者可以通过增加已知价格水平上的当前产量,通过投资于贸易条款更有利的商品的生产,来减少其未来收入的不确定性。尤其是当资源有了替代品,而且替代品已经或在最近的将来会更便宜时,就不会有什么保护资源的热情。由于其财产有被征收的危险,私有企业尽快开采已知资源的倾向就更被加强。在很多生产者的状况中存在着政治不稳定性和对多国公司的强烈不满,企业很可能加快开采矿藏以在尽可能短的时期内保障其投资。已有的证据表明,主要私有采矿企业都高度反感风险和不确定性。他们正在以很高的速率开发资源以“贴现”[7]其潜在的未来收入,尤其在欠发达国家。这不仅减少了“探明储量”点的数量,也意味着高速的开采水平。此外,众所周知,主要的矿产多国公司已把其利润分散到其他经济部门(见第三章,80页)。

虽然这些因素已可能导致已知储量的过快耗竭,它们还会通过压制开采、压制新供给来源的发展而制造出更为严重的长期困难。蒂尔顿(Tilton,1977,p.24)指出,在提供和勘探新矿藏方面缺乏投资“对以后10—20年的矿产供给造成了一种严重威胁,比矿藏的耗损更加严重”。他的看法是其他很多评论家观点的反映。例如,来自日本、欧洲共同体和北美的15位经济学家在1975年提交了一份分成三部分的报告,指出“对矿产供给来说,比资源耗损更为现实的限制应该是投资不足,投资是将矿藏的存在转化为市场供给的一个要素”。(Brookings Institution, 1975, p.17)即使在发达国家,也极需要大量资本来发现有经济意义的矿藏,来发展必要
45 的萃取、加工和运输设施;而这种资本投资的大部分必须在任何回报实现以前加以充分保证。价格的易变、原材料实际价值的下跌、国有化的风险、税收的增加以及出口限制,所有这些因素都可能起作用,从而降低为保证将来供给所需要的、在一定规模和一定时期内的资本投资热情。

如果把储存性资源的开发从私人手中夺取到公共控制之下,情况也不一定有多少改善。政府首先就没有什么热情为将来而节省已知资源的产出。在民主社会中,寻求再次当选的需要倾向于增强可感受到的短期收入和尽快开采的贸易优势。如果经济增长和改善生活标准在很大程度上取决于从资源出口中获得的收入,那么就会有更大的开发压力。

现在已很清楚,既然资源出口国不顾一切地要求购买重要进口物资和偿还外债,欠发达国家抑制资源出口以利将来国内利用潜力的能力就极其有限。大多数政府的政治前途,即使在集权制度下,通常都取决于能为现在的人口取得可见的短期经济收获,未出生后代的潜在需要不可避免地成为次要的考虑。此外,国家所有制本身会抑制勘探活动。外国私有风险资本的流入很可能减少(这确实令人沮丧),而仅仅靠本国的资本来源,无论是私人的还是政府的,又很难达到进行重大资源勘探活动所需的水平(见第三

章,73—74 页)。

资源保障

即使我们假设市场尽管有其不完备性但仍将起作用以避免世界范围内的自然稀缺问题,然而由于资源在消费、生产和藏量方面的空间分布不平衡,还是会产生很多困难(见 83—104 页)。市场体系并不能保证每一个国家靠开发国内资源就能满足消费者的需求。在对世界市场封闭的计划经济中,矿产自给的政策可以创造出一些为保证以内部资源满足全部需要所必须的需求适应和技术适应。当然,这得服从一个前提,即该国的自然基础要多样化到足以产生可制造全部基本产品和服务的物资。而在此类封闭系统之外,不管与国界有关的位置如何,生产者会开发成本最低的矿产资
源。这就使有些国家因无力进口必需的原料而面临自然短缺。之 46
所以如此,在第三世界国家是由于缺乏财政资源,发达国家则是受其供给区域内政治动乱或贸易禁运的影响。

特别是 20 世纪 70 年代早期以来,西方发达国家集团已警觉到第三世界政府会力图将其矿产资源当作政治武器来使用的可能,从而采取行动。锡、铜、铝矾土、铁矿、汞和钨生产国卡特尔的形成,已使人感到他们将仿效石油输出国组织,以限制生产和冻结价格来增加其在矿产开发所创造财富中的配额。不仅如此,正如 1973 年石油禁运的戏剧性表现那样,生产国会用贸易禁运来推动其政治目标[8]。在西方国家资源勘探和开发的历史很长的情况下,未来发现的绝大部分将指望开发相对不足的苏联集团和已经或潜在地处于苏联影响范围内的欠发达国家,这种看法更加剧了对进口依赖的恐惧。如果情况确实如此,那么世界势力平衡就会发生

戏剧性的移动,这将损害"美国和其他自由国家的资源保证和经济增长",并将加速"资本主义的动态性质",至少在美国国家物资委员会(US National Commission on Materials, 1973)的眼中是这样。

第四章将会说明,其他资源生产国极不可能取得石油输出国组织那样的市场实力,即使取得也不会对西方发达经济构成同样的冲击。但是贸易限制和战争至少会造成暂时的短缺,忽视这种可能性是不明智的。无论对资源保障的担忧是现实的还是想象的,都已经影响了消费国的资源利用政策和私有企业的投资行为。美国已实施了好多年的大规模战略贮存,大多数西方国家现在也已采取了类似的政策。例如,法国在 1975 年拨款用于贮存,日本政府在 1976 年初决定贮存铜、铝、铅、锌(Tilton, 1977)。人们已在酝酿建立消费国联盟以在需求控制战略方面达成协议。对国内资源开发和加强勘探水平热情的限制已经放松。此外,现在已非常注意开发替代品和改善资源保护技术。所有这些反应就长期看都会削弱不发达资源出口国的作用,并可能进一步加大西方与第三世界之间的财富差距。现有的收入悬殊已经引起了极大的关注,普遍认为必须创造一种新的国际经济秩序(NIEO)来保证世界经济系统的同步增长并促进可得资源更公平的分配(Brandt Commission, 1980; Dolman, 1980)。

这就产生了一种双重二重唱的形势。世界市场体系运作的方式以其全部不完备性,既不能满足第三世界生产国的收入目标和政治控制目标,也不能满足发达进口国的资源保障目标。而主权
47 政府想改变资源开发利益之分配方式的企图,既阻碍了其国界内新勘探冒险的私人投资,又使得消费国政府力图减少其脆弱感。这些反应反过来又可能导致达不到建立新探明储量所需的投资水

平,因而产生甚至是短期的自然短缺。另一方面,如果私人企业和消费国政府联合起来作出响应,改变投资取向而不减少投资总量,那么自然稀缺可能防止,但代价是进一步加深国际财富的悬殊,同时产生很多伴随的政治、经济困难。

经济耗竭

还会有进一步的问题,因为市场体系根本无能力防止某些特殊矿藏的耗竭,或防止依赖这些矿藏的任何国家和地区因此而来的经济、政治瓦解。事实上市场力量很可能加速耗竭的发生,因为矿藏在自然耗竭发生很久以前就几乎不可避免地在经济上耗竭了。英国自 20 世纪 60 年代就关闭了煤矿,自今仍在关闭。其实煤还是有的,但是在当前市场条件(和政治环境)下,只能以低于生产成本的价格出售。参考图 2.9 可以说明市场力量在决定任一特定矿藏何时达到其耗竭点中的作用。当矿藏开采的自然条件更加困难时,供给成本上升,边际成本供给曲线($MC—MC^n$)将随时间而上移[9]。

因此,为了覆盖生产成本,生产者需要为每一产出单位收取递升的价格。但是当价格上升后,愿意或能够购买矿产品的消费者将会越来越少。如果该矿产占上市供给的全部,那么生产者就面对市场需求曲线(D—D),某些产品仍将卖出;直到 MC^n 的费用水平,在消费者准备付出的价格下再无任何产出。但是,如果该矿产只是总供给的一小部分,那么生产者面对的相应需求曲线由 $P—D^p$ 给出,产品只能在市场价格下销售。在这种情况下,经济耗竭发生得更加迅速,在供给成本移到 MC^2 时,根本不会有对矿产品的需求。这里的论述对现实世界复杂而不完善的市场体系作用力量作了高度的简化,但确实说明,可防止世界范围内资源自然耗竭

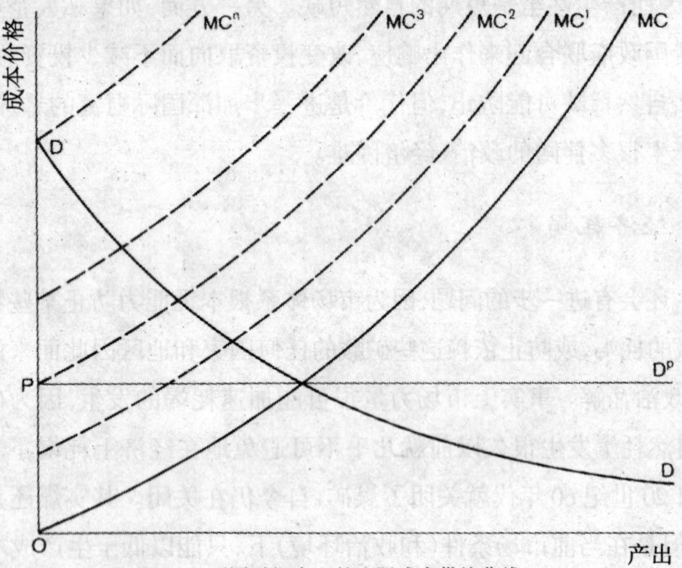

$MC—MC^n$ 不同时间点上的边际成本供给曲线
D—D 总市场需求曲线
$P—D^p$ 面对完全竞争企业的需求曲线

图 2.9 经济耗竭的产生

的经济力量,对于防止局部的经济耗竭却无能为力。正是这个事实解释了为什么如此众多的政府干预矿产市场,给国内生产者予
48 津贴,或者限制国外生产者的竞争。

资源耗损在地方、区域或国家尺度上的影响取决于其他自我维持活动产生的程度。当经济基础仍然依赖于单独的储存性资源开发时,其经济耗竭就会导致严重的社会、经济问题。资源的私有制会使这些问题更严重,因为生产者收益最优的开采速率不可能是那种使社会、经济的瓦解程度最小的速率。一般说来,发达国家具有高度多样化的经济,能抗御某种资源储存的耗竭,其国内生产总值不会有太大的下降,失业率也不致有显著增加。但是,即使在

这些国家，区域性衰落和失业问题也决不是不重要的。欧洲和加拿大为创造就业机会以弥补采煤工人失业所牵涉的困难已广为人知（Donald，1966）。此外，某种国内资源的耗竭可能是对国家安全的担忧进一步加剧。

第三世界资源出口国面临的耗竭问题无疑更为严峻。很多此 49
类国家高度依赖某一种（或与之相关的一组）矿产品的出口。正如表3.7（102页）所显示的，某些国家出口收益的50%以上取自矿产原料。在欠发达国家中，资源开发并未创造出可赖以对付某一主要产业倒闭的那种混合产业结构，除掉很少的例外，几乎所有与矿产开发相联系的增长都输出到了世界上的发达国家。在这种情况下，某种主要矿产在经济上耗竭的可能性对整个国民经济是一种严重威胁。当然，这不一定是由于任何生产成本的增加，而是因为技术、需求或价格的变化冲击了产品市场。不难设想在发达经济之外所产生的铜大失其资源价值的情况，也不难想象这对扎伊尔、赞比亚和秘鲁那种已经不堪重压的经济会有什么影响。

环境变化

即使市场过程确实能够防止储存性资源的自然耗竭，而且无需政府行为的干预，这里也必须提及最后一组问题或挑战，它们关系到会产生什么样的社会。我们已经看到，对资源可得性的地缘政治威胁可以克服，但代价是第三世界国家已经很严重的社会经济问题进一步恶化。很多评论家进一步指出，最终代价是整个人类的生存，因为作为社会“生存基础”的环境将会消亡。

例如斯奈德（Snyder，1971，p. ix）曾宣称：“现在活着的人没有多少能幸免于未来30年的灾难”。其他一些人也提出了不那么可怕的警告，例如埃利希（Ehrlich，1970a）、谢弗（Schaeffer，1970）、康芒纳（Commoner，1972b）、沃德和杜博斯（Ward and Dubos，1972）。另一些人则持不那么极端的观点，他们集中注意芸芸众生将要享受或忍受的生活质量，他们认为市场力量虽然可以保护物质利益，但人类福利的实际标准将会下降（Barnett and Morse，1963；Mishan，1976）。此类观点的一个关键基础是下面这个明显的事实：工业原料的开发也包含着对环境资源的掠夺。诸如水和大气质量、野生动植物以及景观价值这样的资源，历来被看成是“自由财货”，是没有或少有市场价值的。因此，有关储存性资源的生产和消费决策从来不考虑有关非市场环境资源的利用。（后面章节将详细考察这些问题。）

在储存性资源开发和利用过程中的每一阶段，都需要各种环
51 境资源的配合。开矿会破坏土壤、植被和排水系统，产生相当程度
的水污染和空气污染，降低景观价值，还会让矿工和社区中的其他
人蒙受重要的经济、社会损失。对健康、物质和建筑的损害，农业
52 生产力的降低，供水成本的增加，这些都可能是必须加进矿产实际
价格中的成本。此外，开采期间的事故可导致严重的环境破坏和生命损失，尤其是在能源部门。例如，1969 年加利福尼亚的圣巴巴拉一口油井泄漏了 78 000 桶原油，估计经济损失达 16 000 000 美元（Garvey，1972）。

对大多数矿产来说，环境破坏的程度是随着低等级矿藏的开发、开发规模的扩大以及现代“大型采矿”技术的采用而逐步升级的。此外，把采矿推进到未开发的欠发达地区和远离市场的地区，不仅破坏（至少是严重干扰）残存天然环境的生态，而且也显著冲击土著居民的文化和生活方式。此类后果就是关于阿拉斯加油田

照片1　皮克区(Peak District)国家公园里的岩脉矿开采;采矿时间很短,却对当地环境产生了严重的影响。

照片 2 在英国德比郡(Derbyshire)靠近巴克斯顿(Buxton)的地方,作为石灰石开采、石灰烧制和废物堆积的结果,地表特征被显著改变。

开发争论中的主要问题,也是澳大利亚土著地区铀矿和铁矿开采时冲突的主要原因。换言之,很多已延缓储存性资源生产出现报酬递减的过程,也加速了环境和社会的变化。这就不可避免地使两种人之间的冲突更加尖锐,一种人高度重视矿产的价值,另一种人则愿意将土地和其他环境资源用来生产不同的财货和服务。

储存性资源利用的这些后果并未随其开采的结束而结束,在冶炼、精炼、运输和加工阶段,废物都排进大气、蓄水层中,或堆放在土地上。这不仅降低了这些环境媒介的质量,也显然对人类健康产生严重的反馈作用。最为经常提及的例子就是日本水俣的汞中毒事件,炼铜过程中产生的废物含甲基汞,进入蓄水层后在鱼类和贝壳中富集,人食用后导致严重的胎儿畸形,小产率增加,产儿

照片 3 在英国北安普敦郡（Northamptonshire）由于铁矿石开采而产生的岭谷地形。

聋、瞎、痉挛，而产妇本身却看不出受汞毒的影响（Holdgate，1979）。

恶性事件最容易引起公众和新闻界对矿产利用所包含的代价和风险的注意。1979 年在爱尔兰班特里海湾的伯特尔吉斯卸罐时的爆炸使 50 人死亡，此事说明石油和天然气运输过程中的危险性。在像坎维岛和鹿特丹港这类装卸设施和储存罐集中的地方，装卸工人和附近居民的安全就成了大问题。托里·卡尼翁（Torrey Canyon，1967）和阿莫科—卡迪兹（Amoco-Cadiz，1978）对石油溢漏的 53
代价也作了充分的说明，它不仅损害海洋生态系统，也使当地的渔业和旅游业遭受严重经济损失。一些潜在的事故更令人担心，诸如切尔诺贝利灾难①和 1979 年 3 月三里岛核电站近乎灾难的事件

① 指 1986 年发生在乌克兰切尔诺贝利（Chernobyl）核电厂的核泄漏事件，此次事件震惊世界。——译者

照片 4　英国南威尔士的格林尼斯(Glyn Neath)迈斯格温加普(Maesgwyn Gap),巨大的移动缆绳电铲在露天煤矿上作业。

表明,依靠核技术来替代化石燃料是有风险的。然而,这些事件都是戏剧性的,而更多的环境变化却是在不知不觉中发生的,在日常的资源开采、加工和消费中向环境排放废物中发生的。

这种逐步的变化不断降低环境资源的美学价值和康乐价值,因而降低社会福利水平。更为严重的是,生态学家和其他科学家已经指出,人类不可能不断地将环境用作废物堆放处而不损害生命自身赖以存在的生物—地球化学循环(Commoner, 1972b)。例如,众所周知,化石燃料的燃烧不断增加大气中的二氧化碳,改变着碳的循环,而由于吸收二氧化碳的森林广泛消失,这一过程就更加有害。这种额外的二氧化碳在大气中积聚到了多大的比例?它正在影响太阳辐射的转换吗?它是否会引起严重不利的气候变

化?海洋能吸收更多的二氧化碳吗?这能抵销二氧化碳的积聚吗?这对海洋生态系统的长期影响将如何?在了解人类是否正在 54
毁灭自身的生命支持系统以前,很难要求对这些至关重要的问题给出答案。如果说这种对人类生存的担忧是过分夸张了,那么任变化过程继续下去的心不在焉的态度就更值得怀疑(Holdgate, 1979)。

技术变化和市场所产生的对付储存性资源稀缺的其他适应方式,有可能被证明与至关重要的生物地球化学循环的维持相一致,但是依靠这种愉快的利益一致则是一种一厢情愿(甚至是极端荒唐)。某些适应方式,例如改变生活方式、节约利用和更多地利用可更新资源,可以减少储存性资源利用的环境代价和社会代价。然而,开发合成材料以替代天然生成的矿物元素将增大生态风险,很多作者都认为现代技术正日益严重地破坏着环境(Commoner, 1972a; Schnaiberg, 1980)。虽然支持这种观点的证据尚可怀疑(见第 256 页),但市场制度不能将环境服务与矿产生产和利用成本计算结合起来,这更加使防止储存性资源稀缺的适应手段将以环境资源的日益稀缺为代价。

工业矿产部门与生活支持服务、美学服务之间的各种相互关系产生了两个关键问题。第一,要保证将社会和环境代价(包括风险)结合进经济决策中,政府需要干预到什么程度?第二,此类干预对适应储存性资源自然耗竭的过程有何影响?有些人认为这种代价和风险是可以接受的,因为资源开发可以带来物质利益。另一些人为短期经济利益所左右,或者无视其中所包含的长期风险,从不问一问继续目前的这种开采趋势是否合意。显然,对很多欠发达国家来说,污染的长期而不确定的影响,远没有资源生产中任何重大限制的已知经济和社会后果重要。即使在主要工业化国家,虽然60年代末70年代初的环境运动把环境价值放到了政治议程上的关键地位,但现在的经济衰退和失业已显然使权利平衡倾向那些优先考虑物质增长的人(见第九章)。

环境压力集团的活动,要获得规划认可而带来的延缓,以及要满足污染控制法规所带来的成本,都使资源勘探和开发的投资在20世纪70年代一度普遍沉闷(Tilton, 1977)。毫无疑问,在美国,对石油开发的反对确实阻碍了阿拉斯加输油管的建设,抑制了东南大陆架区域的石油生产(Manners, 1981a)。同样,污染控制法规
55 显然对资源生产者强加了额外的成本,尤其是在美国和日本。对核动力计划的普遍反对已是延缓核发电能力扩展的一大因素。然而,由于在探明新储量和发展技术以寻求替代品方面缺乏投资,对出现重大稀缺问题的担心并不是没有根据的,这又使政府把经济增长作为当务之急。

在经济增长复兴,无可得性问题迫近的时期,环境利益集团对储存性资源生产者所施加的某些阻碍很可能成功;但是一旦经济增长成了问题,失业率上升,对进口的依赖加强,那么几乎无例外地会把这些经济问题放在环境问题之上。例如在美国,里根政府任内就削弱了环境保护局的权力,清洁空气法也予放松,联邦土地开始对采矿开放,还采取了一系列措施来刺激国内石油和天然气的开发(见225页)。当储存性资源开发被看成是经济增长过程中极其重要的输入时,当对国家供给保障的担心鼓励较可靠的国内供给源泉时,环境控制还能对矿产开发的继续投资施加任何有意义的阻拦吗?这是极其值得怀疑的。另一方面,这意味着环境的吸收能力将受到更大的压力,因而也对环境质量资源的可得性造

成更大压力。

流动性资源的稀缺

关于流动性资源的过度利用和不合理利用将在后面的章节中深入讨论。这里仅仅有必要指出,流动性资源的稀缺和退化很可能是比储存性资源耗竭更为紧迫的问题;先简略地阐述一下这样说的大致理由。

显然,技术进步和市场力量并未像对储存性资源的作用那样减少对流动性资源的压力;实际情况恰恰相反(Johnston, 1975; Dasgupta, 1982)。在发达经济中,更高的消费者实际收入不仅增加着对更好生活质量和更清洁环境的需求,并伴随着个人流动水平的提高而强化了对舒适景观和其他康乐性资源的压力。同时,现代工业产出的规模、技术发展的速度、对更多物质增长的持续压力,所有这些结合起来,大大加快了环境变化的速率。例如在英国,农业为增加产量而发生的一些变化,如使用杀虫剂和化肥、田块归并、湿地排水和开垦沼泽,都影响了景观质量,减少了动植物
的多样性。在某些情况下,这些变化甚至破坏了土壤的自然结构, 56
引起土壤侵蚀(Shoard, 1980; Green, 1981)。农村环境的所有这些变化都源于集约生产的压力,这种压力在食品短缺的欠发达国家尚可理解;但在肥胖症和农产品剩余一再成为问题的经济中,这种压力却莫名其妙。

如果说有些区别的话,那就是技术和市场力量不能保证可更新资源的持续可得性,这在第三世界更为明显。广泛存在的营养不良和饥饿提供了充分的证据,说明很多国家为了解决社会中最

贫困人群的食物需要而增加生态系统生产力的企图是失败的。认为"绿色革命"和其他增加世界食物生产的途径可以解决全部食品稀缺问题的乐观主义,在20世纪70年代的那种气候、经济、社会和政治环境下已经土崩瓦解。持续的旱灾表明了干旱、半干旱环境的脆弱性,而那些地区正受到增加农、牧业生产的压力。当农业被推进到更加边际的地区时,这些地区对气候波动的天然抵抗力就更加弱化,而且还伴随着另一种危险,即植被和土壤的破坏将大大降低生物生产潜力和经济生产潜力。

这种危险已经广泛出现,不仅广为人知的萨赫勒荒漠化如此,而且在南美(尤其是智利和阿根廷北部)、中东和亚洲山区也是这样。在现有农业区通过灌溉、机械化、增加化肥和化学杀虫剂来强化产出的企图,也同样不能获得所期望的收获。灌溉地的盐碱化和积水对维持产量已是普遍的威胁,适宜温带土壤和气候条件的技术常常加速了热带、亚热带和半干旱生态系统的退化。

这些"发达"农业制度的此类问题还应当联系世界经济和政治事件来看,由于它们依赖设备、资本、化肥和杀虫剂的进口,这就加深了其脆弱性。很多评论家(如 Feder, 1976; Dasgupta, 1977)已经指出,最贫困人群的食物问题远未缓和,当技术变化与经济实力相联时,已使欠发达国家内的社会不平等有增无减。无力使用新技术的小农场主不得不出让其土地,导致无地的劳动力增加,促使农业向更为边际的地区推进。当然,土壤生产力并不是唯一不能与人类需要同步的可更新资源,森林破坏及其所导致的薪柴短缺,水资源的严重不足,以及水质和空气质量的迅速退化,所有这些问题都加重了第三世界的资源可得性问题。

58 正如我们将要看到的那样,可更新资源持续压力后面的原因

照片 5　加速侵蚀:人口压力、砍伐森林和农业向边际土地扩展的最终结果。尼泊尔首都加德满都附近的这幅景象,是很多山区的典型情况。

是复杂的,对这种需要认识自然系统、社会经济关系、政治权力以及(对可接受补救行动的)制度障碍的复杂问题,不可能找到简单的解释和简单的解决办法。这里只想指出,流动性资源耗损和退化的许多问题之所以恶化,盖因为它们常常是公共财产或公共场所。这就是说,它们不能为任何个人或私营企业专有。传统上一直把它们看作是不会耗竭的,所有的人都可免费获取的。人们对资源保护和减少污染没有积极性,所发生的技术变化一直假设它们可继续免费获取。诸如鱼、飞鸟、水和空气这样的资源都是在极大范围内不可分割的;没有哪一个用户能支配其供给,控制其他用户的数目或他们获取的数量。因此,短期内生产过度或利用过度的事就常常发生,形成长期耗竭的危险(见第 264—270 页)。

小　结

本章说明不能仅按自然概念来定义资源,也不能把稀缺看成是狭义自然意义上的问题。现在一般认为,在可预见的将来,经济发展并不会由于储存性资源可得性的障碍而突然停滞,市场的不完备、地缘政治问题或环境控制也不大可能对发达国家造成任何有意义的矿产稀缺问题。但是,关于第三世界国家的未来,关于所有国家环境资源的持续可得性,情况却没有如此乐观。经济系统以其持续的消费和生产紧迫性,并不包含保证资源财货和服务的公平分配,或保证防止公共财产资源流稀缺的机制。政府干预是必要的,以保证资源开发和消费过程能满足社会、物质和环境对它们的要求。但是,说来容易,而要在所有级别(地方、国家、国际)的政府中形成可接受的资源政策,却存在着不可克服的障碍。其中之一就是关于资源开发和分配政策的法定目标缺乏认同。正是这些障碍成为本书以下章节的关注点。虽然储存性资源和流动性资源通过经济、政治和环境系统的运作而相互关联,为了认识当前开发模式背后起作用的过程及其所产生的问题,有必要分别考察这 59
两部分。第三至第五章关注矿产储存性资源,而其后的几章将注意可更新资源管理问题。

注　释

1．关于环境价值的增长,有越来越多的文献。其中有用的概要可参见 O'Riordan and Turner, 1983, p.1—62;Pepper, 1984;Ruding and Lowe, 1990。

2．但是对某些污染物,生物降解是非常缓慢的;这些污染物在已经停止生产后的很长时期仍然保留在环境中(见 287 页)。因此,对这些污染物来说,环境的同化能力只是在很长的时间里才是可更新的。

3．石油输出国组织。

4．供给成本与储量之间的这种关系尚未得到证明,而且在过去成本趋势的条件下也无法证明。巴尼特和莫尔斯(Barnett and Morse,1963)、诺德豪斯(Nordhaus,1974)等人的工作已经指出,资源的实际平均成本其实已随时间显著下降。虽然在 70 年代早期这种趋势似乎不再继续,但它还是继续下去了。无论是按照劳动输入的成本还是根据制造品的成本来衡量,现在各种资源比 1975 年时是更便宜了(Barnett et al., 1984)。

5．“旧”碎片和新碎片之间是有区别的,前者实际上已在生产中用过,后者则是资源加工过程中产生并通常在“室内”进行再加工。

6．不完全竞争公司的行为及其对资源配置的影响将在第三章 79—80 页、122 页和第四章 129—138 页作更详细的考察。

7．私有企业用来评价其资源投资的贴现程序,将在第三章 76 页讨论。

8．应该指出,无论是对矿产价格的操纵还是出于政治动机的贸易禁运,都并非新东西。例如,石油、铝和镍工业的国际私有公司多年来已形成了贸易卡特尔,以划分市场、控制生产和稳定价格。此外,武器禁运也一直广泛用来制裁古巴、苏联、南非和罗得西亚(津巴布韦)那样政治上"任性的"的政府。

9. 这里所介绍的一些经济概念将在第三章中进一步解释。

第三章　矿产资源:分布、 60
生产与经济学

引　言

很少有人会否定矿产开发在工业化及经济增长中所发挥的重要作用。然而,这并不是说矿产本身的存在对经济发展的规模或分布有决定作用。如这样说,就忽略了人类及其技术、需要和制度在将资源价值赋予“中性材料”中的作用。在矿产形成任何价值或产生任何经济增长之前,它们必须被查明位置,开采出来,转化成存在需求的有用产品,并在一定时间、地点按质按量地送到消费者手中。当它们有用并存在市场时,它们大部分必然被当作人造产品,并且必然是在投入大量的资金、能源和劳力之后。

矿产勘探、开发、提炼和交易的格局不能简单地解释为是自然对各个国家的恩赐,而要研究投资决策制定的方式和影响投资决策制定过程的因素。谁制定这样的投资决策?其目标是什么?以及他们遭受的政治压力有多大?在作任何努力企图理解矿产开发、位置和规模时,这些都是必须重视的问题。矿产开采公司、国际金融机构、矿产买卖企业和政府等方面的运作,是解释矿产生产空间分布的重要因素。同样,要研究自然资源在经济发展中的推动作用,就应深入认识其所有权和交易的模式。这就有必要对市场结构、企业和制度的行为以及政策的影响进行评价,这些不仅影响私有矿藏的价值,而且影响既成财富的分配和随生产者状况而异的增长。

本章主要注意影响寻找有价矿产和影响任一已知矿产开发程度的一系列复杂自然、经济和政治变量的辨认和分析。这其中涉
61 及的变量很多,且它们之间是相互作用的。他们的相对重要性不仅因矿产不同,而且因时间和地点的变化也发生变化。当今的一些重要变量在过去活动所奠定的基础上运作,所以目前矿产开发的模式是过去的翻版。因此,简化生产者的行为模式能帮助区分出一些明晰的变量,但它们不能提供一个对目前资源开发和利用格局的满意解释。对目前空间分布和形成分布之驱动力的理解,本身可看成是有价值的学术实践。然而,除非我们准备被动地接受任何这些动力创造的资源可得性及其配置,否则就有必要超越这些变量的描述而进入政策的范围。因此,第四章将强调矿产业运作与经济效益、公平分配、经济增长、供给保障和保持环境质量等重要公众目标关系程度的关键性问题。第五章将考察政府制定政策措施的范围,以寻求改变目前矿产生产、交易和消费的模式,或寻求改变由此产生的财富和发展的分配模式。

寻找有价值的矿藏

勘探活动的空间偏斜

在找矿方面的投资,从来就不会(且仍将不会)均匀地用在世界上所有的矿产潜力区。

在第二章中已说明石油和天然气钻探严重偏向于北美(见图2.3,25页)。到60年代早期,美国钻探了1 987 000多个探井,这与澳大利亚形成鲜明的对比。虽然事实是澳大利亚有相当广阔的在地质条件下有石油赋存的土地,可直到1963年,在那里也仅打了600个钻井(Hedberg et al., 1964)。在60年代,美国对探测石油没有多大兴趣。长期石油价格下跌,联邦进口石油和价格控制政策的不稳定,以及钻井成功率下降,都减少了对勘探投资的刺激。虽然这样,每年仍钻探10 000多个[1]新井,而且在1973年石油危机和稍后的联邦能源政策修正后,钻探的比率逐渐上升。据美国石油研究所调查,仅1981年,美国就钻探了8万多个钻井。

美国大规模的探测活动,与世界其他地区的探井率相比,是大
可称赞的。澳大利亚探测高峰出现在1978年,那年花了1.16亿
多澳元,可是据称只打了53个探井(Australian Year Book, 1981)。
同样,虽然1982年挪威、荷兰和丹麦在北海沿岸打井达到顶峰,但
总计也只打了100个探井。此外,还应加上英国近海的90个和沿 62
海的27个探井(Petroleum Economist, April 1983)。如果以美国标准
来判断,那么在这些地区的探测活动是微不足道的,第三世界国家
就更不值一提了。这些国家自身缺乏资金来进行重大的探测活
动,其政治条件又被认为不适合西方投资。

这种探测偏向绝不仅限于石油,实际上它是出现在所有矿产资源中的一种典型格局。就煤炭来说,其矿藏的位置在某种程度上被缝合线的连续性简化了——形成延伸几百平方公里的煤层——但仍需钻测以确定其规模和质量。历史上,煤炭储藏量的详细评价严重偏向于传统使用煤的欧洲国家。虽然如此,一些主要煤田,例如(英国)莱斯特郡东北的贝尔沃煤田,直到1974年国

家煤炭局承担了调查工作,证实了已知很久、在经济上可行、能为国家探明储量增加 14 亿多吨的煤炭藏量时,仍在探明之中。

其他地方,甚至像技术发达的加拿大,对煤炭潜在储量的知识其实也很初级。虽然知道在北纬 60°的荒凉土地上存在煤藏,但却没有详细探测证实以提供一个大致估计的贮存量。实际上,加拿大估计有 109×10^9 吨的煤储量中,只有 8.5%被钻测过;42%是估计的;另有 49%是从地质结构中推断出来的(UN Economic Commission for Europe, 1978)。总体来说,南半球的煤资源调查还很不充分。澳大利亚的煤炭资源直到现在才逐渐弄清。除南非外,非洲的煤炭资源潜力仍很不清楚。比如,博茨瓦纳可能有低硫的优质煤炭资源,但由于国内市场有限、资金短缺以及把矿产从封闭地区哪怕用简陋的运输运至适当港口的困难,再加上处于政治敏感地区,一直没有什么投资热情来证明存在储量(见 112—113 页)。

就金属矿藏来说,大部分金属矿的存在取决于当地的地质条件。因而,在确立矿藏的存在、范围及质量之前,有必要对地质状况进行系统而详尽的分析。现仍有大量金属矿潜力区尚待进行详尽、系统的地质分析。很明显,勘探必须限于地质上可考虑的地
63 区,因此,受此限制,探测投资便严重偏向于世界上技术先进的国家。这种偏向甚至在那些相对价值较低、体积较大的非金属矿产中也非常明显,非金属矿的运输将生产与市场紧密联系起来。例如,使美国成为石膏或重晶石最大生产国的原因,并不是一次幸运的地质事件,而是其内部的需求水平。

勘探投资的分配

关于矿产勘探资金投入的水平和分布,已发表的数据都很粗

略,而且没有全球的数据,然而历史上这种勘探花费主要都集中在发达国家。当然,投资格局的这种空间偏向今天仍很明显。第二次世界大战后的几年里,随着重建而增加的需求,随着国内资源耗尽而产生的恐惧,以及由于交通运输的改善而使欧洲和北美公司直接将其探测投资输向相对未开发的第三世界,传统的勘探格局就被破坏了。例如据估计,1961 年以前欧洲的矿产开发公司在欠发达国家投入了其总探查预算的 57%(Manners, 1979)。

从美国的海外投资调查也可看出,到 1969 年,欠发达国家所接受的外国投资中 53%用于采矿和矿产部门(表 3.1)。然而这些数据没有区分出勘探费用,也没有给出美国国内投资的规模。

这种历史性投资格局的转换已被证明是短命的。利用里约锡锌公司(Rio Tinto Zinc)收集到的数据,克劳森(Crowson,1981)指出:欧洲公司直接投入欠发达国家的那部分勘探费用在 20 世纪 60 年代和 70 年代急剧下降(图 3.1)。到 1975 年,仅占总勘探投资的 15%,而且,虽然在第三世界的投资兴趣一直延续到了 70 年代末,但他们仍只吸引了欧洲私有探测费的 20%。同样,一份在 1976 年由 18 个美国和加拿大公司共同承担的调查表明,他们 90%费用是用于发达国家。考查表 3.1 显示的美国在外国直接投资的数据,也可看出美国在欠发达国家的投资也是相对下降的。显然,欧洲和美国的情况是世界范围的典型模式。比如,坦泽(Tanzer)断言:

> 自 20 世纪 70 年代早期以来,近 85%的世界矿产勘查费用(除石油外)是用在发达国家,其中 80%是在所谓的"安全"国家:美国、加拿大、澳大利亚和南非。(Tanzer, 1980, p.50)

64 表 3.1 美国在国外采矿和冶炼中的直接投资(百万美元,1976 年不变价)

	发展中国家	发达国家	发展中国家在总投资中所占比例(%)	总计
1960	1600	1411	53	3011
1965	1814	1971	48	3785
1970	2522	3646	41	6168
1975	2150	4398	33	6548
1976	2309	4749	33	7058
1977	2164①	4507②	32	7066
1978	2303③	4331④	33	6990
1979	2241⑤	4495⑥	31	7185

①智利和委内瑞拉除外。

②英国、南非和新西兰除外。

③智利、委内瑞拉和秘鲁除外。

④英国、南非和新西兰除外。

⑤委内瑞拉除外。

⑥南非和新西兰除外。

资料来源:Mikesell, 1979, p.249;US Department of the Interior, Mineral Yearbook(美国内政部矿产年鉴), 1977—1979。

注:一些国家在 1977—1979 年封锁了有关投资的数据,以避免暴露公司财产信息。这意味着发达国家追加到发展中国家的投资没有加进总数中。20 世纪 80 年代的数据分不清是哪个国家。

勘探偏向的历史原因

从历史上看,容易理解为什么会产生一种有偏向的勘探格局。我们已看到,自然资源要从文化上评价,其价值取决于技术和社会经济条件。因此,矿产勘探首先发生并集中在工业化国家是很自然的。然而,如果把目前先进国家的优势仅仅归结为他们开发和利用资源的技术知识,这就太简单化了。金属加工技术并未被欧

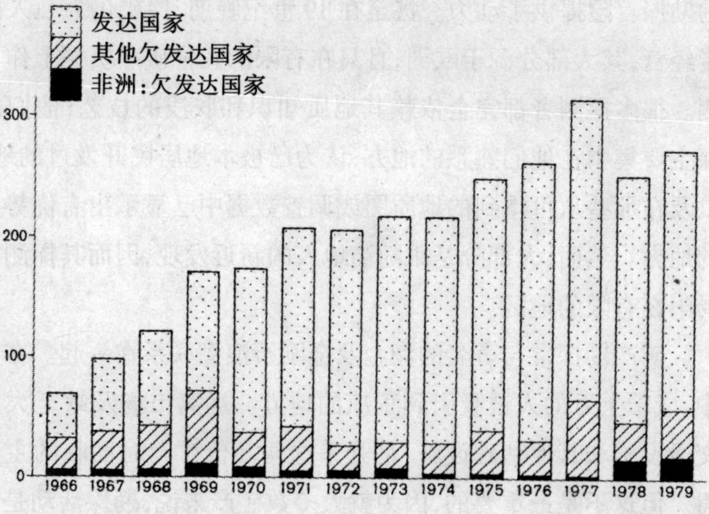

图 3.1　欧洲公司勘探投资的分布

资料来源：Crowson, 1981, p.51。

洲血统的人所垄断。早期南美、印度和中国生产的人工金属制品及其创造的丰富艺术是举世闻名的。现逐渐认识到，在欧洲人到来之前，非洲已存在悠久而复杂的金属加工术。考古学证据表明斯威士兰的矿产开发始于公元前 43000[①]年左右；在殖民前，加丹加的土著人就开始了铜矿开采和加工；莫桑比克铁制品的质量为 65
利文斯通所注意（Lanning and Mueller, 1979）。最重要的不是有多少如何利用和开采金属矿的知识，而是应有需求的规模及支持需求和提供必要资金的经济系统。

冒险的勘探者

随着国家的工业化进程，对各种矿产需求的增长为风险极大

① 原文如此，疑为公元前 4300 年。——译者

的勘探冒险提供了动力。甚至在19世纪晚期,探矿仍为私人勘探者经营,其大部分源于欧洲,且只在有限的几种矿产资源上作了探测。很多探测者都完全依赖其地质知识和肤浅的技艺;他们的勘探主要集中在他们熟悉的地方,认为已被本地居民开发过的地方,以及在那些从可得到的地质图或调查数据中已显示出有优势条件的地方。然而,大部分是跟随当地人的新近发现,因而其探测活动局限在有限的地区。

矿产勘探常与著名的淘金及金刚石浪潮联系在一起。在淘金中,成千上万的人被吸引到荒凉的地方。远离市场及缺乏大量的
66 交通设施和其他基础设施,是开采这些高价矿产时面临的主要障碍。但这不是最重要的,因为就大多数矿产来说,勘探活动是与农业开发紧密相连的,且其区域受到矿藏经济条件的限制,除非是提炼、生产过程和运输的花费低得足以使其产品在市场上完全实现其价值。在工业化国家本身之外,勘探活动的格局与殖民统治的建立、系统交通路线的发展以及殖民地公司进入发达国家的市场等因素紧密联系在一起。

偶然的发现

不应忘记许多矿产的发现是偶然的,是由于在矿产地的其他活动才突然被发现的。在澳大利亚,当地人广泛的农业活动对许多矿产的最初发现有重要意义。澳大利亚南部巴拉(1845年)和蒙塔(1860年)的铜矿,布罗肯希尔(1883年)的银和铅矿等,都是牧场主偶然发现的。著名的金伯利金刚石产地(南非),是一群荷兰居民的孩子在瓦尔河岸边玩耍时发现一块闪亮的石头,然后竞相去抢夺时被绊倒才发现的。同样,萨德伯里矿藏是在开凿加拿

大太平洋铁路遂道时露出矿体才偶然发现的;而芬兰的塞德荷尔姆(Sederholm)铜矿是在开凿一条小运河时突然发现的。尚有许多在打水井或钻探石油时偶然发现的矿产的例子。

一旦开始在某个地方勘探某种矿产,地质知识就会随之丰富起来,从而有可能据此在其他地方发现类似矿产。澳大利亚的蒙特艾萨铜矿就是在许多经验知识的基础上发现的。铅和锌是牧场主发现的,而在钻探证明这些矿体规模时发现了铜矿。因为铜矿储藏在地面600英尺以下并伸向很深的地方,在有限深度内很难发现他们;任何公司若横切铜矿脉,再作极大的勘探努力,也无望有钻探地下深处铜的前景(Raggatt, 1964)。

地质调查数据

另一个重要的影响勘探位置的因素是地质资料的可利用性及其质量。地形图和地质图的出现使有可能对金属矿带的潜力进行鉴定。在1832年英国地质调查局成立之后,越来越多的政府认识到了在其领土上进行系统调查的好处。到19世纪末,许多欧洲国 67
家已建立了调查组织,苏联、加拿大、美国等也都建立了类似机构;此外,英国、比利时和荷兰的调查组织还将其活动延伸至为殖民地提供基本的地质和地形资料。

虽然最初建立的调查组织不想成为政府的矿产勘探者,但在其日常工作中,还是做了许多工作,而且其勘探质量、勘探的范围及制图的规模均对私人投资决策有影响。此外,个别政府的地质学家们通过对地质资料的分析,已很清楚一些矿产的赋存状况,因此,他们准备着手进行勘探。例如塞拉利昂马兰巴(Marampa)铁矿的发现,应归功于来自黄金海岸的测量地质学家N.R.琼纳(Junner)的勘探热忱。调查组织在丰富矿产提炼知识和改进勘探技术方面也有重要作用。加拿大萨德伯里西部的布莱恩德里弗地区曾拒绝成为铀资源潜力区,因为旧的炼铀技术太差,而获得不了多少益处。但是当美国地质调查工作表明铀随废矿氧化的硫酸滤渗出来时,他们重新评价了那个地方,并且发现了大量有经济价值的矿藏。

直到20世纪40年代,私人和政府使用的调查方法基本如下:地质学家们必须逐一勘察地面,确认并划定矿脉岩石界线,钻测并建立固体地质的性质和结构,并取回样品分析。许多国家的领土范围、地形的自然特征、浅层积累矿藏的深度、交通设施的通达性以及气候,都影响勘探的完成。甚至在一些相对富裕的国家,如加拿大和澳大利亚,调查任务的规模与大面积荒凉的土地也成为完成地质调查的主要障碍。到1963年,尽管事实是加拿大地质调查局已工作了120多年,但仍有1/4的国土未能作出1:500 000或1:250 000的地质图。同样,澳大利亚直到1980年才完成1:250 000的地质图。在这两个国家,仍有大量土地需要制定大比例尺的地图,如1:100 000的地图,以进行有效的矿产勘探。

第二次世界大战后,各种遥感图像的使用,使提供基本地形地质图的任务革命化了。虽然这些技术很少能对具体矿产提供服务[2],但它们为矿物勘探提供更多更详尽的高潜力矿区扫除了障碍。然而,正如我们所看到的,这还未能在迄未调查的第三世界促成一个勘探投资热潮,尽管已加速了澳大利亚、加拿大、南非和(较小程度上)巴西的调查步伐。为解释目前的投资格局,我们需要对
68 各种不同的矿产勘探形式、有关不同形式的组织以及影响决策的各种因素进行考察。

矿产勘查的类型

到目前为止,讨论仍集中在已估价新矿藏的勘探上。然而,这仅是矿产探查的一种形式:同等重要的是新技术的发展,它可使已知但不经济的矿藏得到商业性开采,并从广泛可得但非常规的资源中生产出矿物。虽然勘探和新技术的研究是同时进行的,但它们在某种程度上是可相互替代的,并且可相互竞争缺乏的投资资金。对二者中何者给予重视是因时而变的,且这种重视对矿产勘探有重要影响。一些证据表明,在过去 15 年时间里,逐步增加的那部分勘探费用已用于技术革新,这使一些次经济的矿藏资源或其他资源已进行商业性利用,这种情况在经济发达的消费国中已知道存在很久了。

勘探矿藏本身不是一次性活动,而是要采取各种形式或经历各种阶段。第一,初步调查,包括对基础地形和地质图的分析(给出整个国家或区域的广泛自然特征),以及对任何其他调查和过去开采资料的分析,从而确定目标地带,以进一步进行更详尽的研究。第二阶段,包括通过制作目标区图,决定其小尺度的结构和地质状况,以及通过测试地面物质,寻找示踪元素,以判断其潜在前景。第三阶段是矿藏评价,这是用一系列地球物理和地球化学技术进行钻测和分析,再评价矿藏前景。

如果这种工作能证明存在适宜的矿藏集中地,则基本的勘探任务就结束了。但仍需对此矿藏进行评价以确立其商业合理性。然后,确定矿体或矿产赋存结构的界线,评价其结构特征,确定其质量与不纯的程度。接下来就不再进行矿产资源自然性质分析的调查,转而调查政治、经济和法律环境。在任何发现的矿产被归类为已探明的可开采储备资源之前,必须对规划条款、出让条件以及政府对资金、外资权和贸易的限制,很可能还有基础设施费用等,进行评价。最后,还应注意在矿产生产开始时,评价工作仍需进行,个别地方尚需用新的数据、技术革新或变化的市场条件,经常地进行再评价。

找矿过程中的行动者

矿产勘探,目前主要包括有四种主要的投资者:国家政府、仅
69 在一国生产的私人企业、跨国公司、国际金融或援助机构。但不能说这些不同的组织有相同的目标、目的,或者说任一类型的投资者有单一不变的目标。

试图说明或预测最适宜投资行为的经济模式常常假定:我们在与理性的经济人打交道,而且其目标是获得最大利润[3]。对某些私人企业来说,这可能比较接近现实。然而很清楚,一些其他企业目的,如满意的利润、平静的生活、稳定的收入、风险最小或稳定的市场价格等,也都是重要的。对公共部门来说,普遍情况是有多种目标,给每个目标的优先权可能随时间而显著变化。从任何投资中获取最大化的直接财政回报可能是一个目的,但其他考虑也起作用,这包括收入重新分配、创造就业机会、控制通货膨胀、避免贸易赤字、减少外债、促进国家安全、避免环境破坏、维护政治权力和保持国家尊严等。这些目标之间不可避免地会产生冲突。例如,一个投资策略创造了就业机会,却不一定能带来最大的利润回报或控制通货膨胀。因此,在这当中权衡的最终决策反映了目前(常

是短期的)政治或经济的先入之见。

计划经济中政府的作用

在社会主义计划经济国家中,政府是主要的而且常常是唯一的探矿投资者,虽然有时可从其他政府甚或国际私有矿产公司获得技术与资金的援助。比如,中国现正鼓励跨国石油公司参与石油勘探,特别是在需要先进钻探技术和经验的近海区域。不可能将社会主义矿产政策与国家的政治思想体系、正在建立的经济类型、该国在国际政治上所起的作用分开。探矿成了迎合该社会更广泛的经济、社会和政治目的之计划过程的一部分。因为这些目标因国家因时间而异,所以探矿活动的格局以及随后的矿产开发也因之发生变化。

苏联的例子

例如在苏联,要理解探查上给予不同资源类型的优先权、费用规模及其空间分配等,必须考虑自布尔什维克革命以来对其经济有重要影响的四个基本政治原则。第一,为弥合资本主义国家与 70
新共产主义国家的差距,工业快速增长被放在优先地位。这是通过大规模加强基础重工业实现的。为让一大部分国家资源用于建设基础设施和积累资金,消费品生产受到限制。显然,这是一种矿产和能源集中型增长战略,它需要在矿产上投入大量资金。第二个基本政治目标是保证国家军事安全,从而也必须加强这方面的投资。英国、法国和美国为支持白俄而进行的军事干涉引起了苏联对资本主义侵略的畏惧,因此,它十分重视重武器的生产及其赖以发展的钢铁工业。

第三个基本政治目标是把经济发展扩展到整个国家。这并不影响探矿的规模或矿产的优先发展类型,但它却是影响探矿空间分布的一个重要因素。这个目标部分源于希望减少区域不均衡的愿望。沃伦说这根植于马克思主义思想体系,即根植于1848年的《共产党宣言》和恩格斯的一些著作。为说明其观点,他从恩格斯《反杜林论》中引用了一段话。

> 只有一个能和谐地把生产力与整个规划结合起来的社会,才能将工业按最适合自己发展和最能保持生产要素稳定发展的方式在全国范围内进行配置。(Warren, 1973, p.174)

然而,分散生产力的愿望也与国家安全相联系。它不仅减少了西方进攻的危险性,而且通过分散财产,通过把组成苏联的各加盟共和国绑成一种更紧密的经济和社会关系,也有助于防止国内分化。

第四个重要的政治目标是使国家在主要矿产、农业生产和制成品等方面自给自足。这时,安全又成了一个可理解的主要动机。资本主义的政府和企业控制着国际贸易和金融体系,它们反对苏联的政体,同时又(不无正确地)被剥夺他们在俄罗斯的投资而受到侵害。1920年的贸易和借贷禁运说明了国家的脆弱性,所以自给自足便成了十分关键的问题。这也有利于使工业增长更加计划化。脱离于国际市场竞争,生产的产品以及所用的生产要素等都
71 由政府决定,而不是由市场需求及世界价格水平决定。这意味着矿产资源可能来源于在国际发展和贸易体系内不能被经济地开发的矿藏或非常规资源。

在1920年以前就已认识到,按照其广阔的地质格局,苏联的

潜在矿产是很丰富的,但大部分国土从未系统地调查过。严酷的气候、广阔的领土、国内市场的缺乏以及远离工业中心西欧和北美等因素,都阻碍其矿产的勘探。如果新政权要想达到其政治目标,就应纠正这种偏向。在20世纪20和30年代,实施了大量地质调查计划,其花费从1906年的20万卢布增长到1927—1928年的1 000万卢布和1932年的14 100万卢布(见Warren, 1973)。第二次世界大战前,苏联的地质调查费用是美国政府的20多倍,虽然在美国由于私人投资极不清楚而很难作直接的比较。调查地的选择受到已有地质知识的影响,但生产分布的政策明显强调乌拉尔以东地区。此外,自给自足目标意味着找矿不仅专注于勘探,使已知低品位矿石得到利用的技术进步、本地能源、可得但非常规的原材料资源也日益显得重要。这方面的典型例子是用泥炭发电,以及由于加工的进步可从霞石和明矾石中提取矾土,而不仅仅从铝矾土矿中提取。

作为这种找矿活动的结果,整个国家的矿产地理发生了很大的变化。还在20世纪20年代,60%的矿产需要进口,而该国现在实际上矿产已自足,且还出口20%的矿产品,主要是石油和天然气。当然,这是一个了不起的成就,特别是国内工业生产在过去一段时间里取得了巨大增长。但必须强调,在一个与国际竞争分离且个人消费下降的经济里,自给自足是很容易实现的。自60年代以来,决定改善生活水平并更强调个人消费品尤其是小汽车的生产,已打破国家与世界经济体系分离的局面。这里有一些证据表明苏联矿产规划者现在被罗致进一种双向二重唱局面。为开发西伯利亚的潜在资源,以适当的速度满足国内需求,提供出口产品和支付进口食物和设备的费用,需要更多的西方资金、技术和财政信贷。这反过来又增加了进一步开发国家矿产资源以提供必要硬通货的需要。车轮就这样转动起来。

72 ## 混合经济中的政府

政府的直接作用

政府和私有投资的相对重要性因国家而有很大的差异。有一些国家，包括澳大利亚、加拿大、南非和美国，其政府的作用，至少在官方看来是提供基本地质调查数据，制定矿产法以保证分配明确而有保障的所有权，还经常要创造一个鼓励“自由竞争”的环境。然而，甚至在像美国这样的资本主义国家里，政府也直接为某些战略矿产提供详尽的预测。例如，在1956年，600多位联邦政府的地质学家被雇用来找铀，因为从军事上看，能在本土找到这种核原料是非常重要的。因此，为进一步加强国家的各种经济、军事和政治政策目标，所有政府都试图直接插足私人勘探活动——改变勘探规模、位置及有关的矿产类型。

政府对私人投资的影响

在大多数情况下，为促进经济增长、改善支付平衡、减少国家对于贸易禁运或企图提高矿产品价格的脆弱性，各国都十分强调保障本国的资源供给。为此要采取一系列措施，直接补贴、减税、优惠权或优惠的出租条件、优惠的进口税或减少定额限制等，都是长期使用的措施(见第五章，199—231页)。补贴与大量减税一直被用来鼓励寻找指定的、具战略意义的矿产和促进勘探活动的增长。对于前一种情况，军事是很重要的因素，例如1934年德国的石油补贴计划或美国的铀矿勘探补贴。但是，对各种勘探更普遍的补贴常被证明是基于支付平衡或整个供给安全的理由。例如,为保持支付平衡,英国政府在1971年将5 000万英镑投向国内勘探领域。

总的说来,政府主要关心本国的勘探规模,但有时也特别考虑勘探速度问题。英国开发北海石油和天然气的政策为此提供了一个经典说明。那里的一个主要目标是保证勘探尽可能快地使石油自给自足(UK Government, 1978)。为达到这个目标,特别采取了三个主要措施。第一,在第一个六年期末,各勘探企业必须归还其执照面积的50%用于再分配。据说这将加速最初的调查工作,因为没有企业愿冒交还具有高度发现可能性区段的风险;第二,执照 73
地区不准拍卖,但实际上各勘探公司必须通过提交工作计划来竞争最有利的区段;第三,在最初送气合同中规定的价格很丰厚,许多评论员将此看作是一种精心策划的手法,它可鼓励其他公司设想如此优惠的条款也适用于他们,虽然这种想法有时是错误的。

虽然许多发达国家政府影响私人勘探活动的意图与刺激本土资源开发有联系,但有时(尤其在20世纪50和60年代)也采用税收刺激来鼓励到国外投资。这部分与国内储备资源的快速耗竭及对短缺的恐惧有关,但为了保持和扩展政治影响无疑也是一个重要因素。例如,美国和欧洲一些政府允许石油公司从其国内获利中补偿付给外国政府的税款(Hartshorn, 1962)。不仅如此,美国还将14%的津贴分给在南美和加拿大经营的公司,而法国在法郎区给予特别勘探税减免(Devaux Charbonne, 1964)。

虽然影响私人投资的措施无疑对勘探有影响,但它们决不能保证勘探活动与国家经济政治目标一致。毋庸质疑,当外国公司占据投资来源主体时,很难保证其行动还能坚持政府目标。这些难点不可避免地加强了混合经济国家直接承担勘探矿产(至少是战略性矿产)的倾向,它排除并限制了外国公司的活动。虽然这是欠发达国家的典型特征,但并不仅限于欠发达国家。例如,瑞典早在 1916 年就禁止外国人及外国公司开发矿产。在英国、法国、芬兰及其他国家,矿产的国有化已在勘探上发挥了直接作用。

欠发达国家的资金限制

在欠发达国家,政府在以其自己的力量承担重要资源的勘探中都遇到过严重障碍,虽然一些国家已缓解了这点。例如墨西哥,在 1938 年实现了石油工业国有化,曾有一个辉煌的石油发现记录,但现在资金短缺及外债问题已引起严重的困难。资金缺乏是政府勘矿的一个主要限制因素。国内来源有限,而且

> 又常常得不到用于勘探的国际贷款来源。这部分是因为
> 74 所涉及的风险,部分是因为像世界银行那样的国际机构采取
> 下述立场:既然采掘工业的资本可从私有来源中获得,国际机
> 构就应该将其有限的贷款资金用于交通、动力及其他不易得
> 到私有资金的产业。(Mikesell, 1971, p.61)

此外,近年来已经处于较高水平的债务,以及支付中所经历的困难,使继续借款进一步受到限制。其他限制因素来源于少数大型国际公司趋向于垄断必需的技术和专门知识,甚至更重要的是,要支配主要矿产市场。这些公司有远远超过欠发达国家政府的预算,同时也有将勘探风险向各国转嫁的有利地位。这些对独立勘探活动的限制意味着大部分第三世界国家政府要么严重依赖外国私人企业,要么加入合资企业,例如,智利、墨西哥、巴西、扎伊尔和

赞比亚等国的铜矿勘探就是跨国公司与各自的政府共同进行的。

国际组织的作用

包括米克塞尔(Mikesell,1971)和坦泽(Tanzer,1980)在内的一些评论员已经指出,世界银行(国际重建和发展银行)及其相关组织如亚洲银行,在资助探矿投资方面的作用不大。要使国际银行资助大范围的调查以确证矿产潜力区,这一直是特别困难的事。这部分是由于——正如坦泽指出的——世界银行的目标是促进外国私人投资,又趋向于保护美国的利益。然而,这也源于银行自身的业务性质,即银行贷款必须偿还。一旦发现一个矿藏,就有使投资产生回报利润的机会,但越是早期的勘探,其风险无疑也越大。无论什么理由,对欠发达国家的调查来说,这种贷款政策显然难以成为主要资金来源。这些欠发达国家现只得到外国私人勘探投资的一小部分。

在某种程度上,联合国的运作有助于改善欠发达国家的状况。很有限的联合国专项基金已提供一些援助,以支持个别地区的调查工作,这些地区已显示出存在或极有可能存在经济上有用的矿产(Schwob, 1964)。然而,这项资助并不援助地质或地球踏勘活动或有关的地形制图,也不援助任何形式的石油钻探。而且,用于这方面的资金总量是很小的。1959 年到 1963 年间,只有 8 800 万美元用于调查工作,而且这还由资源调查和工业调查分享。

联合国在 1961 年就认识到了这笔专项资金的缺乏,当时,在 75
开发计划署(UNDP)的赞助下,联合国发布了一个旨在鼓励地质调查和矿产调查的计划。认识到即使一旦发现矿产资源就有充足的资金去开发,缺乏基本调查数据还是会阻碍整个勘探进程。到

1978年,估计这个计划的实施已揭示出至少值130亿美元的矿藏(Lanning and Mueller, 1979)。然而,虽然这个计划已为赞比亚、尼日尔、斯威士兰、墨西哥、智利和马来西亚等国提供了有用的基本调查数据,但联合国开发计划署的官员仍认为不能满足需要。在1959年5月[4]至1976年7月间,其总支出达13 900万美元,这与石油大国每年用于钻探花费的150亿美元相比,效果可想而知。联合国根本不能从其成员国中获得足够的资金填补这种差距。

1974年,更进一步地试图建立一个自然资源勘探周转基金来增加可得资源。其目的是要求获得资助的国家从成功企业中捐出一部分资金,然后进行再分配。毫无疑问,要这种资金自我维持尚需一段时间,且其成功将在很大程度上依赖于开始运作所必需的最初贡献金。到1978年,只筹到1千万美元,这还不足一个铜矿的勘探费用[5]!

私有企业的作用

调查的花费

在共产党集团之外,私人调查的花费仍然使得政府相形见绌。无论采取何种形式,矿产勘查都是花钱的事,且要求稳当和安全。例如,据估计,在20世纪70年代早期就已把1 000万美元投资于只有50%把握找到一种主要有色金属的经济矿藏,如铜或锡。这个数字只能对实际花费提供一个很粗略的概括性概念,而且它基于如下假设:探矿只发生在已知有地质前景的区域(Freyman, 1974)。

然而,与要求花费以后能将新发现转化成的生产相比,勘探花费变得并不重要。平均而论,勘探只花掉非燃料总投资的5%左右。在决定勘探投资位置时,企业应考虑以下事实,即预料产前总费用将因此发生很大变化。这是由于大面积的荒凉土地以及缺乏任何基础设施。在回收利润之前调拨资金所涉及的潜在困难,可 76
用加拿大都姆(Dome)石油公司的例子给予说明。到 1981 年时,它在北极地区的波弗特海租界投资了 5 亿加元。然而,在矿藏投入生产前的 2 至 3 年里,仍需追加投资。可是在 1982 年 9 月,这个公司因债务而不能支付利息,在加拿大政府的压力下,银行重新与之协议才提供了进一步贷款,从而防止了破产清算。

一个基本经济模型

试图理解那无数的私人决策及由此构成的总体投资模式,很显然是一个复杂的任务。为此,必须引入许多概括化和简化的抽象理论因子。作为一个起点,考虑基本经济理论中投资决策的标准和处理方式是很有用的,这倒不是因为它提供了私人企业实际制定决策之方式的充分说明,而是因为它有助于分离出一些关键的决策变量。我们现给出一个假设的而且很不现实的情况,在这种情况中,理性经济生产者有如下方面完备的知识:

(1)关于所有潜在矿源探查(包括技术变化)成功的可能性;

(2)关于用于提炼、加工和销售矿产品的最初资金花费和运营开支;

(3)关于将来每种矿产的需求水平及由此决定的价格,以及每种矿藏产生的收入。

有了这些完备的信息,生产者依据其预期的利润回收计划,就能安排所有潜在矿藏的勘探投资。然而,这需要比较不同时间的开支和收入,而且这很大一部分花费发生在产生利润之前。因此,为进行比较，就应把所有价值换算成同一时期的可比价格，这通常是利用有关利率进行贴现，把将来的花费和收入贴现成目前价值[6]。从目前价值收入中扣除其花费，就可为每个项目进行预期获利计算。一个理性生产者，首先会进行具有最高净回报的项目，然后只要有回报，就会依次继续下去。在任何时候，可得投资总是有限的，而矿产项目又必须以所有其他经济部门都有的机会来竞争这些有限投资。只有在矿产投资的预期回报率与现行其他投资可
77 得的利率相等时，矿产部门才会吸引到投资。因此，如果矿产开发产生的回收利润很低，如5%，而生产微机的工厂可形成10%的回报利润，那么一个追求利润最大者就不会投资矿业部门。即使公司已有必需的资金而不必去借款，也要考虑市场和市场利率，因为可选择把资金借给别人而不是投资矿业以获得更多的利润。

暂时不管包含在这简单经济论述中的许多大胆假设，该模型鉴别出三套影响矿产勘探投资的重要变量。第一，有关的花费；第二，预期的收入；第三，投资其他部门的收入。在现实中，没有一个因素是确切知道的，特别是在考虑任何勘探产生市场产品所要花费的时间时。但是，生产者一般有一些过去经历可作评价基础，因而他能采取一些措施减少可能涉及的风险和不确定性。

勘探花费将严重依赖于发现经济矿藏或开发使条件储量或非常规矿产原料得到经济利用的技术的时间。就勘探而言，花费受到调查地区的位置、自然特征和设备的可得性、受训人员及基础设施等的影响。在偏远的地方，尤其是在欠发达国家，必须运进所有的设备、调查队员以及很大一部分食品和其他家用设施，然后从头开始建造房屋及试验室，并且要习惯于由于贫穷或无道路系统而出现的种种问题。但在为把探测集中到特定地区而作选择时，生

产者不仅应考虑勘探费用本身,还应分析包含在使发现转变成生产的花费和企业运营中的花费。一个重要因素是生产开始前必需的基础设施数量,以及企业而不是政府部门为之要花费多少。一旦生产开始,运营费用将随下列因素发生变化:矿产质量、矿藏规模、矿藏地的自然特征和成矿结构、劳动力、能源和运到市场的交通费用,以及税收、租金和上交给地方与国家税利等等。

当考虑到所有这些花费时,那个地方就常常不是因地质条件最好或矿石质量最高而将被选择作探测的地方。克劳森(Crowson,1981)指出,铜矿总成本最低的产地并不一定是其品位最高的地方。正如表3.2所看到的,赞比亚铜的品位比西方国家的高两倍半以上,但它仍与美国同是生产费用最高的国家;另一方面,铜 78
矿品位很低的南非,到目前为止的勘探花费仍然最低。若其他因素相同,市场力量将使勘查更偏向于低花费国家,而且是这些国家中已存在矿区和有关基础设施的地区。“只要正在经营的矿区存在扩大的可能性,则现存的矿产开发地理格局很可能是永存的”(Crowson, 1981, p.50)[7](又见注释18)。

如果我们假定存在自由的完备市场,而且资金是完全流动的,那么简单经济模式中两个其他重要变量——收入和利率——将影响勘探投资的规模,但不影响其空间分布。收入取决于生产水平和矿产的市场价格,而这两者又依赖于整体需求的强度和其他生产者抛售到市场的矿产量以及替代品的价格。显然,勘探活动倾向出现在保持高价的时期,这时矿产的需求增加,而潜在矿产缺乏又增加了预期价格水平。同时,低利率也可刺激勘矿,因为更多的项目在投资评价计算时会有更多净回报而表现为有利可图。自20世纪70年代中期以来,世界经济衰退及由此产生的原材料价格和消费的急剧下降,而利率又急剧上升,已引起矿产勘探活动的衰退,但铀和非欧佩克石油是明显的例外。

表 3.2 铜矿市场成本比较,1978

	在西方世界总产量中的份额(%)	矿石的平均等级	采矿和选矿成本	现金花费的盈亏,采矿、选矿、管理、税收和营销
澳大利亚	3.6	204	253	59
加拿大	10.6	74	112	78
南非	3.4	55	142	7
美国	22.3	65	73	132
巴布亚—新几内亚	17.0	118	83	78
秘鲁	3.3	65	53	66
菲律宾	6.0	119	87	100
扎伊尔	4.3	51	39	103
赞比亚	7.0	493	173	89
智利	10.6	244	166	132

资料来源:Crowson, 1981, p.50。

注:2—4 列所示数字表示相对成本,矿石以西方世界平均为 100 作为定级指数基础。

79 **风险及不确定性**

虽然目前勘探格局的某些特点可用基本经济投资模型来说明,但它绝不能提供一个完整的图式。企业需要利润,但它们要获得任何利润就必须在商海中生存,因此,必须力图保护固定资本财产的价值和维持稳定的足以使公司运转的收入流。进行一种利润最大但只有在企业被清算后才产生回报的投资并没有多大的意义,因为它不能填补运费或偿还其债务。企业不仅在愿意冒投资风险方面不一样,而且它们冒险的能力也显著不同。小企业通常既无财政储备也不能获得贷款使其能从事获利潜力大但风险也大的冒险事业。

矿产探查的投资者面临四种基本风险:

(1)发现的经济可变性,或“新开发技术实现不了”这种固有的风险;

(2)生产费用可能显著上升的风险;

(3)市场条件变化带来的风险,如价格下跌、利率增加、替代品发展或更便宜的供选资源;

(4)各种政治风险,如战争、政局不稳、财产国有化、特权或税赋要求、强迫交换以及贸易控制或计划控制等。

虽然不能完全避免这些风险,但可采取一些措施来减少风险,至少要减轻其程度。然而,私有企业减少风险策略的变化范围很大,这取决于其规模、产品结构和经营的空间尺度。在某种程度上,所有企业都可通过选址而最大限度地减少内部风险,亦即他们应选择在历史上有矿产出现的地方,可得到优质基本图件和调查数据的地方,以及已成功发现矿产的地方。可通过把探查限制在公司已有专长的那些地区和矿产上来减少生产和市场风险。最后,所有在国外经营的企业,无论其规模有多大,都可以避开不稳定国家或避开那些过去曾对私人企业加以限制的政府等方式来减少政治风险。

大的跨国公司尤其能很好地施展其减少风险的方法。第一,取得已勘探矿藏,或接管或吞并已拥有重要储备资源的公司,减少内部风险。一些企业,如纽门特(Newment)、诺兰达(Noranda)和瑞奥蒂姆(Rio Timto),习惯于去购买至少是部分勘探过的矿藏,近年
来,许多企业都采用这种方法。经济衰退使一些企业陷入资金困 80
难的泥坑,因而也导致了红利和股票价格下降。如这些企业有较

好的储备资产,则它们的勘探既吸引人又相对便宜,而且获得资源的风险也较低。近来,大石油企业在努力接管方面特别活跃,通过这种方式,他们不仅在“安全”地带获得了石油资源,而且使其投资多样化了。

第二个重要的减少风险的策略——多样化经营,包括尽可能将投资散布于不同的国家,生产范围更广泛的矿产品及非矿产品。许多跨国公司很早就高度多样化了。1976年,英美合作公司勘探范围指向30个国家、6个大洲。国际政局不稳无疑增加了只在一个欠发达国家开矿或只开发一种矿产品的公司的脆弱性。因此,提高多样化水平便成了一个生产目标,这在石油工业非常明显。在欧佩克国家宣布公司财产和勘探权利国有化之前,石油勘探就已开始从中东转移。虽然事实上西欧和北美每桶石油的费用是中东地区的五倍多,但这些地区的国家仍注重开发西欧和北美沿海的石油(Auty, 1983)。最近,在70年代,大石油公司购买了大量非石油方面的财产。他们不仅伸向煤炭、金属矿产和核能等领域,而且也伸进了一部分工业品制造和零售等行业。英国石油公司声明要将石油部分的财产由1980年的80%减少到1990年的50%,1981年其在美国的子公司——色海奥(Sehio)公司(为进入阿拉斯加油田和美国市场而买下的)买下了肯尼科特(Kennecott)的铜矿,同时也花了7亿6千万美元买下大部分的美国钢、煤股票(Mining Annual Review, 1982)。同样,海湾石油公司大量投资兴建了它的美国汽煤公司,1981年还花3亿2千5百万美元买下了科默热(Kemmerer)煤矿,花1亿5千5百万美元买下联合钢铁企业北部流域(Republic Steel's North River)的煤炭财产。虽然有一些重要公司的经营不善为某些多样化策略抹黑,但他们仍不失为一个重要的长期策略(Ress, 1985)。

第三个减少风险的策略是勘探技术革新,这也是为了更充分地利用存在于“安全”地区的矿藏或物资。正如美国科学院的一份报告所说:

> 因为许多地区政局不稳,矿产工业将被迫更注意国内资源的开发。如果开矿要保持活力的话,则这些矿藏的开采就需要勘探技术的发展。(US National Academy of Science, 1978, p.3)

然而,如果仅仅把这看作是避免政治风险的策略,那就过于简单化了。低等级矿产的开发,由于它们是在已建有开矿基础设施地区附近发现的,其资金花费较低,管理和销售费用也很可能较低。 81

特别是在美国,现正在试验利用滤取和钻测技术从规模较小或品位较低的矿藏中提取有价值的金属矿[8]。同样,正如第二章所见,技术发展已可从各种非铝土矿中提取铝。佩其尼已建成一座有商业规模的工厂从页岩中生产铝矾土,而阿尔科阿研究了利用斜长岩和煤尾矿的可能性。尽管从美国国内非铝土矿中生产一吨铝的费用比进口要贵80%左右,但仍继续在国内生产铝(Klass et al., 1980)。技术革新在石油公司多样化方面已发挥了重要作用,它使投资既可用于非常规石油资源上,也可用于再生能源上。例如,英国石油公司已资助可更新能源的试验,在努力从油页岩和沥青砂中生产商业性石油方面也非常积极,而且在发展从煤炭中获取石油和化学原料的技术方面起到了作用。然而,如果石油价格在每桶34美元与39美元之间,那么这种投资是吸引人的;但当

1985年石油价格在每桶28美元徘徊时,就显得不是那么回事了。另一个技术革新的例子是大量投资于海底这广阔便利的领域,从中提取具有商业价值的锰结核。

最后,合伙经营可减少风险。现在一个新的矿藏地普遍由多个公司而不仅仅是一个公司开发。除了减少各个企业对一个地点或一个矿产地的资金义务从而减少风险外,科布(Cobbe,1979)认为还能减少对方政府的敌视行为。如果各成员公司是来自不同的国家,那么主权国家就不会同时与几个外国政府恶化关系。此外,如果卷入麻烦的公司是本地的,还可以提供保护措施。即使如果合作经营不能影响生产国政府的行为,它仍可大大减少个别公司的风险,并且可鼓励更多的投资用于那些欠发达国家的勘探。在那里,生产费用相对较低,但对一个独立公司来说,风险又大得难以承受。

非优化行为

为理解矿产勘探的复杂格局,除了风险限制之外,还有必要假定所有企业都在追求最大利润。许多——甚至大部分——企业并不按经济理论所论述的理性来优化行动。所有的公司或合作企业都要获得利润,而探查决策可能只是公司结构内不同部门经理能
82 力的反映;如果总勘探预算已定,则任何一个区域勘探部门的头目表现出来的能力就显得很重要。同样,勘探达到一定水平,才可能持续地使一群训练有素的调查者、地质学家和地球物理学家一起合作,或使一些昂贵的设备,如沿海钻井平台,发挥作用。此外,各企业应利用传统方法而不是理想的方法分配勘探资金。例如,应留下一个固定比例的年销售额或固定比例的资金预算用于勘探或

研究和开发。

一些公司将投资于矿产勘查以维持或增加其特定矿产的销售量或市场份额。对所有纵向一体化的公司(例如同一公司开采、运输、提炼、生产并销售最终产品)来说,勘探活动与其内部储备(生产)形式是紧密联系的。例如1971年,阿纳康达公司有一大半铜矿储备资源被智利收归国有,因此,为保证其炼铜厂和导线厂有供应,必须建立另一个铜矿储备基地。为此,每年的勘探费用实际上翻了一番,当然,都集中在相对安全的国家,如美国、加拿大和澳大利亚。同样,奥蒂(Auty,1983)指出:德克萨科(Texaco)和海湾(Gulf)这两个大石油公司是世界上储备与生产比例最低的两个大公司,所以它们给勘探投资以最大优先权,1980年花费了总额预算的3/4去寻找另外的储备资源。旨在最大量销售产品或获取最多市场份额的商业企业不一定追求利润最大化,但一个企业要获得更多的利润,也可能通过市场的更大份额来控制价格,而不是首先获得投资回报。

不完善的资金市场

最后,在关于矿产勘探投资的这个讨论中,必须抛弃资金市场完善的理论观念。资金既不能充分流动,也不能在任何地方都产生相同的价值(利润)。一个小企业或许只能在声誉好的领域得到投资基金,或只能利用投资基金在风险一向较小的行业冒险。许多国际大公司就不受这样的限制,常常大量资助其勘探,资金计划也不是为再获利而投资。然而,这些公司对所涉及风险的判断,严重影响着世界上不同国家的资金可得性和有效价格。他们在勘探投资评价中采用的利率在不同国家有很大差异。在20世纪60年

83 代,美国主要的石油公司对国内和加拿大的投资利率是10—20%,对欠发达国家的项目则至少是15%,而在风险极大的地区超过25%。这无疑限制了对欠发达国家作勘探冒险,因为使用的利率越高,可能获利的投资数目也就越少。

采矿、矿产消费和世界贸易

显而易见,采矿业只能分布在已成功找到矿藏的地方,由此看来,采矿业的空间分布形式必然反映了过去勘探活动的分布情况。此外,正如我们所看到的,在已开始采矿的地区,并没有停止进一步的勘探;在市场、政治和技术条件改变的情况下,一些已经发现但被认为没有经济价值的矿藏将被重新评价;勘探或技术调整的投资也常对建设采矿业中心有吸引力。然而,已知矿藏的存在和采矿活动之间并没有决定性的关系。

并非所有已知矿藏在任何时侯都能归类为探明储量,也并非所有探明矿藏都以同样的程度得到开采;在潜在可得的矿藏中,是生产者来决定哪些可开采,以何种速度去开发。再者,矿山一旦着手开采,其生产能力不一定达到顶点。那部分未利用的生产能力不仅反映了整个经济活动的变化及对原料的需求,而且也有赖于各个国家特定的经济和政治条件。例如,1976年利比亚石油生产能力的67%未被利用;在1980年9月开始的8年战争期间,伊朗和伊拉克的石油产量远低于其生产能力。

空间分布

对无数正被利用的矿产,若要详细描述其世界范围内生产、消费和贸易的空间格局,则将超出本书的范围。但是,为了理解对现在矿产部门的运作及管理方式的关注,以及国家为此而采取的政策措施,对矿产的基本分布有一个概括的描述是很有必要的。另外,把现在各种空间格局放进其历史背景上来考察也很重要。

第一个明显的事实是当今发达国家[9]在矿产品生产和消费中所处的主导地位。发达国家和发展中国家之间在消费水平上存在的令人吃惊的差距,已广为人知并已被证明(例如可参见 Brandt Commission, 1980)。在第二次世界大战刚过去的一段时期内,仅美国就消费了大约占世界 66%的石油产量,超过 90%的天然气,
99%的铀,60%以上的铝、铜、锡、镍和 50%的锌、铅、铁矿产品。后 84
来,消费集中的程度明显降低,美国的相对[10]地位被经济快速增长的日本、苏联,还有增长次之的东、西欧所削弱。

虽然欠发达国家矿产消费的绝对量提高了,但其在世界消费 85
总量中仍然只占很小的一部分。在过去 40 年中,美国的主导地位只是被广泛的发达国家优势所取代。这种情况可用图 3.2 和 3.3 所显示的 1987 年能源消费数据为例来说明。尽管自从 1970 年以来,第三世界的消费量上升了 125%以上,而发达国家只上升了 11%,但发达世界和发展中世界的差距仍然很大,尤其是以人均量来衡量。这种能源消费不平衡的倾向在矿产消费中是比较典型的。1987 年,发达国家消费超过了 80%的世界锌板产品,84%的粗铝和 81%以上的初级锡产品(ABMS, 1988),相同的百分率几乎

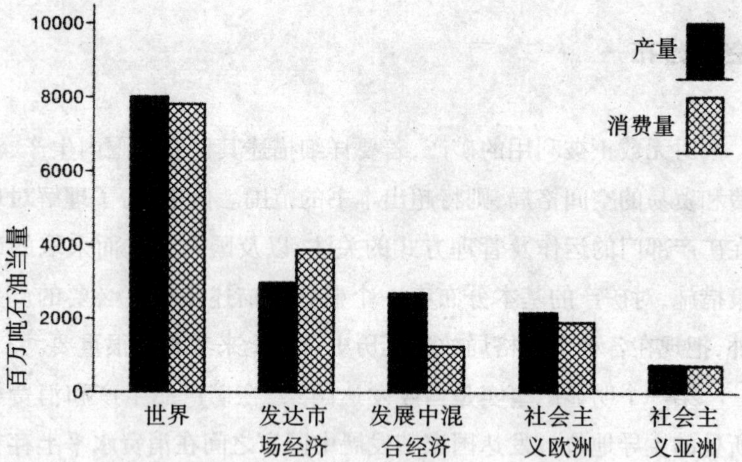

图 3.2 全球能源生产和消费的分布,1987 年

资料来源:据英国石油公司(British Petroleum, 1988)和 I.大卫森(I. Davison)(英国石油国际公司,BP International Ltd.)的数据汇编

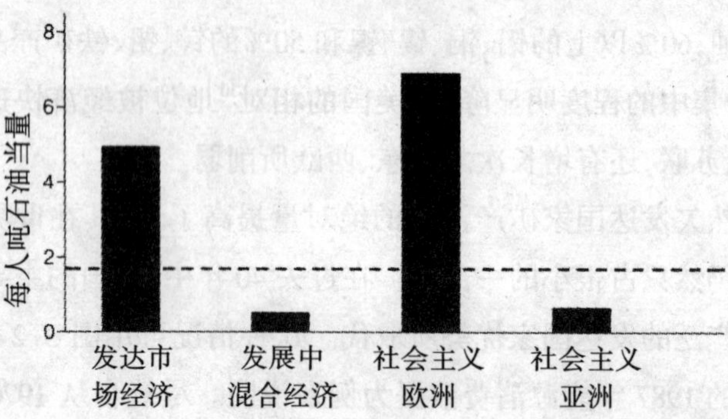

图 3.3 人均能源消费,1987 年

资料来源:同图 3.2,还有《世界时代地图集》(The Times Atlas of the World, 1988)。

出现在其他所有矿产品的消费中。图 3.4—3.10 显示了现在世界上贸易量最大的能源和金属矿产的生产和消费格局;所有这些例子都表明第三世界国家在矿产的总消费量中所占比重很小。

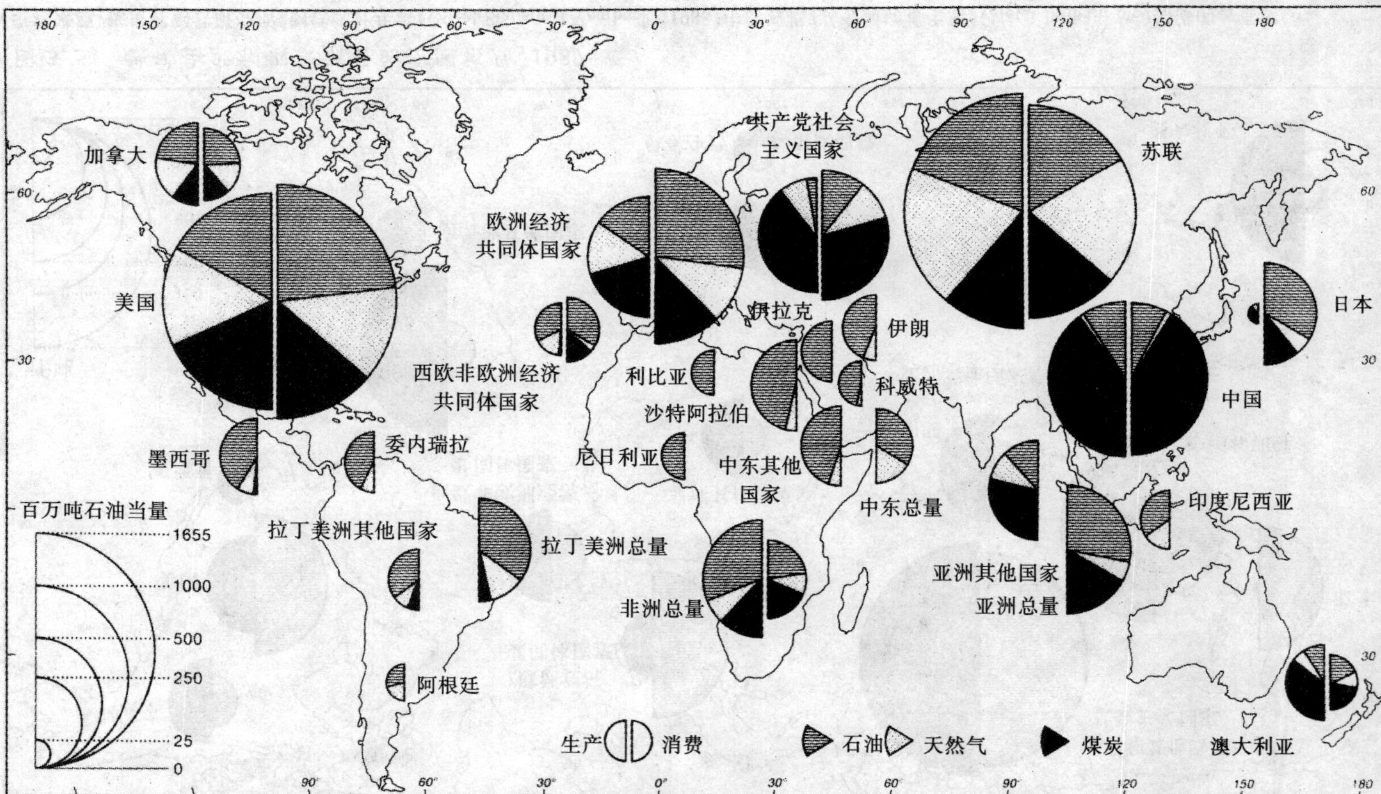

图 3.4　石油、天然气、煤炭生产和消费的空间格局，1987 年

资料来源：据英国石油公司《世界能源统计评论》(Statistical Review of World Energy, London, BP, 1988)中的数据编绘。

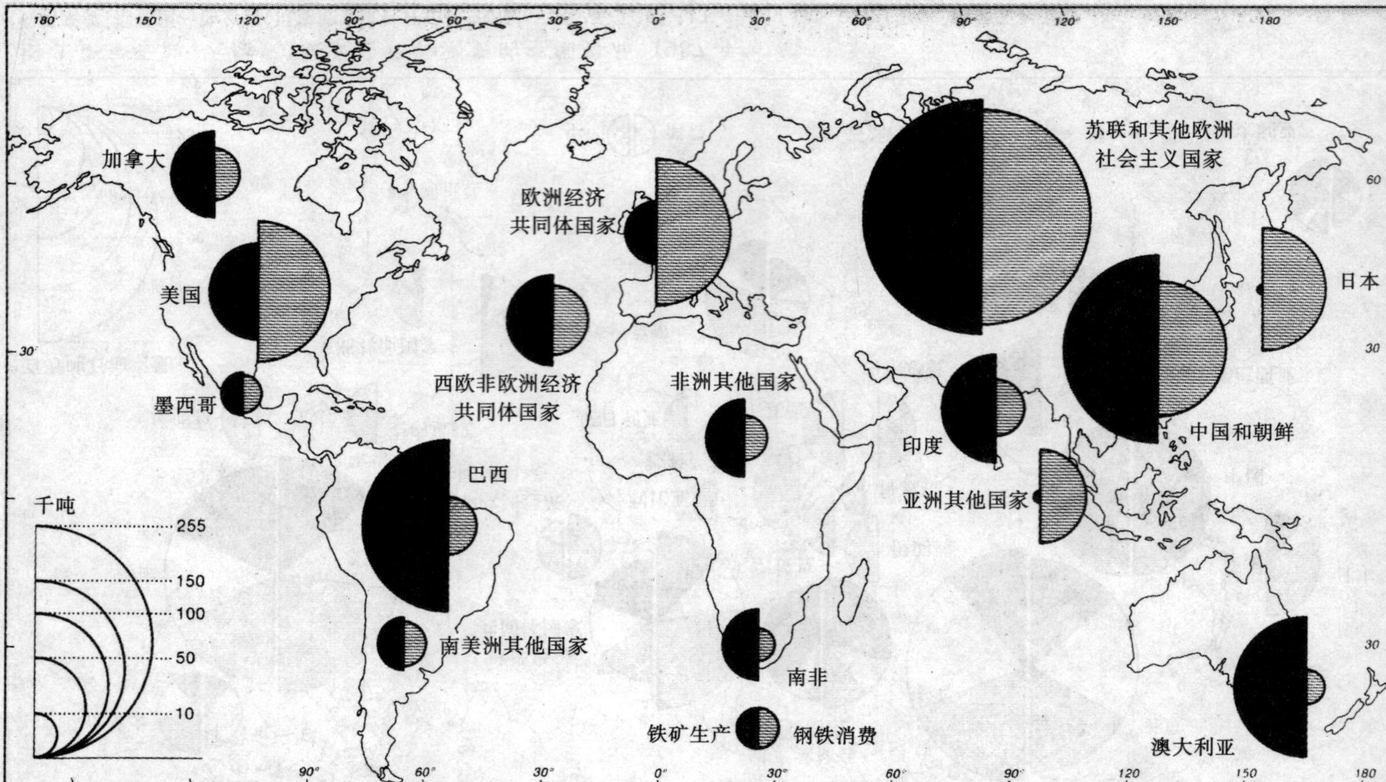

图 3.5 铁矿生产和钢铁消费的空间格局，1987

资料来源：据世界钢铁研究所《钢铁统计年鉴》(Steel Statistical Yearbook, 1988)中的数据和《金属通报手册》(Metal Bulletin plc)提供的数据编绘。

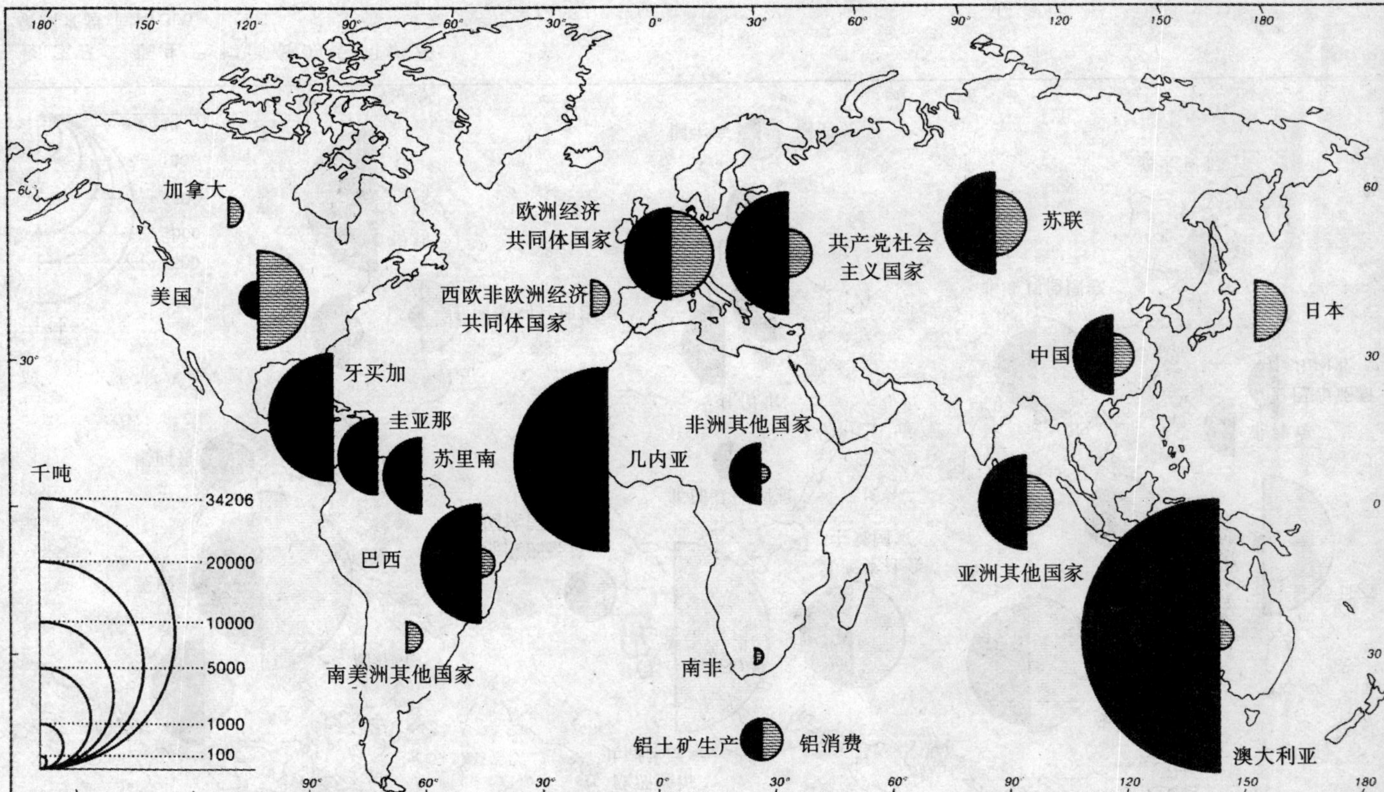

图 3.6　铝土矿生产和铝消费的空间格局，1987

资料来源：据世界金属统计局《世界金属统计年鉴》(World Metal Statistics Yearbook, 1988)提供的数据编绘。

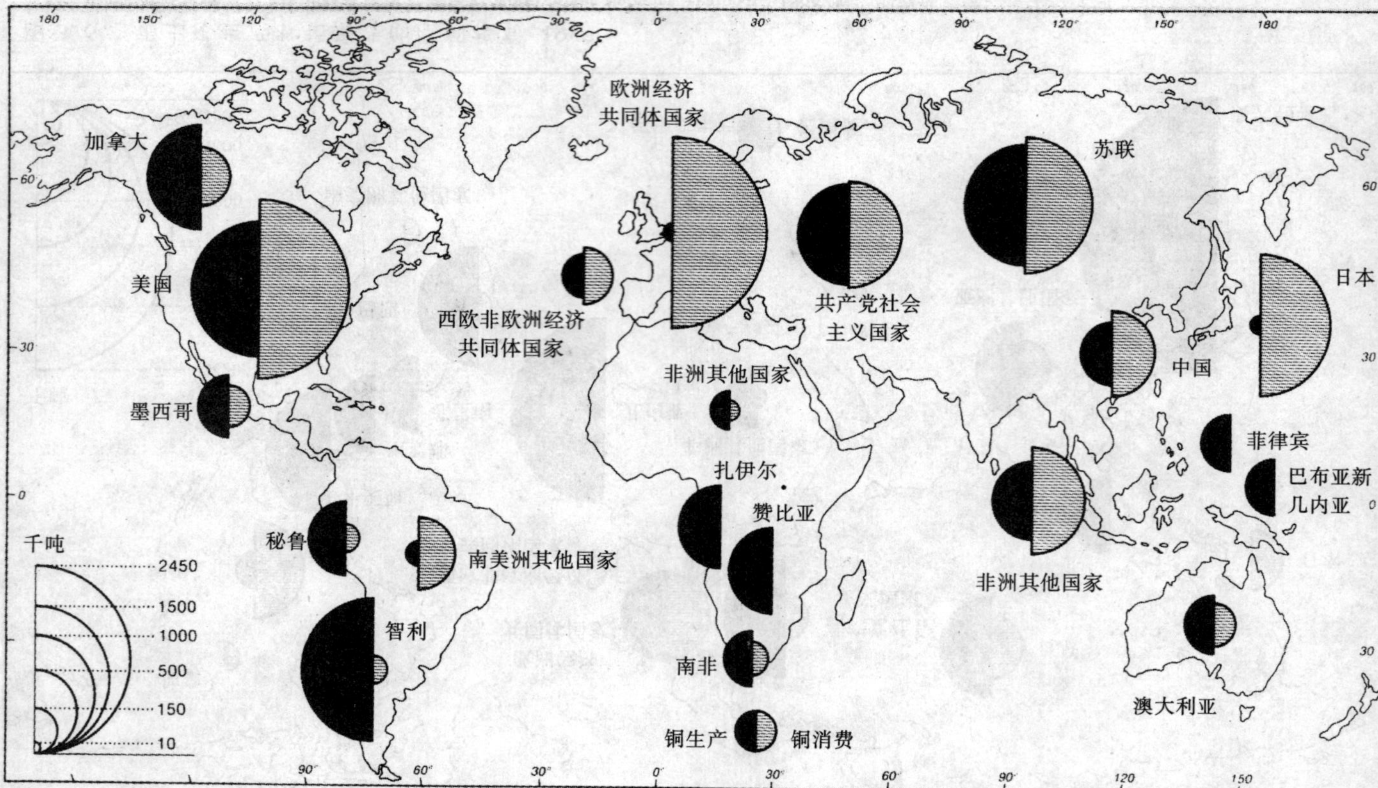

图 3.7 铜生产和消费的空间格局

资料来源:同图 3.6。

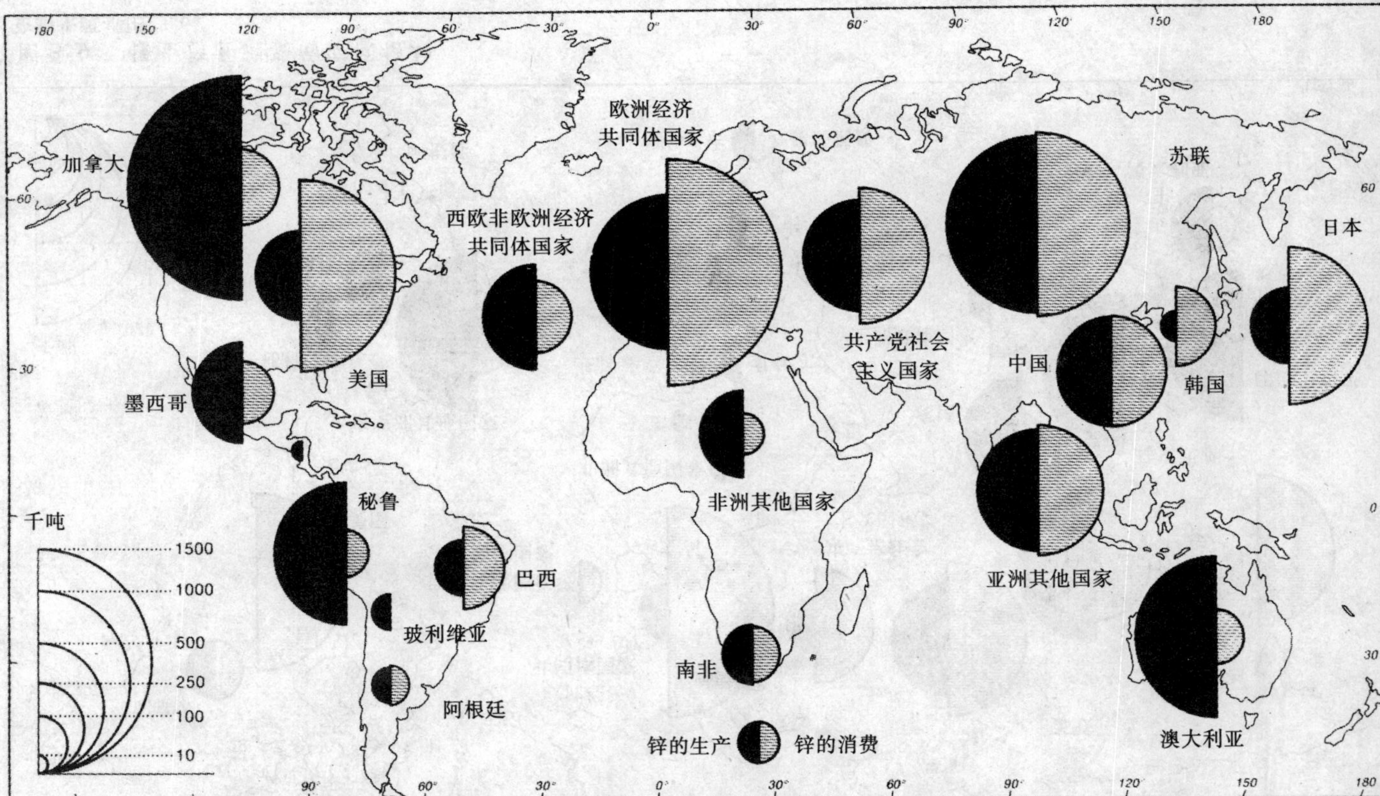

图 3.8 锌生产和消费的空间格局

资料来源:同图 3.6。

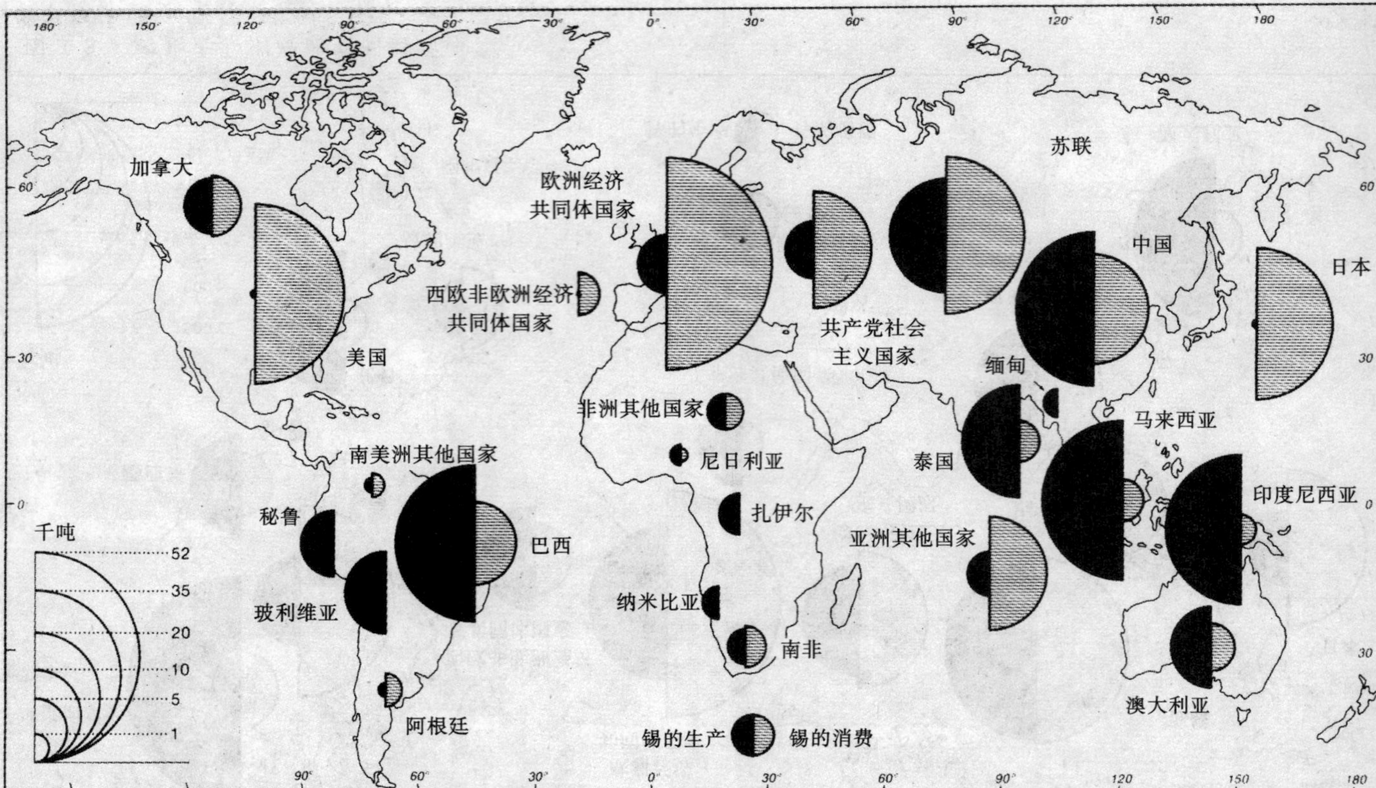

图 3.9 锡生产和消费的空间格局

资料来源:同图 3.6。

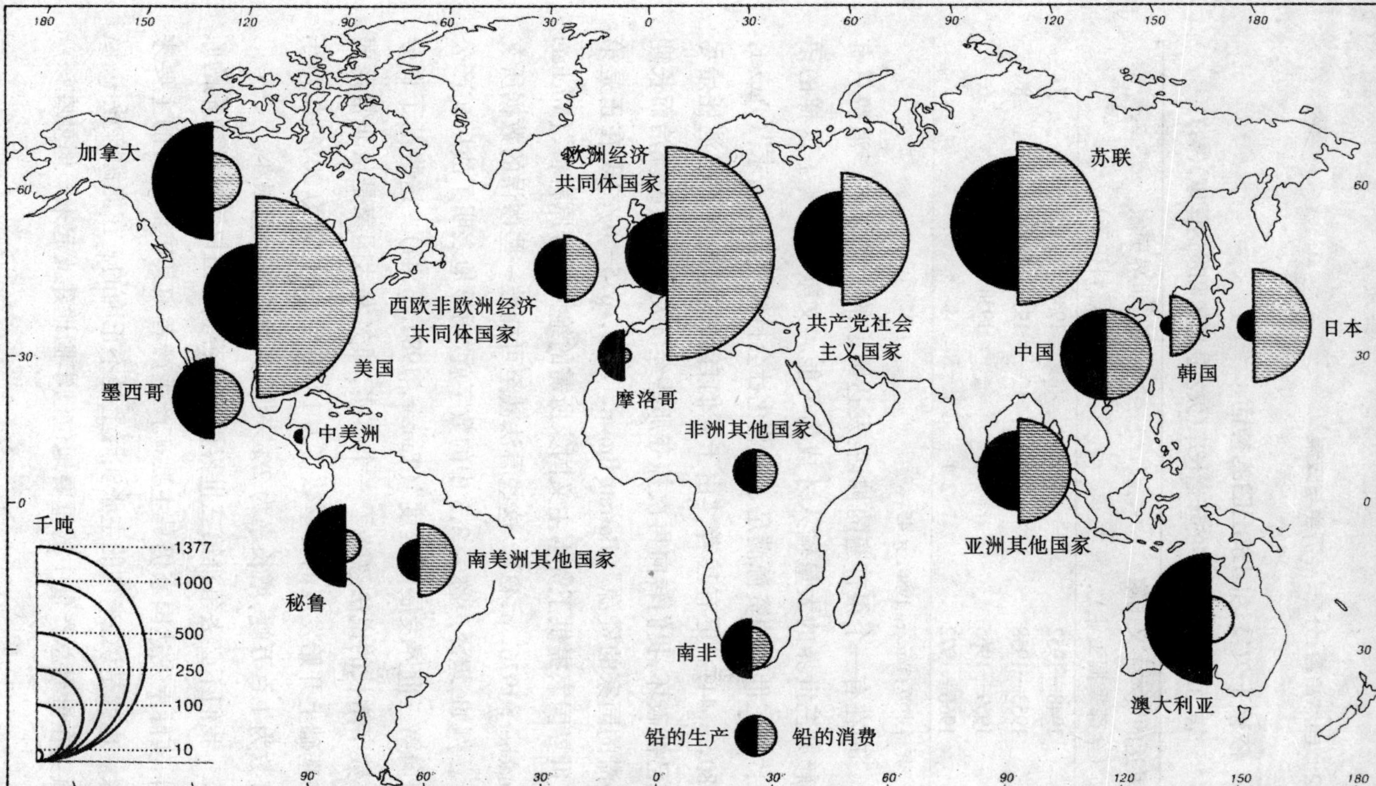

图 3.10　铅生产和消费的空间格局

资料来源：同图 3.6。

依赖于欠发达国家出口的神话

表 3.3 矿业生产的年增长率(欠发达国家和发达国家)(%)

发达的资本主义国家(全部采掘工业)		第三世界国家(非燃料矿产)	
1948—1952	3.5	1948—1952	7
1953—1958	1.9	1953—1957	8
1959—1965	2.6	1958—1970	6
1966—1972	2.1		

资料来源:Tanzer, 1980, p.45。

现在有一个很普遍的神话:发达国家的大部分矿产消费只有依赖第三世界的大量输入才成为可能。文献中充满了这样的语句:“第三世界的资源满足了工业化社会持续增长的需求”(Tanzer, 1980, p.44)。更有甚者,“由于我们自己国家的资源已消耗殆尽或已被破坏,我们转向再次掠夺那些经济发展因殖民统治而长期停滞的国家的资源”(Barratt-Brown, 1976, p.5—6);“现在正是第三世界国家提供了资本主义国家所需的绝大部分原材料”(Michael Meacher, 1976, p.43)。这些看法甚至可能被一些谬误的数据所支
93 持。例如,坦泽声称表 3.3 中的数字就“明显地表明了战后矿产公司向第三世界发展的程度”(Tanzer, 1980, p.44)。这些基于百分率数字增长的说法忽略了一个事实,即欠发达国家是从非常薄弱的基础上开始发展的。基数仅为 1 000 吨,增长率为 20%;相对于基数为 1 百万吨,增长率为 2%来说,其增长数字仍很小。

我们不必去争辩第三世界国家是否真的出口了足够数量的原料,实际上发达国家仍是主要矿产生产者和其矿产消费的主要来源。也就是说,米彻的主张实际上是不正确的。在能源产业中,欧佩克在世界总产量中的重要地位已牢固地建立起来。但就在该产

业中,1980 年发达资本主义国家提供了自身能源需求的 69.2%(以吨石油当量度量),发达的社会主义国家具有自给自足的能力,而混合或计划经济的欠发达国家(包括欧佩克)提供的所有能源的产量也仅占世界能源生产总量的 33%(UNCTAD,1982a)(见图 3.2)。自 1973 年石油危机之后,世界石油生产集中于欧佩克组织的程度显著降低了(表 3.4)[11]。中东战事以及欧佩克为提高世界油价采取限制生产的保守措施是促进这一变化的最初动力,而社会主义国家日益重视消费品生产以及他们对外国硬通货的巨大需求对这一变化也起了很大作用(见 69—71 页)。1973—1985 年间人为的石油高价[12],以及西方国家减少对石油进口依赖的努力取得成功(图 3.11),显然动摇了欧佩克在石油生产中的主导地位。如图 3.12 所示,自 1979 年以后,经济合作与发展组织国家的石油进口总量已开始下降,这一方面反映了这些国家降低了石油消耗,另一方面也说明这些国家提高了本国的油气生产能力。但是,1985 年后石油价格的降低又正在某种程度上刺激着消费和进口水平。

表 3.4 世界原油生产的分布,1973、1981 和 1987 年(10 亿吨)

	1973	1981	1987
世界总产量	2.87	2.86	2.95
欧佩克	1.52(53%)	1.12(39%)	0.92(31%)
其他欠发达国家	0.08(3%)	0.18(6%)	0.46(15%)
发达市场经济国家	0.60(21%)	0.67(23%)	0.79(27%)
社会主义国家	0.50(17%)	0.73(25%)	0.78(27%)

资料来源:UNCTAD, 1982a 和 British Petrolum, 1988。

就非燃料矿产来说,发达国家在世界生产总量中所占的比重甚至还高于在能源矿产中所占的比重。1986—1987 年,欠发达国

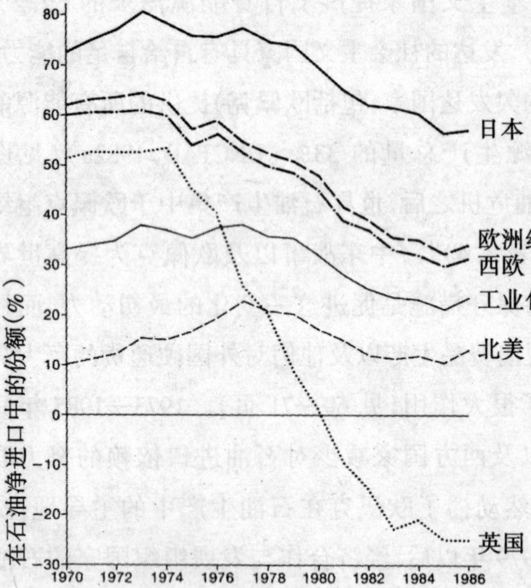

图 3.11　工业化国家对石油进口依赖的下降趋势,1970—1986 年

资料来源:关税和贸易总协定(GATT)《国际贸易》(Intrenational Trade, 1982—1983,日内瓦),GATT, 1983。某些数据得自 F. Raynal(关税和贸易总协定经济研究和分析部首席统计学家)。

94 家生产了低于世界总产量 1/3 的铝土矿(33%)和锌(27%)、铅(29%)、镍(33%)、镉(13%)、镁(4%)、铬(25%)、白金(7%)矿石。仅在锡的生产上,第三世界国家占有垄断地位,贡献了总产量的80%。此外,欠发达国家生产了超过世界总量 42%的铁矿和 47%的铜。然而,自 20 世纪 70 年代初以来,第三世界国家在世界铜产量中的贡献一直下降,而欠发达国家在铁矿方面的份额却从 1980 年的 27%猛升。欠发达国家在非金属矿业产中的地位也是较低的,除磷酸盐占了 46%外,他们仅生产了占世界产量 13%的石棉
96 和硫磺,不到 3%的碳酸钾。

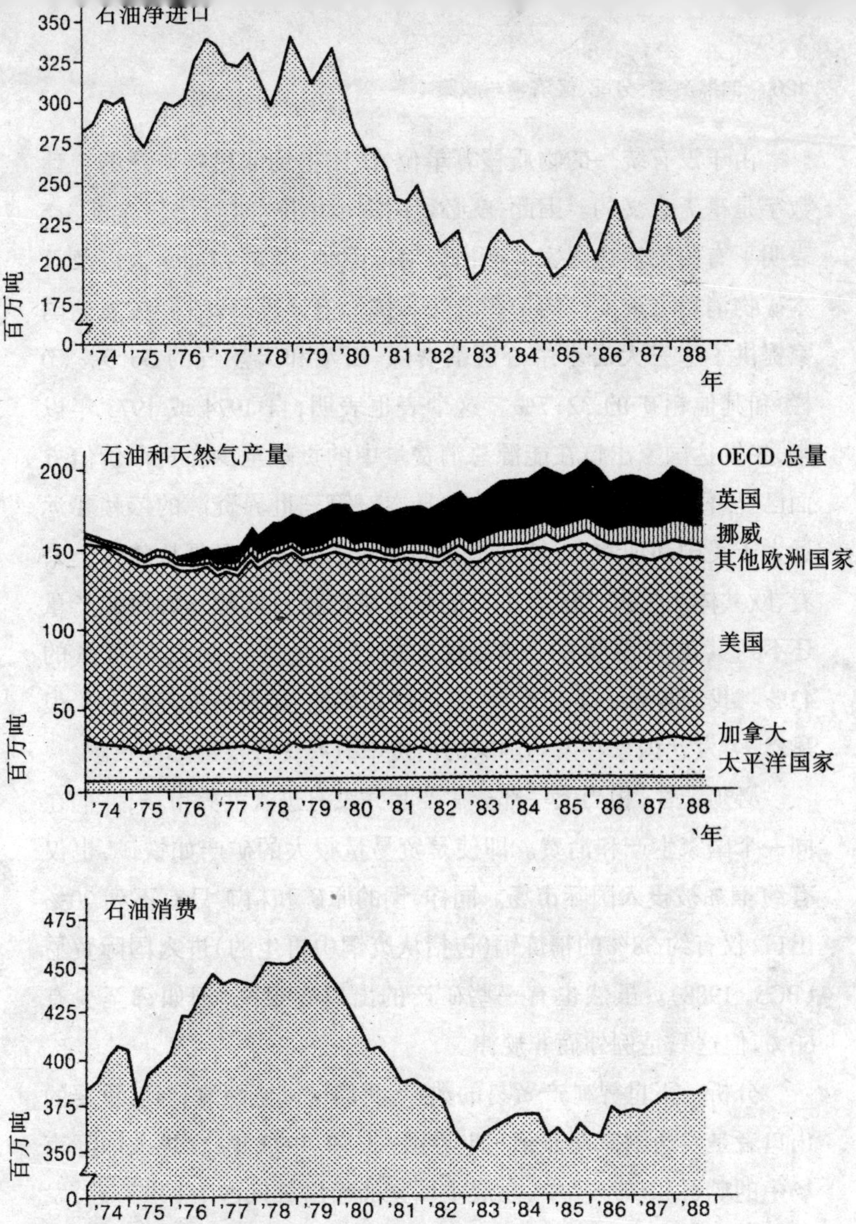

图 3.12　经济合作与发展组织：石油、天然气的进口、生产和消费变化趋势，1974—1988 年

资料来源：经济合作与发展组织（OECD）《经济合作与发展组织国家石油和天然气季度统计》（Quarterly Oil and Gas Statistics of OECD countries, Fourth Quarter, 1987, 1988, 巴黎），国际能源机构（IEA: International Energy Agency）；并据 M. Reece（IEA 能源统计部）提供的数据更新。

由于没有统一的物质核算单位,试图得到非燃料矿产的合计数字是毫无意义的。因此,就必须用货币单位[13]进行比较。表 3.5 表明了有关欠发达国家矿产出口对欧共体、美国和加拿大以及日本矿物消费之重要性的一些看法。按价值计算,1985 年欠发达国家提供了这三大需求中心所消费煤、石油和天然气的 36.9%(D 栏)和其他粗矿的 32.7%。这个表也表明,自 1974 或 1975 年以来,欠发达国家出口在能源总消费量中的贡献至少在货币价值方面已显著下降。显然,欧共体和日本对第三世界资源的依赖要远远大于美国和加拿大,特别是在能源需求方面。但是从整体上来看,欧共体从欠发达国家进口的金属矿产量及其他非燃料矿产量还不到其消费总量的 29%,日本的进口量则不到其消费量的 43%。我们再看一下矿产加工行业(如炼油、矿石精炼等行业),很显然,欠发达国家在发达国家的消费中只有一种很边际的贡献。

必须记住,相当大一部分矿产品并没有进入世界市场,它们在同一个国家生产和消费。即使是贸易量很大的矿产如铁矿,也仅有约 44%被投入国际市场。同样,铜的原矿和精矿只有不到 20%出口,仅有约 38%的精炼铜(包括从废铜中再生的)进入国际贸易(BGS, 1988)。虽然也有一些矿产的出口率很高,例如锑至少有 60%,但这只是例外而非规律。

分析一下世界矿产贸易的数字,我们可以清楚地看到,重要的出口者是发达国家而非第三世界国家。在 1973 年,在进入国际市场中的矿石和矿产品中,发展中国家的输出量仅占 1/3 多一点,发达社会主义国家占 12%多,而少数西方发达国家则提供了 50%(Fied,1976)。自 1973 年以来,这样的格局没有多大变化。正如最近联合国发展报告中指出的,欠发达国家对发达国家的出口量实

表 3.5 贸易在欧洲经济共同体、北美和日本可见矿产消费中所占百分比。1974/5 和 1984/5 年

产品组	A 栏 欧共体		B 栏 美国/加拿大		C 栏 日本		D 栏 总量	
主要产品	1974/5	1984/5	1974/5	1984/5	1974/5	1984/5	1974/5	1984/5
1. 煤、石油、天然气可见消费（百万美元）	59 955	126 145	60 534	155 753	24 132	55 662	144 063	336 382
消费中贸易所占%（全部外来进口）	76.2	56.8	29.7	24.1	97.3	96.7	58.3	45.9
欠发达国家进口在消费中所占%	70.2	37.6	29.1	19.9	80.7	81.8	55.0	36.9
2. 其他矿产初级产品可见消费（百万美元）	12 053	14 045	12 372	8 595	6 029	8 046	30 334	30 109
消费中贸易所占%（全部外来进口）	75.3	86.1	19.8	68.2	88.0	91.6	45.63	69.7
欠发达国家进口在消费中所占%	24.4	28.5	10.8	27.7	41.1	42.9	22.24	32.7
制成品和半制成品可见消费（百万美元）	182 660	363 503	200 851	619 804	85 628	280 548	468 141	1 260 997
消费中贸易所占%（全部外来进口）	8.0	9.6	7.45	6.5	5.15	5.2	5.05	5.5
欠发达国家进口在消费中所占%	2.3	3.1	3.5	3.4	2.8	3.0	2.9	3.2

资料来源：UNCTAD, 1982a, p. 224—431。

注：产品组——煤、石油和天然气 = 标准工业分类(SIT)的 321、331 和 341 类；其他矿产 = SIT 的 27、281、283、285、286 及 667 类；制成品及半成品 = SIT 的 332、661—666、282、284、67 和 68 类。

外部进口——对日本来说，与总进口等同；对欧洲经济共同体和美国/加拿大，指这些国家之外但不包括在这些国家之间的贸易；在总量栏，日本、欧洲经济共同体，美国/加拿大之间的贸易除外。

在很不景气(UNCTAD, 1982b, 1988)。已有的证据确凿地表明,第三世界国家作为发达国家市场原料来源的地位在逐渐减弱,这种变化在欧共体市场尤其显著。欠发达国家对非燃料原矿消费的贡献率在显著增加,这在美国和加拿大最明显,但即使这样,过去10年来从其出口中得到的实际收入却显著下降。

研究一下进入国际市场的所有非能源矿石的来源地及目的
98 地,可以看出欠发达国家所占份额的相对静态性质。如表3.6所示,1975年欠发达国家提供了世界贸易总量的32%以及发达市场经济国家进口量的34%[14]。10年之后,对世界贸易的贡献仍为32%,而在发达世界进口中所占的份额已稍稍降低到32%。在最近15年中,发达市场经济从其他西方发达国家获得的非燃料矿产品一直稳定地保持在60%以上。

现在有一种广泛的认识,即发达市场经济要依赖于从"敌对"的第三世界国家进口;上述生产和贸易的实际情况对于检验这种认识具有重要意义。虽然欧共体国家在诸如镍那样的金属矿产消费上要百分之百地依赖进口,不过这些矿产来自欠发达国家的比重却很小;其进口货物中,80%的粗镍(48%的金属含量)来自加拿大,77%的精炼镍是从加拿大、南非、澳大利亚、挪威和芬兰进口的。同样,其进口铝土矿的66%、锰矿的60%、铅矿的65%、锌矿和浓缩矿及锌板材的61%、钼矿的83%和钛矿的95%都是来自于少数发达国家,其中美国、加拿大、澳大利亚和南非占主要地位(Crowson, 1977)。

当然,欠发达国家可能在个别矿产上对世界贸易和发达国家的进口都具有举足轻重的作用。这些矿产大致分六大商品组:原矿肥料、石油、天然气、有色金属矿(浓缩矿及金属)、铁矿、铀钍矿

表 3.6　非燃料初级矿产的出口网络

目的地				百万美元（离岸价格）		
源地	年份	世界（%）	发达市场经济（%）	发展中市场经济	发达社会主义国家	欠发达社会主义国家
世界	1970	10 485（100）	8 649（100）	573	1 054	43
	1975	20 997（100）	15 863（100）	1 638	2 560	103
	1985	33 344（100）	23 603（100）	5 460	3 045	446
发达市场经济	1970	6 042（58）	5 554（64）	324	70	6
	1975	11 525（55）	9 436（59）	991	258	40
	1985	19 132（57）	15 128（64）	2 726	322	241
发展中市场经济	1970	3 291（31）	2 776（32）	221	257	29
	1975	6 761（32）	5 423（34）	586	675	47
	1985	10 189（30）	7 419（31）	1 686	877	140
发达社会主义国家	1970	1 031（10）	299（3）	26	699	6
	1975	2 477（12）	894（6）	48	1 516	15
	1985	3 109（9）	751（3）	936	1 389	24
欠发达社会主义国家	1970	95（1）	65（<1）	2	28	n. a.
	1975	235（1）	110（<1）	15	110	n. a.
	1985	915（3）	305（1）	113	457	n. a.

资料来源：UNCTAD，1988，附录 A，p. A18。

注：非燃料矿产包括原矿肥料、非金属矿产、金属矿石（不包括贵重金属）和金属废料。

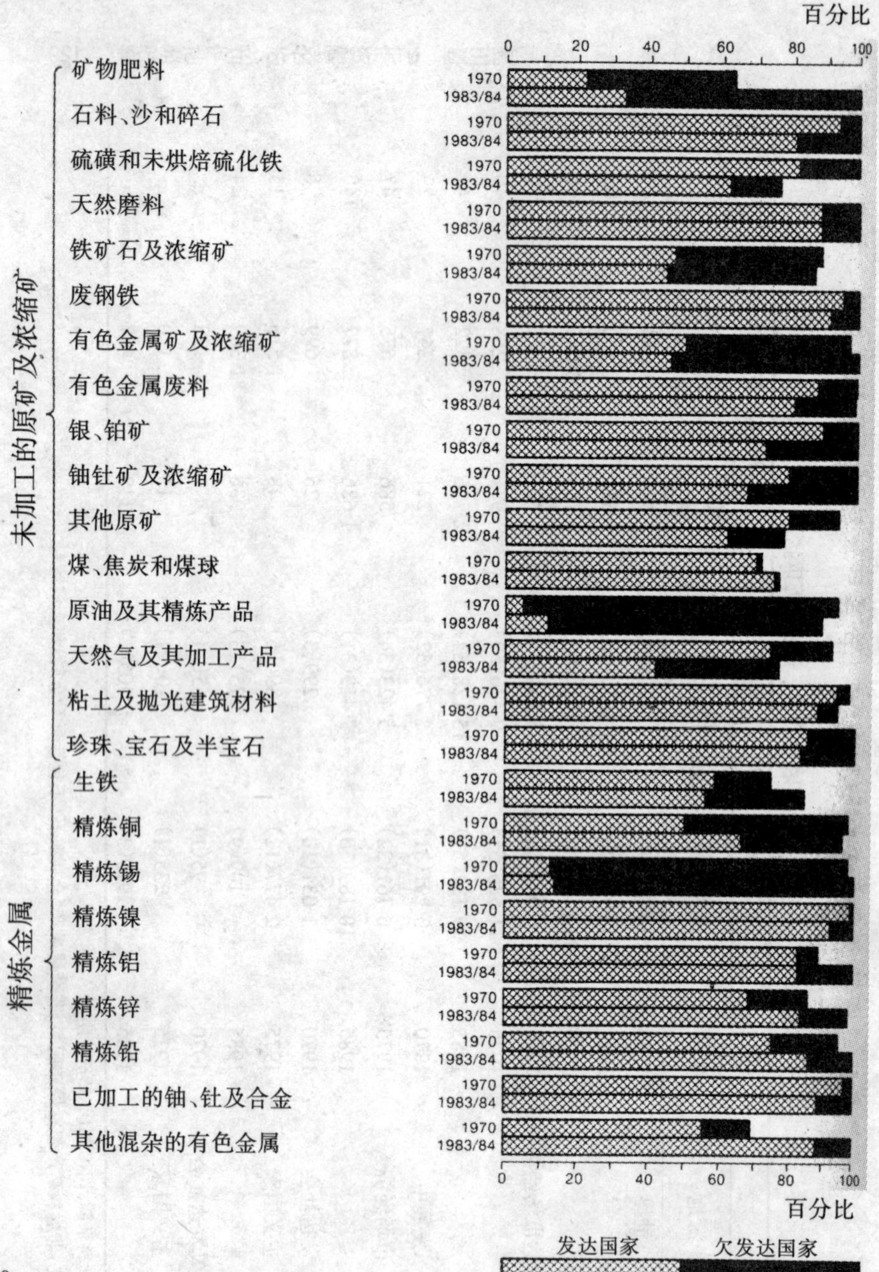

图 3.13　欠发达国家在几种矿产和矿产品世界贸易中的贡献

资料来源：据 UNCTAD，1988 数据汇编。

(图 3.13)。在这几大类中,欠发达国家的出口占世界贸易总量的30%或更多,但这不一定说明他们在发达国家的消费中占有如此高的比重。以铀为例,迄今为止最大的生产者是美国、南非、加拿大,可能还有苏联,苏联的资料太少,不可能得出可信的评价。总之,欠发达国家在市场经济国家矿产总量中所占的比重低于21%,但是这些矿产绝大部分用于出口(ABMS, 1982; BGS; 1988)。

除了众所周知的对石油的关注外,正是在有色金属消费方面体现了发达国家对从第三世界国家进口的依赖。例如,锡矿生产就非常集中于欠发达国家,1987 年其总产量占资本主义世界产量的 88%。但实际上,仅马来西亚、泰国、印度尼西亚和玻利维亚四国就占了 74%(ABMS, 1988)。同样,非社会主义世界中 49%的铝土矿、61%的铜矿和 41%的锌来自欠发达国家。当然,这并不是说第三世界国家在一些特殊矿产生产上的优势地位就一定隐含着 101
发达国家的高度风险。未来原料供应限制的可能性也取决于替代品的可得性,取决于产量和储量集中于少数几个国家的程度,取决于矿产生产者组成销售卡特尔的能力和意愿(见第四章,177—183 页)。

表 3.7　某些第三世界国家矿产出口占其出口总值的百分比

国家	燃料(%)	矿石/金属(%)
阿尔及利亚*	97.9	
巴林*	81.1	
玻利维亚	50.3	43.15(锡和其他有色金属矿)
文莱	98.24	
智利		55.2(主要是铜矿及浓缩矿)

(续表)

国家	燃料(%)	矿石/金属(%)
加蓬	76.1	
印度尼西亚	69.1	
科威特*	80.8	
利比里亚		63.7(铁矿和相关原料)
利比亚*	98.2	
毛里塔尼亚		46(浓缩铁矿)
新喀里多尼亚		80.3(生铁、镍和其他有色金属矿)
尼日尔		79.3(铀钍矿)
尼日利亚*	95.5	
巴布亚新几内亚		44.8(主要为铜矿及浓缩矿)
秘鲁	25	39.8(有色金属、银、白金)
沙特阿拉伯*	98.8	
多哥		45.7(原矿肥料)
扎伊尔		57.2(主要为铜矿及浓缩矿)
赞比亚		91.4(主要为铜矿及浓缩矿)

* 这样的高比重在其他欧佩克国家也是很典型的。

资料来源:UNCTAD, 1987, p.192—216。

欠发达国家对出口的依赖

很明显,对矿产资源的依赖是一把双刃剑。许多欠发达国家极端地依赖一种或几种有密切联系之矿产的出口,进行对外贸易不仅是为了保证基本必需品的进口,而且是为了偿还外债。表3.7表明,一些国家出口收入的50%以上来自于能源出口或其他矿产品的出口。大部分欧佩克国家在20世纪70年代经历了一个健康的贸易正平衡状态,到了80年代这种平衡状态已不复存在,而许多金属矿出口国则处于更为糟糕的贸易赤字境地。到1985

年,玻利维亚有 3.65 亿美元的惊人长期债务,这个总数相当于其 GNP 的 140%,其出口收入的 28%需用于偿还。智利的债务形势甚至更为困难,需用其出口收入的 46%来偿还贷款和利息。所有这些国家,对于国际市场中出现的降低他们出口数量或销售价值的变化是很脆弱的。在 1980—1986 年间,非燃料矿产在自由市场的价格下跌了 36%,石油价格下跌了一半,加上出口数量下降及进口工业制成品价格上涨,形势还进一步恶化。尽管对解决国际债务危机已进行了多次讨论,但是却很少有降低实际利率或提高矿产品出口实际价格的措施,而没有这些措施,改善那些依赖出口的欠发达国家之财政状况的希望就很小。

矿产加工的地区分布

如表 3.5 所示,重要市场中心进口的矿产制成品中只有一小部分来自于欠发达国家。这些产品种类较多,包括精炼金属、合金,及碎片状、条状、片状、管状、块状或其他形状经过基础加工的金属,同时还有石油制品、水泥、玻璃和其他建筑材料。欠发达国家在建材市场中的地位很低,这说明由于这些建筑材料很容易生产,而一般情况下建筑材料的价值较低,数量庞大,欠发达国家承担不起长距离运输的费用,因此欠发达国家很少进行建材国际贸易。然而,由于矿产品和加工过程的不同阶段在区域分布上的传统差异,欠发达国家在金属制品及石油制品贸易中原来微不足道的地位在提高。那些含量较低金属矿石的浓缩和获利历来都在矿 102
产地附近,以免因运输大量废矿石而浪费大量财力,而深加工业倾向于分布在市场附近或具有廉价能源特别是水能或天然气的发达国家,铝土矿是这一生产过程分异的典型例证(表 3.8)。

表 3.8　世界铝土矿、氧化铝和精炼铝生产的分布,1988(千吨,%)

国家/地区	铝土矿	氧化铝	精炼铝
美国和加拿大	576(0.71%①)	6 102(16.7%)	4 883(29.9%)
牙买加	7 660(8%)	1 609(4.4%)	——
其他中南美国家	12 150(12.8%)	3 119(8.5%)	1 500(9.2%)
欧洲	7 271(7.6%)	6 218(17%)	3 749(23%)
几内亚	16 282(17.1%)	542(1.5%)	——
其他非洲国家	1 617(1.7%)	——	572(3.5%)
亚洲总量(包括中国)	6 896(7.2%)	2 671(7.3%)	1 502(9.2%)
			其中石油国 583
澳大利亚和新西兰	34 206(36%)	10 109(27.7%)	1 276(7.8%)
苏联和东欧社会主义国家	8 431(8.9%)	6 099(16.7%)	2 845(17.4%)

资料来源:Metallgesellschaft Aktiengesellschaft,1988。

1968 年,仅中南美洲的欠发达国家就生产了世界铝土矿产量的 42.2%,其他第三世界国家占 12.6%多一点。但是初级铝的生产及铝的精炼却高度集中于发达国家,尤其是美国墨西哥湾沿岸、加拿大和挪威水电分布地区。由于每吨铝的市场价几乎是同样金属含量之铝土矿的三倍,所以如果这一加工阶段布局在矿产地,则欠发达国家的收入会显著上升。尽管有相当大的竞争压力,澳大
103 利亚还是成为唯一一个能加工其相当部分铝土矿的生产大国。这部分反映了该国廉价水电和煤炭的可得性,但更为重要的原因是政治形势和国家稳定,以及政府对外国私人投资者较为宽松的政策。这些因素对澳大利亚起了非常重要的作用,使她从 1960 年一个无关紧要的生产国,发展到 20 年后世界上最大的铝土矿生产国。巴西冶炼业的运作在很大程度上归功于政府提供补贴能力的政策。

矿产品在欠发达国家和发达国家之间贸易的任何阶段,生产

① 原书误为 71%。——译者

过程都明显地表现出这种布局差异。虽然第三世界国家已急切地要提高矿产加工业中那些增值较高部门的比重,但这需要很强的经济实力去克服传统布局的惯性及市场或其他发达国家地区已减少了的风险。只有一种重要金属——铜,具有这种足以冲破已建立分布格局的实力。铜矿石的金属含量极低,在工厂里需要很多费用去精炼、提纯矿产品,从而使现在铜矿加工业的各个阶段向原 104
料产地转移,特别是向那些廉价能源丰富的地区转移。重要的铜矿生产国,如智利、扎伊尔和赞比亚,现在提纯了其所产矿石的90%和精炼了60%(Metallgesellschaft Aktiengesellschaft, 1988)。

私有部门的生产决策

20世纪40年代以来,政府在决定矿业生产分布方面的作用明显地增加了,不仅通过矿产经营的国有化、增加税收和土地使用费,也通过对外贸和价格的控制、通过规划和控制污染的法规来加强自己的作用(见第五章)。加强的政府活动不仅存在于欠发达的矿产品出口国,也广泛出现在综合经济水平先进的国家。然而,除了在计划经济国家,私有投资仍然是决定矿产生产格局的关键。

一个简化的经济模型

为了理解影响私有部门生产决策的一系列复杂因素,我们最 105
好首先考虑关于需求和供给的基本理论。虽然它是基于几个关键而完全不真实的假设,但它使我们把许多重要的决策变量隔离出来。

如果我们假设矿产品市场是完全竞争、完全不受政府干涉的,并充斥着完全理性的最大利润追求者,则矿产生产的规模将取决于消费者的需求水平及他们获得矿产品的费用。在任意时刻每一种矿产品的需求曲线均取决于一定经济体制中的技术水平、经济活动规模、消费者的数量及其兴趣与富裕程度以及代用品价格。对多数产品来说,其需求曲线将如图3.14中的DD,是下降的。价格越高,消费者愿意并能够购买的越少。假设随着时间的变化,消费者能在任何价格水平上购买更多的矿产品,曲线将会外移(D^1D^1)。另一种情况,如果开发了一种便宜的新代用品,将会导致消费者转而使用该产品,此时需求曲线将下移(D^2D^2)。

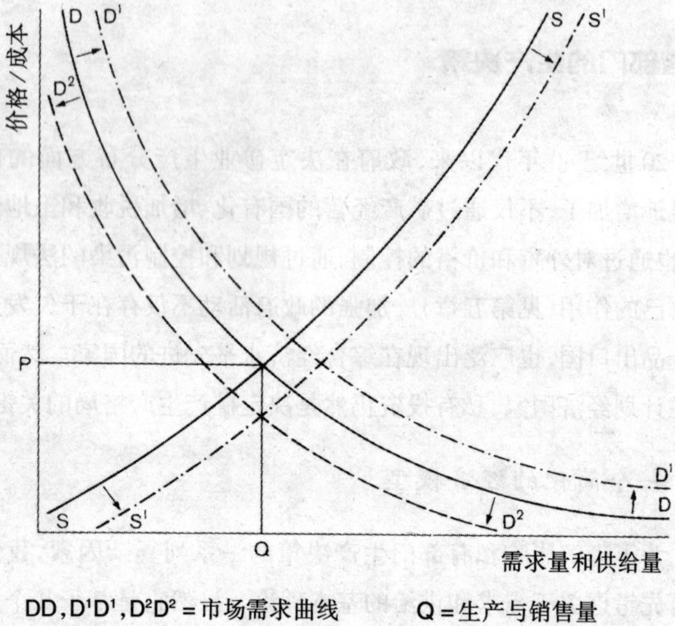

图3.14 市场需求和供给曲线

在同一时刻,生产者在不同的价格水平上都有一个他愿意并能够提供给市场的产品数量。在完全竞争的条件下,这个数量取决于生产成本(包括企业家的正常利润、资本的市场收益)以及将矿产品投入市场的运费,当价格升高,成本较高的生产者就能够提供矿产品,并使从越来越远的生产中心运出资源成为可能,因而供给曲线如 SS。像 DD 一样,SS 也可以随时间移动。如果技术革新降低了采矿、加工及运输等的费用,则在各价格水平上生产者可以提供更多的矿产品(如 S^1S^1);相反,资本市场价格、运费、能源费用的上涨都将使 SS 向上移动,则在各价格水平上供给都将减少。

在这种高度简化的情况下,供求数量 Q 与矿产品价格 P 就由供给曲线与需求曲线的交点决定。市场价格将决定生产的分布,确定采矿、冶炼厂、精炼厂的位置,使它们能在赢利条件下提供市场需要的产品数量。如果在给定的价格水平上供过于求,市场价格将下降,成本最高的生产者将被迫削减或停止生产。虽然这个模型中关于企业行为和竞争的假定在很大程度上是不真实的,它却阐明了对生产格局有重要影响的三种关键变量。它们是:第一,各市场中心的区位、规模、构成和丰富程度;第二、生产成本(包括提供必需的基础设施);第三、将矿产品运到市场的运费。

市场因素 106

市场区位

当市场中心的相对重要性发生变化时,生产成本最低的矿产地的位置也会发生变化。40 年来全世界矿产生产国数量的增加及其相对重要性的变化,至少反映了矿产消费的集中程度已经降低了。铁矿石的开采提供了一个很好的说明,1950 年美国的钢铁消费在世界上占优势,占有总供给的 47%;但到了 1987 年,其市场份额已下降到14%,相比之下,苏联和东欧占30%,日本占10%,西欧占17%,中国占11%。此外,虽然发达国家仍控制着世界的钢铁消费(1987年占消费总量的75%),但许多第三世界国家开始的工业化过程也大大拓宽了潜在的矿石市场范围。结果美国作为矿石生产国的相对重要性降低了,更多的新矿产地已经找到了有利可图的市场销路。诸如澳大利亚、印度、中国、南韩、巴西、安哥拉、利比里亚、委内瑞拉和南非那样的国家,20世纪40年代的矿石生产规模还很小或没有,现在已是主要的矿石供应国了。例如,产量大增的澳大利亚现在的年产量是9 000万吨,而它1950年的产量只有400万吨,这主要是由于日本市场的迅速扩大所致。

铝消费市场的扩大也影响到铝土矿开采的分布。1941年只有14个国家拥有炼铝的能力,而非洲、拉美和亚洲(除日本)则毫无冶炼能力(Warren, 1973)。现在已有遍及全球的40多个国家有炼铝工业。虽然美国仍是铝的最大市场,但它所占的比重已由45%下降到26%;而日本和西欧的需求量已由不足1%分别上升到10%和24%;社会主义经济的份额也从17%增加到20%。在第三世界的传统铝土矿出口国,如苏里南,现在已有了小规模的冶炼能力,而更多冶炼能力的发展则出现于巴林等这样容易获得廉价能源的国家,和那些正在迅速工业化的欠发达国家,韩国、委内瑞拉、印度和巴西就是典型实例。市场的扩大又一次增加了铝土矿生产区的数量,同时改变了生产国之间地位的平衡。中南美洲相对产量和近几年绝对产量的下降,虽然明显受到政府态度及担心政局是否稳定的影响,但美国市场相对重要性的下降也并非不重要的因素。

107 市场普遍扩展对拓宽生产的空间分布有长期的影响,但在短时期内，不同市场的稳定或兴旺还会反过来影响已建立的各采矿中心的生产水平。20世纪70年代后期，欧洲、北美出现了比日本更为严重的经济衰退，欧洲车辆销售(薄板钢的主要市场)的下降，以及建筑钢材需求的下降，已经对本地区的铁矿生产产生了严重影响。ECSC[15]的矿石生产在1976—1981年间下降了52.5%之巨，而1981年和1976的世界矿石总产量是相等的。在欧洲的大部分市场上，铁矿石的价格在1980—1981年间没有变化，这意味着它的真实价格下降了；而在此期间，日本的价格上扬了7—8%，这使得日本矿石的供应国如澳大利亚、巴西、印度、南非、智利相对地免于受到世界经济衰退的影响。

市场构成

市场需求的构成也会对生产的分布产生重要影响。首先，在满足特定市场区的需求上，粗矿石和精矿石的生产者就与精炼产品的生产者有竞争；在任一特定市场，最终消费可由输入多种比例的各种商品满足。观察日本铝市场就可清楚地看到这点。

虽然日本的铝消费在1978—1981年间只以每年2%的速度下降，而其国内同期的精炼金属生产却下降了30%，冶炼厂的生产能力下降了31%，而其生产也仅维持在生产能力50%的水平。石油价格的上升，增加了以石油为基础的精炼厂、冶炼厂的生产成本，同时世界市场上精铝的价格又持续地下跌；结果到了1981年进口金属比国内生产的每吨要便宜600美元，而进口数额要比1978年多52%。这必然影响到已经发展起来的铝土矿和铝供应国如澳大利亚和圭亚那，也鼓励日本企业扩大了他们对海外精炼厂生产力的兴趣，政府允许它们从有联系的厂家免税进口的决定更刺激了这一潮流。

当最终矿产品的需求类型影响到可用于生产的粗矿的质量时，市场构成的第二种影响出现了。例如，最近20年来，多数发达国家增加了对优质钢铁的用量，这减少了对含有二氧化硅等杂质的铁矿的需求；同样，在北美、欧洲、日本，严格的控制环境污染的法规限制了对含硫石油的需求，并使其价格下降。1981年在鹿特
108 丹含硫0.5%的精炼油的价格是每吨273美元，含硫1%的精炼油的售价只有每吨194美元。

市场构成的另一方面是每个市场中心代用品的价格和可得性。没有代用品的矿物是很少的，很多情况下的能源需求可由煤、天燃气、石油、核燃料、水电及各种非常规的可再生资源来满足。短期内，一个国家可能由于过去投资能力的限制，能源消耗源只限于两三种选择，但经过一段时间就会出现显著的能源构成变化。不同的消费市场都能在不同程度上更加灵活地选择能源类型。例如美国有广泛的本土资源，比日本具有更大的替代空间。对金属来说，竞争不仅存在于各种金属之间，也产生于合成材料的使用及金属的回收。任何一种改变该矿物对其代用品竞争力的因素，都必然反过来影响到该矿物的生产水平。

供给与需求的相互依存

在前面讨论的简化经济模型中，需求与供给曲线是各自独立地由外因决定的[16]。但是，从某方面讲市场需求对供给曲线具有决定性的影响。如果某生产者被固定在一个特殊的市场，那么该市场的大小将决定它能否从其生产和运输中获得经济效益。矿产品生产是资本高度密集的产业，可分散资本费用的产量越大，单位

生产成本就越低;产量越大,对昂贵但成本减少的批量生产和运输技术的利用就越充分。一个限于地方市场的小生产者可能会由于与服务于几个市场的康采恩竞争的失利而被排挤出生意圈。康采恩可以降低单位产品的生产成本,这也自然使多国大公司在与本土小公司的对抗中处于有利的地位。

生产成本因素

矿藏和矿地的自然特征

正如我们已经看到的,某种矿产资源的自然特点只是影响生产成本的诸多因素之一(见77—78页)。但如果其他条件相同,地质和自然地理条件将决定哪种或哪里的资源将被开发和以何种速度开发。首先,储量规模会影响生产规模,储量巨大将允许形成规
模经济。其次,矿石的品位以及从中生产合成产品或副产品的可 109
能性,必然会影响到单位产品的生产成本。金属含量低的矿石通常开采费用较高,因为有很高比例的废矿要扔掉;更重要的是这种矿石要求更多的加工费用。任何一种要用石油进行浓缩、冶炼或精炼的矿石生产,都受到油价上涨的不利影响。金属含量低的矿石尤其如此。例如美国的铜生产企业,它们开采的铜矿石金属含量低于世界平均水平(见77—78页),他们遭到20世纪80年代早期能源价格上涨和铜价下跌的双重打击。1981年铜的到岸价[17]是每磅0.84美元,这个价格只是1974年售价高峰时的48%;1982—1986年铜价很少超过每磅0.60美元。多数美国企业得失相当的价格在每磅0.75—1美元之间,因而已经出现了全部门内停止采矿和削减生产的现象。阿纳康达(Anaconda)公司关闭了它在犹它州的卡尔·福克(Carr Fork)矿山,纽芒特(Newmont)公司也无限制地

终止了它在亚利桑那州马格马（Magma）的经营，费尔普斯·道奇（Phelps Dodge）公司也是无限期停止了在美国矿山的铜生产（Mining Annual Review，1982）。虽然矿石含铜量低并不是唯一的因素，但它仍可部分地解释美国铜的单位产品生产成本较高，解释各企业在铜的需求和价格都较低时的困难处境[18]。

第三个影响生产成本的自然因素是矿床结构及其外围层的性质。海上石油、天然气的生产成本一般要比陆上高出 4 倍，打井的费用更明显地随深度而增加，这主要由于钻塔的额外费用。在不需要钻井的情况下，矿石采出的费用依赖于上覆岩层的厚度和性质以及断裂和褶皱的程度。如矿地条件允许使用地面采矿设备，则开采费用会大大降低；所需排水、通风、支撑上层岩石和地下运输系统的资本和劳动费用都可以节约下来（图 3.15）。

资本成本

在采矿类型众多，而且每类的生产条件都涉及广泛因素的情况下，很难总结出在总成本构成中，土地或原材料、劳动力、资本等生产要素中哪一项是最主要的。在一定可得技术限度内，企业可以根据当时当地的各生产要素价格来改变生产要素的组合。然而就目前采矿和加工的发展来看，固定费用，包括建筑厂房和相关基础设施的费用，加上投资资本的利率，显然是总成本中最重要的因素[19]。

可得到的证据表明，上述固定费用的影响大大超过其他各种生产费用（包括工资、原材料、能源、产出税、管理费用）。然而仍有
110 例外，如工资在深矿采煤中就是一个至关重要的成本要素，在经济发达地区尤其如此。

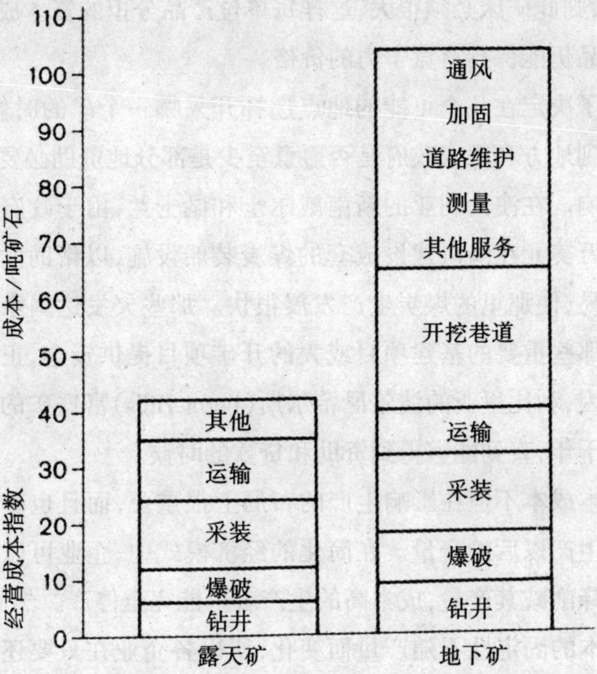

图 3.15　地面采矿和地下采矿的单位成本比较

资料来源:Hedberg, 1981, p.179。

前面我们已经指出,电厂、供水、学校、医院、住宅、娱乐设施和交通的建设费用使花在矿井或工厂的费用相形见绌,在那些还没有建成生产中心的地区进行风险投资更是如此。例如据估计,20世纪60年代的澳大利亚,在开发铁矿、煤和镍矿的投资中,每100万美元的采矿投资要追加基础设施180万美元(Van Rensburg and Bambrick, 1978)。因此,有利的投资地点是那些采矿企业可以利用原有服务设施的地方;更为有利的项目是那些扩展原有采矿、加工中心的项目。即使不考虑基础设施费用,向绿地发展也要比原矿点扩展多花费至少70%。如果一个公司要承担全部基础设施的建设,则此矿床必须很大,这样每单位产品分担的资本成本才能使该产品仍能保持有竞争力的价格。

111 到了决定在几个可能的地点选择开采哪一个矿的时候,公司自然受到地方和国家政府是否愿意至少是部分地资助必要基础设施的影响。在澳大利亚的新南威尔士和昆士兰,由于政府愿意投资数百万美元在港口建设成套的煤炭装船设施,以帮助发展煤炭出口贸易,使那里的煤炭生产发展很快。那些欠发达国家的政府无力为那些重要的基建项目或大的开矿项目提供资金,正是由于这个原因,利比里亚的波尔尼希尔斯(Borni Hills)富铁矿的开发推迟了若干年,直到能够得到资助和贷款的时候。

资本成本不但在影响生产的布局上很重要,而且也影响到企业投入生产以后的产量。在简化的经济模式中,企业可以随着价格的下降削减其产量,成本高的生产者可能完全停产。然而,由于资本成本的固定性不随产量而变化,所以各企业在只要还能弥补各种成本的情况下,就要维持一定的产量水平,这样至少能使固定资本得到一定的补偿。一些公司可能维持亏本的产量水平达几年,并发现这也比放弃其厂矿而失去所有固定资产要好。这意味着生产水平未必随着价格的下降而下降,供给会继续超出需求,价格则会进一步下跌。此类供给的无弹性是影响很多金属价格大幅度起落的一个因素(见图 4.2,136 页)。

劳动力费用

有几位作者已经指出,一些采矿企业已经转移到了欠发达国家和南非,因为那里的工资与发达国家相比差距巨大。据坦泽(Tanzer,1980)的计算,1972 年南非工人的年平均工资只有 900 美元,巴西也只稍高一点,为 1 000 美元,而美国和澳大利亚工人的年工资分别达到 10 800 美元和 8 200 美元。他进一步宣称,这种巨大的劳动剥削已经成为多国公司在第三世界国家进行生产的利润基础(出处同上,见 46 页、174 页)。南非的低工资无疑有助于降低单位产品的成本,但不能简单地将生产利润单独归因于低廉的劳动力费用。

正如我们已经看到的,资本成本一般要超过纯生产成本,而诸如能源费用、产品税等成本也经常是比劳动力更重要的因素。实际上很少有证据表明欠发达国家的平均生产成本比较低。例如,1975 年非洲的粗铜生产成本是每磅 48.5 美分,这与美国相等而超过加拿大、欧洲和澳大利亚。另外,工资率的比较使人对真正的劳动力成本产生不正确的印象,生产率和必须装备劳动者的一系列 112
设备都会影响到劳动力的成本,在发达国家中工人可以住已建好的社区,这样就可免去建设整个工人生活区的庞大开支。

运输因素

在简化的市场模型中,规定商品的价格不含将其运到市场的运费,这决定了单位产品的收入,也进而决定了无论在哪儿生产都会获得市场利润。这种方法包含了许多不真实的假设(见 118—121 页)。事实上,能够利用的交通设施和运费对矿产生产的分布与矿产品贸易格局有很大影响。

运输的可得性

显然,除了贵重金属,没有哪一种矿产能够在没建成一套运输系统的情况下进行开采。沃伦(Warren,1973)提供了一系列例证,说明矿区开发中铁路—港口综合体的地位和作用,例如现在已成为重要矿区的普里巴拉(西澳大利亚)、科迪阿德埃吉(毛里塔尼亚)和加拿大的瓦布希湖地区。

不用说,各公司更乐于去开发那些交通系统发展良好的国家的矿床,运输费用在那里会大大降低。图 3.16 清楚地表明:南非的密集铁路网及深水港,与博茨瓦纳及其他封闭内陆国家的情况形成了鲜明对照,这样好的运输系统成为进一步开发矿产的刺激因素。虽然煤炭出口为建立东方德兰士瓦—理查兹湾铁路—港口综合体提供了动因和收益,但也受到磷酸盐、铬及其他多种矿产生产的刺激;所有这些企业只需承担这项运输系统建设的一小部分费用或将矿产品运到火车站的公路运费(Van Rensburg and Bambrick, 1978)。与此形成鲜明对照的是,博茨瓦纳包括锰、铜、镍、煤的那些已知矿藏仍相对未得到开发,很可能直到把这个国家与纳米比亚的鲸湾港联系起来,需 8 亿美元穿越卡拉哈里的铁路项目不再是纸上谈兵以前,仍然如此。纳米比亚的政治冲突、莫桑比克反政府力量的活动、贝拉港和马普托港臭名昭著的拖延和瓶颈,还有对津巴布韦局势稳定的持续担忧,所有这些都使得博茨瓦纳的交通运输问题不可能在可预见的将来得到解决,尽管在 1983 年又委托了另一项可行性研究。

运输成本

114 关于从产地到市场之运输成本的信息,仅仅考虑距离是不够的。事实上,矿产品运输成本中距离因素本身对总运输成本的影响很小。米克塞尔(Mikesell, 1979, p.26)曾经指出,对铜而言"距离所反映出的运输成本对精铜贸易格局已经没有什么重大影响

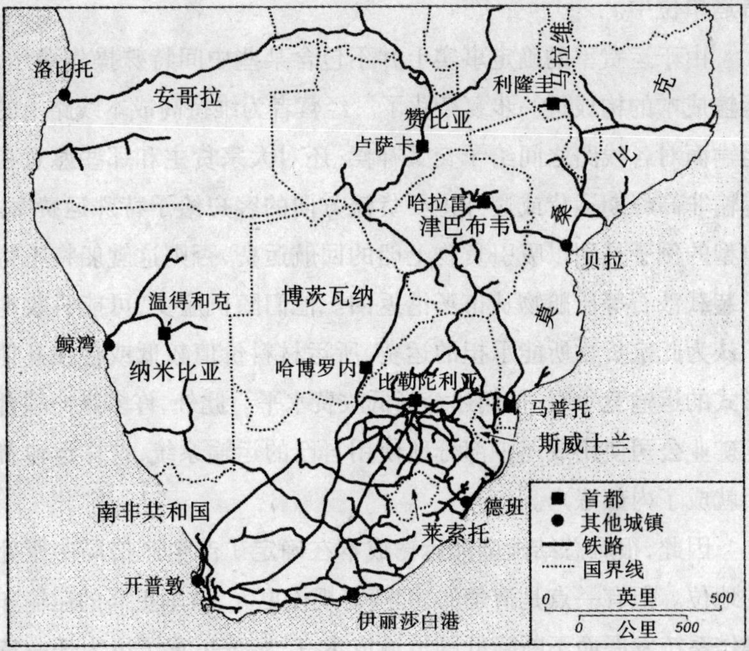

图 3.16　南非大量运输设施的可得性，1988 年

资料来源：The Times Atlas of the World, 7th edn., 1988; Cartactual, various dates.

了”。矿产品的运输成本包括两种不同成分：操作费用（装卸费、港口费用、保险费等）可能是运费的主要的、基本的部分，尤其是矿产品运输全程要经过多次中转和几种方式的变化时，运输成本中的距离因素就更不在考虑之内；第二个部分是每吨公里的运费率，这只部分地受距离影响。

如果运输经营者总是根据其提供服务的成本来确定他的运费率，则不同运输方式的运费率是不一样的，一般认为海运较陆运便宜。此外，无论何种方式，运费率均随运输里程及运输货物量的增加而降低，因为此时运输网络和设备的固定成本将分摊到更多的货运单位中。

由于运费率的确定事实上并不包含某些中间特殊操作费用,运输成本的构成进一步复杂化了。经营者为维持高成本线路上的运输而对各线路之间给予交叉补偿,还对大宗货主和那些愿意在运输非高峰期运货或避开主要货流方向的客户给予特殊运费率。典型的例子是用以吸引货物上船的回航运费,否则这艘船将不得不装载沙石等压舱物从市场港返回。他们随机应变,可能只收他们认为此宗货物所能承担的运费,所运材料价值较低或存在其他形式的运输竞争时,他们还会降低收费水平。此外,许多纵向联合的矿业公司使用或至少部分地使用自己的运输系统,这样运输费用就成了内部账户。

因此,很难总结出全部运输成本在确定矿产生产格局中所处的地位。但有一点是清楚的,即随着规模更大、效率更高的运输和操作系统发展而不断降低的运输成本,已显著拓宽了可为任一特定市场提供服务的区位范围。低价值的非金属矿产和非燃料矿产还会严重限制供给区域;但是对于主要的金属矿产和燃料矿产而言,一旦该区接近庞大的运输网络,运输成本将不会成为全球贸易的障碍。

不完全竞争世界中的生产决策

虽然市场需求、生产和运输成本等因素影响到生产的决策,但
115 这决非问题的全部。在矿产部门很少有完全竞争的条件,多数但不是全部的矿产业表现出很高程度的供给集中。这意味着一个市场的大部分供给来自少数公司,而且只有一两个消费国构成整个市场的现象也不少见。广泛存在的纵向联合公司是不完全竞争的

另一个根源。这种情况下,一般意义上的市场没有了,生产者和消费者成为一个企业的不同部分;企业也不会盲目地根据外部市场决定的价格机械地作出反应,他们具有不同程度影响市场的力量并对产量规模、生产的布局、产品的价格都有一个选择的基础。他们如何选择取决于他们的商业对手、愿望和承担风险的能力。

供给集中程度

似乎可以断言,供给集中的程度在个别国家要比在全球范围高。例如,四个最大的私有铜生产企业只占有非社会主义国家总产量的不到 19%,前十个公司也只占有总产量的 35%;而与此形成鲜明对照,铜生产在美国仍然高度集中,仅三个公司——阿纳康达(Anaconda)、肯尼科特(Kennecott,现在大部分属于瑞奥蒂姆锌业公司)[20]和费尔普斯·道奇(Phelps Dodge)就占有全美总产量的 55%,前八家公司占 88%。然而即使在世界市场,许多国际上重要的矿产的生产和贸易都被少数纵向联合企业控制着。

过去,领头的公司几乎全是私有企业。现在,虽然他们仍然掌握着非社会主义国家的大部分熔炼和提炼能力,但政府组织越来越普遍地成为矿产部门主要生产者。再以铜为例,四家最大的铜矿石生产企业在 1980 年占有世界产量的 42%,它们都是国有企业,分别属于苏联、赞比亚、智利和扎伊尔。此类政府实体的出现会加强集中的程度,但是如果供给的来源是分散的,则没有必要这么做。无论如何,这确实意味着经营目标和发挥潜在市场能量的机制都会发生很大的变化,并共同明显地影响到生产和贸易的空间格局。国际石油工业就是一个明显的例子。直到 20 世纪 60 年代仍由七家公司[21]紧紧地控制着市场,它们拥有 55% 的非社会主

义国家的原油来源和66%的炼油能力。由于欧佩克的出现,石油
116 工业更加集中了,但是控制原油生产的力量分化成两个有力的利益集团。他们之间围绕分配石油生产垄断利润的斗争,不仅改变能源生产和使用的地理分布,而且影响到了整个世界的经济体系。

在1985年,受私有公司控制最紧的矿产品是铝土矿和铝,六家公司,即阿尔科阿(Alcoa)、里诺尔兹(Reynolds)、开瑟(Kaiser)、阿尔坎(Alcan)、皮基尼(Pechiney)和阿鲁苏瑟(Alusuisse),完全或部分地拥有70%以上非社会主义国家的采矿和熔炼能力[22]。像钢铁生产这样的基础矿产业,作为传统工业化的重要基础,其生产遍及全世界很多国家,据《金属通报》公布的数据,1981年有20个公司(多数是私有企业)竞占非社会主义世界产量的52%以上,八家公司占29%;如果包括苏联的钢铁工业,这个集中程度还会增加,因为它独自生产了全世界产量的21%以上。

一般而言,世界尺度上的供给集中程度在过去30年看来已经下降了。这部分地反映了市场的拓宽和国有化生产国诸公司的增加,但也是主要金属和石油公司用来减少风险之战略的结果(见79—81页)。如前所述,现在的国际性生产财团常常包含几家公司,而其中主要的公司又在矿产方面进行了广泛的多样化。这种战略产生了复杂的所有关系,并减少了表面的权力集中。但少数跨国联合大企业仍能对国际矿产市场产生重大影响。正如经济系统中其他部门一样,矿产部门也出现了一个趋势:即少数企业控制了整个部门的大部分产量,只是这一趋势被名誉上独立公司的多样化、多重所有子公司和股份掩盖了。

通过公司销售额与整个发达国家国民生产总值(GNPs)的比较,可以很容易地看出一些主要矿产公司的绝对规模。迪肯斯和

劳埃德(Dickens and Lloyd,1981)指出,世界上老牌的钢铁生产者日本钢铁公司在1973年的销售额超过了爱尔兰或以色列国民生产总值;一些大型石油企业如埃克森(Exxon)和荷兰壳牌(Royal Dutch Shell)公司,其销售额超过了希腊、匈牙利、新西兰和葡萄牙的国民生产总值。这些公司所能支配的财政资源必然大大超过他们投资的多数欠发达国家,这使他们拥有很大的讨价还价力量。

集中的原因

有很多因素促成产生这样大的康采恩,而且一经建立就一直保持其地位。首先是由于规模经济的存在。资金密集型的矿产业 117
与规模经济的关系尤其紧密。正如贝恩(J.S. Bain,1954)指出的那样,一个企业必须占有或拥有一定的市场才能达到它的最优生产规模,此规模使其单位产品生产成本最低。例如,一个美国钢铁生产企业需占有国内市场的5%。另一种规模经济形式是联合经济,它推动了各企业进入纵向联合,这必然进一步扩大企业的规模。由于矿石的浓缩、熔炼、精炼过程都在一个工厂进行,就节约了大量的能源,因为不必对金属进行重新加热。甚至当各生产阶段在空间上仍然分离时,拥有从原料生产到初级加工再到最终制造业的康采恩的优越性也会很显著。这样不仅可以恰当地调整各阶段产品的产量,而且可以减少风险,在内部调整价格以保证整体的收益。例如,一个将不同生产阶段分散在不同国家的多国公司,可能通过调整它的内部价格来降低它的纳税义务,并因而在生产的各阶段都获利,所以整个公司利润的很大一部分显然是在具有最有利纳税方式的那些国家获得(Cobbe, 1979)。

另一个使大公司保持其市场地位的因素是,目前找矿和矿产生产所需要的风险资本巨大。换句话说,新企业进入本产业会存在很大的资金障碍。能够完全克服此类资金障碍的公司,要么是已经很大并想使其利益多样化的公司,要么是由政府建立的公司。

老公司凭借其对技术知识和专门知识的控制更加强了它的地位。在一个技术变化很快的领域,大的“内行”公司有明显的经济优势,并能出资支持科研和发展规划设计,以保持它们技术上的领先地位。一个公司对技术的垄断也受专利法的保护。19 世纪 80 年代后期,匹兹堡冶金(Pittsburgh Reduction)公司(阿尔坎公司的前身)获得了霍尔电解铝法的美国专利,而在欧洲,埃鲁发明同一炼铝法的专利被阿鲁苏瑟(Alusuisse)和皮基尼(Pechiney)公司的前身获得。直到第二次世界大战,使用这项专利技术的可能性才向新公司开放,此前那三家公司已牢牢地确定了他们的地位。

最后,一旦一个公司或公司集团获得了市场统治地位,它便能够排挤它的竞争者。历史上典型的方式颇具侵略性,如洛克菲勒标准石油专卖(Rockefeller Standard Oil Mononoly)公司,就靠控制小炼油公司必须付给其运输系统的运费,靠降低其传统市场范围内产品价格等手段,来挤垮那些小公司。如果相信今天的反托拉斯
118 有限实施法已经完全制止了这种排它手段的使用,那将是很幼稚的(Evely and Little, 1960)。

集中的影响

产业集中无论是怎样产生和怎样保持,都明显地影响产量水平和产品价格。大型不完全竞争企业的一个特点是,他们在总产量中的比例是如此之高,以致他们提供出来销售的数额会影响到市场价格。这与那些产量太小无法影响市场供给和价格的完全竞

争小企业的地位形成对照。除非需求曲线移动,否则任何时期一个大型不完全竞争者都只能通过降低其产品的售价来增加其产量。因此每一额外生产单位都会牺牲一些已生产单位所能获得的潜在收益,那么额外(或边际)收益曲线必然位于需求曲线之下,而且其下斜必然比后者更陡[23]。

对付降低的边际收益曲线

在这种情况下,企业可以采取三种策略提高其利润水平。首先,企业可以通过限制产量来抬高市场价格。当这种产品的需求曲线无弹性[24],因而消费者不能因价格的上涨而减少消费时,这种方法尤其有效。例如在1973年,石油需求的短期弹性极低,发电能力不能很快地转而使用其他燃料,内燃机火车不得不行使,私有车主不愿放弃使用他们的汽车,因而欧佩克能够很少量地削减石油产量就使油价提高四倍。然而如前所述(93—95页),在中长期的需求则表现得更加灵活,欧佩克现在为了对抗替代其石油的趋势而保持价格水平,已强迫把产量削减到它生产能力的40%以下。这表明,如果能够获得其产品的替代品,则生产国很难指望人为地保持高价水平。这也有助于解释第二种保持利润水平的策略,即试图通过获得对替代品征税的控制,或将消费者束缚在某项技术上,来降低替代品的重要性。已论及的石油公司向煤炭和其他能源部门投资的运动与此不无关系。后边第四章(见第132—133页)也给出了许多限制消费品选择的例子。

第三种可能增加利润的策略是把整个市场分成几部分,以使供给一个部分的产量不会影响到其他部分已接受的该产品价格。可以举那些需要生产批量产品以获得最大规模经济的企业为例,

119 来清楚地说明这种策略。在其控制的市场内，若不把价格降到单位生产成本以下，这批数量是不可能全部售出的。为了不把该市场宠坏，公司只需把部分产品在另一个惯例不同的市场区抛售。有许多熟知的例子可以说明这种策略，例如，众所周知欧洲经济共同体在苏联倾销"黄油山"；许多欧洲钢铁生产商在美国大量倾销其多余的产品。石油工业提供了另一个典型的例子，在原油过剩的时期，生产商们为保持其控制市场的油价而在其他地方大打折扣地向消费者销售，这种战略被20世纪60年代的"七姐妹"广泛采用，现在的欧佩克国家在其非限制的买卖中也大大地折价。所有这些保持利润的战略必然影响到矿产和消费的空间格局。

价格政策

不完全竞争的大企业，对他们试图参与哪个市场和要求各个消费者支付什么价格，都有一定的选择余地。用以对矿产品定价的方式在这里是一个决定性的因素，可以采用多种价格体系以区别对待不同的消费者。最常用的一种是合同订价，此时大客户将享受优惠价格，尤其是那些愿意长期订购的一定数量矿产品的用户。这种方式不仅可使企业减少市场价格变化的风险，而且可以使其保持规模经济。

另外，熟知的价格系统如CIF（cost, insurance and freight；成本、保险、运费）也可以并实际上被广泛采用（Chisholm, 1966）。在这个价格系统下，某一特定区域的所有消费者对产品付同样的价格，即不考虑产品供给中所含的运费。这对与生产中心距离不同的消费者有不同的影响，较近的消费者要为那些偏远处的客户支付部分运费。有几个原因解释为什么企业接受CIF体系。首先，它有便于管理的优点，无需计算每次运输的运费，还可以减少管理费用；其次，如果生产商希望出售一定数量的产品，保持一定的市场利润，在远处市场降低价格可能是必需的；最后，当一个企业管理处于不同位置的许多工厂时，各工厂不可能具有相同的生产成本，CIF 系统能够使低成本中心补贴那些高成本工厂。

这种价格战略的普遍存在有重要的区位含义。制造业商品生 120
产者被吸引靠近原料产地以降低运输成本，这个概念在基本工业区位理论中会一再提及。如果原材料实际上按 CIF 定价，则这种论点是站不住脚的，正如沃伦（Warren，1966）指出的那样，试图在经济不景气地区制造就业机会，而采用基础工业如钢铁生产作为磁极来吸引相关制造业，如果钢铁生产者后来决定对全国的消费者以同样的价格出售产品的话，则这种努力注定会失败。由于英国钢铁公司选择了 CIF 对其薄板钢定价，希望像兰文和拉文斯克雷格那样的工厂会吸引一些拟议中的制造业就业机会，这始终是一种空想。

勾 结

在一个工业部门中，只要存在几个大公司，便产生了勾结起来限制产量，固定价格，为每个公司分配特定市场或市场份额的可能性。由于广泛的反垄断法规的建立，私人公司公开勾结的情况必然都是从过去延续下来的。两个常提到的典型实例是国际石油卡特尔和美国钢铁卡特尔。正如斯托金（Stocking，1954）明确指出的那样，利用匹茨堡基点附加价格系统（据此，所有钢铁的定价都好象它们是在匹茨堡生产和运出的），钢铁卡特尔能够保持它在匹茨堡地区的生产水平，并严格控制着伯明翰（亚拉巴马州）地区的产量增长。

国际石油卡特尔采用类似的基点价格体系,在第一次和第二次世界大战之间的时期,所有石油的价格都按其生产于美国墨西哥湾沿岸并从那里运出来确定。这必然延缓了中东地区作为石油生产中心的发展,并降低了欧洲石油的消费。这种单一基点价格系统在第二次世界大战中的瓦解,主要是由于英国和后来的美国政府很不高兴地发现,他们在中东港口为舰只加油所付的价格是美国价格加上很大一笔运费。各公司为解决这个问题采用了一个新价格系统,系统中保留了美国的生产成本价格,但运费计算的基点改在中东。只是到了 1945 年以后,在实施马歇尔计划的压力下,低得多的中东生产成本价格才引入到多基点的价格体系中来。

今天,私有部门的勾结更加隐蔽了。各企业可以跟随市场的领头者,可能是因为协议,更可能是为了避免自相残杀的价格竞争风险。但是很难相信更活跃的勾结不会出现。比如在分析精铝的价格时就可以看到,由六家主要公司在其固定批发销售和合同交易中采用的"生产国价格[25]",不仅很固定,而且被所有公司采用。

生产的灵活性

121 国际大公司的存在对决定矿产生产的格局也有重要影响,因为他们能够在可能的产地选择在什么时间、以什么速度开发哪一个矿点。我们已经看到一些公司在生产成本相对较高的地区进行勘探,在他们看来那里的风险较小。同样的风险评价必然也要影响到产量水平。潜在生产中心的多样性,使这些公司有了很大的灵活性,可以作出反应来对付经济条件的变化,对付一些国家正力图控制其活动而施加的产量限制,或对付矿产业利润中国家份额的增加。

举个例子,如表 3.9 所示,英国石油公司仅在六年内就显著转换了它的石油供应来源。在其财产被国有化以后,它撤出了尼日利亚,并降低了其他欧佩克国的重要性,增加了从北海、美国及其他非欧佩克生产国的进口。这种灵活性是一个限制因素,在某种程度上限制了某些生产国使私有公司在资源开发利用上与国家目标一致的能力(见第四章,177—181 页;第五章,198—215 页,231—237 页)。

表 3.9 英国石油公司:原油来源,1974、1980、1988 年

国家	1974		1980		1988	
	(mbd)	%	(mbd)	%	(mbd)	%
伊朗	2.02	44.9	0.04	1.7	–	–
科威特	1.04	23.1	0.25	10.5	–	–
尼日利亚	0.69	15.3	–	–	–	–
阿布扎比	0.35	7.8	0.15	6.3	0.08	5
伊拉克	0.24	5.3	0.04	1.7	–	–
北海	–	–	0.51	21.3	0.63	39
美国	–	–	0.71	29.7	0.86	53
其他	0.16	3.6	0.69	28.9	0.06	4
总计	4.5		2.39		1.63	

资源来源:Auty, 1983, p.6;英国石油公司集团会计室(Group Accounts Office BP)1988 年 9 月数据。

对市场力量的制约

仅仅是矿产生产集中于几个大企业之手,自然并不能自动使 122
它们对市场形成强有力的控制。首先,矿产生产商只能活动于为最终产品的最终消费者喜好和富裕所确定的范围内,而且原矿生

产商可能受制于集中的消费力量。例如,国有铜矿公司制定价格的能力受到如下事实的制约:他们必须把大部分铜卖给几家仍控制着关键市场领域的精炼和加工企业。同样,企图向英国出口铁矿的生产国面临着英国钢铁公司的垄断。此外,一些称为边缘生产者的小企业可能没有足够的影响来限制大公司的选择自由,尤其是在市场总需求乏力的时期。由于实际上几乎所有的矿产品都有其替代品,至少对某些最终用途如此,这就产生了更进一步的限制。例如,粗铜市场商不仅受到铝和塑料价格的制约,还要受到废金属价格和可得性制约,废金属能够替代很大一部分铜的最终消费。据估计,1987 年美国总消费中有 46%是由废金属满足的。最后,所有矿产生产商的活动日益受到地方和国家政府行为的限制,也受到国际管理机构的限制。

政府作用的导入

在第五章我们将会看到,任何探索矿产品生产、消费和贸易的空间格局的企图,都必须抛弃自由矿产品市场的概念。这在计划经济中是自明的,而在西方资本主义国家中也是真实的。政府不仅以直接接管生产的方式,而且以无数强制性的法规介入到矿产生产领域。这些法规包括贸易、制定工资等级、对企业间的接收与合并征费、规定就业条件、制定价格或强施规划与控制污染;强征各种税收与付给生产津贴同样对矿产业产生明显的影响。另外,政府必然会通过他们对经济的普遍管理以及政治局面和稳定性间接影响到矿产业。

政府有目的地干预矿产部门,必然意味着该部门没能表现得与公共政策目标一致。这种不一致为第四章的讨论提供了焦点。

注 释

1. 该数字引自官方统计《美国能源：一个总结性回顾》(华盛顿特区，内政部，1972)。其他作者，例如海湾石油勘探公司副董事长 H. D. 赫德伯格曾认为此数字高达 40 000。

2. 也有例外。例如矿床露头处铜矿的出现，便在某些计算机增强的陆 123
地卫星影像上产生了显著的颜色显示。但是仍然需要用实地分析来确定矿床的规模和矿石成分。

3. 该假设 40 多年来受到了广泛的批评；例如可参见 Simon, 1947。

4. 包括花费于资源勘探的特别基金。

5. 在 20 世纪 80 年代，国际贷款机构的态度已经有所改变。特别是世界银行已准备资助能源开发项目，尤其是对最贫困的欠发达国家；这些项目通常旨在满足小规模的地方市场需求，或创造石油进口替代。某些基金还可用于金属矿区的再开发。例如，津巴布韦在 1984—1987 年间得到世界银行和非洲发展银行的贷款以重建其铜矿；然而并未取得多少进展，1987 年该国停止偿还其贷款利息(The Economist, 12 November 1988, p.114)。

6. 这一过程的推导很简单，它反映了货币在不同时间的价值。举个极简单的例子，如果一个人今天把一笔资金总数交给建筑协会，那么 10 年后他可望得回的不会是同样的数目，而是其初始本金加上此期间的全部复利。同样，当他将其资金投入到矿山或工厂的建设中时，也将得到回报，将来从生产中获得的收益至少要等于这笔本金加上他放弃的建筑协会的利息。除非我们假定那个利润为零，比较未来收益和现在花费的唯一方法，是采用该项目预期周期的利息率，把将来收入贴现为现在的价值。

7. 在计划进入 1986—1990 期间的额外铜矿开采能力中，只有 21% 来自新矿，其余来自现有能力的扩展(64%)和 80 年代早期关闭了的矿井的重新开发(15%)(Thompson, 1987)。

8. 这些方法包括用化学剂将金属从矿石中分离出来，或用高压喷射迫使矿浆浮上表层(US National Academy of Sciences, 1978)。

9. 在这里的整个讨论中，发达国家是指美国、加拿大、南非、澳大利亚、新西兰和西欧以及东欧的计划经济国家和苏联。

10. 必须记住,这种相对位置的变化一直发生在全部矿产品利用大幅度增长的背景之中。

11. 到1987年,欧佩克对非共产主义世界能源总需求量的贡献只占16%。

12. 据估计,若无欧佩克卡特尔,自由市场的石油价格将在3—11美元之间。

13. 这种办法并不理想,部分因为价格和兑换率都在波动,部分因为它包含着某些假设,即假设所支付的价格真实地衡量了产品在生产过程中的重要性并且不受政府干涉或固定垄断价格的影响。

14. 这些百分比包括发展中市场经济和发展中社会主义国家的贸易。自从1975年以来,亚洲欠发达国家增强其贸易作用的趋势一直很明显。

15. 欧洲煤钢共同体。

124 16. 这意味着它们取决于模型外的因素,而且不相互影响。

17. 铜的交付价格,因而包括运输费用。

18. 20世纪80年代早期很少有人预测到美国铜工业的命运在1988年会整个发生转变。费尔普斯·道奇公司已重新开始生产,而今天的平均生产成本仅仅是每磅55美分。这使公司的经营利润在1988年超过1.5美元的铜价上达到200%。相比之下,秘鲁铜矿的持续困境,秘鲁、扎伊尔和赞比亚的严重外汇短缺,已使这些国家的产出显著减少。

19. 对长期建立的经营而言,情况可能不同;在那种情况下,资本总量和利润已经由过去的收入补偿了。

20. 英国石油公司曾经购买了肯尼科特公司,这构成其多样化计划的一部分;现在又把其全部金属股份卖给了里约锡锌公司(BP Press Release, 3 January 1989)。

21. 即所谓的"七姐妹":埃克森(Exxon)公司、得克萨科(Texaco)公司、加利福尼亚标准(Standard Oil of California)公司、美孚(Mobil)公司、海湾(Gulf)公司、英国石油(British Petroleum)公司和荷兰皇家壳牌(Royal Dutch Shell)公司。

22. 现在,随着独立经营者数量的增长,铝工业高度集中和联合的性质正在显著改变。

23. 如果一个生产商能够以每单位100美元的价格销售y单位产品,但只能以每单位98美元的价格卖出y+1单位产品,那么很清楚,y+1个单位的销售量给他带来的额外收入是98美元[①]减去 y×2 美元。

24．需求弹性是需求对价格变化之反应的度量，其定义为：

$$\frac{\text{需求数量变化\%}}{\text{价格变化\%}}$$

如果价格变化百分率导致更低的需求数量变化百分率，则说明需求曲线无弹性。

25．生产国价格与伦敦金属交易市场的价格不一样，后者只经营总产量的一部分。

---

① 原书第二版误为英镑。——译者

125

第四章　矿业生产过程的表现

引言：评价标准

正是因为矿物脱离了产生其资源价值的人类系统就毫无内在价值，所以矿产资源生产和消费过程的价值只能根据它对人类福利的意义来判断。换言之，必须根据它的表现，根据它满足社会广泛的经济、社会、环境和政治目标的程度来评价矿产部门。这样的评价不能脱离价值判断，因为所选择的表现指标和给每一指标的相对权重，不仅取决于分析者的意识形态，而且随时间和空间而变化，反映出矿业运行于其中的各种社会有差别且在变化的价值体系。

有五个重要而且普遍使用的标准或目标，虽然不能说已列举无遗，但可依据它们来评价矿产资源生产系统的后果。这五个标准是：经济效率，分配公平，经济增长和创造就业，供应保障，环境质量的维持。前四个是本章关注的主题，环境质量目标将在后面论述。

在矿产的生产、消费、实现财富的各种模式中，任何一个目标的实现都可能与其他目标的实现不相容。一个经济上有效率的矿产生产系统，很难在产品福利或增长的分配上做到符合最能接受的分配公平概念。最有保障的供应格局也许会导致效率的显著丧失和引起环境退化。同样，环境损害最小的开发模式很难使经济增长最快。因此，任何使矿产工业最大限度实现某一社会目标的企图都几乎不可避免地要和其他目标一起加以权衡。

经济效率目标

效率概念

经济效率这个概念是新古典经济学的基础，为自由市场体制 126
提供了一个关键的基本原理。政府虽然承认私人企业存在一些可改正的缺陷，同时总是趋向于假设它们的效率会越来越高，而且通常要求公共部门的产业为同一目标而生产，抱着更商业化的态度去生产。在英国，关于国有工业和其他公共部门的正式官方陈述中充斥着要求效率的告诫，也制定了在理论上可使这个目标实现的法则。20世纪60年代产生的两个白皮书《国有工业金融法》和《国有工业经济法》(UK Government, 1961, 1967, Cmnd 1337 and 3437)，清楚地显示了那时政府所想象的效率目标的重要性，并且自此以后，这已成为一条更占主导的信仰原则。

经济效率作为一个概念，包括三个相关但又明显不同的组成要素，即技术效率、产品选择效率和配置效率。如果用最低成本的方法生产出一定的产品，那么这个产业就可说有技术效率。一般认为竞争的私人公司会自动寻求这个效率，因为无效率的生产者不能赢利，这样的企业不能生存。同样，如果一个公司要维持下去，所生产的产品和服务就必须反映消费者的偏好，此即“顾客就是上帝”的概念。对货物的偏好表面上是固定的，生产者只不过对消费者的要求作出响应。然而，在现实世界里，生产者能通过广告，通过选择把某种产品放到市场上去，来操纵和控制消费者的需求。

消费者的选择取决于可得到什么东西(可得性限制)和消费者已购买了什么耐用品或设备(有条件偏好限制)，产品的包装无论是否必要都得考虑。当然，假如没有更好的产品上市，短寿命的产品和将要淘汰的产品也会被购买；如果已安装了昂贵的燃气加热系统，家庭主妇就不会再选择其他能源。

配置效率涉及到生产要素、产品或服务在一定经济体制内的全面分配，这种效率有多种定义，但用得最多和最为人知的是帕累托[①]标准。资源的重新分配，被认为是不可能使一些消费者更有利(按他们自己的评估)而同时又不使另一些消费者更不利。用另一种方式表达，如果可能在不同用户或用途之间挪动一份劳动力或资金，或者一份产品或服务，这样做使一方更有利的同时又不使另一方更不利，这是一个无效率的情况。这种情况听起来似乎是个很有价值的目标，然而在现实中这种情况太少见，因而不能广泛运用。除教科书里关于两个人交换他们的汽车，用苹果换鸡蛋这
127 样的基本实例外，现实世界中大多数有意义的决策，事实上都使某

---

① Pareto, Vilfredo(1848, 7, 15—1923, 8, 20)。意大利经济学家、社会学家，以关于群众与上层社会优秀分子的相互作用理论和运用数学进行经济分析而闻名于世。他提出了“帕累托最优状态”概念，奠定了现代福利经济学的基础。他认为，只要任何一个人有可能按照自己估计的条件更加富裕，而同时使其他人还保持在他们估计的原来水平上，就意味着没有达到社会资源分配的最佳状态。他看到有些社会问题不是经济学所能解决的，遂转而研究社会学。他在其得意之作《社会学通论》中探讨了个人与社会行为的性质与基础。他认为，阶级地位低下的集团中，某些特殊分子为了上升到上层社会，会不断发挥并使用其能力，因而提高了能力；而在上层社会中则存在相反的趋势。这样就形成了上层社会优秀分子的循环运动。——译者

些人占另一些人的便宜。正如巴特林(Butlin,1981, p.4)所说:"任何名符其实的政策变化都不会有总体中性或有利的效果"。因此,各种各样的帕累托标准设计出来了,这些标准涉及到所谓补偿规则的应用(Kaldor, 1939; Hicks, 1939)。

补偿问题

在卡尔多—希克斯(Kaldor-Hicks)方程条件下可见:大多数资源的再分配将会使一些人更不利,但是这并不被认为是效率的障碍,如果一些人获得的利润大得足以使他们补偿亏损者,那么生产要素、财货和服务的重新配置就会更有分配效率。补偿规则的基础可用图表形式直观地反映出来,图 4.1 显示的是两个消费者对单一产品的需求(边际效用)曲线。我们假设开始的形势是:消费者 B 有 OX 单位产品,消费者 A 没有。B 增加一单位额外产品所获得的价值已降为零,但对 A 来说却非常有价值(OZ)。如果仅仅从 B 把一单位产品给 A,B 的损失很小(黑影部分),而 A 增加的价值(阴影部分)很容易地补偿 B 的损失,还会有明显赢余。这个再分配过程和可能的补偿可以一直进行到 XY 个单位产品从 B 转移到 A,这时产品的价值对消费者 A、B 都已相同(EE);进一步的补偿已不再可行,这时就达到了产品的最优再分配。在这种帕累托定义的变动下,分配效率本质上意味着在经济上可获得最大限度的纯利益。

在希克斯的补偿方案下,帕累托最优的一种情形是:当赢利者补偿了亏损者之后,无人会吃亏,甚至某些人还会获利。但根据卡尔多的观点,补偿实际上是否已付,这并不重要,重要的是能够补偿。在实践中付给补偿的事例相对稀少的情况下,卡尔多规则运

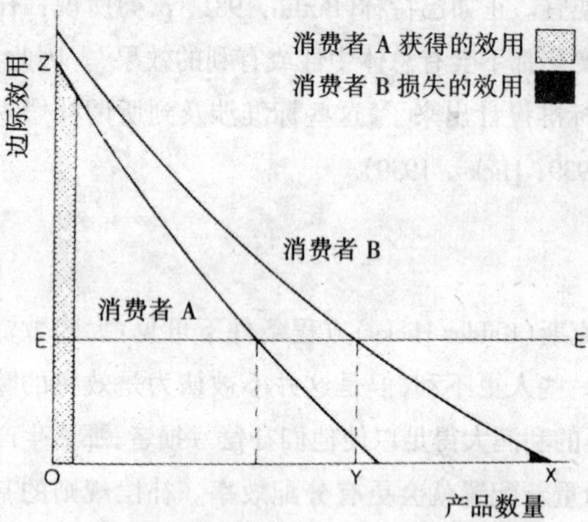

图 4.1 边际效用曲线与补偿规律

用得最为广泛。这对分配公平来说显然有很大的意义。在所有关于配置效率的定义中,收入、财货和服务配置的结果在经济上是不相关的,认识到这点至关重要。如果1%的人口拥有90%的财富,这种情况可能是有效率的;如果某个计划或政策使所有的收获都集聚于这1%的人口,也可以是有效率的。因此,关于经济效率不一定要求公平。

效率和完备的市场条件

128 在某些条件下可能出现市场体系自动运行使所有这些形式的效率得以实现的情况。这些条件中最重要的是:

(1) 消费者是在经济上理性的人,不仅现在而且将来都有使他们的效用函数达到最大的能力。

(2) 生产者也是"经济人",理性地朝着目标——并具有无所不知的能力——随时使他们的利润达到最大。

(3) 经济的各个部分是完全竞争的,包括资本和劳动力市场。

(4) 所有的生产要素都完全可流动。

(5) 所有的产品和服务都在市场体系内，换句话说，没有不定价的公共产品或环境资源。

(6) 经济不受政府干预。

很容易理解，这些条件并不适用于现实世界。

设法模拟部分经济系统的经济学家假设这些条件的部分甚至全部实际上成立，他们可以为这种假设辩护。在所有的建模实践中，为了认识一、二个变量如何运作，有必要对现实加以简化。例如达斯古普塔和希尔(Dasgupta and Heal, 1979, p.9)在他们著名的《经济理论和可耗竭资源》一书中，开始就陈述他们的“信念……即对一个经济系统的复杂性要培养一种深刻和直觉的理解力，为此目的，最好是作高度抽象，并对关键因素及其相互作用仅作框架式表达”。

然而可以认为，这种抽象模型的存在已使两个普遍的“神话”
固定下来。第一，实际存在的市场体制能在经济中产生对技术效 129
率和资源有效配置的近似。第二，可观察到的无效率根源可以得到更正。一种普遍的看法是，某些特殊的市场缺陷可通过立法、管理变革和价格管制来校正，从而恢复“效率”。这种看法为许多政府在矿产部门进行干预提供了理由，以后我们还会看到，这也是为公共财产资源和污染问题作经济补救的基础。然而，当整个系统由无效率的状况构成时，当无效率不是例外而是规律时，校正的观点是站不住脚的。不完全竞争的公司、不完备的劳力和资本市场、非理性的行为、不可流动的生产要素、政府行为、无定价的公共财货、公共财产和环境资源无处不在，怎么可能想象出一个有意义的校正计划呢？

除了这两个“神话”，抽象模型还会导致更大的危险，它们将

(事实上已经)用来为公共部门企业设计经营规则,以保证它们在经济上是有效的。对公用事业使用边际成本定价系统,并用成本—收益分析来评估公共部门投资的主张,是既基于帕累托的分配效率概念,又基于为使市场机制取得效率而作了高度抽象的经济模型。现在已经明确,如果无效率状况在别的经济部门占优势,那么这种价格和投资规则将不能产生国民资源的最优分配。因此必须设计“第二好”甚至“第三好”策略[1],在这种策略下,公共事业应该调整它们的行为,以便考虑所有来自无效率的“反常”经济部门中不精确的资源成本和需求信息。为了进行必要的调整,需要做大量数据收集工作来确定所有要素输入、互补产品和代用品价格的“不精确性”。毫不奇怪,“第二好”的概念作为一种实践而不是纸上谈兵,已被那些负有管理责任的人毫不留情地接受了。

实践中的技术效率

显然,矿产部门与任何为保证市场力量产生经济效率所需的条件都不相符。正如兰德尔(Randell,1975, p.805)所说:“对基本条件违背现实的各种方法,要把它们编制成一个完整的纲要是一项艰难的任务”。大多数矿产的生产和消费过程具有不完全竞争的特点,正是这个事实说明技术效率和产品选择效率不太可能产生,而且既然技术效率是配置效率的先决条件,那么后者也不可能实现。不可避免地,如果一个矿产生产者能用较少量的劳力和资
130 本去生产一定量的产出,那么资源配置的结果就不会最优。因为从理论上讲,可把超额生产要素用于别的经济部门而不会对矿产使用者不利。

然而，在完备的竞争形势下，也许可以假定，个别生产者为了维持生意就必须以最小的成本水平来经营。但对有足够市场力量可以至少部分地决定它们自己的价格和产量水平的私有企业，却不能作这样的假设。垄断、卡特尔、纵向联合康采恩、长期供应合同、价格固定或心照不宣的巨头价格协定的存在，都消减了效率原则。从理论上讲，在长时期内，新企业加入到产业中来，再加上替代品的竞争，最终迫使产业用最低成本方式生产。然而，在实践中有三个因素表明非最低成本的经营也能维持相当长的一段时间。第一，新加入的竞争企业有自然的、技术的和人为的障碍。第二，跨国联合大企业现在可以控制整个替代材料的产量。第三，企业在一些成本相对高的中心维持产量可以减少风险，而且这种需要不会随时间变化而减小；同样，不可设想国营矿产工业会有技术效率，因为他们不仅面临受限制的竞争，而且它们通常为各种非利润最大化目的而经营。

我们在第三章讨论了几种不可能产生技术效率的情况，在这些情况里，即使是企图取得技术效率也违背了公司的利益。例如，在世界石油工业的历史时期中，很难找到一段时期的石油总产量以最低的成本生产（Penrose, 1968; Sawpson, 1975）[2]。“墨西哥湾附加”定价系统的全部基础，就是维持相对高成本地区中公司经营的产量和可获利性，这就妨碍了最低成本生产地的发展（见 120 页）。在 20 世纪 60 年代后期，估计中东的长期边际生产成本仅每桶 0.05－0.25 美元，而在美国约为 3 美元（Cobbe, 1979）。各公司充分控制了市场以维持他们传统源地的产量，同时又保持了多样的供应源，并在中东的经营上获得巨大的反常利润。欧佩克力量的崛起并没有增加技术效率，不仅其价格和产量控制政策允许在卡特尔中的高成本生产者保持其协议上既定的市场份额,而且石油大国和消费国政府正在诸如北海和加拿大北冰洋沿岸这样的地区开发石油,这些地区虽然不是成本最低,但是它们具有安全和可控制的优势。当然石油工业是一个极端的例子,它不过是符合大多数主要贸易矿产情况的一个夸张事例。

131 在整个矿产部门,多产地和多工厂的企业是很常见的。通过调整他们的价格和成本安排来在各工厂之间作交叉补偿,总生产成本也许会增加,但因保持了生产中心的多样化而大大地减少了风险,而且销售或市场分享的目标也可实现。避开风险的重要性作为一个经营目标,使任何多国公司都不可能成为最低成本生产者,从严格意义上看,任何时候都是这样。例如,每一个主要的铝业公司都在许多国家显著不同的成本条件下维持铝土矿的生产。因此,供应中断的可能性微乎其微,因为所有的公司不可能同时中断生产(Girvan, 1970, 1973)。

在纵向联合康采恩中,来自他们自己公司的产品和服务将在第二生产阶段使用,不管它们是否是成本最低的投入。在其反向联合已进入采矿业的情况下,北美钢铁公司没有必要使用最低定价的煤炭。关于原料和半成品矿产长期供应合同的广泛存在,也意味着即使没有所有权联系,许多公司在长达20甚至30年[3]的时期内没有寻求最低成本输入的自由。条约和合同的共同存在能把许多矿产总供应量的很大一部分绑在一起。就世界范围来说,40%的铁矿石贸易是通过所有关系控制的,另外40%被20年合同约束(Bosson and Varon, 1977);这就必然意味着大批的钢铁生产商不一定能使用最低成本输入。值得指出的是:把矿产部门作为一个整体来看,世界铁矿生产是高度竞争的;然而供应的连续性太重要，因而不可能使钢铁生产者充分利用这种竞争形势。显然，在一定限度内，供应稳定、易于控制和管理所带来的利益，在任何时间都比自由利用最便宜供应来源所获得的成本优势更重要。公共部门矿产工业同样提供了大量的例子，可以说明技术效率显露或暗含着对其他目标的牺牲。例如，此类目标有：实现有利的贸易平衡、保障本地的供应来源、减少由失业引起的社会、经济和政治代价。在英国，维持高成本煤矿的生产、各矿之间的交叉补偿以及电力工业对维持燃煤发电厂的补贴，必然意味着煤炭和电力工业都不能以最低成本生产，因此他们都没取得技术效率或配置效率。

迄今为止我们讨论的所有例子都涉及到下述情况，即：不完全竞争给生产者充分的市场力量，使它们能选择自己的供给来源、价格策略和产量策略。当然，他们采用技术上无效率的实际决策也许会完全合理地达到他们的生产目标；如果他们对风险的判断是 132
正确的话，甚至会导致长时期的利润最大化。然而，即使完备的竞争，矿产生产者也不一定而且很可能就不采用最低成本生产战略。如果满意的利润或平静的生活是现实世界的经营目标，如果重要的信息受阻，如果公司由于事先已购买了资本设备或由于劳动协议而被束缚在特定的要素投入或原材料上，那么就不可能设想技术效率。而且，不管是完全竞争还是不完全竞争的公司都要面临资金、土地和劳动力市场的严重不完备，这就把进一步的技术无效率性引入系统。金融资本配置的无效率尤为重要，这使得资金不能完全地流动，特别是在不同国家之间；过去引入系统的资本投资的刚性也特别重要。当这涉及到抛弃现有的工厂和机器时，公司就不能轻意采用当前最低成本的办法，已固定的劳动力组合也会限制重新适应当前劳动力成本。政府要求特定产地维持生产的压力也会延长技术上无效率的经营(Thompson, 1987)。

实践中的产品选择效率

在矿产部门中,还必须抛弃产品选择效率将自动产生的想法,就像在大多数其他经济部门也必须抛弃一样。因为对许多矿产的需求缘于最终消费品的需求,因此可以认为初级产品生产者是远离消费者的,只有当处于某种可影响消费者选择的位置时才不是这样。对于例如马来西亚的小规模锡生产商,或更小的独立的铜生产商,这种认识是成立的;但事实并非总是如此。许多矿产具有纵向联合公司生产的特点,把联合推向生产的最后阶段甚至服务部门的诱惑力之一,就是赢得对市场的更大控制。

能源部门的产品选择显然是最不完全的。石油公司的大量广告预算——仅 ESSO 公司一家每年花费就达 800 万美元——在相当大的范围内操纵了消费者的偏好。把多数燃料转换成可用能源所需的资本投资,强加了显然是偶然的偏好强制。这种可得性强制有很多表现,用户不得不"需要"核能,因为他们没有任何机制可以拒绝原子能发电站生产的与别的电源混合的电。同样,英国的汽车直到 1988 年都被迫使用含铅汽油,因为无铅汽油品牌还未能以任何有意义的规模上市;提供液化石油气作为汽油替代品的加油站数量有限,又加强了进一步的产品选择限制。

巴尼特(Barnet,1980)认为,生产者通过控制提供替代产品和服务的企业然后又消灭它们,精心地强制消费者的选择。他引用
133 了一些例子,如:石油公司已和机动车辆及轮胎制造厂家联合起来,买断提供城市公众服务的康采恩,因而保证了机动车辆的最大

优势;一个由通用汽车公司、ESSO公司和固特异(Goodyear)公司组成的财团买下了旧金山电车公司,并且立即把它改造成为汽油驱动的汽车公司;通用汽车公司、凡士通(Firestone)公司和加利福尼亚标准石油公司拆散了洛杉矶市内火车系统。总之,45个城市的100家有轨电车系统被类似的共谋所破坏(出处同上,p.23)。并非每个人都同意巴尼特关于共谋的观点,但是毫无疑问,只上市特定产品和服务的私有经济决策,是一种对消费者产品选择可得性的主要限制。

在各公司生产一系列代替品的任何时候,他们关于上市什么、在哪里上市和以什么价格上市的决定,都基于公司内部的经济考虑,而不顾所涉及的广泛社会成本和利益。一个典型例子是开发"湿"天然气或伴生天然气,它和石油一起发现并常常由最初兴趣在石油的公司生产。一些公司一直不愿花费成本把它运往市场中心去和石油竞争,因此相当大的部分被烧掉或排放到大气中。尽管有几个国家的政府反对这种做法,这种浪费仍然存在。即使在离生产中心相当近的地方和已建立了天然气燃气市场的地区也是如此。例如,在英国北海,各公司一直认为让消费者能以当前价格得到天然气,对他们是不合算的;投资于重新注入设备以使这些天然气可在将来利用,也是不可行的。而且这些计算还会被如下事实影响:天然气是一种主要竞争性燃料,而它在最终市场出售的价格大大超出了石油公司的控制。最近对英国天然气公司的私有化,在存在公共价格管制的情况下,是否会使各石油公司对天然气价格施加更大影响,还有待于观察。

实践中的配置效率

已建立起来的配置效率取决于原先存在的技术效率和产品效率,然而即使假设这个必要条件在实际中得到满足,还是有许多因素表明配置效率不会在矿产部门产生,这里有两个重要的配置问题必须考虑。第一,可获得的矿产供给在用户之间的分配现状。第二,时间上或不同代人之间的供给分配。当考虑某种可耗竭矿产时,第二点尤其重要,因为当前的消费水平一定会影响未来的利用率。

134 对一种以帕累托效率方式在当前消费者之间分配的矿产资源来说,必须满足两个定价条件:第一,各阶层消费者必须支付为提供它们而花费的边际成本;第二,在每一种供给成本的范畴内,单位价格对所有的消费者应该一样(图 4.1 对最后一个规则的原理作了说明)。由于制定了这两个定价规则,每个消费者至少从理论上讲会使用矿产直到它们的价值等于供给成本,而且也不可能通过在消费者之间重新分配而使从任一时刻可得供给上获取的总利润增加。即使假设公司能一清二楚地计算它们的边际生产成本是什么[4],还是有很多理由说明为什么没有必要从它们的利益角度采用边际成本作为产品定价的基础。许多此类理由实际上已在第三章(119 页)讨论过了,虽然是在一种略为不同的关联域内讨论的。

差别对待的定价实践

不完全竞争的大公司由于增加可得供应而冒宠坏他们主要市

场的危险。而且他们还需要维持产量水平来实现规模经济，将高度固定的资金成本分散到大量产品单位上去，使关于销售量或市场份额的任何目标得到满足。在这些情况下，采用差别对待的定价实践常常对他们有利，这就违背了帕累托定价规则。为了避免因实现必须的产量规模而不得不降低全部销售价格，只要可能就会把消费者分离在不连续的市场里。纵向联合公司可以通过在他们占优势的市场中“歧视”在其约束下的销路，而把任何超量生产倾销到其“圈地栅栏”之外，来实施这种战略。实现固定产量或市场份额目标，或保持经营地点多样性的愿望，可以在离生产中心距离不同的消费者之间导致差别对待。为了在配置上最优，每个消费者应支付生产成本加上把产品运输给他们的成本。然而，这种系统(一般称为离岸价格，free-on-board，略作 FOB)将限制一个公司的市场范围[5]。因此，到岸价格(cost-insurance-freight，略作 CIF)和单凭经验定价，或据运费承受水平设置的价格，就成为普遍的实践(见 119 页)。

当纵向联合公司试图通过以低于市场的价格设置内部交换价格来给下属企业某种竞争优势时，就产生了另一种形式的价格差别待遇。当市场上最终产品比采矿和初级加工阶段更有竞争力的时候，这种情况最为常见。例如铜，面临废料和替代金属的竞争。这种实践背后的动机是复杂的，部分是增加了公司对市场的控制，并使市场份额目标能得到满足。此外，它可能用来力图保证下属 135
企业营业额的相对稳定，这样不仅使所有加工阶段的联合和计划生产较为容易，而且可以减少在更危险的开放市场或自由市场出售过剩原料和半成品金属的必要。然而，并不是所有的纵向联合康采恩都采用同样的差别对待实践，正如拉比斯(Labys，1980，

p.67)所指出的,“既然公司能在其势力范围内制订任何他们愿意执行的价格,那么对任何一种定价的传统解释都不再有效”。公司将随时调整生产过程中不同阶段之间的交叉补偿流,以反映经济条件、税收水平或风险评估的变化。

对有长期关系的或订合同的大主顾给予优惠条款的实践,这在某种程度上也可以看作是价格差别待遇的一种形式。但他们一般只能在很低的单位成本上得到供应,因此构成一种不同的供应成本类型(Meyer, 1975)。在任何固定资本在成本结构中占优势的企业中,保持高负荷(或高生产率)的因素就是定价政策的一个重要目标,因为如果大部分可获得的生产能力闲置不用,单位生产成本就显著提高。许多矿产部门的生产商尤其如此,因为他们面临着市场需求的波动。能源的波动是季节性的和昼夜性的;而许多金属的需求则随总体经济活动水平的变化而变化。当贮存大量产品以供高峰期之用变得非常困难或代价昂贵时,生产商的问题就更加复杂。因此,在所有工业国家,天然气和电力当局提供可观的折扣来吸引大工业消费者,其用量比对天气高度敏感的民用和商业部门的需求稳定得多。

价格的反复无常性

许多金属矿产的需求和价格是反复无常的,波动最大的是铜(图4.2)、锡、金。在完全竞争和要素完全流动的理想世界里,某种需求的变化将影响到价格水平,并且这将立即引起大量供应的相应变化。因此,短缺或供应过剩(以及相关的价格波动)都将是“短命”的。然而在矿产部门的经营中,主要有四种不完备性一起抑制着市场的快速反应,并且使价格周期变化问题更复杂化。不能认为那些有相对稳定价格趋向的矿产市场更加不完备，或更接近理想化的完全竞争市场模型，事实上相反。例如，铝生产国价格的稳定性反映了支配所有生产阶段的银根紧缺和少数制造商对市场的控制。

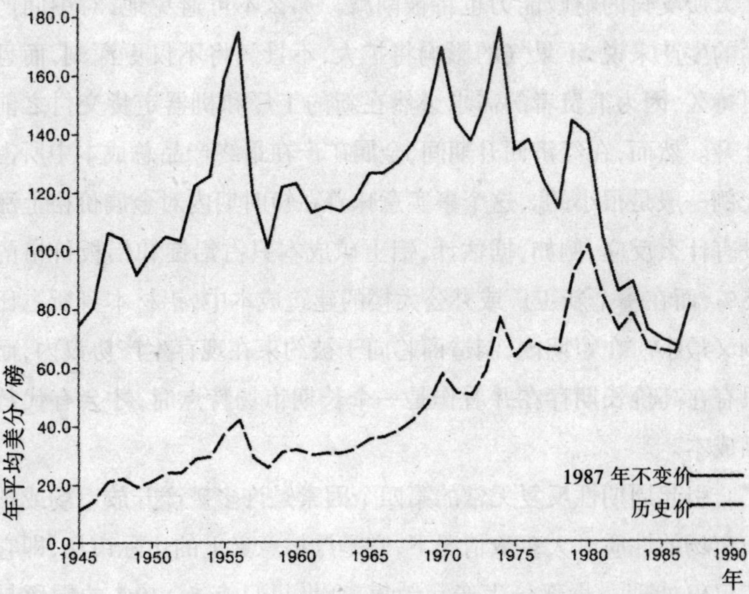

图 4.2　铜价的波动（按实际价和不变价），1945—1987 年。
资料来源：据 ABMS，Non-Ferrous Metal Data，1987，p.137 的数据编绘。 136

首先，实现新的供应能力一般至少需要四年，因此短缺会持续，最终导致价格上涨。第二，一旦有了新的供应能力而且已投进固定成本，只要对企业一般管理费用有所贡献，生产者是不愿抑制产量的，因此过剩也会持续一段时间；而且当其收入依靠矿产出口的国家政府接管生产时，这种情况会更严重。第三，价格变化被某些矿产的需求性质放大了。大量金属的最终用途是建筑业和机器制造、商用交通工具和其他中间产品,所有这些部门受不景气的影响都比其他经济部门大得多。在消费者对最终商品的需求下降或稳定时期,这些产品的制造商会有足够的能力去满足需求,因此,没有多少使他们扩大生产设施的推动力。而且,他们为供应能力扩大所支付的财政能力也将被削减。那么不可避免地,对中间产品的生产来说,不景气的影响将扩大,不景气将不仅更深刻,而且更持久,因为消费者的需求必然在新的工厂和机器定货交付之前上升。然而,在经济回升期间,金属矿产在最终产品总成本中所占比例一般是很小的。这个事实意味着在短时期内对金属价格上涨
137 没有什么反应,例如,据估计,铝土矿成本只占铝锭和铝板价格的35%,而在一个新工厂或办公大楼的建筑成本中,铝材本身所占比例又最小。在短期内,制造商趋向于被约束在现存生产协议内,而只有在高价长期存在并看作是一个长期市场特点时,才会有代替品成本。

引起周期性反复无常的第四个因素是许多矿产开放市场或拍卖市场的性质。大多数情况下,它是严格意义上的边际市场,即它们仅仅处理一小部分生产和销售,全世界只有5—10%的铜贸易量通过伦敦金属交易市场(LME),而在另一个主要市场纽约商品交易市场(COMEX)的交换量更小(Labys, 1980)。铝的开放市场甚至更受限制,根本没有真正的"现货"价格,生产者要么在内部交换供应,要么签订长期合同。虽然自1978年后在LME建立了现货市场和期货市场,但这一度遭到许多大公司反对,这些大公司仍在力图制造另外的定价机制(Humphreys, 1987)。在1973年的石油危机中,现货市场只占所有原油交易的2.3%,这有助于解释为什么稀缺担忧对现货价格有如此大的影响。自那时起,部分由于原

油过剩，通过现货市场的总贸易比例显著提高，但它在全部交易中占的比例仍然不超过30%。

投机的影响

当开放市场处理的数量很少时，需求或供给的微小变化都不可避免地对价格产生明显的冲击。而且生产国和消费国政府都会操纵价格，投机商也可能在市场上活动。大多数分析家已指出，投机行为趋于（有时会非常严重地）加剧业已存在的地方性价格波动（Cooper and Lawrence，1975；Prain，1975；Tilton 1977）。如果系统像经济理论预测的那样运行，那么投机行为将稳定市场，因为价格低时会买进，价格高时会抛出。然而从事这种交易的多为金属制造商，在不景气时期，这种企业无力持有大量金属贮存，因此趋于减少他们的拥有量，从而使价格进一步下跌。但当贸易改善时，他们将有购进更多金属贮存的财政能力，因此使金属价格上涨。而且，独立的投机商（在金属上无生产或消费利益）趋于加强这种趋势，当价格下跌时，他们推迟购买以期望价格进一步下跌。反过来，当价格上升时则相反。如果有很多的投机商照此行事，实际上就能保证他们的期望实现。当消费国政府扩大或处理他们的安全 138
储备时，涉及到的数量常常很大，大得足以对市场产生不稳定作用。不言而喻，当市场只占总供应量的小部分时，消费国政府和大型私有企业一般会持有足够的储备以便能够操纵价格。这对力图通过直接销售给消费国以便与矿产集团对抗的任何生产国来说，意义都很重大（见170—171页）。

正是市场的不稳定这个事实把其他一些不完备性引入系统，这不仅加强了公司加入纵向联合的趋势，因而使他们减小对价格和需求波动的脆弱性;而且它也使得有约束的长期合同销售更吸引消费者。此外,这也是生产国,有时还是消费国政府,企图形成价格固定和产量固定卡特尔的一个因素(见 181—183 页)。

时间上的配置效率

总的来说,不可想象矿产部门各种投入和产出的现状配置会表现得哪怕短暂地与福利经济理论所定义的那种最适条件相象;高度不完备的系统看起来也不可能在将可得矿产储备分配于不同代人方面会更有效率。然而很难绝对地说当前矿产开发过程太快或太慢而不能使资源利用在时间方面最优。关于最终资源储备、技术变化的速度和性质、自然界生物地球化学循环的脆弱性和未来社会的偏好,都存在着极大的不确定性。关于这些关键因素,分析家们不仅将作出完全不同的判断,而且他们关于什么构成"最佳"消耗途径的观点,严重依赖于他们定义代间平等的方法,以及他们赋予代间平等的优先权。

有效的消耗途径

关于最优或有效的消耗途径,最流行的经济学定义是:以现在的价值标准度量,从现代到所有未来各代人不断增长的资源利用中得到的纯效益总量达最大[6]。

这种通常被称为"功利主义"的方法,是建立在帕累托效率规则基础上的,又被卡尔多—希克斯修正过,它为第三章讨论过的简单投资评价模型,也为所有传统成本—收益分析提供了支持。如果我们假定市场是在经济天堂的完备条件下运行,那么个别私有企业选择的利润最大消耗率将自动地产生资源在时间上的社会最优分配。企业将会考虑未来的成本和需求格局,将以由消费者时间偏好决定的利率贴现未来纯报酬,并且将在消费和保护间建立 139
适度的平衡,尽管事实上这些理想条件绝不会发生,但考察一下为这种分析方法奠定基础的那些价值判断还是有启发意义的。

全部资源利用问题是从现在的眼光来看的,对金钱、收入和消费的时间偏好利率是由现代人决定的。很清楚,还未出生的后代不能和我们商量这件事,大多数人显然认为现在收入的价值远高于未来的收入(如果二者的差别无关紧要,借贷资本的实际利率对通货膨胀作校正后将会等于零),而且这种偏好已深入到消耗的计算里。而后代从资源利用得到的收益则贬值了。于是,对现代消费就不可避免有种偏向,如果源自当代偏好的资源利用模式"需要某些鱼群灭绝、某些矿藏耗竭、环境质量下降,最终人类自我毁灭,那也没有什么可担忧的,因为在帕累托的世界里,所有这些情况正是最大化经济效率"(Butlin, 1981, p.6)。

经济学家认为他们的方法在伦理上是中立的,他们不选择由盛行的价值系统所决定的社会贴现率。如果市场机制产生的跨时期分配违背了已接受的道德和社会公正概念,那么这就是政治决策的事了。在理论上可以设想政府决定引入负的贴现,这会积极推进资源保护,但实际上我们经济、社会、政治系统增长指向的性质使这种情况确实发生的可能性无穷小。

20世纪20年代以来,让现在的偏好来决定将来资源可得性的伦理基础已大可置疑。皮古(Pigou,1932)也许是早期批评者中最著名的人,他认为个人偏好之决定是缺乏远见的,受人的寿命和微弱想像力的限制。虽然人们可能关注他们孙子辈的福利,但人类的大脑不能以一种对现在使用行为有任何重要影响的方式来构思未来的需要。大多数人不能或不愿看到他们对矿产资源和环境资源的消耗会对后代有深远的含义。事实上,自20世纪60年代以来盛行很高的贴现率,在这种情况下,人们自然漠视自己的未来需要,更不会关心他们后代的需要。

人们对保护或消费的偏好,不能独立于他们生活在其中的经济系统。鼓励消费是市场增长产生过程的一部分。当已提出保护和零增长战略来减少进口依赖性和长期稀缺问题时,那些大公司
140 不会袖手旁观。例如美孚(Mobil)公司在《纽约时报》上用了两大页刊登消息,向人们鼓吹新能源供应的发展必须超前,"仅仅保护根本不能解决问题"。把削减能源供应与"等待救济"和人类苦难等同起来,强调减少经济增长"意味着生活水准的普遍降低"的论调充斥着版面(New York Times,26 January 1975)。

一般认为,偏向当前的消费是既合理又合情的,因为未来人们将会活得更好,也掌握先进得多的技术。就像我们19世纪的祖先削减他们的煤消费和生活标准以便让我们有机会利用煤是荒谬的一样,主张我们剥夺自己以留下有利于子孙后代的机会也是非常愚蠢的。这个观点的最近表达可见于奥托尔和沃尔顿(O'Toole and Walton,1982,pp.64—65),他们主张:"节约矿物燃料也许并不有利于后代,即使是按照他们自己的偏好"。他们用三个基本根据来为他们的观点辩护。首先,技术进步可能会显著减少矿物燃料贮备的价值。第二,如果现在我们使用最低成本的能源,我们的经济将更有效率,并且这将使资源转向促进科学知识的发展[7]。换言之,要么留给子孙后代一些矿物燃料,要么留给后代另一种生产过程的知识,后者最终会对他们有更大的价值。第三,最低成本能源的使用将在经济上有更多的生产增长,从而增加未来国民产量和

人均消费机会,因此有理由询问现代人"使用较昂贵的可更新资源而抛弃一部分收入,能使后代的财富进一步增加吗?"(出处同上,p.65)

然而未来是不确定的。如果未来世代并不是更繁荣,如果技术变化不能缓和贮存性资源稀缺,如果任何威胁生命的污染问题得不到解决,如果后代恰好对消失很久的风景、自流水资源、森林或动物种类有很强的社会偏爱,那么有效的消耗途径就不能与任何普遍接受的平等概念相提并论。此外,当把市场配置体系的不完备性考虑进去时,就有充足的理由认为,实际的生产模式会比有效率的模式造成更多的污染和主要资源的紧张。

不完全竞争世界的消耗途径

我们在第二章讨论过以下观点,即贮存性资源部门垄断的存在和不完全竞争,在理论上将会促进矿产保护,以把消耗减慢到效率比率之下(见 43 页)。有一些孤立的例子说明实践中曾发生过这种情况,1973 年后欧佩克的行为是一个明显的例子,但这是例外而不是规律,很少有甚至没有证据能表明采掘业普遍保存已知 141
储量来避免搞乱当前市场(Page, 1981)。许多现在已描述过的矿产生产商的特点能解释他们明显不合理的非利润最大行为。首先,大多数公司反对冒险,这不仅大大地加速了位于被认为是政治不稳定或敌对地区的储量消耗过程,而且也偏向于对将来不利的全部生产过程。即使在政治问题较少的国家,延期销售会带来矿产价格下跌的危险,而初级产品价格实际持续下降所造成的危险甚至更加严重。第二,如果公司有操纵市场需求的能力,他们并不需要严格限制现在产量来维持价格和利润水平。当消费者被约束在某些特殊产品上,以至这些产品必不可少时,削减很少的产量就可以提高价格水平。而且如果公司成功地说服消费者改变他们的偏好方式,以消费更多的石油和锡罐,那么整个需求曲线向外移动,产量的削减也许没有必要。此外,许多公司把他们市场分裂成明显分离的实体来避免低价或削减产量。第三,大部分矿产生产者是大型资金密集型企业,他们需要维持产量来实现规模经济。因此,限制生产涉及到的成本也许远远超过任何会产生的潜在价格优势。大规模生产技术的引入和在偏远或自然条件严酷地区开始生产所需的固定资本规模,很可能会随时加速消耗。第四,在许多公司的销售中,市场份额目标和产量稳定目标会压倒利润最大化而成为主要的经营目标。在所有权与控制权分离的地方,只要满意的利润水平得到实现,管理状况、安全和成功都很可能与经营规模有关;更多的产量意味着更多的就业、更多的设备和工厂以及更大的预算。甚至在所有者管理的康采恩中,增长比起增加已接受的利润水平来说代表更真实、更明显的成功标志和"更有价值"的目标。

最后,所有的公司,不管是私有的还是政府经营的,为了将来的生产,现在就不得不维持生存,在潜在的较高利润变成一种实在的关注之前,他们必须创造足够的当前收入来维持工厂、设备和劳动力。小型私有企业不会有能使他们把产量抑制相当一段时间,以希望将来盛行更高价格的储备。跨国公司的执行人员必须维持足够的产量和开发活动来保护公司的技术专家体系。此外,他们不可能由于不能维持使其继任者获最大利润的那种消耗途径而被解雇。但如果现在的增长和利润被判断为不充分的,则可能被解雇。当欠发达国家的财政需求不得不在很大程度上从矿产出口中来满足时,加速消耗的压力甚至会更大。由于贸易条款对初级产品日益不利,再加上还债问题变得更为尖锐,许多国家把增加产量以维持他们的总收入视为唯一选择。因此,1974年以来,铜价格的下跌由于赞比亚、扎伊尔、秘鲁和智利赢得外汇的需要而一直加剧着。仅仅在四年之内,世界价格减半而铜继续突出地处于高度不景气市场(图4.2)。短期需求必然置于比潜在长期利润更为优先的地位。 142

当考虑到不确定性、市场操纵目标和非利润最大目标时,矿产部门不完全竞争的性质不再是促进保护和在时间上有效配置可得资源的主要力量。此外,系统中所有别的"不完备性"实际上趋于加强对当前消费的偏重。长期指向市场和充分风险保险市场很少存在,这个事实进一步推动企业按已知回报来生产。市场不能把环境变化的全部成本体现到生产决策中,这使产业转向资源和污染更加密集的生产模式(见261—264页)。而且很多政府的税收和法规也趋向加速开发的速度,以牺牲保护来强调增长和产出数量(见第五章)。

效率幻觉

总的说来,很难认定矿产工业达到了哪怕是近似的经济效率,尽管效率是如此经常地用来为自由市场制度辩护。不完备性的程度如此之大,以至技术效率、产品选择效率和配置效率都不能被假设为系统的特征。任何有意义的改正政策都会隐含着大规模的国家干预。

然而,仍然有一个强有力的思想团体否认市场"无能"的普遍性质,认为政府改正偶然不完备性的企图必须避免对市场机制运行的任何深度干扰。这些观点中最为典型的是塔沃拉里亚斯(W. P. Tavoulareas,美孚公司总裁,纽约银行家集团〈Banker's Trust,New York〉和普通食品公司〈General Foods〉董事)的表达,他认为政府的作用是"以一种清晰而有序的方式为额外能源的开发建立一种有利的氛围,这种方式能避免与那些阻碍及时而有效生产的官僚程序和机构发生冲突"(Tavoulareas and Kaysen, 1997, p.17)。他声称:只要政府避免诸如"过度严厉的环境限制"和靠减少消费来保护资源这种"不适当的反生产措施",市场制度和技术变化将提供未来的能源需求。"不适当地强调减少消费的政策本质上是一种绝望的政策","在一个拥有像美国那样的资源和技术的国家这是没有必要的"。

143 不仅仅是石油公司总裁关于市场的信念如此,安德斯等人也主张:

> 真正的危险也许是我们愚蠢地限制当前资源的开采,放弃投资机会和绝对地保护资源;只有在消除市场革新和投资的推动力时,我们才真正面临着长期的资源危机。(Anders et al., 1980, p.63)

现在,持这种观点的作者还包括一位安大略省自然资源部的高级政策顾问、一位美国白宫发言人,以及几位加拿大和美国政府关于能量和资源保护的经济高参。当然,在假设市场机制可以运行得避免储备的长期短缺时,这些作者可能是正确的;但如果在实践中他们被证明是错误的话,那又将发生什么呢?而且,声称这和效率有任何关系是大可怀疑的,有足够的证据表明私有矿产工业并不是全球经济增长和繁荣极其有效的推动力。

分配公平与经济发展

公平的定义

从理论上讲,既然一个经济上有效且在完备市场中运行的产业将从矿产的开发中得到最大纯利,那么该产业也将创造最大的经济增长潜力。然而,效益模型所关注的既不是从生产中所获利益在时空上分配于人们间的公平,也非任何有关增长和发展的空间分布。但对这些密切相关的问题,政府很少会漠不关心,政府既要关注特定国家发展中的收入、就业和增长的比例问题,也关注这些要素在其国土上及不同社会集团间的分配问题。

有关分配公平的任何讨论都被人们已采用但差异极大的定义所困扰。对某些人来说公平意味着平等地分享一切;而另一些人则认为公平应该是按需分配;还有人把公平看成是把最大份额分配给贡献最大的人,奖励勤奋工作的人,愿意承担风险的人及有特殊技能的人;另有些人认为公平是按照人们对份额的支付愿望来分配份额。

上述最后一种看法把公平牢牢地根植于顾客至上的观念中。正如扬(Young,1980,p.125)指出,这种观念基本上可归纳为:"按个人拥有的资源贡献来分配产品","这意味着那些拥有大量原始 144
资源捐助的人将得到相应多的系统产出份额,反之亦然"。尽管很少公开讨论一种制度如果使富人更富是否公平,这种观点无疑被那些支持无拘无束市场体制的人所接受(Friedman, 1962)。普遍认为“支付愿望”和“奖励最大贡献”的概念是相互联系的。如果一种经济体制中最富有阶层是对当时生产贡献最多的人,那么这两种观点应大体一致。但当对资源的捐助是历史遗产的结果时(在很大程度上情况必然如此),这种一致性就彻底崩溃了。

上述所有关于公平的观点关注各种后果,关注谁从一种生产体系中得到什么。然而,有另一种观点强调涉及的过程而非结果,这就是机会均等或平等参与决策过程的思想。在国际矿业部门中这已是普遍采用的观点。欠发达国家长期以来,认为国际交换体制是不平等的也不可能平等,因为不能使他们成为相互依赖的世界经济中完全平等的伙伴。他们从来不能独立实施适合自身需要的矿产战略,而不得不追随由资本主义贸易体制所支配的战略。

使用公平概念上如此巨大的差别,部分反映了评论家们意识形态的显著不同,也有助于解释在矿产生产过程中关于公平问题高度对立的争论。一些人认为公平关注大家都在世界生产性资源中得到同等份额的紧迫性,一些人则声称市场体系将通过确保每人得到与之对生产所作贡献的价值相称的部分而产生收入的公平分配,两者的思路没有什么共同点。

政府和个人按照各自的利益同时诉诸完全不同的公平概念,这种情况并不奇怪,这个事实使有关公平的争论进一步复杂化。公平可用作一种在极其不同基础上作出合法决策的手段,或实际上用来为自我利益所驱动的需求和行为辩护。由于一个社会中关于公平的盛行传统思索或表达,与所接受的经济体制间常缺乏一致性,又产生了额外的困难。科茨(Coates et al.,1977)认为,西方世界在伦理和社会观念上有一种呈压倒之势的舆论,把公平等同于均等，事实上也大概如此。但信仰市场体系功效也很普遍，尽管实际上暗含着接受差别很大的公平概念。

国际矿产经济中的公平与发展 145

分配公平和增长在概念上是完全不同的问题，在非增长的经济中仍然要关注当前固定的国民产值的分配公平。然而，当在国际范围内考察矿业时，把这两个问题分开实际上是不可能的。对大多数第三世界国家来说，其经济发展进程和国民收入都高度依赖矿产开发的收入，而且与采矿联系在一起的工业增长也要在国家之间分配。

公平和自由贸易

以今天的观点来看，很难相信公平贸易关系问题仅仅是第二次世界大战以来的问题，马克思就认为殖民地会被掠夺廉价资源而使资本积累持续下去(《资本论》第 2 卷，p.7)，确实如此。但直到 19 世纪末，**自由放任主义**在经济哲学中还占统治地位。人们假想在自由贸易体系中追求自己利益的私营企业会给大家都带来利润；受比较优势观念支配，每个国家都应在他们可以最有效生产的产品上专业化；在这个过程中，整个世界经济将从规模经济和专业化中得到好处。通过与世界经济整合，各国也因生产成本降低而得到利益，而且国民收入也将因最好地利用了既定资源而增加。

实际上，这意味着欠发达国家出口未加工矿产品和农产品原料，而让加工和制造业掌握在发达国家手中，发达国家在这些经济活动形式中已建立起显著的先导优势。很少有人关注这种国际劳动分工有任何不公平之处。公认这不会产生平等的消费水平和收入水平,但空间上的悬殊反映生产力的差异,因而大致是“公正”的。通常假想市场包含各种均衡机制,它们最终会减少空间不平等。由于发达国家劳动力价格较高,资本将被吸引出去并进入欠发达国家,而且为之提供就业,增加工资水平。只有当根据产出来度量的实际劳动力费用在所有国家都相等时,这种国际资本再分配过程才会停止。

对市场机制和自由贸易是增长驱动力的信仰并未消亡。确实,自 20 世纪 70 年代以来这种信仰已有一定程度的复苏。鲍尔
146 (Bauer,1972)一直是发展经济学中持不同意见者,却也加入了新弗里德曼[1]派,认为市场力量将在第三世界使资源发挥最大作用,并对增长产生最大促进(Little et al., 1970)。布伦斯坦—林德是该思想学派此类观点的典范,他总结了自由贸易理论上的优点。概括如下:

> 这是个在实际中反复证实的好理论。贸易作为增长的发动机和政策稳定的支撑者,已将从事贸易的那些国家推进到更高的收入增长水平。(Burenstam-Linder, 1982, p.227)

这并非多数第三世界国家政府所持的国际贸易体系观点,也不可能不受到学术分析家们的挑战。

不平等交换

过去短短的几十年里,多数欠发达国家政府认为:自由放任主

---

① Friedman,美国自由放任主义经济学家,鼓吹 19 世纪欧洲经济自由主义的现代重要人物之一。1946 年起任芝加哥大学教授,1976 年获得诺贝尔经济学奖。——译者

义时期发展起来的，并自此就从根本上永存的交换体系具有内在的不公平性。1974年联合国大会关于建立国际经济新秩序的宣言和行动纲领中采用了这些观点，这至少在表面上说明这些观点的力量已得到广泛承认。贸易体制的不平等表现在两方面。第一，它显然不能缩小富国与贫国的收入鸿沟(Brandt, 1980)；第二，它把欠发达国家置于某种经济依赖地位。实际上，经济依赖常被看作是不平等的根源，欠发达国家政府倾向于把他们国家的贫穷和缺乏增长归咎于其不独立，而非国内经济政策的任何失败。这种观点得到很多从各种意识形态观点研究的理论家们的支持。

20世纪50年代和60年代的评论家如纳克斯(Nurkse, 1953)、米尔达尔(Myrdal, 1957)和普雷比希(Prebish, 1961)都认为，自由贸易既不会产生第三世界提高生活标准所必需的就业和经济增长率，也不会减少全球的不平等。米尔达尔很有说服力地指出，已发展起来的工业核心及其广大市场给投资资本带来最大回报；于是回流效应起作用，以至失去了周围地区所创造的资本和熟练的、最敬业的工人，于是加剧了空间的差异。近来很多(但并非全部)持新马克思主义观点的附属发展和非均衡发展学派理论家认为，不公平贸易和收入不平等是资本主义制度剥削的结果(Frank, 1967, 1978; Sunkel, 1972; Cardoso, 1972; Amin, 1976)。关于发展和不 147
平等贸易的争论远不限于矿产部门。但对大多数欠发达国家来说，任何关于国际福利差异的讨论必须考虑矿产业的经营方式，更为重要的是必须评价多国公司所起的关键作用。国际矿产部门不仅与那些依靠出口的国家有关，而且与那些所有依靠矿产进口的新兴工业化国家唇齿相依，这在石油进出口方面最为明显。

多国公司的作用

直到20世纪50年代末以前,第三世界每一个大型采掘企业实际上都为外国公司所拥有,其产品注定用于出口。虽然许多这样的工业都是靠从外国公司借款而发展起来的,但这决非是普遍的事实。智利国内生产商发展了活跃的铜贸易,他们在19世纪70年代供应了全球铜的60%。但在20世纪上半叶,这些公司大多被主要来自美国的公司逐渐接管(Frank, 1967)。随着民族感情增强,正是外国拥有主要国民财产这个事实,在许多国家是政治上不能接受的。那些国家这种观念是如此强烈,以至主张自然资源应为其自己拥有,并为当地人民的利益开发。此外还认为,多国经营的方式所保证的主权国家从其资源贮存中获得财政和经济增长的回报,比公平的份额要少。因此,如果不严格控制公司间的经营,自然资源的开采和贸易将使国际间福利不平等永存,实际上还会加剧。评论家们在分析多国经营的具体事务方面有所不同,但可以明确以下五个共同主题。

资源地租的转移

首先认为,从采掘中得到的直接利润或经济地租中,有不成比例的一大部分被外国公司拿走并返还其国内。对此有一个广为引用的论据,即前欧佩克时期从中东原油生产中所获收益的很大部分对国外豁免。如表4.1所示,45%以上的总收益直接被转移到国外,主要是美国和欧洲,而且这还低估了总的货币转移水平,因为经营成本的主要部分是为出口支付的,或者就在当地支付给外国雇员。

表 4.1 前欧佩克时期中东石油经营的财政后果
（从生产开始到 1960 年欧佩克形成）

	10 亿美元	%
石油公司总收入	32.1	100
经营成本	5.9	18.1
矿区使用费、地租和税款	9.9	30.8
生产国再投资	1.7	5.3
转移到国外	14.6	45.5

资料来源：Issawi and Yeganeh，1962，p.108。

在对铜工业的一系列研究中也显示了相似的情况。莫兰(Moran，1975)曾经指出，在 20 世纪 20 年代，智利政府对国际铜生产商征收税额仅为 12%，而此时肯尼科特(Kennecott)公司每年的投资盈利是 20—40%。据格文(Girvan，1964)估计，1935—1969 年间智利铜业全部利润的 91%被转移到国外，仅有 9%用于国内再投资。弗兰克和迪亚兹(Frank and Diaz，1974)按 1910—1970 年的较长时段计算，美国公司一共从该国赚走 108 亿美元，尽管实际上 148
这段时间其资金总投入不足 1.04 亿美元。高额的流失也明显地发生在秘鲁：

> 据官方资料，美国矿业公司在 1950—1970 年间从秘鲁转移走 7.9 亿美元利润，其中最后 10 年为 6.69 亿美元，而净投资为 2.84 亿美元。(Mezger，1982，p.151—152)

在现在称为赞比亚的地方，如果说有所不同的话，那就是铜矿开采所维持的利润更少。在独立前 10 年里，罗得西亚优选信托(Rhodesia Selection Trust)和盎格鲁—亚美利加(Anglo-American)两大铜矿公司从该国转移走了 2.6 亿英镑，即使在 1964 年以后，每年仍转移走 2 500 万英镑。从赞比亚铜贸易中得到好处的外国机构不仅仅是矿业公司。据兰宁和米勒(Lanning and Mueller,1979)的研究,英国财政部在1923—1964年间就从中征收了4 000万英镑税款,而在(海外)开发上仅花了500万英镑。另外,甚至采矿的矿区使用费也给了某个外国公司;英属南非公司(British South Africa Co.)在赞比亚独立前30年总共获取了1.6亿英镑以上。

尽管对上述情况还有争议,但无可置疑的是,至少直到20世纪60年代后期,大约40%来自采矿的纯利润为多国公司转移到海外。争议在于这是否不公平的剥削,而不在于为开发资源所作贡献的支付是否"公正"。公司认为正是他们的风险投资、设备、技术知识和营销活动给资源以价值,而有关国家只不过是坐收侥幸的
149 地质遗产所创造的、不劳而获的经济地租。此外他们还正确地指出,只引用盈利矿山所获利润的数字是相当有误导性的,夸大了真实总利润状况,这些数字忽略了那些未产生有意义发现的勘探开发努力所造成的损失。

欠发达国家政府很难赞同把国内生产利润用来抵消他国所遭受的损失。从他们的观点看来,所有的利润豁免都是发展资金的流失。一个频繁表达的观点认为,主权国家还不如将其矿藏留在地下。如果那样,他们至少有某种资本储备可为将来所用。当前的开发仅仅使储备空虚,使其资本价值大量转移到国外。例如,格文(Girvan,1970, 1976)就认为,既然取自国内系统的每吨可耗尽资源都代表着国内增长过程生产投入的损失,那么应逐渐终止出口。然而这种观点的困难是,储存性资源若不开采,无论是作为资本来源还是生产要素都毫无价值,不能肯定未来需求格局和技术会赋予矿产如同今天所有的这种价值。

价格操纵

第二个对多国公司的普遍抱怨是，他们由于控制了市场，从而在很大程度上对原矿价格起控制作用。因此，价格可被操纵使之符合公司的利益，甚至满足消费国政府的需要。格文（Girvan，1976）宣称，在第二次世界大战期间，美国铜业跨国公司与美国政府达成一项协议，把价格冻结在市场水平之下，这种安排使智利损失了难以负担的5亿美元。很多采矿集团的纵向联合还产生了一种可能性，即其子公司给矿石的名义价格定得很低，以致使支付给生产国的利税和矿区使用费极少。此外，若内部决定的交换价格很低，那么该国从其出口中获得外汇也会损失。秘鲁和智利都认为，在20世纪50年代和60年代，铜矿公司销售给美国的价格低于伦敦金属交易市场的标准，这是一种有意掠夺其利税和贸易所得的手段。但是有关的公司指出，低而稳的价格对最大限度地减少铝和塑料对传统铜市场的迅速侵占是必不可少的。每销售单位任何轻微的损失，都会由于维持了出口数量而得到更多补偿。同样，1959年和1960年降低原油牌价，在石油公司看来对维持其产量水平和避免供过于求是必要的，而生产国认为这是对其收入的严重威胁，因为主导牌价是税收和矿区使用费计算的基础。

自20世纪60年代以来，多数欠发达国家政府限制公司使用 150
内部交换价格；随着国有化和生产卡特尔的建立，他们在矿产价格规定上处于强有力的地位。但是，石油是显著的例外，他们很少能成功哄抬实际出口价格，其中主要原因之一是多国公司仍然控制着后续加工活动并因而控制着原油市场。工业一体化越紧密，欠发达生产国越难掌握国外公司，越难直接向最终消费者销售。铝土矿尤其如此，跨国公司在“西方”的铝和铝制品生产能力中占有极高比例,而其他市场出路又受严格限制。自 1971 年铝土矿业国有化后,圭亚那在东欧建立了一个出口窗口,而其他生产国采用这种策略的机会却很有限。苏联集团之所以限制各种铝土矿需求,是因为缺少硬通货,又不愿放弃矿产自给自足的政策。

对技术的控制

第三个反对多国矿业公司的共同理由是,他们采用了不恰当的技术。为适应发达国家的生产要素优势而发展起来的资金密集型大规模生产技术,限制了矿产开采本来可以创造的有利就业机会,通常认为这样的投资方式歪曲了整个欠发达国家的就业结构,使其人口不能充分就业(Schervish, 1979)。

1973 年联合国《世界发展中的多国公司》报告指出,1972 年外国投资资本在第三世界国家的总存货约达 400 亿美元。但仅为 200 万个工人提供就业,还不到其总劳力的 3%,这意味着每个职位的资本费用为 2 万美元(Streeton, 1979)[8]。对多数矿业开发而言,现在每个职位所需的投资很可能远高于此。据梅茨格尔(Mezger,1980)估计,铜矿开采的这个数字大约是 25 万美元。这些数据清楚地表明,在当今技术下,采掘业的投资不可能对欠发达国家就业问题作出有意义的直接贡献。而且,当前集团化露采的趋势更进一步减少了就业机会。

虽然资本密集的技术确实需要一些高技术的劳动力,但一般是从国外进口的,或者像非洲那种特殊情况,是由移民国外的白人社区提供的。当地工人可得到的多数职位都无需技能,因而待遇
151 很低,获得可转移到其他经济部门的有用技能的机会很少。例如赞比亚独立前,非洲黑人被白人工会组织强施的种族界线排除在

技能职位之外(Berger, 1974)。

另一个涉及技术的问题是技术的依赖性。许多作者,主要是那些持新马克思主义传统的作者,认为技术革新是国际资本主义(包括各个公司和资本主义政府)使用的一种机制,用来维持对生产的控制,并把欠发达国家置于永久依赖技术进口的地位。坦泽(Tanzer,1980, 200)认为,“对美国这样领头的矿产使用国来说,对技术的控制被看成是增强其力量的关键所在,其每一步努力都将用来尽可能长远地维持这种控制”。而萨克利夫写道:

> 技术一直是大都市垄断的基础。不发达地区不能建立完整的产业结构,因为它们不能建立与最复杂、最先进技术同步的产业加工。(Sutcliffe, 1972, p.190)

从矿产的特殊关联域来看,有三个重要方面可论证这种依赖性。首先,复杂的开采、熔炼和精炼技术几乎不可避免地要求引进必要的技术和资本设备到欠发达国家。由于缺乏必要的工程技术,当地公司不能提供所需的商品和服务,通常由外国工程公司来补充,或通过所有权联系与多国矿业公司合作。若技术不断更新并更复杂化,欠发达国家实际上更不可能企望取代外国工程公司。第二,越熟炼的技术越需要投入更多的资金,如果从多国公司进口,那么部分从开采中得到的经济地租将豁免到国外。然而,如果企图转而在国内筹集资本投资,或依靠从国际金融机构借贷,则将带来机会成本和债务问题。因此,技术依赖性导致资本依赖性,这些依赖形式即使在多国公司不再拥有采矿业时也将仍然存在。

最后,技术变革可能并且已经为多国公司用来保持他们对供给来源的控制,因而削弱了欠发达生产国讨价还价的力量。开发技术以使在世界“安全地区”的边际矿藏或全新矿源得以开采,这种避免风险的战略已被看成是保证欠发达生产国唯公司之命是从的一种阴谋。然而,要认识在公司看来非常合理的行为必然限制
152 欠发达国家的行动自由,并不需要诉诸任何关于国际资本主义阴谋的堂皇理论。从根本上说,各个国家都不得不在受多国公司牢牢支配的交换体系中行动,要在其外活动就得缩回自给自足或加入苏联贸易集团。这两种转向都不一定有助于达到欠发达国家的增长目标。

本地经济的扭曲

第四个广为引用的理由是,正是外国公司的存在降低了当地的储蓄、投资和企业家的主动性,因而不能带动第三世界所要求的经济发展。例如,纳克斯(Nurkse,1953)认为有一种消费示范效应,当地社区的相对富有者竭力仿效欧美的消费模式,这样就减弱了他们的节省倾向,于是更进一步限制了当地可得投资的数量。此外,因为多数合意的消费品是进口的,消费水平的提高不能带动国内市场和增加投资机会。不仅如此,包括赫希曼(Hirschman,1971)在内的一些学者还认为,外国资本和管理技术的涌入,本身就阻碍了当地的发展,因为它压抑了当地企业家、管理者和适当技术革新的涌现。

可能更重要的论据是,强大外国公司的存在,加上与其出口销售绞在一起的生产,严重束缚了当地政府的计划功能:

> 在多国公司具有某种控制手段的多数国家,这些公司成了缺席的规划者。关于通讯、消费模式、城市发展及交通运输等的主要社会决策,都是作为使私有利润达最大之战略的副

产品而作出的。(Barnet, 1979, p.155)

尤其是通讯和其他基础设施网络都要适应公司的要求,这些设施外观上好看,但其最终格局并不一定最适宜于国内发展的需求。正如布朗(Brown,1975)所说,许多欠发达国家发展、就业创造及贸易水平的空间分布和步伐,更像是由纽约、伦敦和大阪等地会议室的决策所决定,而不是这些国家的政府来决定。

被出口的发展

认为国际矿业生产体制不公平的最后一个但在很多方面看来最重要的一个理由是,开采地区很多与服务业和加工业发展相关的副产品也被"出口"了。这个论点实际上与对多国公司的很多其他抱怨是相联系的。理想的情况是,采矿业的作用不仅是资本和 153
外汇来源,也是其他经济的催化剂。农业部门将因采矿业的需要而被刺激发展,建筑业也将膨胀,就像那些提供维修及基础设施服务的部门一样。通过支付这些商品和服务,资金注入到经济中,矿工的工资和矿业利润将刺激国内市场的发展,从而创造了有利可图的新投资机会。而且如果金属加工和制造业在国内建立,则会产生更高水平的附加生产活动,因为加工产品附加值远大于矿产本身。以矿业为初始动力,理论上经济将跨越一系列发展阶段,直到它具有足够的力量补救矿产本身不可避免的耗竭(例如可参阅Perloff and Wingo, 1960)。

为了使这种乘数过程能真正刺激国内经济的发展,从国内系统流失的货币资本必须很少。但第三世界采矿冒险事业的特征却并非如此,大量工厂、设备、建筑材料和各种备件都是进口的,正如最熟练和高薪的劳动力也是进口的那样。采矿利润很大部分流失到国外而不是用于再投资;而且资产相对于利润的价值也会被尽快地降低,以使任何"敌对"政府活动事件造成的损失最小。更重要的是,仅有很少一部分矿产在生产国内加工。换句话说,矿产的乘数效应被抽取走了,被抽取到世界主要市场中心去了。

尽管主权政府已经采取措施堵塞资金和与矿产有关的经济活动外流,但由于其对公司投资资本、技术和市场的依赖性,其努力大受限制。格文的大声疾呼清楚地反映了生产国在控制其矿产经济上的软弱无力:

> 加勒比地区铝土矿业是经济帝国主义的典型实例。它完全为少数纵向联合的北美跨国铝业公司所拥有……这些公司还控制了大部分世界铝土矿的生产和储量,并统治了世界铝土矿市场。加勒比地区铝矿业的资本和技术来自跨国铝业公司,除了跨国公司的工厂外,其产品没有别的"市场"。价格由跨国公司按其利益制定,生产水平、投资率和扩建速度也由公司决策,且都取决于跨国公司的全球经济状况。实际上该产业"销售"中只有一小部分加入加勒比经济;最终产品价值中
> 155 也只有极少部分回到加勒比人民手中。因此,加勒比地区铝土矿业完全服从北美垄断资本组织的需要、政策和权力。(Girvan, 1976, p.99—100)

投进欠发达国家矿产冒险事业中的大部分资本都是"外国的"这个事实,显然部分地解释了乘数过程的流失为何如此之高,但这并没有提供全部解释。米尔达尔早在1957年就认为,由于第三世界经济中收入水平和有效需求都很低,其有利可图的投资机会相当少。在资本市场中起作用的各种力量将导致资本流出而不是国

内再投资。即使投资资金的初始源泉是国内的,这些力量仍会起作用。

未加工矿产品不可避免地比制成品和半制成品价格低很多。156
例如,铝制品是用于生产它们的铝土矿价格的40倍以上。因此,如果能在国内加工成制成品和半制成品出售,在其他方面都平等的情况下,矿藏本来应该成为欠发达国家更有价值的财富。它既可作为投资资本和外汇的来源,又可带动经济增长和扩大就业。

然而,关键取决于加工所需的成本和所有其他要素投入的可得性,取决于对这些产品开放的市场的存在。事实上,欠发达国家利润的自然增长由于需进口某些要素而受到严格限制。然而,除非初级产品生产国能突进到高价值制成品的生产,国际间的收入差异必然继续拉大。整个经济趋势对越来越复杂的最终产品的生产有利,在这种情况下,基本矿产投入的相对价值下降,因此该经济系统中专门从事初级生产的那些部分的相对增长率必然更低。而且,从长远观点看来,任何仅靠出口储存性矿产的国家都不可能指望继续其收入水平,经济耗竭不可避免地在将来某个时间发生。

然而,无论从主要采矿公司还是从消费国的利益看来,都不愿让加工活动的一大部分重新分布到欠发达国家采矿中心去。对公司来说,即使生产国政局相对稳定,分散投资而不是集中投资也是一种合理的风险最小化策略。例如,如果发现了某个新的低成本供给源地,而此时加工厂已被束缚在原来的源地上,那么要利用新源地的优势是很难的。通过在市场区保持其大部分加工能力,公司能够从多个供给源地获得原料,能够根据可能发生的任何政治、经济或技术变动加以调整。这种策略还能用来保持很低的供应原料价格,至少在生产国为销售而相互竞争的过剩时期是这样。

照片6和7　巴布亚新几内亚布甘维尔(Bougainville)的铜矿开采,清楚地说明了现代采矿业的大规模资本密集性质。照片6显示的是含铜量约为0.5%的低等级铜矿露天采掘。照片7显示的是复杂设备,矿石粉碎部分的控制室一瞥。

此外,当加工厂分布在发达的消费国时,公司容易对消费者需求作出快速反应,并保持其技术质量标准。当消费国政府出于平衡支出、安全或就业的原因而阻止加工矿产品的进口时,会更进一步刺激加工厂放在市场区。在第五章里我们将看到,生产补贴、各种差别关税和进口禁令已经用来鼓励发展和保持加工能力。

恰当的政策响应 157

在过去的矿业运作方式下,很难说它能为第三世界经济增长和就业起促进作用,也不能说它对减小南北收入和福利差异有什么作用。然而,争论的焦点是,如果对该系统加以“调整”,它能否做到这些。这个争论中有三种明显对立的主要思想学派。

主张自由贸易的经济学家们认为,唯一需要调整的是生产国和消费国政府都停止干预市场运作。但是这种观点涉及两个主要假设:第一,现存的市场体系运转有效;第二,每一个国家所得的回报与他们对世界生产性产出所作的贡献在比例上是公平的。第一条已证明对矿产部门无效。第二条实现有困难,并不是每个人都接受“按贡献回报”的公平概念。此外的主要问题是,一个国家的生产贡献价格是按照主要市场中心的收入水平和消费模式来定义的。换句话说,生产的回报是根据支付能力来分配。没有绝对的价值标准,如果收入分配变化,那么各国产出的价值也明显变化。比较优势及其隐含的劳动分工按照发达经济的要求来决定,而当前的比较优势部分反映了国家间固有的自然差异(气候、土地肥力、资源储备),更重要的是财富和资本积累的差异。正是因为第三世界国家不准备接受现存的比较优势模式,自由贸易并非一种可行的策略。

第二种思想学派承认市场体系的作用,但认为其运作必须由政府行为在国家和国际尺度上加以规范。高层组织是不完善的,不一定能自我规范。不能自行保证所有生产要素的充分利用,也不能保护弱者和贫困者。迄今几十年来北方工业化国家一直认为,让市场力量在其国内经济中完全自由地起作用是不公平的,并一直在将实际收入再分配给不利群体。普遍认为现在所需要的是“把在国家尺度上已接受的福利国家哲学自然演进到”国际舞台(Tinbergen, 1976; Kitamura, 1982)。

第三世界的政府确实需要积极地管理其国内经济,但更重要的是要建立国际经济新秩序，还需要政府间的行动（Brandt，1980；
Behrman，1974；Bhagwati，1977）。要建立更为平等的国际贸易关 158
系，需要以下四个基本变化：

（1）初级产品的价格必须保持与制成品对应；

（2）必须控制剧烈波动的矿产价格，给生产国以稳定收入；

（3）北方国家必须向南方国家开放初级产品和加工制成品市场；

（4）必须获得资金以使生产国发展其加工业和开发其制造业的潜力。

整个所谓南北对话的重点一直是贸易、出口机会，以及加快过去投资所得回报用于新开发项目的周转。然而，第三种思想学派根本反对这种出口导向的发展战略。包括阿明（Amin，1976，1977）在内的许多学者认为，减少国际间收入和福利的差别是一种无所作为的妄想。这种观点的推理基础非常简单。出口收入水平由发达国家需求水平决定，因此依赖出口的经济必然永远追随进口经济的增长，只能希望获得这种增长所产生的额外收入的一部分。而且，为了支撑现代出口部门的扩大，必然要从国家经济的其他部门中转移走各种资源，而且各种进口一律逐步升级。因此经济进入依赖的恶性循环，出口部门不得不一再扩大以自我维持，免遭破产，保持国际信誉，偿付外债利息和支付进口。阿明（Amin，1977）得出"整个基于出口的发展过程是一条死胡同"的结论，它不可能转变为一种基于大规模消费品和资本性商品生产的自我中心体系（Bienefeld and Godfrey，1982）。南韩和新加坡的发展经验证明，阿明的悲观估计并不适用于所有欠发达国家的出口经济。不过，像巴西和墨西哥现在所面临的可怕债务问题告诫人们出口经济的脆弱性。

经验证据显然表明,一个国家在国际贸易中得到利益大致与其在经济发展天平上的地位成比例(Thoman and Conkling, 1967)。如果贸易发生在经济地位大致相似的伙伴间,那么才可望他们将合理平等地分享利益。正如基塔姆拉(Kitamura,1982, p.347)指出的,市场力量“在全部充满不平等条件的地方造成的不平等更明显”。

公平和欠发达国家内的矿业开发

经济的二重性

159 关于矿业在一个国家内部发展中的作用,正统的看法是:矿业开发投资能促进经济增长和繁荣在空间上扩散并惠及社会最贫困阶层。首先,它能通过经济增殖的作用直接做到这点;其次,它能创造资本,并可以用来为其他经济部门的发展提供投资。然而在第三世界,系统内的流失已严重限制了这种增殖的能力,并且出口部门本身就吸收了它所创造资本的大部分。采矿业在与产生二元经济的联系方面是很典型的,出口指向的采矿部门一直是与传统主导的民生经济很少联系的一块飞地。在极端情况下,采矿活动在孤立的自我维持社区内开展,在空间上和文化上都超然于该国其他部分。

无论是矿产注定出口的事实,还是利用进口资本,其本身都不能充分解释二重性。确有一些实例,大规模采矿活动的增殖导致区域增长的积累,并带动了整个经济的发展。在德兰士瓦东北部克鲁格国家公园边的法拉波瓦地区发现了大量低品位铜矿和磁铁矿床，无疑为当地工业发展提供了一个中心，并对南非其他地区增长产生了冲击作用。在 3 700 万英镑（1967 年价格）初始投资中，差不多 850 万英镑来自国外。

> 然而，这些钱主要花在南非，南非的公司提供多数设备、24 000 吨水泥和 20 000 吨建筑钢材。通过这些工业，发展露天矿和冶炼厂的增殖效益不声不响地进入该国经济中。(Warren，1973，p.214)

在这个实例中，国家已经充分发展了钢铁工业、建筑业和必要的工程技术，并把资本投入到相关的基础设施建设中，而且愿以此作为其区域发展战略之一的政府，有一个为外商投资提供安全保障的政治体制。在缺乏钢铁工业、采矿机械制造及熟练工程公司的国家，建筑和采矿业产生的伴随发展就大受限制，一般局限在矿区本身、港口及沿两者间运输线的狭窄地带。

二元经济实例很多。较典型的是赞比亚（图 4.3）在 1964 年独立时，尽管约有 40 年大规模铜矿开采的历史，但仍是一个农民经济占主导的国家。

> 在沿铁路线的狭窄条带之外，几乎没有建设任何学校、医 160
> 院，甚至没有柏油路。农民的土地稀稀拉拉，用旧式刀、锄头、斧等耕作。生产很少能为仍住在偏远农村的四分之三的人口提供温饱(Siedman，转引自 Cobbe，1979，p.230)。

在市场经济中工作的非洲黑人所得工资还不到欧洲人的 20%，由于念完中学的赞比亚儿童还不到 1 000 个，因而黑人很少有希望转入高薪工作。

照片 8 阿兰迪斯鸟瞰。这是纳米比亚一座为罗辛铀矿雇员修建的现代化住宅区,住房标准和基础设施服务与该国其他地方的条件相比形成显著差别。这为说明目前飞地的发展在空间上孤立于大部分国内经济提供了一个典型。

独立后,政府明显增加了他在采矿出口收入中的份额,但这对贫困者的生活条件却没有什么影响。实际上,不同社会阶层间的
162 鸿沟在加深,依靠铜矿"市场"的部门中实际收入水平在增加,然而传统生计地区的收入水平却很少有变化。而且,市场部门自身内部也出现了明显的收入差别,10%的高层雇员得到全部报酬和薪水的45%。在铜矿业工作的精英及文职人员形成执政党(统一国家独立党)在城市的核心支持这种力量,并因此获得优厚报酬

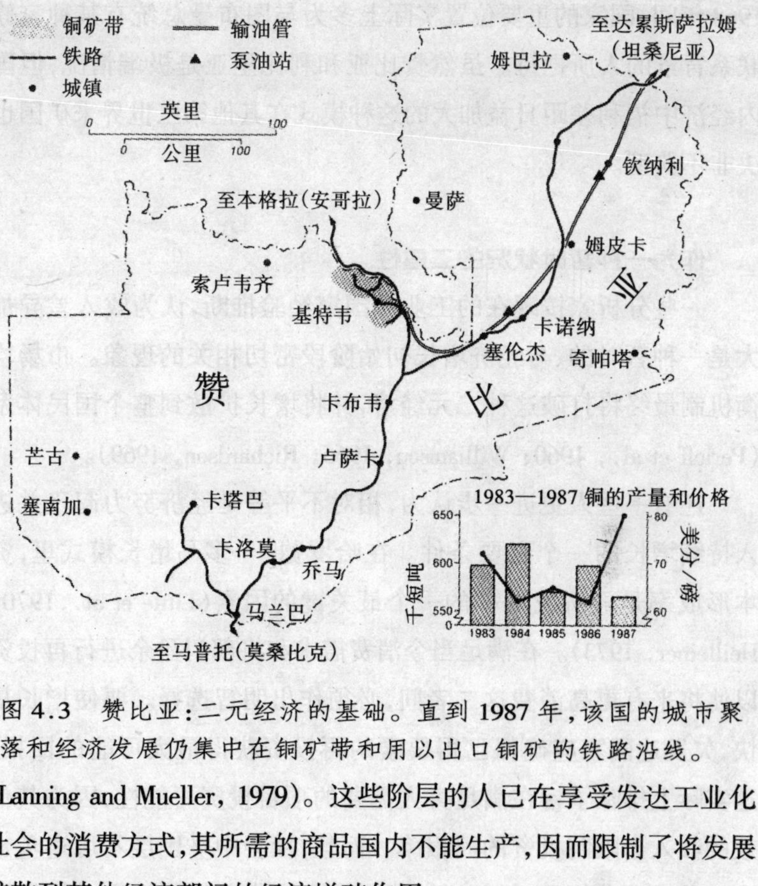

图 4.3　赞比亚：二元经济的基础。直到 1987 年，该国的城市聚落和经济发展仍集中在铜矿带和用以出口铜矿的铁路沿线。

(Lanning and Mueller, 1979)。这些阶层的人已在享受发达工业化社会的消费方式，其所需的商品国内不能生产，因而限制了将发展扩散到其他经济部门的经济增殖作用。

同样，在利比里亚，一项重要的经济调查表明，在 20 世纪 60 年代中期，大约一半的国民收入归外国公司和家族所有，97%的人们仅有 25%的收入，另外 1/4 的财富为少数政治精英所占有。这个精英集团由一些家族组成，每个家族总有一个或多个成员在政府中占据政治要职或高薪要职(Clower et al., 1966)。政治的团结是由家族纽带维系的(Liebenow, 1969)。如图 4.4 所示，1967—

1968年间,国家的重要位置实际上多为与图布曼总统有某种家族联系背景的人所把持。虽然赞比亚和利比里亚是极端情况,但国内经济中福利差距日益加大的这种模式在其他第三世界采矿国也决非不典型。

作为一种暂时状况的二重性

一些分析家按现在的工业化国家经验推断,认为收入差异加大是一种暂时的、与经济增长初始阶段密切相关的现象。市场均衡机制最终将打破这种二元经济,并将增长扩散到整个国民体系(Perloff et al., 1960; Williamson, 1965; Richardson, 1969)。

还有一些人更进一步认为,相对不平等是经济努力起飞并进入持续增长的一个必要条件。在哈罗德[①]—多马增长模式里,资本形成率是经济发展率的一个最关键的因素(Little et al.,1970; Heilleiner, 1973)。在满足当今消费需求和将部门盈余进行再投资以使将来有更高消费这二者间,必须作出明智选择。要使增长最快,欠发达国家应确保已得要素的再投资获得最大可能的回报。这实际上排除了旨在满足穷人需要的项目投资可能性,因为其低效的收入会限制投资的回报率。而且,社会中贫困层不可避免地有一种高消费倾向,任何增加他们收入的措施都不会增加储蓄,因
163 此也不能增加再投资资本。另一方面,现代资本性产品经济部门,包括采矿业,其特点是提高再投资率。因此,任何再分配该部门收

① Harrod, Sir (Henry) Roy (Forbes)(1900, 2, 13—1978, 3, 9),英国经济学家,凯恩斯的学生,发展经济动力增长论和研究宏观经济学的先驱。他在20世纪30—40年代形成增长动力的思想,强调对均衡增长率的决定因素(不是数量)进行分析,哈罗德—多马经济增长模型已得到广泛应用。——译者

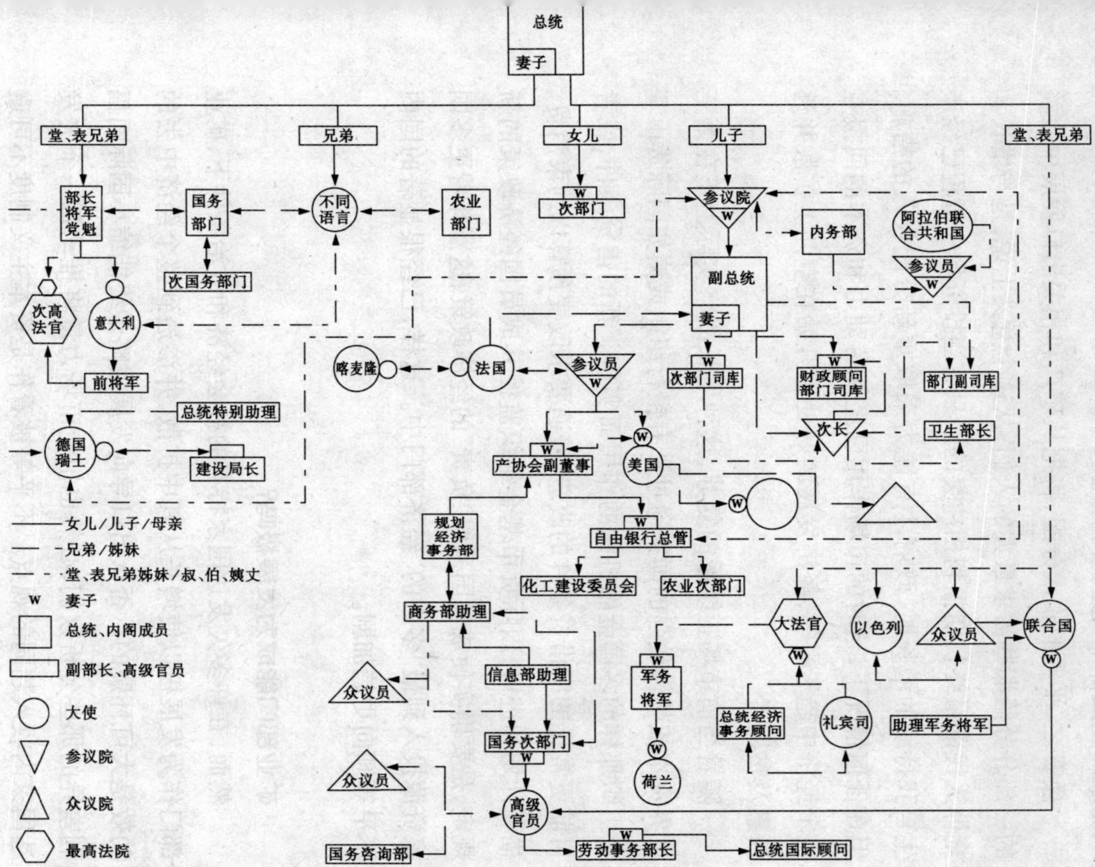

图 4.4　利比里亚的家族政治（权力位置被一小撮政治精英及其家族关系网所把持）

资料来源：采自 Liebenow，1969，p. 272。版权所有，康耐尔大学，1969 年。

入盈余的企图都不可避免降低增长率。

换言之,平等的收入分配,将把从矿产和相关出口发展中收益的一部分分给那些需求最大的人们;从这个意义上说,是与增长和
164 全体人民的最终长期福利相冲突的。只有当投资集中过程已经产生自我持续的增长时,政府才有能力采取重新分配收入的措施。但在任何情况下,这时的市场作用已经使劳动力和资本的回报在整个经济中趋于平等,经济发展的好处也开始在空间上扩散并逐渐惠及贫困者。

随着当前市场正统派的复苏,这种增长战略实际上正在第三世界资本依赖性较强的国家通过私有银行组织或诸如国际货币基金组织那样的多国金融机构的作用而实施。新的借贷条件,或者目前更常见的旧借贷条件的改造,普遍要求改变预算以约束消费、福利计划和进口;国际货币基金组织监控其成员国经济政策的新规定,是要确实使成员国采取"负责"的经济政策,这意味着更多国家资源投入到最"多产的"经济部门中。这样,已经很显著的国内不平等倾向更趋加剧。

矿业部门能成为发展极吗?

然而,在许多欠发达国家特有的社会经济和政治条件下,矿业部门作为发展极以使增长从其中扩散,并渗透到整个经济中去的功效是大可怀疑的。否认出口导向发展战略最终能缩小国际间福利差异的那些分析家们,必然也拒绝市场力量将推动每一个欠发达国家内收入趋同的观点。不平等被看作是资本主义制度不可避免的产物;将第三世界生产国置于国际经济体系边缘的那些力量,也在国家尺度上使二元经济永存。用坦泽的话说:

在资本主义世界，不仅财富和收入存在广泛的不平等，而且一些基本机制使得需求与资源、贫困与富有的鸿沟不能填平，无论是在国家内部还是在国家之间。只有在每一个国家内进行真正的社会变革，才有可能合理利用自身资源。(Tanzer, 1980, p.245)

整个“集中的”投资战略预先假定，部门盈余会再投资于国内经济中以增加资本形成率。正如我们已经看到的那样，在国际体系中无疑存在各种经济运作过程，它们使矿业部门投资回报的很大一部分从生产国流失掉了。但是把广义基本增长的持续缺乏和 165
福利差异的加大仅仅归咎于这些过程，是过于简单化了。新政治精英的挥霍性浪费，西方消费品和武器装备进口的不断增加，资金流失到国外安全银行账下，显赫但低产的项目支出，所有这些因素都限制许多欠发达国家经济增殖的扩散效果。如尼日利亚石油收入的挥霍所表明的那样，国内经济管理失误和既得利益集团的权力，在保持二元经济方面的作用和国际资本主义本身一样重要。

发达经济中的公平问题

生产决策和消费决策对分配的影响

在矿业部门，实际上所有重大的决策都涉及不同利益集团之间的权衡，并引起分配公平问题。关于福利分配可能成为一个重大政治问题。有四种人口集合或划分方法：阶级集团、不同民族和文化团体、持不同价值体系的团体、国内不同地区的团体。这些集合显然是相互关联的，处于最不利地位的阶级集团可能集中于一地,趋向于属同一民族,大致持一种价值体系;但他们之间并非绝对一致,当力图仅减少一种集合内的不公平而增加另一集合的差异时,就会产生一些特殊问题。

关于矿产的决策会涉及两方面的冲突。一方面是在开发中经济利益强烈、渴望维持原料增长水平的集团;另一方面是关注当前环境污染水平,或关注未来生活方式的可持续性及代间平等的集团(见323—330页)。生产方式的选择同样影响环境利益,并可能带来基本目标是获得高资本回报率者与维持就业水平者之间的冲突,也导致生产活动分布上的冲突。各区域(或联邦制中的州或省)经常为发展机会而竞争。例如在澳大利亚,新南威尔士和昆士兰都力图增加他们在煤炭出口市场中的份额。在各区域内,利益冲突表现在各自都不让破坏景观或污染的采掘业布置在自己的地盘上(见406—409页)。

同样,用于满足最终需求的能源或金属的匹配方面的决策,不可避免地涉及在经济、环境及各地方利益集团之间权衡的一系列
166 复杂问题。为确保采用最便宜的矿产来源而支付的价格,很可能包含着增加区域不平等,因为传统生产中心的失业率会增加。企图通过加速可更新能源、矿产品回收或资源保护方面的投资率来减少环境污染,也会导致地方失业水平的上升。

另一方面,通过保护已建矿产地免受竞争,以减少区域不平等的各种措施,或者维护环境质量标准的各种努力,都可能会加剧阶级集团间的不平等。当此类措施增加了某个经济内的能源成本时尤其如此。现在已很明确,能源支出在总收入中所占的比例,贫困者远高于富有者(见表4.2)。因此,任何提高能源价格的变动,都"类似对某一商品征税,明显会增加贫困者的负担。"(Webb and

Ricketts, 1980, p.4)

资源地租的分配

正如矿产开发中所得经济地租的分配是一个重要的国际问题一样,它也是一个引起国内重大争论的话题。生产区的居民不断地坚持其对开发所创财富的权利,除了根据严格的所有权提出要求外,还采用两个有关公平的基本论据证明生产区要求的合理性。第一,既然矿产是可耗竭的财富,那么只有把资源收入归到为耗竭的社会经济承受负担的政府这一层次上,才是"公平"的。其次,只有当提供基础设施和为环境损失方面承担开采代价的那些人获得利益时,公平才能表现出来。各国政府都会承认此类论据有某种力量,但同时也会诉诸均等的公平概念并要求使全体公民利益均占。

表 4.2　英国:按收入分组的燃料和照明花费百分比,1985

所有家庭	低收入家庭 (最低的 20%)	中等收入家庭	高收入家庭 (最高的 20%)
6.1%	平均 11.5% 退休者 16.1% 单亲家庭 13.8%	6.2%	4.5%

资料来源:Social Trends, 1988, London, HMSO, 表 6.11, p.108。

在资源地租的分配冲突方面可引述无数实例。苏格兰人要求更大程度分享北海北部石油开发的收入,这是 20 世纪 70 年代中
期关于把权力下放到爱丁堡议会的争论的明显作用,也是民族党 167
争取独立运动的突出表现。在澳大利亚,州政府和中央政府竞相声明对海洋资源的主权,这是 1975 年一次最高法院辩论的议题,结果对澳大利亚政府有利。而加拿大一直上演着最为拖延、政治上最有争议、宪法上最为复杂的一系列争论,既涉及陆上资源也涉

及海上资源(Scott, 1975)。

地租分配的冲突:加拿大实例

加拿大各省对陆上资源的管理权已不再争论,对矿区使用费、省内收入及土地税的收益也有了明确权限[9]。支付给艾伯塔省和萨斯喀彻温省的石油矿区使用费逐渐增多,尤其1973年世界石油危机以后。于是各省间可得岁入差距的加大成了一个主要的政治问题。联邦政府的一个基本原则是重新分配收入,以确保所有成员省都能为其人口提供相同水平的基本公用事业。但是中央财政发现,要从其正常税收中资助旨在使"尚未达到"省份的岁入达到全国平均水平的这个均贫富计划,实施起来是越来越困难了。结果就试图通过对出口征税来增加国家在石油地租中的份额,并试图把全加拿大的油价保持在世界水平之下,而这些企图又看成是对富油省收入和权限完整的威胁。尽管以后在价格和财政问题上达成一些妥协,有关地租分配的根本深层斗争仍未解决(见219页)。

在海洋矿产开发方面已出现的冲突更加尖锐,两级政府在这方面的权责划分一直远未明确。加拿大政府根据国际法声称"拥有"对大陆架上所有矿产的权利,但沿海省激烈反对。关于产权和矿区使用费分配问题的谈判,自1967年就一直在进行,当时已广泛认识到近海地带的产油潜力,看来上述争论已延误了该地区的勘探和开发。

直到1977年,新不伦瑞克省,新斯科舍省和爱德华岛省才最终与联邦政府达成一致,撇开"管辖权上的分歧"分享矿区使用费,25%归中央财政,其余归各省所有(Harrison, 1978)。然而,1978年纽芬兰省拒绝签订这项协定,新斯科舍省也撤回了其承诺。两省都认为,按照他们获得的矿区使用费收入,均贫富计划给他们的资金会裁减,因此他们将很少或不能直接从海洋开发中得到好处。后来新斯科舍省又谈判达成协议,100%地获得全部矿区使用费,直到达到全国平均水平为止,但必须以放弃其远洋资源"所有权"为代价。纽芬兰省拒绝签订类似妥协的协定,而最高法院最近支 168
持加拿大政府的管辖权声明,故收入分配的冲突仍存在。当较富裕地区从矿产开发中得到可观利润时,中央政府要剥夺"尚未达到"(全国平均收入水平)省份矿区使用费收入的份额,这在政治上是极端困难的[10]。

公平与定价实践

矿产价格的管理也引起分配公平问题,本章的这一部分也给予简略的关注。定价公平特别与提供最终消费品的资源密切相关。在英国,公平观点一直渗透到关于电力、汽油及煤油的价格争论中;在美国,汽油价格一直被管束着以保证"公平"、"合理"、"无差别";在加拿大和其他许多国家,地区间石油价格的显著差异一直被认为是"不公平"的。不同的定价策略可导致消费集团之间实际收入有效分配的非常显著的差异,但用非常不同的公平概念来调整个别产业价格结构中的多种因素也并非不常见。此外,在经济上有效的定价规则与广为接受的公平观念之间也有一些冲突。

配置效率要求所有消费者都支付为其供给而遭致的边际成本(见134页)。这隐含着消费者间没有交叉补贴流,虽然实际上这个规则不得不放松,以避免计算所有个别成本贡献所涉及的管理负担。既然没有人会为其他人的消费支付,所以某些人认为有效的价格也是公平的。但是普遍认为，对同样的服务或等量的商品，每个使用者都支付同样的价格，这才是公平的。由于消费者之间供给费用的差别较为明显，基于这种平等支付观念的价格结构可能包含较多交叉补贴流，因而是无效率的。然而，建立在这些标准之上的价格不一定能使低收入主顾购买得起其所需供给，于是根据消费者能力支付才是公平的这种思想被引进"恰当"定价政策的争论中。

尽管各国公共能源工业部门的收费结构差异较大，在西方发达经济中还没有能始终如一坚持一种定价规则的体制。各种关贸协定都典型地包含了一系列特殊调整，以满足特定集团在特定时期的公平需求，价格结构中不同要素都明确或含蓄地建立在上述三种标准之上。消费者批量或在非高峰期购买所支付的单位价格
169 一般较低，其根据是此时供给费用较低。然而人们普遍认为，对生活在大型供给区内不同位置的消费者征收不同的费用，这是不公平的。由于对分散农村聚落的供给费用几乎无例外高于居住在人口稠密城区主顾的供给费用，公平的标准单位价格水平就包含了可观的交叉补贴流。其中某些部分很可能使城市穷人的实际收入被反过来分配给了生活在低密度城郊开发区或农村地区的富人。另一方面，有些国家企图通过调整低收入消费者或小型消费者所支付的价格，来实行一种进步的收入再分配。多数情况下这种安排被用来保证社会上最贫困阶层能够把其住房加热到可忍受水平。

例如在爱尔兰，1967 年起对从社会保险津贴中领取老年抚恤金的人免除了电费，还给予一定免费限额以保证他们的基本供暖需要得到满足。到 1975 年已有 12%的消费者得到好处，其中超过

250万英镑的费用从其他用电户那里得到补偿(Webb and Ricketts, 1980)。日本和加州采用了非常类似的制度,分别在1974年和1975年引入了所谓"倒转价格"和"生命线价格"。不征收基本消费,单位价格随消费增加;因而大用户补贴小用户。然而,这种制度是否达到了进步的收入再分配,将取决于消费与收入和财富的相关程度。可以想象,有小孩的低收入家庭或居住在绝热不良的住房中的贫困者,会拒绝补贴相对富有且无需白天供暖的上班夫妇。

这种制度的引入在英国被普遍抵制,主要根据是:用公用事业价格来达到再分配的目标是无效率的,通过直接转移税收和福利支出才能更好地实现。至少理论上,那些需要者可通过获得额外追加津贴来支付其基本供暖;但在1982年估计不到一半有这种资格的人实际上做到了这点。此外,在当前收费规定已经产生了重要的交叉补贴流时,拒绝利用能源价格作为进步的福利再分配手段,就有点自相矛盾了。必须认识到,每一种价格体系都会产生有差别的实际收入再分配,虽然在跟踪其他体系的实际效果上所做的工作显然太少(Rees, 1981a)。

国家保障目标

保障关注的历史

对保障基本原料供应的关注并不是一个新现象。在国际贸易 170
的历史中,以国家保障为由进行政府干预的例子很多。早在工业革命以前,欧洲的贸易国家主要采取军事和外交活动保证重要贸易渠道的畅通,整个殖民扩张的进程至少部分由保证取得丰富廉价初级产品的经济利益所驱动。对保障的担心自始至终与两方面有关,一是保证经济繁荣和保护国家的经济利益,二是使受到的军事或政治威慑最小。事实上,国家的经济实力与其军事地位的关系是如此密切,以至于把两种利益看成是一致的。例如,英国政府在第一次世界大战前购买了盎格鲁拍先得(Anglo-Persiand)石油公司(现在的英国石油公司)的大部分股权,而始作俑者就是当时的海军部部长温斯顿·丘吉尔。正如哈特向(Hartshorn,1962, p.233)指出的,"对于缺乏本土石油供应来保障补给的国家政府来说,这代表了切身利益最直接的公开表现,这种补给被认为是战略要害"。

对于西欧国家来说,保障被认为是必须持续、自由地获取海外低价供应和保护贸易渠道。另一方面,苏联政府解决其保障问题的方式不同。伴随着革命,俄罗斯遭到了贸易和财政上的联合抵制。此后,这个国家以及共产主义本身的保障意味着避免依赖外国进口和外国市场;矿产自给变为(而且一直是)苏联矿产政策的中心原则,这两种"保障"战略都付出了代价,苏联丧失了灵活性和利用不同时期廉价供应所带来的利益;而依赖进口的欧洲既冒着贸易中断的危险,又使经济面临令人烦恼的不稳定价格,价格不稳定是许多国际性矿产贸易市场的特征。只有美国处于令人羡慕的地位,直到20世纪40年代,不必因为较大脆弱性之弊端而放弃来自进口的经济收益。美国是一个相对低成本的生产国,那时基本矿物尚能够自给自足,进口的意义还没有大到因其供应限制和价格上涨而对经济产生明显影响(Ridker and Watson, 1980)。

贸易中断和恰当的响应

依赖进口满足矿产需要的国家对于任何贸易中断必然都是很脆弱的。水手和码头工人的罢工、生产中心矿工罢工和国内骚乱、主贸易通道的关闭、国内和国际战争以及供应来源的国有化，都可能产生潜在的短缺问题。值得指出的是，如果在补偿金、服务合同、税收和价格上讨价还价达成协议，那么国有化本身并不一定使 171
贸易中断。例如，1969 年赞比亚政府没收了铜矿 51%的股权并未影响供应，外国公司实际上对生产保持着有效的控制。然而，对许多消费国来说，国家保障不仅是维持相对稳定的进口，还包含着控制供应源和维持较低的原料价格。因此，就像发展中国家通过提高出口税、形成生产者卡特尔和限制供给迫使价格上涨的企图一样，国有化也常被认为是对保障的威胁。为了澄清一些关于保障常被混淆的争论，有必要根据不同的时间尺度来考察潜在的短缺危险。

短期中断和贮存

首先，存在持续几周或几个月的短期贸易中断问题。通常可以通过保持贮存来避免此类危机，特别对于能源矿产，可以采取抑制消费者需求的方法[11]。

主要工业化国家政府早就对战略性矿产持有应急储备。美国根据 1946 年的战略与物资储备法令建立了储备。除了在军事紧急时期，这些储备不得低于某个目标定额。然而，在这个基线以上的任何储备都可以用来对付和平时期的贸易中断，克拉斯（Klass et al.,1980, p.14)很风趣地指出:“有时过剩的战略储备至少部分地出于稳定价格的考虑而被处理掉”。此外,作为正常商业活动的一部分,私有和公共部门的产业都将持有各自生产过程所必需的矿产存货,跨国矿产公司一般也储备了相当数量的所经营矿物。自从20世纪50年代以来,多数消费国都持有足以消费6至12个月的储备,1976年后美国政府(不包括私人储备)就单独力争持有可以应付三年军事紧急状态的93种战略性物资储备[12]。

当然,储备也不是没有代价的,管理和储存的费用相当高,但与闲置资本的机会成本相比则是小巫见大巫。1978年,美国政府储备的市场价值超过90亿美元,这就意味着生产国精心限制供应的企图必须持续特别长的时间才会产生作用;而且,正是如此长期储备的存在,有效地阻止了贸易禁运战略的使用。进一步的好处是,政府能够通过储备的买卖操纵——或者从另一种观点看是稳定——矿产市场。

中期贸易中断和来源多样化

172 如果一种经济依赖于单一特定的供应源,那么就有一种中期贸易中断的危险。因为开发替代供给源或替代材料,或更换消费模式都需要好多年;此时就会以非常高的价格在公开市场上购买必需品。其经济影响在不同情况下会有显著差别,当对被影响矿产的需求已超过产出能力,当得不到超过合同或相关承诺的供给,当依赖性经济的需求与世界总需求紧密的相关时,情况最为严重。

1951年就发生了这样的突发事件,当时伊朗的摩萨德(Mossadegh)政府把盎格鲁—伊朗(Anglo-Iranian)石油公司(后来的英国石油公司)收归国有,英国政府是这个公司的主要股东。原油的丧失,更严重的是阿巴丹(Abadan)炼油厂的丧失,使那时仍处于燃料短缺状况的英国一下子又少了75%的供应量。这种短缺只有在某种价格上才会改观,问题是当时的货款不再以英国货币而是用美元支付,使英国每年因进口多支付3亿英镑。这样,贸易平衡和国内生活费用受到影响。应付这个危机的对策就是使用各种可能的手段把盎格鲁—伊朗石油公司恢复到以前的状态,但由于有苏联进行干预的危险,又不能直接采取军事行动。伊朗的出口实际上遭到了所有石油公司的抵制[13],油轮船队撤回,对可能购买伊朗石油的政府施加强大的外交压力,据怀斯和罗斯(Wise and Ross,1964, p.110)说,最终"美国中央情报局组织并指挥了1953年的政变,那场政变推翻了首相穆罕默德·摩萨德(Mahammed Mossadegh)"。在摩萨德倒台后,国王"邀请"外国石油公司返回,所有主要的公司都在新的伊朗生产股份公司里占有了股份。

这种阻止欠发达生产国不断上升的国有化潮流,反对他们更多地控制其矿藏和从中得到更大利润份额的需求以便维持现状的图谋,绝不是最后一次。然而作为对保障问题的有效对策,这种办法没有第二种解决伊朗危机的方法有效。第二种方法就是真正开始供给的来源多样化过程。石油多国公司拓宽了他们钻探活动的空间范围,努力减少来自任何一个国家的原油比例。更为重要的是,使炼油能力远离产油国。同样,金属公司更为关心降低其基本投资的风险,减少对其后续加工活动贸易中断的代价。最终正如我们所见,遍布第三世界的持续政治骚乱和"敌对"政府的出现,促使更大比例的可得投资资本流向较安全的发达工业化经济。

对于消费国,资源来源多样化意味着进口依赖涉及的保障危 173
险相对变小,进口格局比较容易重新安排,贮备可以克服暂时性供应短缺,贸易中断的价格影响趋于短命。1967年,石油进口国甚至在面临尼日利亚内战和阿以六日战争双重危机时,都避免了明显的供应短缺。1967年6月,英国70%的石油来自阿拉伯国家,还有10%来自尼日利亚。就在两个月以后,原先只占不到5%份额的伊朗供应量上升到62%,美国(原先10%)上升到19%。再也不必限制需求,现货市场的短缺只能使价格轻微波动。

只要生产国彼此保持孤立,又确实急于想填补一个供给源丧失后的空缺,而且其资金和外汇来源基本依赖于矿产出口,那么中期贸易中断就不会发生。这种情况在1973年发生了戏剧性变化。

对长期保障的威胁

然而,第三个矿产保障问题涉及比较长的时间尺度。事实上,这里有两种很不相同的关注。首先是担心至少有某些矿产在世界范围内会出现绝对自然意义上的稀缺;其次担心已知储量的平衡正从西方发达资本主义国家向苏联集团和第三世界国家转移。这些担心虽然在20世纪70年代初期关于恰当矿产政策的争论中才非常地突出出来,但并不是一个新问题。区分这两种担心非常重要,因为它隐含着不同的政策战略。

如果世界范围内的自然耗竭是可感觉到的问题,那么解决的途径包括:通过保存减少消费量;遵循某种非增长的发展战略;改变生活方式;大量投资于可更新资源;鼓励技术革新使以前未使用或使用不充分的物质成为替代物投入生产。另一方面,如果问题不是耗竭而是低成本供给或储量在世界经济中的分配,那么通常认为,发达资本主义国家通过确保获取和控制国外供应渠道来维持自身的经济和军事力量,这才是根本的。后一种观点常与保存国内储量以保证未来的可得性联系在一起。换句话说,这种思想归结起来就是“尽可能保存自身资源的完整,使用他人的资源”。

保障和经济利益

当我们探讨关于矿产保障的论据时,不可能把人们在国家保 174
障中的立场与他们的经济和政治利益割裂开来(Odell, 1970; Tanzer, 1969)。就像公平一样,保障被用来为事实上起源于不同动机的行为和需求辩护,证明其合法性。维持廉价矿产进口的战略明摆着服务于一系列经济利益。关心他们产品竞争力的制造商、船运公司、公路搬运工和跨国公司自身,全都与真诚致力于减少国内生活费用的那些人有关。另一些利益把保障同进口依赖、需求保护和对国内生产者补贴联系起来,国内石油公司、煤矿、核电和钢铁工业的老板与雇员显然都属于这一类。更深层次的经济利益集团受益于对保护措施、技术革新和可更新资源的投资。

在这些相冲突的长期保障战略中,到底哪一种成为政府在不同时刻所接受的政策,取决于一系列复杂因素。其中,利益集团和当时政治或社会经济状况之间的力量平衡,至少与实际的矿产贸易和储量状况同等重要,甚至于有过之而无不及。第二次世界大战刚结束时,总的来说矿产处于短缺状态,海外的竞争几乎不影响国内生产者,重点放在保证国外供应来源上。实际上在所有发达经济中,这个重点总的说来一直保持统治地位至少直到20世纪70年代初。正如奥德尔(Odell,1970, p.16)就石油情形所描述的那样,“由于从保持石油进口中取得巨大的经济利益,对其战略上的忧虑很快趋于消失”。这就是说,贸易的经济利益超越了对依赖性的担忧。但战略的争论比依赖性更为广泛。

一种观点认为,扩大国外投资不仅可以控制廉价原料供应,而且可以在政治敏感地区维持强大的经济存在,这正是国家战略利益之所在。特别是在美国,有一种强有力的观点以为:扩张到关键发展中国家的经济中去,这在经济上至关重要,这样可以牵制共产主义扩张,牵制苏联的影响范围。换句话说,“保持石油”从阿拉伯国家和伊朗流向西方,不仅对经济繁荣很重要,而且政治上也是关键。可以阻止苏联接近那些石油,挫败其扩张主义趋势。正是这种明显的政治和经济利益之间的共生起了决定作用。1965 年,美国国务院燃料和能源局局长安德鲁·恩索在他的讲话中很清楚地表明了这个观点,即美国的安全利益与美国石油公司的利益是一致的,“对美国的安全来说,健康的海外石油工业和良好的国内工业一样重要。”(引自 Tanzer, 1969, p.54)

175 这并不是说,认为进口依赖是一种战略忧虑从而支持保护国内生产的那些利益集团一直不无影响。例如,1948 年美国的石油进口首次超过出口,廉价的中东石油开始迅速侵入美国国内市场。受影响的国内生产者院外集团很快提出了进口依附性这个幽灵,最终成功地对进口增加了自愿限额,后来又在 1959 年变为强制性限额(Odell, 1970)。这项议案是在原油过剩和生产国处于分裂状态并严重依赖其出口所得时采取的。其实,那时进口并不构成保障威胁。与此类似,在西欧也采用了所有可能的措施限制进口,以保护本地煤炭工业和核工业,鼓励在国内勘探新的矿源,补贴发展国内炼油能力。国家保障和避免进口依赖一直是他们的借口,举一个例子:英国 1962 年禁止进口苏联石油,一个主要根据是石油可能被用作政治武器使英国产生依附性,削弱西欧经济基础。然而这种手段与壳牌石油公司和英国石油公司的经济利益并不是没有关系的，也可能是为了避免当时煤矿地区进一步失业。

保障问题和 1973 年石油危机

在 20 世纪 70 年代初期，几个事件使整个矿产保障问题成为政治关注的中心。首先，1971 年美国再次出现石油不足，石油进口开始急剧上升。其次，在 1970 年至 1972 年，利比亚和其他欧佩克国家先后把世界油价提高 50%。第三，从 1972 年末开始，农产品和矿产价格都开始迅速上升，到 1974 年中期，多数产品的涨幅都超过 200%。最后，也是最重要的一点，为了报复在 1973 年 10 月阿以战争中给以色列军队的补给的行动，阿拉伯产油国减少了 25%的产量，对美国和其他“不友好”国家包括日本、英国、法国实施石油禁运。人们承认这样的禁运在当时国际石油业特点下并无太大的强制力，但它在“边际”现货市场产生的恐慌却超过了所有阿拉伯国家的期望。购买恐慌清楚地证明消费者愿意忍受更高的价格水平，于是欧佩克其他成员跟随伊朗提高石油价格，开始提高一倍，三个月后再次翻番。这些事件一致表明，工业化国家和第三世界之间的力量平衡发生了戏剧性的变化。

许多人认为欧佩克的成功还仅仅是开始，担心其他矿产生产 176
国单方面行动或共谋结成卡特尔，提出类似要求（Bergsten, 1974）。摩洛哥政府磷酸盐管理机构[14]宣布提高价格，证实了这种看法是正确的，在 1974 年 7 月前九个月中磷酸盐价格总共上涨了 400%。牙买加在 1974 年 6 月把铝土矿税收增加了五倍。这种情形加剧了人们的担心，不可避免地引出了一系列强硬的建议，例如军事入侵油田（Tucker, 1975），或通过食品和制成商品的贸易禁运“击溃”

欧佩克和类似的卡特尔。但是大多数人普遍认为,解决的途径是尽可能快地从进口依赖上撤退。

下述观点在美国政府的认识中几乎占据了十年:通过强制性的保护措施和现实的能源价格减少石油进口,必须开发国内能源而且尽可能充分利用(Sawhill, 1981, p. xvi,作者是美国能源部副秘书长)。“尼克松总统自立计划”旨在到1980年消除石油进口;卡特总统苦命的1977年能源计划雄心稍逊,力争从当时每天进口860万桶,甚至预测会到1 600万桶的水平,减少到1985年每天进口600万桶。同样,对能源价格解除管制是美国自1980年以来石油需求和进口下降的重要原因。

日本在核能和可更新能源上雄心勃勃的投资计划也体现了类似的想法,例如阳光工程,重点是开发太阳能、地热能和煤炭转换技术。出于同样理由,英国企图在本土资源耗竭后,用核能和煤炭取代石油。必须认识到,实施所有这些措施都需要时间。同时,主要的消费国增加储备以克服短期禁运,并且一方面与生产国对话[15],另一方面又发展共同的应急计划来对付“超出常情的市场压力和供应中断”。

大量的政策法规都不可避免地集中关注能源问题,但是人们普遍认为还需要采取类似措施减少对其他矿产的进口依赖。最近,关于苏联正在秘密进行一场反西方“资源战争”的说法,加重了来自第三世界生产国可感受到的威胁。苏联1980年决定停止出口钛,并增加购买重要的金属矿产,这一现象已用来作为支持下列观点的证据:苏联正蓄意努力威胁西方诸如计算机和军用飞机等高技术产品所必需的矿产供应。这些观点被包括美国内政部长詹姆士·瓦特(James Watt)在内的政客和官员用来证明,必须开放联邦土地让矿产公司勘探(Nature,11 June 1981,p.444)。

保障威胁的现实性 177

在第五章讨论现行政策对短、中、长期稀缺问题的反应是否恰当之前,重要的是透过既得利益者的言谈和关注来考察发达经济保障问题所受威胁的真实程度。仅仅指出相当比例的现行供应依靠进口,这还不能证明无保障。确实,由于潜在问题的范围更广,正是国际贸易本身的性质增加了短期贸易中断的可能性。然而,自给自足也不能保证没有贸易中断,1972—1974 年英国煤矿工人罢工和超时加班禁令的影响充分证实了这一点。既然短期贸易的中断可以由储存来弥补,而且在发达世界已做到了这点,那么只有中、长期短缺和实际价格的明显上涨才能引起真正的保障问题。这些情况发生的可能性取决于生产国取得市场实力、然后企图使用和能够使用这种实力的程度。

取得和使用市场实力的可能性总共取决于七个关键因素,除了进口依赖性外,其余的是:

(1) 目前生产和储量在空间上仅仅集中在少数国家的程度;

(2) 主要供应国或他们政治精英的政治归属,以及对发达资本主义国家政治和军事支持的依赖性;

(3) 生产国依靠矿产出口作为资本和外汇的来源;

(4) 生产国对消费国的资金、技术和产品的依赖性;

(5) 替代原料的成本和可得性,这将影响到受影响矿种需求的价格弹性。

(6) 特定矿产品对消费国经济的"性质"[16](见 Arad et al.,1979)。

在相当长的时间内,不可避免会发生一些矿产储备的稀缺,但控制进口和把生产集中到国内,往最好处说也只能部分地解决这些问题。事实上,除非伴以降低增长水平和消费水平,伴以技术革新以使可更新资源得到利用,控制进口和把生产集中到国内只能加速国内资源的消耗率。

各个非燃料矿产生产国的有效实力

表4.3 进口依赖和供应保障危险:美国、西欧和日本

	四个主要的生产国,1987	占世界产量的百分比,1986—1987	替代难度①	经济重要性①
铝土矿	澳大利亚、几内亚、牙买加、巴西	68(澳大利亚 36)	6	6
铬	苏联、南非、阿尔巴尼亚、土耳其	77	6	1
钴	扎伊尔、赞比亚、澳大利亚、苏联	77(扎伊尔 45)	5	1
铜②	智利、美国、苏联、加拿大	51.4	5	6
铁矿②	苏联、中国、巴西、澳大利亚	67(苏联 27)	8	10
铅②	苏联、澳大利亚、加拿大、美国	51	5	1
锰	苏联、南非、加蓬、巴西	76(苏联 39)	7	1
汞	苏联、西班牙、阿尔及利亚、中国	74	2	1
镍	加拿大、苏联、澳大利亚、新喀里多尼亚	64	4	2
磷酸盐②	美国、苏联、摩洛哥、中国	73	4	3
铂	苏联、南非、加拿大(其他国家不重要)	98.4(苏联和南非 93.5)	8	1
锡	马来西亚、巴西、中国、印度尼西亚	61(马来西亚 16.4)	3	1
钨	中国、苏联、韩国、澳大利亚	65(中国 34)	7	1
铀③	加拿大、美国、南非、澳大利亚	58.3	2	1
锌②	加拿大、苏联、澳大利亚、秘鲁	52.9	2	1

①为分 1—10 粗略等级,10 是最难以替代的或经济上最重要的;经济重要性指的是矿产品最终用途的基本性质和其价格上涨对经济的影响。

②西欧、日本依赖进口而美国不依赖的矿物。

③只包括西方经济的数据。

资料来源:Metallgesellschaft Aktiengesellschaft, 1988; BGS, 1988; Klass et al., 1980; Arad et al., 1979。

单个矿物生产国从依附性市场上获得很大实力的可能性是很 178
小的，表 4.3 列出了美国、西欧、日本进口依赖到严重程度的那些非燃料矿产。

显然，与欧洲和日本经济相比，美国依赖进口的矿产数量少得多。就这些矿产中的铝土矿、铜、铁、锡、钨五种矿而言，生产国的扩展意味着只有形成有效的卡特尔才会发生供应保障问题（见181—183）。但是对于钨，因为已知储量的将近 70%在共产主义国家（Ridker and Waston，1980）[17]，所以有长期供应危险的可能。对于另外四种矿物铅、镍、铀和锌，很高比例的生产和储量都集中在美国、加拿大和澳大利亚。尽管加拿大和澳大利亚都支持旨在提高矿产价格的行动，但他们蓄意抑制供应或要求大幅度涨价，以至会明显影响其他发达资本主义国家的可能性很小。这两国的经济与其他依赖进口的国家有着千丝万缕的联系。但是并不等于不会发生偶然的供应限制，1969 年加拿大镍矿工人罢工引起美国镍短缺，不过此类事件可以通过贮备来解决，不必看成重大的保障危险。

对于剩下的六种矿物，各个生产国独自的行动就可能影响进口供应和价格。然而，要具备有效的垄断能力，就要求这种矿产的最终用途没有相近的替代物，而且需求价格无弹性。如果这些条件不满足，生产国就不能从强制性供给限制或提高价格中受益。这样就把汞和磷酸盐排除在主要危险以外，汞的需求已呈下降趋势。

> 除了高性能电池外，汞的所有主要用途现在都已知有可行的替代物……像制药和实验室使用等次要用途，其用量分

> 别占总消耗量的1%和5%以下。正因为汞用量小,其替代方法的研究没有引起重视。即使没有汞制药业和汞电池,我们也很难想象社会会崩溃甚至灭亡。(Goeller and Weinburg, 1976, 引自 Ridker and Walson, 1980, p.152)

磷酸盐的80%用作肥料,它也有替代品,虽然减少供应和提高价格会对农业产生重大影响,但是主要生产国摩洛哥的行动自由受到市场承受能力的限制。1974年磷酸盐价格上扬后,需求显示出弹性并显著下降。

180 铂、钯族金属代表一种非同寻常的情况。进口严重依赖南非和苏联。如同对黄金和金刚石的垄断,这个可怕的同盟心照不宣地控制着铂钯族金属的供应和价格。铂在工业上非常重要,尤其是作为催化剂和电子用途,但是这两个方面用量小,大多数其他最终用途的需求都有适中的价格弹性。另外,由于铂价格昂贵,实际上会100%循环使用,而且以前的储备足以满足基本需要。然而,铂是一种投机性矿产,只要它仍然具有较大稀缺价值,就存在大幅度涨价的可能性;另一方面,1974年苏联把钯的售价翻倍,也不过是导致了大量出售存货,这就压低了价格(Klass, et al., 1980)。总之,许多评论家认为,对南非和苏联的依赖是危险的,但是限制供应或提高价格对主要消费国的工业繁荣并无实质性影响。

锰是炼钢工业的基本原料,对锰的需求是高度无价格弹性的[18]。然而,有三个重要理由使我们认为它不是具有保障危险的矿产。首先,在成品钢铁的成本中,锰只占不到0.4%。因此,锰的大幅度涨价对最终消费品的价格影响不大。第二,任何重大的价格上升都会使含锰低于35%的矿石具有资源价值,而目前的储量并未计算这一类矿石。仅美国拥有的这种低品位矿已知的储量,按目前需求水平就可维持60年,全球还有大量的供给量。最后,深海锰结核在相当长时期内可以提供巨大的新供应源。关于海底勘探权分配的国际争论与世界市场丧失南非供应来源相比,前者更快、更容易得到解决[19]。在这些替代选择得到开发以前,影响生产的供应中断可能性可以用现成储备的规模来弥补。仅美国政府的储备按当前消费率就可维持两年半。

扎伊尔作为一个主要钴生产国的优势地位(它占非共产主义世界供应的近70%),表明钴可能是一种主要的危险矿产。该国依赖其出口创造收入,在这种情况下似乎不可能有蓄意的供给禁运。但是明显存在着政治事变导致生产中断的危险。不过,钴基本上不是工业生产所必要的原料,其多数最终用途已有合理的替代物,而且次经济矿床广泛分布,包括海洋结核中的矿石(Klass et al., 1980; Ridker and Waston, 1980)。现有储备可供一至三年的消费,但如果那时还不能找到新供应来源和替代物,就会发生中期短缺。总之,很难设想这些可能的中期短缺会对工业化国家的经济产生深刻影响。

最后一种来源于一个国家并很可能产生潜在问题的矿产是 181
铬。目前铬的进口主要来自苏联、南非和津巴布韦,已知储量似乎集中于后两个国家[20]。正如在罗得西亚单方面宣布独立①时,公认为无效的联合国贸易禁运所表明的那样,仅失去津巴布韦的铬生产不会产生严重的经济后果。然而,如果苏联或者两个非洲国家

---

① 1965年,津巴布韦少数白人统治者宣布成立剥夺多数黑人公民权的罗得西亚,遭到国际社会制裁。——译者

一起退出世界铬市场,问题就出现了。铬广泛用于不锈钢合金,且它的一些最终用途尚没有合适的替代物。因为人们早已认识到进口依赖的危险并积累了大量储存,所以基本不存在近期短缺问题。美国持有将近四年的供应量,其他许多工业化国家的储备至少能应付两年的消费。但中期短缺的可能性很大,可是既然需求似乎有足够的灵活性以缓解基本用途所需的供应,那么中期短缺是否构成明显的经济威胁,还值得怀疑。有人认为这种危险性很大,告诫人们立即转向使用替代品;但在给美国商务部的主报告中,查尔斯·里弗协会认为:"更有效的政策是通过大量储备以保证贸易中断后有更多调整时间,只有在铬供应发生严重中断后才开始转向替代物。"(Klass et al., 1980, p.164)

生产国卡特尔:欧佩克是典型吗?

现在我们再回到那些只有在可形成有效的卡特尔时,对其进口依赖才会产生危险的非燃料矿产。关键问题是欧佩克的经验是否对可能出现的各种情况提供了一个普遍适用的模式,大多数严肃的分析家对此是有所保留的(见 Tilton, 1977),他们认为其他生产国卡特尔取得像欧佩克一样的市场权力或产生任何类似经济影响的可能性都很小,这种观点有四个重要理由。

首先,生产国众多,政治和经济利益又极不相同,很难在价格和市场配额上达成协议,更重要的是协议很难维持较长时间。铁矿就是一个明显的例子,拥有已知储量的国家数目众多,这本身就是有效行动的主要障碍。铁矿出口国联盟(The Iron Ore Exporters' Association, 略作 IOEA)[21]成立于 1975 年,其中排除了像加拿大、美国、巴西和利比里亚这样的主要生产国。因此,该联盟提高甚至稳定价格的能力很大程度上取决于这些“联盟外”国家的反应。尽管联盟外公司为了获取眼前利益常常附和卡特尔制造的涨价，但是除非产量限制能保持供需平衡，否则这种价格不能持久，采矿的资本密集性质意味着削减产量基本上不节省成本。因此，在生产能力过剩时，总会有某种保持生产水平的冲动，在这种情况下，IOEA 182
甚至对其内部成员的销售都难以控制，根本不要指望阻止现有的或新兴的非卡特尔生产国进入出口市场。

铝土矿显然也是这种情况。巴西在 1974 年还是一个相对较小的生产国，仍在国际铝土矿联盟（International Bauxite Association）之外，后来却成为增长速度最快的生产中心。在 1976 至 1981 年的五年间，产量由每月 8.32 万公吨上升到 55.95 万公吨，成为仅次于澳大利亚、几内亚和牙买加的第四大生产国，领先于圭亚那和苏里南，这两个生产国家同期产量绝对下降。同样重要的是，自铜矿生产国卡特尔 CIPEC（Intergovernmental Council of Copper Exporting Countries，铜矿出口国政府联合委员会）创立以来，由于投资集中到较少“敌意”的国家中，其市场份额已经下降（Mezger, 1980）。

当一个新兴的生产国被很快联合进卡特尔时，由于难以平衡已有生产国维持现状的需要与新兴生产国取得合理市场份额的要求，卡特尔是相当脆弱的。

一些评论家认为，政治意识形态差异的作用是生产国卡特尔脆弱的主要因素，但不可过分强调这一点。正如蒂尔顿（Tilton, 1977, p.85—86）指出的，当涉及苏联和南非的经济利益时，他们就会合作。“同样，尽管美国的意识形态信仰自由市场，可是美国根据韦布—波默林（Webb-Pomerene）法案允许其矿产生产者参与卡特尔，不过影响所及只能限于国外市场”。然而，诚如澳大利亚在国际铝土矿联盟中那样,发达资本主义国家似乎在卡特尔内部起着牵制作用。

怀疑非燃料矿物能否形成有效卡特尔的第二个原因,是欠发达生产国的依赖性。他们对投资资本和外汇的需要限制了其将销售量的削减维持相当时期的潜力。即使产量限制导致每单位出口价格上升,但瞒过卡特尔以此种高价超配额出售产品的经济利益是非常诱人的。早已建立的国际锡理事会(International Tin Council, 略作 ITC)就不能阻止成员国走私,成员国公开不遵守各自的出口配额,例如,缅甸是非 ITC 国家,其年出口量常比生产量高五倍,对这种现象的唯一解释就是泰国为了绕开出口配额,大规模走私。

依赖西方发达经济的技术、援助、投资资本和制成品,也限制了欠发达生产国采取挑衅性价格和供应控制手段的可能性,因为他们无一例外地对付不了消费国政府或矿产跨国公司采取的任何
183 相应行动。在讨论依赖性时一个更深层的因素是,一些欠发达国家的政治精英依靠西方的经济和军事支持以保证自身的权力。三个非常明显的事例是:伊朗革命前的王位、扎伊尔的蒙博托政权和智利的皮诺切特统治。为了获取必需的外国支持,此类政权不可能不顾及国际资本的利益。据梅茨格尔(Mezger, 1980, p.212)描述,皮诺切特统治下的智利,“其经济是一种为了外国资本的利益而剥夺国家的模式,这种模式得到了当地一部分资产阶级的支持,并因国内戒严状态而成为可能”。然而,不能过分强调这种论点,应当记住 1973 年要求把油价提高 400% 以上的第一个政府正是国王统治下的伊朗。

非燃料矿产卡特尔似乎不可能获得更有效权力的第三个原因是金属市场的性质。虽然短期的需求弹性不大,但中长期的需求

弹性却是很显著的。新金属不仅面临第二种来源的竞争，而且几乎所有主要金属最终用途都有充分的、已能得到的替代物。铜和锡生产国已经察觉到他们的传统市场受到严重渗透，因而提高价格必须和提高替代物价格一致以免进一步损失市场。同样，萌芽中的钨卡特尔也面临着对钨所有最终用途的广泛替代物。

最后，已经采取的削减他们力量的措施限制了非燃料矿产卡特尔的有效性。正如第三章所述，跨国公司已采取行动分散他们的风险，已将投资集中于安全地区，已开始研究使次经济矿藏和广泛可得的新材料得以利用的技术。不仅如此，他们似乎已准备好通过直接操纵市场价格来反击卡特尔提价的企图。1974 年随着铜矿出口国政府联合委员会宣布减少 10%的出口量，实际的金属价格反而下降了。这个事实似乎表明各公司（也可能是美国政府）抛出了储备作为反击。操纵价格的这种能力部分来自许多市场的边际性质，也得助于储存矿石比较容易。

综上所述，几乎没有证据表明进口非燃料矿物会威胁发达资本主义国家的经济安全，或者已使商品权力转向第三世界生产国。相反，20 世纪 80 年代经济衰退的影响充分证明，欠发达国家长期依赖资源贸易，已使他们极易受国际经济变化的冲击。此外，各矿产公司已采用的避免私有风险的策略，看来也保证了资源权力牢固地掌握在北方发达国家手中。

石油保障 184

石油保障问题代表了一种特殊情况。尽管为了减少进口依赖而调整了 10 年，世界上许多国家（发达国家和欠发达国家都一样）

对欧佩克的供应和价格决定,以及对波斯湾政治骚乱的反应,仍然还是脆弱的。然而,现在许多分析家认为,至少对于发达国家来说,20 世纪 80 年代世界石油市场形势,已使旨在进一步降低进口的政策值得怀疑。

一派观点认为,在经济系统中不用石油作为能源的趋势已大大加强。因此,当世界最终走出衰退时,已针对增加工业生产而作了调整的实际需求趋势将继续下降。特别是 1980 年以来出现的石油需求大量下跌证实了这种观点。1980—1982 年世界需求下降了 17%,尽管油价下跌[22],需求还是没有回升。美国 1980 年每天进口石油 850 万桶,到 1984 年初下降到每天仅 300 万桶。罗辛和奥德尔(Rosing and Odell, 1983, p.27)进一步指出,将油价维持在竞争水平以上会继续推动已有的保存和石油替代运动,因为"如此多强有力的国家和其他集团的利益与目前的油价密切相关,使得油价在短、中期内几乎肯定高于其应有价格"。据估计,在世界能源供应中,石油的比例在 1980 年为 46%,到 2010 年将降到大约 26%(假定全球能源利用年增长 2% 左右的历史趋势继续重复)(Odell, 1988)。

另一些评论家认为,进口依赖威胁下降观点的根据是:欧佩克的资源能力正在崩溃,在这种情况下,集团的内部凝聚力在未来将不能保持(Brown, 1981; Singer and Stamas, 1982; Goldstein, 1983)。当然,1982 年初期清楚地表明需求持续下降使欧佩克维持官方协定价格的能力已被削弱。尼日利亚和伊朗分别以比协议低 1 美元和 4 美元①的价格公开出售石油;据说伊朗还和西德公司秘密达

---

① 指每桶价格。——译者

成交易，以每桶25美元售油，这个价格比协议价格低25%（Sunday Times，28 February 1982）。油价从1981年34美元的高峰降到1986年初的10美元以下。虽然1987年的名誉价格在上升，但实际价格仍在下跌（见图2.5）。此外，尼日利亚在1981年是各国际银行22亿美元的净债权国，仅仅一年后，成为23亿美元的净债务国；欧佩克总体上也在同期进入了入不敷出的状态。普遍认为，对外国资本和外汇的需求将使欧佩克难以控制其生产上限，各个成员国更期望通过超出其出口配额来获得短期收益。

即使欧佩克能保持内聚力，它控制石油市场的有效能力也已 185
减弱，看来这已没有疑问，它在世界生产中的比例已显著下降（见93页表3.4）。诸如英国、墨西哥和挪威等一些新型的非欧佩克生产国的产量现在已超过卡特尔各成员国的产量，除非欧佩克降低其要求，否则消费国将日益转向这些新兴来源。奥德尔进一步预测，能源需求模式的变化，加上新兴供应源的增长，到1990年可能把部分波斯湾石油排除在市场之外。他还认为新兴的区域集团如西欧、北非、东亚和东南亚将合作起来形成能源自给区，把像海湾这样的石油剩余区排除在外，仅仅用它们来满足波动的边际需求（Observer，4 August 1982）。

因此，不会再按照欧佩克的利益采取挑衅性手段来对付主要消费国了。看来情况正相反，不仅大量阿拉伯海外投资的回报依赖于发达西方国家的经济状况，而且石油收入也取决于恢复消费国对石油尤其是欧佩克石油的信心。以沙特阿拉伯为首的海湾阿拉伯国家清楚地表明，保证石油出口贸易的稳定和保持其油价的竞争性，有利于他们的经济（和政治）利益。在持久的两伊战争期间，他们努力保持霍尔木兹海峡畅通无阻，为了消除任何石油设施关闭或破坏所造成的影响,沙特阿拉伯建立了浮动原油储备。所有的海湾国家都同意,对从他们港口出发的油轮遭到攻击所造成的任何石油损失,都会给买主予以补偿,这样也导致了进入战争区域的油轮保险金急剧上升,使得海湾石油价格上升(Financial Times,12 June 1984)。所有这一切都表明,现在已普遍认为欧佩克的经济利益和消费国供应保障的利益是一致的。

只有时间才能说明世界石油市场上的这些变化是否将切实阻止1973年和1979年石油危机的再现。只要臭名昭著的政治不稳定地区波斯湾仍是重要的出口中心,就必然总会有短期的甚至中期的保障危险。另一场阿以战争或者沙特阿拉伯的革命也会在石油市场再次产生混乱。

小 结

本章力图讨论矿产部门运作与四个可能的公共政策目标一致的程度。这四个目标是:经济效率、经济增长、分配公平和供应保障。毫无疑问,现行生产和交换体系的运行未能达到资源在空间
186 上、时间上有效配置所要求的条件。同时,若以最为广泛接受的公平来衡量,矿产部门并未提供资源消费、经济发展和由此产生之福利的公平分配,甚至在发达的资本主义国家内部,矿产业的运行也引起重大的公平问题。但最严重的公平分配问题发生在全球尺度和欠发达国家内部尺度上。矿产开发和交换过程显然不能有助于减少空间上的福利不平等。许多人还认为,它进一步加剧了这一状况。既然发展中国家对公平的渴望和发达经济的供应保障目标似乎相冲突,因此,当根据供应保障政策目标来判断时,毫不奇怪

地认为现行矿产部门表现良好。

无论矿产开采和消费的当前模式，还是得自矿产的经济增长、收入和社会福利的现行分配，都不是不可改变的。如果矿产部门不能表现得与公共政策目标一致，理论上有可能设计全面的政策措施来“修正”可见的缺陷。然而，在国际资本主义体系所深为推崇的市场经济中，这个修正的任务决不是一件平常的事。造成目前发展和分配格局的力量很复杂，这些力量所造就的系统互相联系，系统任一部分的变化都会产生衍生效应或反馈效应。因为一个国家的政府仅能控制整个国际生产体系的极小部分，有效政策选择的范围是很有限的。

即使我们假设某个政府对其矿产部门有一个压倒一切的目标，它搀合进复杂的国际贸易和财政网络这个事实也构成了实现目标的主要障碍。然而，实际上很少有哪个政府能明确地把一个目标放在优先地位，或者找到按一个固定方向引导该产业的措施。在某些时期，为了公平和保障可以牺牲效率；在另一些时期，从矿产投资中获取最大净利润的压力又战胜其他所有目标。而且，在整个权衡过程中，保持国家或某些特殊政治精英权力的需要与任何社会经济的考虑同等重要。

政府干预矿产部门所能采取的措施和制定连贯的政策中所涉及的困难将在第五章讨论。

注　释

1. 从所用的术语可以形象地看出考虑这些关键问题的方式。
2. 这并不意味着公司在个别地方不努力减小生产成本。

187 3. 在20世纪70年代后期和80年代早期,当金属价格普遍降低而且供给剩余显著时,如此长期的合同已很少见。此外,即使长期合同仍在运行,金属购买者也能够改变合同条款中的数量,因而有了更多灵活性去寻求低成本供给。

4. 实际上,在主要资本存在不可分性的工业部门中,会产生边际成本定义的模糊性。当满足需求的矿产源来自已开发地区时,由于增加开采和运输的费用有限,生产每一额外单位供给的边际成本相对较少。但是一旦需要新的矿区来满足需求,由于包括了扩大生产的所有费用,边际成本便逐步上升。如果公司严格固守边际成本定价,价格就会明显地大幅度波动。此外,在任何已达到长期规模经济的工业部门,长期平均生产成本在下降,然后边际成本必定低于平均成本,公司采用边际成本定价就会造成损失。英国电力工业部门在制定最优价格策略时就遇到了最后这个问题。

5. 这个特征是勒施(Löschs)关于围绕生产厂之市场范围的著名理论界线的基础。

6. 关于时间上资源分配经济方法的简单论述,见 Fisher, 1981 and Mac Inerney, 1981。

7. 这种主张的合理性值得怀疑。被迫使用可更新资源或进行保护,比之继续利用传统能源,社会将会产生更多的知识。此外,任何效率的获得都会直接用于增加消费,并且不一定投入到教育和基础研究中。

8. 这些数据所对应的是所有多国公司的投资;如果只考虑矿产部门,则每个职位的资金成本很可能更高。

9. 这些还不是全部经济地租;对于经济地租,通过正常的企业税,生产公司和国家政府都分享一部分。

10. 1988年7月,加拿大政府和纽芬兰政府与一个石油和天然气公司联合会签署了一份允许开发希伯尼亚(Hibernia)油田的"原则陈述",达成了关于分担开发成本和分享收入的预备协议。

11. 在某些情况下,需求限制或者限制的威胁似乎一直被用来加强公众对政府立场的认识,并使之支持政府立场。

12. 有某些证据表明,自1984年以来,随着对自然稀缺和地缘政治稀缺关注的缓解,很多北方国家的政府储备已经减少。

13. 在盎格鲁—伊朗石油公司被收归国有到重新恢复原状的几年内,仅有三家独立公司——一家日本公司和两家意大利公司——购买了一定数量的伊朗石油，所以伊朗发生了严重的财政危机。

14．切利芬(Cherifien)磷酸盐部，一家国有垄断公司，其出口的几乎一半都供应西欧。

15．在关于国际经济新秩序的争论中，正是这个计划把南方的公平要求与北方的保障需要拉在了一起。

16．采用这个公认的笨拙字眼，是要表明特定矿物的最终用途对一个国
家的工业化基础多么重要。如果一种矿物的唯一用途只是制造诸如珠宝、化 188
妆品和台球棒那样的产品，那么它的缺失对经济的生与死无关紧要。

17．最近的估计(Mining Annual Review, 1987)认为，共产主义国家的储量只占世界总量的50%。

18．按每吨钢含锰的公斤数衡量，近年来冶金技术的改善使锰的消费总体上减少；这种改善在美国和日本尤其显著(Carmichael, 1987)。

19．当发现北海部分碳氢化合物的潜力后，关于开发速度设置的争论清楚地说明：当各种经济利益危如累卵时原则要点是如何消失的。

20．南非占有西方世界产量的50%和全世界已知储量的80%。但是，铬矿并非稀有矿种，而且已知在很多国家存在可测量的低等级矿藏。

21．最初的成员有阿尔及利亚、澳大利亚、智利、印度、毛里塔尼亚、秘鲁、瑞典、突尼斯和委内瑞拉。

22．应该指出，直到1986年初，许多国家的原油价格实际是上升的，原因是美元在外汇市场上对其他许多货币的比价大幅度上升。

第五章　公共干预矿产部门

当代干预的历史渊源

有一种倾向认为,政府干预私有部门的活动和政府直接经营企业都是近来的现象,只是在20世纪后半叶才具有重要的经济意义。例如埃斯托尔和布坎南(Estall and Buchanan,1980,p.132)写道:"最近几十年来,政府行为在所有国家的经济社会事务中都有极大的意义",言下之意是过去没有。在经济地理学中,直到20世纪60年代,政府的作用才开始从其朦胧的地位中脱颖而出并得以研究,此前则与影响经济活动区位的其他因素混杂在一起,并放在若干传统因素(原材料、劳动力、运输、市场等)之后来考虑。同样,20世纪50年代后期,公共部门分析才被承认为经济研究中一个独特的领域;此前则一直强调私人选择,虽然对影响它们的税收也给予某些注意(Haveman and Margolis, 1970)。然而,空间分析和经济分析的广泛兴趣可能是相对较近的事,而政府活动的事实则肯定不是。

为鼓励或保护国内商业、采矿和工业的利益而干预贸易,这已有了很长的历史,而且至少在某些情况里其对当时经济的意义可以与现在媲美。显然,英国19世纪出口贸易的发展在很大程度上得益于保护主义措施。例如《航海法案》[1] 就保证了美洲殖民地不断增长的市场实际上为英国公司所垄断,外国的竞争和殖民地工业的发展都受到限制(Davis, 1969)。

在国际交易的历史中确实有一些贸易相对自由的时期,但这只是例外而不是规律。甚至19世纪中期的非保护主义时代也是短命的。到该世纪80年代,美国和大陆欧洲国家都回复到高关税,其中德国对国家的或具有战略重要性的工业给予很高的补贴。只有英国把自由贸易的信念保持到第一次世界大战。实际上继英 190
国实现工业化后的所有国家都接受这种观念:国内生产者需要保护,要避免那些已牢固建立了初始优势的企业的竞争。因此,正在经历罗斯托(Rostow)经济增长第一阶段的大多数国家都采取严格的保护主义政策。

同样,在很多现代发达国家的早期经济发展中,国营的贸易和工业公司以及国家投资也常常是极其重要的。日本是一个典型的例子。在经济起飞进入增长阶段的明治维新时期(1868—1912年),政府大量投资于基础设施和诸如钢铁那样的基础工业。据罗索夫斯基估计,此期实体资本投资中有将近40%为公营而不是私营;如果把军事资本设施计算在内,则会大大超过这个比例(Bronfenbrenner, 1982)。这些数字与英国和其他现代资本主义国家目前政府贡献的百分比很相似。在拿破仑法国和俾斯麦德国,政府投资和公有企业同样起着很重要的作用。

最后还应指出,政府出于社会、国家经济和环境的理由应该控制私有部门的原则早在20世纪开始以前就明确地树立了。凯恩斯在1870年就宣称“自由放任主义的原则无论如何都毫无科学基础”;几年后杰文斯在其《公共住房》中又指出,“国家只有在采取单独行动且其后果对人类福祉的总量有所贡献时才能证明其存在的合理性”(皆引自Allen,1961)。在19世纪后期,关于工厂和矿山的工作条件、国家对贸易争端的调解、控制垄断和减少污染等的法规就已经很多了。

对当今发达资本主义国家贸易和发展的早期历史哪怕只作一下粗略的回顾也可以看出,对国内私营企业的保护和鼓励,以及(除英国外的)国家大量的资本投资,确实在创造经济活力上起了重要作用。此外,在发展过程的很早时期就已认识到,必须控制私有企业,以防止其滥用权力并对经济中的其他集团强加不可接受的代价。这并不意味着当今第三世界政府采取类似措施就能使它们步入自我维持的增长。现在有关国家内部和整个世界经济中正在运行的力量,与在19世纪和20世纪早期欧洲、北美和日本起作用的那些大不相同,以至不能作有意义的对比。但是现在有一种时髦的观点认为,欠发达国家的增长有赖于它们将干预—保护主义途径转变为采纳市场自由化政策,在接受这种观点以前也似乎有必要提出某些警告。

191 这里无意否认政府干预矿产部门的总水平在过去几十年里已显著提高了,这是无可争议的并已发生在所有的地理尺度上,从地方政府到国际机构都是如此[2]。这样的提高之所以产生,部分是由于对国家作用的哲学认识正在变化,但也反映了国际矿产贸易的更大规模和空间多样性,反映了独立国家政府数量的增多。然而,不能把国家干预水平的这种提高与历史上的以下事实混为一谈:政府不满足于让私有利益完全决定矿产部门的发展,因为它对整个经济的健康是如此重要。

公共干预与公众利益

不能把"政府管理和政府所有权本身会保证矿产工业以符合

大多数公众福利及利益的方式运作"当作公理。我们暂且假设政府政策反映了普通公众的利益,有两个根本理由说明为什么干预矿产部门的努力普遍不能使其表现得更与经济效率、公平分配、环境质量和国家的其他社会经济或政治目标一致。第一是官僚政治的本质,第二是国际资本主义体制中经济整合所强加的限制。为了认识公共政策与公众利益之间假想的一致离实际真情是多么遥远,本章以下部分将粗略讨论决策过程的性质。

国有化矿产工业中的官僚主义

一般认为公共部门企业的运作方式与私有实际显然背离。这两种部门之间在运作行为上显然有某些差别,但也很少有证据说明私有企业和公有企业中控制投资、生产和销售决策的官僚阶层会表现出明显不同的规则或目标。两者都把销售水平、市场份额、满意的资本利润或回报、各个管理人员的生存、产业内部的技术结构看得很重要。确实,在公共部门中对定义为"满意利润"或回报的那些东西可能较少苛求,因不能达到这些目标而受到的处罚也可能较少[3]。但是这些因素都不一定能改变该产业的一般操作策略。大多数国家的主导哲学一直是国有化部门应有商业性。其投资的合理性也应在回报的基础上判断,就像在私有部门一样,并采用大致相同的利率和定价实践。

公共的和私营的矿产工业二者都有一种明显倾向,即按其内 192
部逻辑和商业指向逻辑来运作,对公共福利的净贡献最多不过是第二位的考虑。当然也有人认为,若该产业有效率且富竞争性,则公共福利可达最大。但是正如我们已看到的,具有市场实力的企业并不一定在经济上有效率,而效率本身也只有在不考虑公平时才有公共利益的意义。在20世纪80年代英国电力和天然气产业的行为中,显然可见公共企业的商业指向[4],这两个产业不仅与石油和煤炭竞争销售额,而且相互之间也在开展挑衅性的广告大战。仅电力董事会一家的广告费就从1979年的500万英镑上升到1982年的2 000万英镑;而天然气产业现在每年花费1 500万英镑加以反击(The Times,18 October 1983)。某些此类花费由于提供了信息可以认为是符合公共利益的,但实际公共需要是否真正大部分与此相关却大可怀疑。其实质在于达到了官僚阶层决定的销售目的和市场份额目的。

各种发展和运作模式中一旦建立了内部官僚体制,后来的政府就没有什么真正的力量来改变其方向,尤其是在该产业对已承认的技术权限有了垄断权时。例如,大规模发电厂的既得利益,一直大大压倒了那些认为小规模热电厂的联合和不断把重点放在可更新能源上才能更好满足公众的环境质量或资源保护利益的呼声。

当然,政府在控制国营企业官僚阶层方面的困难并不限于西方发达经济。事实上欠发达世界所受此类困难的压力可能更大,那里在该产业之外具有专门技能从而可向产业内专家挑战的人甚至更少。20世纪60年代后期至70年代早期,在依赖矿产的欠发达国家中,国家拥有公司的作用增加,这些企业至少提供了一些有形的收益,这就很重要。然而正如吉利斯(Gillis,1982,p.628)所指出的,“来自玻利维亚、印度尼西亚、赞比亚、扎伊尔、土耳其、巴西的经验是如此大相径庭,远不足以说明国有矿产企业永远是负责的纳税者,相反倒是对大多数公众的利益少有贡献”。对此有一个典型的实例,那就是印度尼西亚的国营石油公司(Pertamina)。由于企图快速增长并将其影响扩展到诸如保险、旅游和钢铁等其他经济部门中去，该公司在1971—1976年间的债务累计超过了100亿美元。

资本主义体制的局限

即使在政府希望并能够控制其公共产业的经济中，世界经济体制内的整合也会施加某种程度的限制，使得一个国营企业难以 193
经营得达到非商业性目标。除非一个社会想要自给自足并基本上保持孤立于世界经济的状态，公共部门生产者（或其国内消费者）就不得不面临广泛的竞争。因此，为达到公平或保障的目标而把一个产业推进到根本不能维持使其对经济有较大贡献所需要的销售量的程度，这是违反生产规律的。国家越是依赖该国有化产业的生产，想要导入非商业性运作目标的政府所面临的两难处境就越严重。这显然适用于欠发达国家，它们经受不起长期丧失交换收益，也经受不起长期补贴一个制造亏损的矿产业。即使例如煤或电力那样的工业产品注定是满足国内消费，也要考虑非利润化运作所涉及资本的"机会成本"。

然而这些问题并不限于欠发达国家。在国有化部门对制造业提供了基本输入的任何地方，其健康状况都影响到所有第二产业的可获利性和出口竞争力。此外，凡国有化部门对国民生产总值有重大贡献的地方，其表现都影响到经济增长目标的实现，此类目标实际上在所有国家都仍然是压倒一切的经济政策，无论是计划经济国家或资本主义国家。例如英国，20世纪70年代整个工业投资中政府的投资高达50%，其中将近一半投到能源和矿产部门[5]。因此，此类资本收益的任何减少都会显著影响到增长和国库收入,并由此影响税收水平。

正如在第四章所见,市场体系运作的方式也限制政府为达到社会经济或政治目标而规范私有企业的能力。只有让在规范内运作的企业达到其私营目的,规范才是可能的。这就不可避免地严重限制任何公共福利目标的实现,公共目标并不支持物质生产的不断增长和资本的积累。

公共政策的性质

政策作为一种权衡过程

任何政府发展有效矿产政策的能力,由于毫无例外地想要同时达到几个很可能不协调的目标而受到严重影响。国家同时要求厂家的运作符合若干目标,这种情况并非不常见。这些目标有效
194 率、保障、公平、增长、环境质量,再加上所有其他庞大的经济、政治目标,例如增加国家的声望,奖励某个政治精英集团,维护特定政党的权力,抑制通货膨胀,避免贸易平衡赤字。其中一些很可能被认为是相冲突的,而平衡其间的冲突本身就是想要达到的政治目标。在这种情况下,公共政策常常包括一系列根据社会态度、政治压力、经济现实以及有效权力在社会中的分布这些变化的背景而采取的特定措施。

政府政策的发展从两种不同的意义上看其实是一种交易或权衡过程。第一,必须在所要满足的各种目标(常常是短期的经济、社会或政治紧急目标)之间加以权衡。第二,所偏向的首要目标在任何时候都取决于各种集团之间的权力平衡,而各集团有不同的

经济利益,持不同的价值体系。正如熊彼特(Schumpeter, 1950)指出的:

> 我们只有在一种非常专门的意义上才能谈论某项或几项国家政策。虽然每个集团都在吹捧其政策如何适合于理想国家要保护的“共同利益”永久原则,但一般而言,所宣布的政策不过是各种集团利益和态度的词语表达,是各党派在政治竞赛中争取得分的自我表现。人们不会在政治上天真到还不知道政策就是政治。(引自 Cobbe, 1979, p.74)

政策与资本利益

在马克思主义的分析框架里,权衡并不是什么问题;熊彼特的陈述可改为“政策就是政治,而政治就是经济”。马克思主义强调政治权力与经济权力的融合,据此,资本拥有阶级的利益必然支配所有其他集团的利益,而全部政府机构的作用就是支持资本(Milliband,1973,p.17)。确实,矿产生产系统的很多结果都符合这样一种解释所作的“预测”,尤其是就长期来看。但是这种形式的“经济决定论”,对建立发展和消费模式中以及形成公共政策当中所涉及的各种过程作了高度简化。任何单一的理论构成是否就能充分地解释现实世界各种复杂的权力、过程和事件,这一点实际上是模糊不清的。正如桑德斯(Saunders,1980, p.14)指出的,“不要指望单一的理论主体和单一的范式能够提供问题的所有答案”。为了取得哪怕是近似的真实认识,必须采取“某种程度的理论多元论和认识论容限”。

资本的分裂

195 经典马克思主义对政策的解释显然面临一个困难,即无论资本还是劳动都不是一个不可分的、具有一致目标指向的整体。各公司之间会有竞争,相竞争的燃料公司和金属公司所有者各自的利益也显然会冲突。此外,支持国内公司利益的政策不一定有利于多国公司的所有者。我们在第四章关于公平(165—166页)和保障(173—174页)的讨论中已看到了资本各部分之间潜在的冲突。

不仅如此,在矿产部门也正如在所有其他经济部门一样,资本的所有者并不一定控制公司,忽略这个事实是不现实的。随着20世纪合股公司的出现,所有权与控制权已日益分离。那么为什么经理们还要想方设法使大部分不认识的股东的利润达到最大呢?正如斯特雷顿(Stretton,1976, p.264)所指出的,"利润冲动在很多大企业里已变得不那么有直接重要性,这些企业的经营冲动已更像所有大型组织中刺激管理者和官僚的那些冲动"。人们已承认利润以外的目标是很重要的,此类目标包括:公司及其管理队伍的长期生存,增大公司规模,避免会破坏公司技术结构的风险和损失,管理的宽松以有利于制定一系列决策规则而不是对投资、定价、营销等等作出无数伤脑筋的选择。换言之,公司的利益并不一定与资本的利益完全一致。此外,最好把公司看成是各种利益的合作或"董事会"。实际决策代表了公司内多个集团之间的妥协,并将随时变化以反映个性的变化以及所有其他影响相互讨价还价势力的内部和外部力量的变化。

劳动的分裂

同样,把个人及其利益简化为个人的劳动功能也是过分简单化了。任何个人都同时是消费者、工作者、纳税者,而且也日益成为资本的所有者[6]。当然,可以认为所有这些功能都取决于阶级地位;但在发达资本主义经济中,阶级、价值、收入、职业之间已不再有任何简单或直接的关系。每个人都不可避免地要经历各种目标的某种冲突,而他们在各种冲突之间求得平衡的方式也随时变化,不仅受变化着的家庭状况和地位的影响,也受国内政治和社会经济环境的影响。举一个非常简化的例子,一个矿工会要求保住他在某个高成本矿井中的工作,并为他所付出的劳动获取较高的工资;但是作为一个消费者,他也希望电价便宜,希望减少污染;而作 196
为纳税人他又不希望煤炭工业成为国库的负担;作为财产所有者他会断然反对把煤气工厂布局在附近,因为这会贬低其财产的价值;作为退休金权利和保险政策的受惠人,他又盼望资本积累。即使能明确认识这些不同要求和利益之间的潜在冲突,每种要求和利益的相对重要性也将因时而变、因人而变;况且那些冲突还并不是总能认识到的。

传统福利经济和马克思主义的分析家都把个人的偏好和利益看作是客观现实。前者假设所有的个人都有某种有序的、始终如一的偏好结构,有某些客观效用函数并力图使之达到最大。还常常进一步假设那些偏好会由行动"展现"出来,这本质上意味着通过所购买的商品和服务来展现。这些观念已受到广泛批判。例如,琼·鲁滨逊(Joan Robinson,1981,p.48)把效用称为是一个"不可攻破的圆环概念,效用是使得个人想买的商品的本质,而个人想买商品这个事实表明这些商品具有效用"。除了对该概念本身的逻辑提出此类挑战外,其他一些批判还认为它在行为上是不准确的,既忽略了各种偏好形成方式上的非理性、非一致性、主观性和变化,也忽略了各种偏好受局限和被篡改的方式。

在马克思主义的解释中,各种客观偏好并不是由行动来展现,甚至于个人确实还不一定就认识到他们,但是他们取决于阶级地位(Balbus, 1971)。然而,把各种利益冲突简化为阶级划分,既无助于明确这些利益是什么(Plamanetz,1954),在各种冲突是在一个阶级(甚或是一个人)内部,或者利益的联合超越传统阶级壁垒的情况下,也不能提供多少指导。无论是忽视收入和财富不平衡分配所强加的限制以及市场操纵这个事实的经济学方法,还是阶级利益的观念,都不能对现实世界形势提供完备的解释。但两者都可对当前矿产部门运作涉及的问题以及公共政策的形成和后果提供有用的见解。

政府的分裂

正如矿产公司和个人都是利益的联合体一样,也不能把一个政府完全看成是一个统一体。无论按新古典经济学和还是按马克思主义的分析,都倾向于把国家看作是一个有目的的行动者,力图最大地实现某个合理并充分定义了的目的,其目的可能是经济效率,或者某一特定社会阶级的利益。然而正如扬(Young, 1981,
197 p.182)指出的,"他(即国家)更适宜于概念化为一个制度框架或者竞技场,在其中发生着一个连续基础上的各种社会选择过程"。这种概念化并不意味着选择过程是"公正"的,并能使所有的利益集团得到同等的待遇和权重。

国家机构内部多种多样的分支、部门和层次都带着不同的目标运转,这些目标也不是静止的,而是不断对政治、社会和经济条件的变化作出反应。以英国为例,财政部、能源部、中央电力委员会、英国天然气公司、煤炭局、地方政府机构等等,全都在力争不同的目标,若对此无所认识,则不可能理解其能源政策。最后的政策能否明晰地形成或者由实践和不决策得出,实际上常常都是各种妥协[7]。正如希金斯(Higgins,1978,p.166)所说,"因此决策大多数都是通过协商得出,导致勉强的妥协,所反映出的官僚阶层欺诈与客观需要一样多"。既然妥协的性质如此,目标和利益又如此多样化,那么毫不奇怪,矿产和能源政策很少能引导任何明晰而连贯的方向。

对国家不可避免地按支持资本的方式运作的观念,也必须认为是太简单化了,这至少是因为资本的不同部分有非常不同的并且可能是相冲突的利益。某些评论家把1959年美国强加石油进口限额看成是国家支持资本利益的一个明显例子(Tanzer,1969)。该措施确实明显地支持有势力的国内石油生产者集团,也保护了其他重要燃料生产者;但是制造商和石油进口公司显然遭受财政损失,诸如新英格兰那样的地区由于失去了廉价能源,其区域经济也遭受损失。实际上任何有意义的政府措施都不可避免地有利于资本的这一部分或那一部分。问题是哪一部分在设法左右哪个政府机构在特定时间的意见。政策的后果不仅依赖于不同行动者固有的相对势力,也依赖于外在的政治和社会经济环境。

决策过程中的各种声音

即使最顽固的自由市场经济也已引入了价格管制、计划、污染控制、劳动法、反垄断和反托拉斯措施,所有这些都在对抗资本的直接利益(见215—217页)。其他利益在社会选择过程中确实发出了某种声音,虽然他们获取注意的努力决不会得到同等对待。大型矿业公司无例外地享有高度接近和影响国家很多部门的特

权,这就“典型地起到限制或引导社会选择过程后果实质性内容的
198 作用”(Young,1981,p.182)。也出现了政治家的忠诚被收买的情况,例如巴尼特(Barnet,1980)曾指出,尼克松的总统竞选就得到石油资本的有力支持[8];他还悲哀地引用富兰克林·罗斯福的话:“这个国家的麻烦在于你没有石油集团就不可能赢得一次选举,而你又不可能操纵石油集团”(出处同上,p.24)。然而更常见的情况是,矿业公司的政治势力较少依赖于他们的金钱能收买谁,而较多依赖于他们能成功地说服政府和大多数公众:于他们的利益有利的各种特殊措施对于经济效率、增长、创造就业、健康的贸易平衡和保障也是至关重要的,必须把这些特定的社会目标放在优先于其他目标的地位。

政策的形成必然是一种复杂的过程。从某种纯粹描述性的层次上看,接受多元论观点可能是合理的,这种观点认为利益集团有很多,而每一个集团都有相重叠的利害关系,所有集团都力图影响政策(Polsby,1963)。但是,能有效地讨价还价的势力的分布是高度不均衡的,这必然意味着有利于某些目标或利益集团而不利于另一些的体制中存在的固有偏见。然而最后的结果是或然性的而不是决定论的。各国政府对非燃料矿产的开发和利用都很难有一个全面陈述的政策,对能源政策的陈述也只是在最近15年来才逐渐一致。在正式政策确实存在的地方,他们也会与现实中实际发生的事实明显背离。

干预的措施

每一个政府都有一套能用来干预矿产生产和消费过程的、感

觉得到的“手段”或“机制”。任何国家中有效的政策都将取决于三个因素。第一，政府是否选择干预。在很多情况里是让私有公司和公有公司按他们自己的利益开发和配置资源，这种决定就是缺席的政策。第二，要采取哪种干预措施。第三，这些措施如何在实践中实施。某一特定措施会囊括在一些法规或官方陈述中，这个事实并不一定就意味着该措施成了有效政策的一部分。实际解释然后实施该措施的方式也是一个很重要的成分（见第九章，363—374页）。在本章余下部分，将把注意力集中在各国政府已采用来改变矿产部门表现的某些方面的那些关键措施上，集中在这些措施已对矿产生产和消费过程产生的影响上。更复杂的政策形成问题以及强大经济利益集团对决策的影响将在第九章里作较详细考察。

不夸张地说，政府成百上千的行动已对矿产和能源工业产生了某些影响，但这里的关注将限于那些有目的的、特别设计来改变 199
该部门表现的某些方面的行动上。有些措施同样适用于所有类型的经济活动，例如对工作时间、童工、劳动健康和安全的管制，或者反托拉斯法规，这些措施将不予考察；也不考察用以规范整个经济的那些政策的直接作用。把它们省略掉并不意味着它们不重要。最低工资率的空间差别对采矿和加工活动的布局有某种影响（见111页），而对竞争结构的控制和生产者行为也能影响价格政策、销售水平和生产布局（见119页）。然而，对政府附带影响的全范围考察显然已超出了本书的视线。

虽然有目的的干预的各种方法和手段显然是交叠的，但为方便表达起见，可将它们分为六个主要类型：

(1) 贸易管制；

(2) 征税；

(3) 价格管制;

(4) 计划和环境管理;

(5) 补贴;

(6) 政府所有权。

其中每一个在理论上都可以被所有层次上的政府采用,但实践中在区域(或地方)尺度和国际尺度上有效措施的范围却大受限制。

贸易管制

确实,在所有的国家,对穿越国际界限的贸易流的管制都是国家政府的天赋特权。甚至在区域政府对矿产开发本身具有宪法赋予之管辖权的地方,如澳大利亚和加拿大,国际贸易仍然是中央政府的一种功能。然而某些国家权力部分由多国机构来代表的情况却日益普遍,通过建立贸易集团,生产国卡特尔和国际机构已负起管制和稳定贸易关系的责任。

历史上很多政府干预贸易对商品流起着负作用,今天的情况一般也如此。在理论上,通过国际关税与贸易总协定(GATT)已构建了一个更为开放的贸易体制。其运作的前提是:各国政府应协调地设立贸易总规则,但要让供给与需求自由相互作用来决定后果(Zysman and Cohen,1983)。GATT 无疑在减少正式贸易壁垒和放宽关税上起了作用,但同时非正式贸易壁垒以及为改变市场力量运作方式的国家干预也已变得日益普遍。20 世纪 60 年代和 70 年代早期生产国卡特尔的发展说明它已走向干预,而过去十年来发
200 达国家为在世界范围萧条期间补贴和保护其国内生产者免受竞争而采取的措施更进一步加强了这个趋势。现在越来越多的贸易是

在 GATT 规则之外进行的,其整个系统已证明不能适应非关税壁垒的增长(Muldoon,1983)。

出口关税

征收进口关税和出口关税历来是最为普遍的政府干预形式。出口关税虽然在发达消费国很少征收[9];在欠发达的矿产生产国却广泛地采用,既作为一种增加岁入的措施,又用于鼓励建立国内加工产业。直到 20 世纪 60 年代,欠发达国家只采用了很少而且是很简单的税制序列和土地使用费手段来获取自然资源开发的某些经济地租。文献中充斥着各种实例,说明由于缺乏讨价还价技能和财政管理技术知识而使主权国政府在对付矿产多国公司时处于一种显著的不利地位(例如可参见 Smith and Wells,1975)。

较为普遍的是各种特别出口税,按每单位重量征收一个固定数。其长处是可为政府提供相对稳定的收入,但也意味着当商品价格很高时所获得的"意外"利润被公司拿走了。对于像铜那样的金属,价格显著波动是其市场特征,这一点就尤其重要。而按价关税或土地使用费则是按出口价值的百分比征收的,这就可以获得一些意外利润,特别是百分比随出口价格而变时。例如,赞比亚在 1966 年以后对设定基线价格以上销售的矿石征收 40%的额外出口税。但是这种关税涉及一个困难,即不能保证各公司不通过对其子公司之间的交易设立名誉价格而使其纳税义务最小。既然大量的贸易本质上是在公司内部进行,这种关税少报的潜力是很大的。甚至晚至 1977 年,石油大公司 95%的总出口和金属大联合企业 78%的总出口都进入它们的子公司(Gillis,1982)。

凡将出口关税用作增加岁入的手段的地方,关税必然保持在很低的水平上。任何征收与其他生产国不一致的关税的主权国政府都会冒岁入减少的风险,因为其出口会变得无竞争力,公司也会把生产转移到税制更有利的地区去。过去20年来,出口关税和土地使用费作为多数生产国岁入来源的重要性已经显著降低。虽然还有少数国家如玻利维亚、牙买加和新喀里多尼亚仍在严重依赖他们,但大体说来他们已被一套复杂的利润和意外税以及政府公平分享协定所取代。某些国家如智利、加纳、几内亚和赞比亚,已
201 不再征收任何出口税(Mikesell,1983)。此外,在出口税仍在运转的地方,由于把他们与某些易于了解的市场报价(例如伦敦金属交易市场的报价)联系起来,从而已显著抑制了关税少报的范围。若无独立的市场价格而只有矿产公司设定的价格,则以加工材料的价格作为参照。例如,牙买加自1974年以来利用铝锭价格作关税估计参照,克服了缺乏铝矾土市场价格的困难。

当把关税用来努力鼓励建立加工产业时,对原材料就会征收很高的税率,而对加工产品则少征或免征关税。但是这并不能保证私有公司会按所设想的方式对这种差别关税作出响应,而且在很多情况里该措施是违反生产规律的,导致矿产量的下降却又没有促进加工活动。因此现在已很少使用,除非那些硬木出口国(Gillis,1982)。为找到替代办法,各国政府已倾向于采用更为直接的策略,即力图把加工设施的建设当成采矿合同的一个条件。但过去几年里已有证据表明,很多政府对推进地方加工业越来越谨慎,除非该项目是经济上非常重要的事情。过去此类发展经验,例如玻利维亚的锡熔炼,哥伦比亚的石油化工,印度尼西亚的钢铁联合企业,都已表明不经济的项目可能使政府卷入巨大的补贴和保护性计划,并可能需要花巨资进口燃料、设备和配件(Auty, 1988)。

进口关税

各种进口税、费或关税仍在广泛使用，很多是作为增加岁入的措施，而且税率倾向于较低，除非产品的需求格局高度无弹性。例如在英国，1961 年的燃料油进口税主要是用来增加国库收入的，但是后来一直保留下来并证明是保护煤炭工业所必需。当实施的整个目标是减少需求和进口时，就需要更高的关税壁垒。各国政府长期以来一直使用进口税(和外汇控制)作为收支平衡总量管理的一部分，而近年来他们在欠发达国家已趋于更严厉，因为他们力图克服日益严重的债务问题。

还有无数的实例说明，有选择的保护性关税已专门用来鼓励开发新的国内矿源及其相关产业，用以促进保护和矿产保障，用来使已建的国内生产者避免外国竞争。例如，大多数欧洲国家政府都采用了差别关税以利国内石油精炼和保护国内钢铁或煤炭的利 202
益。欧洲经济共同体整个关税体制就是旨在增加原材料加工的程度；例如锌浓缩矿进口到该共同体是免税的，但对非精炼锌和精炼锌则要分别征收 3.5%和 8%的按价关税。曼纳斯(Manners，1979)曾指出，这相当于保护了 21%的锌板，而对铜板经营的保护水平甚至更高(达 32%)。同样，欠发达生产国对采矿部门所需的建筑材料、机械和备件征收进口税，其意在鼓励建立国内生产能力。然而正如出口差别税的情况一样，这一措施也常常违背生产规律。现在只有在国内公司具有与进口相比的价格和质量生产产品的技术能力时，才选择性地采用来保护这些公司。例如智利和印度尼西亚都采用一种关税免除制，以使不能从国内经济中得到的材料和设备的进口免税(Mikesell，1983)。

进口关税的使用也产生了一些问题。其本身并不能保证私有生产者和消费者按所盼望的方式相互作用。在对被影响商品的需求证明是无弹性的地方，进口不会显著减少；关税只有在价格上升的情况下才能维持下去。众所周知，工业化国家对石油和大多数金属短期的需求弹性都是很低的[10]，因此关税趋于上涨。这不仅与降低通货膨胀这个关键经济目标相背，而且也会影响出口制成品的竞争力。此外，对燃料的关税会趋向于不断再分配有效收入。同样，欠发达国家对建筑材料、工业能源和设备的关税常常减少了对矿产部门的投资，因为这样就使投资项目的商业合理性显著降低。石油税在1973年后看来对减少日益增长的贸易赤字至关重要，但也使国内精炼、冶炼和制造业的竞争力更低。

即使在进口关税基本具有意想中的效果时，也必须仔细地控制税率并相应于通货膨胀、波动的进出口比率、价格变化和需求格局加以调整。特别在那些通货膨胀率很高的国家，已证明很难将关税保持为一种有效的措施。一个也适用于所有保护形式的深层问题是，他们会鼓励和保护无效率的国内企业，这些企业只有不断地与外国竞争隔离开来或得到很多补贴才能生存。

非关税壁垒

对贸易的有形限制可采取很多形式，包括进口限额和出口限
203 额、“自愿”出口限制、完全进口禁令、出口禁运、进口特许和出口特许、进口管制。最后几种又包括详细的产品质量认证，例如石油的硫含量或者金属中允许的杂质。突然强加限额或禁运会对资源贸易和消费格局产生重大冲击，如1959年美国石油进口限额和1973年欧佩克贸易禁运所表明的那样。此类事件确实很有戏剧性，但

他们并不代表无数贸易限制中的极端者；事实上很难找到一种适用于自由贸易条件的矿产。

其实所有的消费国都愿意进口原材料而在国内建立加工工业。在日本，一直采用 MITI(通产省)特许来抑制精炼油和金属的进口；虽然近年来牵涉进国内金属冶炼和精炼中的燃料费用已导致特许政策有了某种变化，已炼成金属的进口可更自由地获得(见 107 页)。同样，原油和石油制品也只有在政府特许下才能进入法国；这是为了鼓励发展国内精炼能力，并保证两个国家公司保持其市场份额(Deese and Nye, 1981)。拒绝进口特许、公开的进口禁令或限额限制都一次又一次地用来保护国内矿产业。例如英国就拒绝给予美国煤炭以特许，而美国则周期性地对石油、铅、铜、钢铁和锌的进口强加限额限制。

自 1973 年石油危机以来，主要消费国已采用进口限额作为协调战略的一部分。国际能源署于 1974 年末成立，开始时关于进口水平的上限还不能达成协议，虽然对紧急时期分享石油供给有了一个计划。但到 1979 年，则一致同意在 1985 前把总进口限制在每天 2 600 万桶，而且每个国家都设定了一个进口上限。例如日本得到每天 630—690 万桶的指标，这表明在 1979 年的水平上增加 17—28%。结果这个协议由于 1980 年以后经历的需求快速下降而超额实现；而且由国际能源署单方面设定的限额很可能被生产国和消费国之间的正式合作协议取代。朝这个方向上正发生的一些证据来自欧佩克长期战略委员会的若干建议。1983 年 10 月欧佩克提出一种制度，其中的价格和产量水平要根据某种灵活的公式来定，要考虑通货膨胀，并使生产的增加与经济增长一致(Observer, 16 October 1983)。

正如所期望的那样,在发达资本主义国家中控制出口的有形措施并不特别普遍,但出于经济和政治的原因也偶尔采用。澳大利亚直到1960年还限制铁矿的出口,主要是为了促进国内工业的发展;而且一直周期性地考虑控制铀的出口,主要是由于反核集团
204 的压力。同样,美国一次又一次地限制战略性矿产的出口,当国内冶炼厂害怕短缺时控制金属废料的出口,并禁止销往共产党国家。对阿拉斯加石油的出口也一直有禁令,尽管有来自阿拉斯加人和石油厂商要求政府废除该措施的压力,这个禁令仍在起作用。

对很多欠发达生产国来说,出口控制终于被看成了一种重要的政治手段。某些国家(如委内瑞拉)的政府在过去曾单方面强施限制,或者是徒劳地企图使价格上升,或者是当作一种保护措施。他们认为降低资源耗损率可将所获得的收入在时间上扩展开来,并为将来可能的国内需要保留某些矿产。然而现在生产国卡特尔用以抑制供给过剩、使市场更为稳定并使其矿产价格上升的一揽子措施中,更常用的是产量控制。正如在第四章里所看到的,实际上关于市场配额的协定和遵守已定产量限额的承诺是非常难以实现的。史密斯和韦尔(Smith and Wells,1975,p.183)认为,所有的商品协定都有同样的致命弱点:“如果对一个成员撕毁协定的刺激不能用同样强大的惩罚和强迫机制来对抗,那么该协定的寿命很可能是短暂的”。在多数情况里,仅用出口控制很难奏效。一旦存在超过限额的生产能力,而增加产量又不会使生产成本显著上升,那么推翻官方价格从而扩大销售量就会成为不可阻挡的诱惑。

在需求和价格以不稳定著称的地方,产量限额需要伴随着一种引入**缓冲储存**(buffer-stocks)的协定。没有这种协定,限额必然会不断被再调整,使各成员不可能有效地计划其生产。现在已合

并到国际锡联合会中去的锡生产国理事会的努力，对管理出口限额和缓冲储存计划中所涉及的问题提供了一个经典的说明。1931年提供世界锡总产量近90%的生产国，包括玻利维亚、马来亚、暹罗和荷属东印度，同意限制产量以支持价格，他们还在1934—1938年间采用了缓冲储存。但他们的努力效果极小，他们既不能抑制大萧条期间发生的价格下跌，也不能对抗伴随第二次世界大战前的军备而来的价格上涨。

自1956年以来，生产国与消费国之间已经有了六个关于锡的国际协定，力图进一步稳定该产业。一致同意把锡价保持在一个狭窄的范围内，当价格看来要跌落到基价以下时就买进并储存；而在接近上限价格时则抛出。由于苏联和美国都没有参与，这些协定中的前三个没有什么成功的机会。在第一次协定期间，苏联增加了锡出口，与此同时美国则停止为其战略储备购买锡，英国和荷兰政府限制苏联的锡进口。但在1958年世界经济活动衰落期间， 205
锡联合会迅速用光了储存而价格却下跌。仅仅三年之后该缓冲系统又一次崩溃——这次则是储存不足以满足增长的需求。曾建议美国抛出其战略储备，但遭到欠发达生产国的强烈反对，他们已由于高价格水平而获得了一切，至少在短期内如此。第二次（1961—1966年）和第三次（1966—1971年）协定都瓦解了，那时缓冲储存管理既缺乏费用，又缺乏锡的储备。苏联于1971年加入了锡协定体制，美国则最后在1976年成为其成员。

在20世纪70年代，那些协定无疑使产量和价格都更为稳定，生产国的产量限制在推动价格水平方面也取得了一些成功。1974年的实际价格比60年代的一般水平高出50%，但即使在经济增长期间，消费趋势却下降。到1980年，经济萧条和价格下跌再次明显地对该体制施加了极大限制。美国显然通过抛售其战略储备要求以外的剩余金属来调解市场疲软问题。要达成一个新的国际协定已证明是不可能的了,1980 年锡联合会会议上美国拒绝对缓冲储存价格的范围作实质性的上调修正,各生产国愤怒地退出了那次会议。一年以后,东南亚国家董事会的生产国(即马来西亚、泰国和印度尼西亚)发表了一份公报,宣称"某些发达消费国狭隘的短期利益阻碍着商品一体化计划的实施,破坏着商品协定中的国际合作精神。"(Financial Times,2 June 1981)[11]

促进贸易的措施

各国政府都会周期性地采用一些政策措施来促进贸易。促动攻势、优惠贷款条件、直接贸易补贴、对等援助、政府承担私有部门的风险,所有这些措施都被发达国家用来增加贸易。此类措施后面的动机几乎总是混杂的:经济政治的好处掺杂着人道主义的关注。美国贸易补贴运作的方式可以清楚地说明这点。根据 1974 年美国贸易法案,对拉丁美洲和南美洲的贸易可得到各种补贴,但像委内瑞拉和厄瓜多尔那样的国家却因为是欧佩克成员而被取消资格(Deese and Nye, 1981)。与此类似,苏联也提供援助,发展易货贸易计划,并提供软贷款,不仅是为了扩大其石油出口,也为了达到某些政治目标。同样,欧佩克成员国现在发展出各种可观的援助计划,其后也隐藏着复杂的动机。一方面他们确实反映出帮
206 助别国(尤其是友好穆斯林国家)的真诚愿望,但也起到了增强国家威望的作用;更为重要的是使依赖石油的欠发达国家不断进口,从而保持出口优势。

另一种日益重要的促进贸易措施是发展对等贸易[12]协议。这

有多种形式，有些纯粹是易货交易，其中的商品交换用不着货币。例如美国政府一直在为其战略储备进口牙买加的铝矾土，并以各种剩余日用品回报(Vogt，1983)。同样，伊朗和新西兰有着著名的用石油换取羊肉。更普遍的情况则是货币仍为交换的媒介，达成互购、返购或补偿协定。例如，一个大型汽车制造商同意购买某个非洲国家的锌，但后者所赚外汇的一半应用来购买前者地方子公司出口的汽车组件和备件。与此类似，中国现在正执行一系列与资本设备供应者达成的协议，供应者同意返购其工厂和设备生产的产品；例如日本的采煤设备由以后售煤的钱支付。此外，只有供应者同意购买当地制造的产品，投资于当地生产设施，或者把进口产品的价值返回到地方经济中去，进口的资本性产品才会被接受。

历史上经济互助委员会国家集团在对等贸易方面一直是最活跃的，以此来克服硬通货的短缺并扩大其经济和政治影响范围。但近年来国际贸易的不景气、尖锐的债务问题和严重的外汇短缺也把很多欠发达国家推进到这种非惯例的贸易形式中。负债累累的国家在得不到正常信贷来源时采用这种方式以解决重要商品和设备进口的资金问题。他们也会以此来回避偿还国际债务；由于其出口获得的是商品而不是货币，他们也就没有偿还国际货币基金和其他贷款机构的条件。还有些国家把对等贸易看成是为其产品扩大市场的手段；另一些国家则在需求呆滞时期利用他来倾销剩余产品。有证据表明某些欧佩克成员国曾用对等贸易协议对官方价格大打折扣的水平“销售”石油。

有关对等贸易的数量尚没有准确的数据，最近的估计差别极大，其占世界贸易总量的百分比从1%到40%以上(EIU，1984)。但现在最可能的情况是接近总贸易的20%，而且最近五年来其重要性已显著增加(Zysman and Cohen,1983)。在矿产部门,大多数协定都遵从典型的南北贸易模式,以大量原材料去交换资本性商品,包括军用设备。此类协议在很大程度上取代了传统贸易而并未产
207 生新的贸易流,当国际经济走出萧条时其重要性可望降低。但是在欠发达国家之间,尤其是在亚洲国家之间,此类协议日益普遍;而且从长期来看,他们会对贸易的格局和水平产生重要影响。

近年来矿产出口国家一直努力通过在消费地区进行加工投资冒险进一步增加出口,或至少增加对市场的控制。这种情况在石油工业中尤其显著,伊朗国家石油公司已参加进印度的炼油业发展,印度尼西亚石油公司(Pertamina)也与日本达成协议共同分担冒险。加拿大政府已开展了有点类似的运动来控制其自然资源的销售。加拿大开发公司(一个政府创办的投资公司)在1973年曾不顾法律上的阻碍,力图获得得克萨斯海湾公司35%的股份控制权。得克萨斯海湾公司有约三分之二的利润得自安大略的锌矿和银矿。加拿大日益希望减少美国外资,1971年美国外资在加拿大石油和天然气工业全部投资中占了近90%,在金属业中占了80%以上(Sunday Times,9 September 1973)。通过直接购买美国公司,或用各种承诺"劝说"他们接纳加拿大私有公司为伙伴,加拿大政府已设法把外国在石油业的所有权裁减到1979年的74%和1982年底的66%(Petroleum Economist,October 1983,p.381)[13]。

不出所料,消费国政府已行动起来以增加或至少保证他们的原材料进口,为此采取了广泛的措施,从政治压力和支票簿外交到给予纳税优惠以刺激私人到海外投资。据坦泽(Tanzer,1969)和恩格勒(Engler,1961)等人的看法,美国政府一直在利用其政治势力来保证美国石油公司掌握重要的供给来源。法国显然成功地保持

了法国公司在前殖民地的原材料权利："众所周知，加蓬和毛里塔尼亚每一个大型采矿项目都至少有一个法国公司是股东"（Smith and Wells，1975，p.195）。日本政府同样也为积极保证其供给来源，外交手段和经济手段双管齐下。1973年当日本被阿拉伯人列为"不友好"国家并列入石油禁运之列时，其政治反应是相当快的。发表了一个措辞谨慎的声明，赞同巴勒斯坦人的权利并许诺会"重新考虑对以色列的政策"。此类外交活动加上援助的承诺使日本赢得阿拉伯人转而将其列为友好国家之列（Juster，1977；Nye，1981）。

征　税

大多数国家的征税主体都是国家政府，但在联邦制国家里情况可能复杂得多，中央和地区行政都企图在岁入这块蛋糕上切下一块。加尔诺和克卢尼斯·罗斯关于澳大利亚情况的描述对其他 208
国家并非不典型，澳大利亚各省政府对在其领土内发现的矿藏有管辖权：

> 在澳大利亚采矿业运作于其中的财政体制发展过程中，各州之间和中央政府与州政府之间一直没有什么合作，甚至不通气。结果形成了一个复杂、不稳定而歪曲的体制。（Garnaut and Clunies Ross，1983，p.245）

到底哪一级政府在岁入分配的冲突中较为成功，不同国家之间是有显著差别的。正如我们已看到的，加拿大各省都在设法获得经济地租的较大比例，但更普遍的情况是中央获得了岁入的大部分。

当地区政府具有对采掘业征税的权利时，税收水平在整个国家内部可能大不相同。例如在美国,蒙大拿州对露天开采的煤矿征收30%的价值税,而在爱达荷州则只征收2%,肯塔基州和南达科他州征收4.5%,怀俄明州是8.5%。考虑到露天开采对环境的破坏,蒙大拿州政府在1974年有意地把这个很高的税率固定下来,这在法庭上引起争论,但最高法院在1981年的终审判决支持蒙大拿具有这一高税率的权利(Richardson and Scott,1983)。在美国,由于各个州内都存在联邦政府据其自身权利或作为印第安人土地管理机构"拥有"的公共土地上的重大资源开发,事情更进一步复杂化了。

对矿产生产者可征收的税款基本上有三种类型:产出税、利润税和资产价值税。

产出税

这种征税形式通常也称为土地使用费(royalties)或买断税(severance taxes),既可针对每单位产出征收,也可是生产总值的一个百分数。因此,这类似于出口关税,而在欠发达国家,如果全部矿业产出真的注定用于出口,那么就完全变成了关税。直到20世纪50年代,这种税收在第三世界政府从其矿产开发获得的总收入中还占很高的比例。以石油为例,早期的大多数特许协定都直接要求生产公司对每一桶产出支付专门税。然而,虽然产出税仍在广泛采用,但作为主要的收入来源他们一般已被利润税或利润分成所取代(见210页)。

现在多数政府都只征收很低比例的土地使用费,以便在采矿风险活动不能从其销售中获利的年份也能至少得到一定的基本收

209 入。税率可低到1%(例如在巴布亚新几内亚和利比里亚),但一

般情况对金属是4—10%之间，对石油和天然气是10—20%。过去几年里某些国家也引进了意外土地使用费(windfall royalties)，当价格超过了政府设定的某一基本数字时就征收更高的比例。秘鲁和马来西亚对石油业采用这种制度，马来西亚还用于锡产业。在某些联邦制国家如马来西亚和美国，产出税已倾向于成为区域级别上政府的收入来源，而大部分利润税和公司税则归中央财政。

所有产出税的主要困难都在于它直接影响了采掘的平均成本和边际成本。这样，生产公司所愿销售的产品趋于减少，而且本来有利可图的边际矿地可能完全关闭。如果政府是想以此作为一种保护措施来降低其国内已知矿产储量的耗竭率，这样的效果可能是合意的。然而，甚至这一点也尚存疑义，因为它也会减少矿产开发中的投资，并使原先的探明储量重新被定义为不经济的。此外，除非控制需求，它还会导致进口的增加，这又引起与矿产保障目标相冲突的可能性。总之，如果政府的主要关注是获得收入，那么就必须把土地使用费保持在较低水平以制止产出的跌落。

理论分析表明，当存在很多其他的生产地区时，以这种税收形式所获的收入是很少的。此外，即使一个国家或一个地区是某一专门孤立市场的唯一供给者，当其资源由一个垄断生产者开发时，收入也会减少。理查森和斯科特(Richardson and Scott, 1983)曾试图通过分析美国各州买断税的情况来从经验上证实这些看法。他们举出六种资源，即砂石、锯木、煤、石油、天然气和镍，首先标绘出产量的空间格局，并计算四个产量最大州的生产集中比例。镍的情况是仅俄勒冈一个州就生产了该国全部的镍[14]；但对于其他资源，四个州集中的比例不同，从砂石的28.6%到石油的76.2%和天然气的86.3%。正如理论分析表明的那样，各州在对砂石公司征收产出税上的权力都非常小;在50个有一定产量的州中,甚至只有六个州企图这么做,而只是在肯塔基州这样做才是有意义的。1980年肯塔基州引入了一个新的法律,对除石油和煤以外的所有自然资源征收4.5%的价值税,但从较长期的效果来看,这样做会把相当比例的砂石业驱赶到周边州里去。相反,在集中比例很高的资源上,征税生产州的数量在显著增加,而且对最大生产州所征的税是很高的。例如路易斯安那州对石油征收12.5%,而阿拉斯
210 加的税率甚至更高达15%。作为唯一镍生产中心的俄勒冈州本来可以对其镍矿征税,但却没有这么做,因为来自镍副产品和进口的竞争已使生产在边际上有利可图。

理查森和斯科特的研究虽然关注的是一个国家内的情况,但其方法显然在国际尺度上也适用。一个欠发达国家利用产出税的有效程度受其他生产中心的数量和生产能力的限制。正如在第三章所见,第三世界生产的在世界总量中占很高比例的矿产是很少的,而少数生产国获得垄断权力的矿产就更少。此外,那些面临本身已获得市场权力的公司的主权政府更会受到进一步的限制;在这种情况下,产量会大大削减,主权政府的收入因而会丧失很多。

利 润 税

根据经济学理论,按纯收入或纯利润征税对一个关注收入的政府来说,好处是不会影响产出水平。他们既不会影响平均生产成本和边际生产成本,也不会改变需求。让我们假设一个不完全竞争的公司,力图使其利润最大,正在生产OX个产出单位(见图5.1)。为售出这批产品需要消费者支付价格OP。只要平均成本包括了对投资资本和企业的正常回报,超过OQ的价格就会产生

纯利润。在此例中每售出一个单位就获得利润 PQ,公司的总利润表示为长方形 QYZP。理论上政府确实可以从中提取一个相当的比例而根本不会影响产出水平。

然而正如科布(Cobbe,1979,p.105)指出的,“不幸,这正是那种情况之一,即优美的形式模型作为简化的一种必然结果,产生与普通常识和经验大相径庭的结论”。公司并不一定采取利润最大化策略(即精心地生产到边际收益曲线与边际成本曲线相交的那一点),除这个事实外的困难还在于,对很多矿产而言,我们所研究的公司都有在不同国家的几个供应来源。如果该公司作为一个整体已超过了相对于需求的生产能力,那么唯一明智的结论就是:当其他条件都相同时,产量将从利润税水平最低的国家获得。不仅如此,从长期来看,新生产能力的投资决策将不可避免地受税制的影响。因此,实际上各国政府都发现有必要把所获利润税维持在对竞争供应者来说是广泛可比的水平上。“广泛”这个词用在这里是经过考虑的。很低成本的生产者能支付较高的税率;如果
税制和国家都特别稳定,或者如果在计算纯利润以前允许慷慨的 211
支出水平,公司也会准备接受较低的利润。当准许一个公司以支付给主权国政府的税款来抵消母国的纳税责任时,情况将更加复杂;很多以美国和多数西欧国家为基地的多国公司就面临这种情况。

对金属而言,基本利润税倾向于在 35%—50%之间,而对仍为非国有化的石油开采会大大高于此。但是大约在 1970 年以来,很多生产国都引入了超额意外利润税(extra windfall profits taxes)和超利润税(excess profit taxes),以便在非正常的高利润时期或者对证明是特别有利可图的项目进一步增加其税收。各公司强烈反对

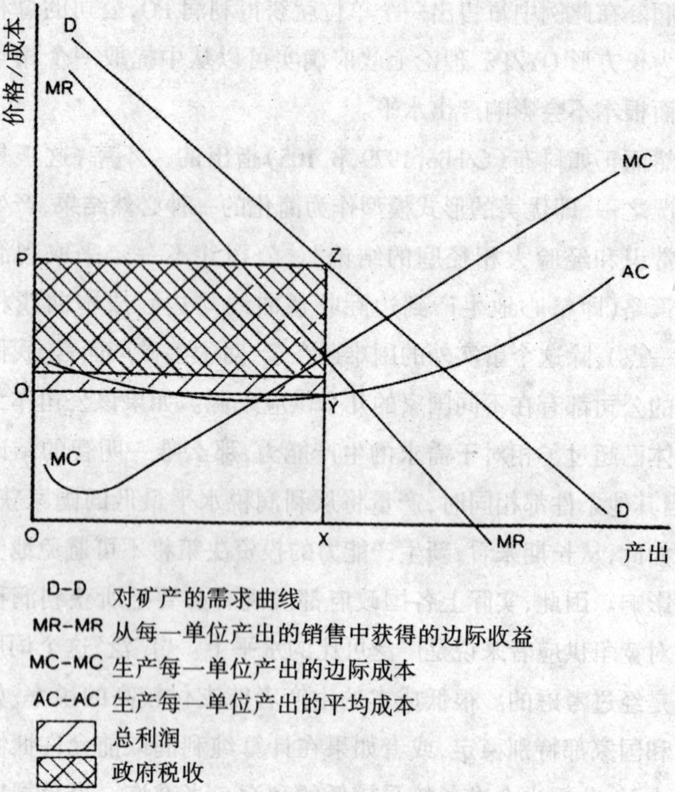

图 5.1 利润税理论上的好处

这样征税。他们认为,首先,平均水平以上的利润对于补偿风险投资和无生产率的开采是必要的;其次,当这些事情发生时政府并不直接负担损失。尽管有这种反对意见,实际上还是广泛采用了那些征税形式,例如 1970 年在赞比亚,1974 年在巴布亚新几内亚,1976 年在加拿大的萨斯喀彻温省,1976 年在哥伦比亚,1977 年在印度尼西亚。有时候超利润税是对超过已定正常利润水平的收入
212 征收一个固定的百分比;例如,巴布亚新几内亚对布干维尔(Bou-

gainville)铜矿 15%资本回报率以上的所有利润课以 70%的税款(Mikesell, 1983)。另一些政府采用的是累进税率制,萨斯喀彻温省对铀的征税可以十分典型地说明这种方法。它以资本投资的经营利润率为基础,15%以下的利润不征收,25—45%的利润征收 15%,45%以上的利润则逐步升级到征收 50%(Webb and Ricketts, 1980)。

吉利斯(Gillis,1982)认为,此类超额利润税制结合政府勉强给予的免税期(tax holidays)或类似让步,以及逐步减少滥用转换价格的范围,到 1980 年时已显著增加了主权国的利润分成。这在石油上尤其明显,马来西亚已设法获得了总利润 98.5%的份额,哥伦比亚获得了 70%,其他正在与私有部门打交道的国家一般也有 75—85%的份额(出处同上,p.629)。在金属方面的份额要少得多,但通常也超过 60%。

然而过去四年来已有一些清楚的迹象表明事情正变得不那么有利于生产国了。1980 年智利把其对新铜矿投资的利润税率降低到了 50%以下;英国最近根据 1983 年提出的财政法案把对未来北海油田的平均税率从 70%减少到 60%,并且正在提议废除土地使用费。加拿大怀着同样的目的但采用不同的措施,已把销往美国的天然气边境价格从每百万英国热量单位(BTU)4.94 美元减少到 4.40 美元(Petroleum Economist, October 1983)。此外,只有在实际上已获得利润时利润分成才是有意义的。20 世纪 80 年代早期矿产的实际价格已下降了许多,而且从较长时间尺度来看投资率也面临政治不稳定,高税制已经显著下落。这说明 20 世纪 70 年代获得的短期收益可能已违背了长期生产规律。

资产价值税

这最后一种很不相同的征税形式在发达工业经济中非常盛行,成为长期以来已建立起来的一系列普通公司税的一部分。它是对公司所拥有财产的价值而不是对生产或利润征税。这种价值税实际上有两种形式,两者都可能影响矿产开采率和勘探率。一种是年度税,如果是按公司所持有的探明储量价值征收,那么现存储量的耗竭速率会加快,而探明新藏量的勘探水平会下落。这里的原因非常简单:如果有了充分的储量可满足未来几年里预期的销售水平,那么没有一个公司会继续持有藏量而不开采或者花钱去试图发现新的藏量,这样做只会增加纳税负担。

213 第二种价值税是资本所得税,它的作用较难判断。在这种税制运转的地方,一个公司有责任为售出的一种资产纳税,这种资产在所有权期间即使扣除了其中的花费后也已经增值。只有存在其他免除资本所得的资产时,这种税收才会阻止对矿产藏量的投资。但是正如它在实践中尤其是在美国的运作那样,它可能成为一种促进保护的力量(McDonald,1967)。之所以如此,是因为资本所得税的有效率在扣除所有花费后比矿产销售利润税要少得多。此外,公司还会获得可观的财政优惠,譬如若公司由于持有藏量而能够增加其表面上的财富和资本价值,则更容易得到贷款。

税收让步

各种类型的公司一般都能得到税收让步,此类让步种类之多,使得全部税收形式作用的评价问题变得更为复杂了。直到 20 世纪 70 年代,各欠发达生产国都以极大的优惠刺激来吸引外国投资。投产后 3—10 年的免税期是很常见的,这使得投资者能更快地收回其资本。免税期到后的头几年所要缴纳的生产税一般也很低。折旧免税(free depreciation)的实践也很普遍;这使公司能以各种对他们最有利的方式用资本财产来抵消他们的纳税责任。与此类似,有些国家允许公司"消耗"(勾消)某些耐用资产来抵消税款,就好像这些资产是经营成本一样;或者让公司(在折旧以外)对部分投资成本要求某种税款信贷(tax credit)。还有另外一些情况,其中任何损失都可用来抵消未来的纳税责任。

毫无疑问,这些刺激确实使公司从某些风险活动中获得了额外的高回报率。一个典型的实例是瑞奥蒂姆锌业公司在布干维尔(Bougainville)[①]铜矿的投资。原先的合同给了三年的免税期;所有资产性投资以一种累加比例勾销,这实际上使免税期另外延长了二到四年;起税率低到25%,四年后增加到50%并在26年以内将这一水平保持固定;而全过程的收入税只是实际纯收入的80%。该公司在第一年就收回了其投资的40%,这不出所料地遭到了新独立的巴布亚新几内亚政府的抗议,1974年就该合同"重新谈判"。

容易看出来为什么生产国政府把如此之高的回报率看成是"剥削",并企图推翻已承诺的合同。但从以下观点来看还有更多的正当性:

> 任何合理并鼓励公司进行与新风险活动相联系的采矿和基础设施花费的税制,在金属价格非常高的时期就显得很不合理了。即使政府愿意采取长期的观点……也很少有哪个领导者反对这点。(Mining Magazine, April 1975) 214

20世纪70年代在武断地撤消税制刺激并强征新的赋税上确

① 在巴布亚新几内亚。——译者

实走过了头,这个结论是很难回避的。当然,在近年来的很多协定里,公司已设法获得稳定税制的保证,并免除资本复原期间及其后几年的意外税。例如,智利新的外国投资协定模式就保证从开始起算十年的稳定性(Mikesell,1983)。此类协定是否能抵御该政府政治形势的重大变化,还有待观察。

关于税制刺激或许诺的争论并不限于欠发达生产国。有大量的文献记载着美国"消耗"许诺和比例耗损许诺的实践,两者都有利于国内石油和天然气生产者。一般认为,由于把消耗特权给予石油产业而不给加工业,矿产部门的投资就会太多,导致整个经济中资源的无效配置。

采用耗损许诺还会产生另一个类似的作用。在美国,由于矿产部门的资产是一种消耗性资产,这个事实使大多数矿业生产者被允许在其销售总收入中扣除22%,这已成为一种许诺。据估计,这一措施在1955年使受影响产业中的投资增加了36%(Harberger,1955),但60年代当考虑到价格期望和其他征税形式的作用时,对这种影响程度的争论却变成了流行的经济知识(McDonald,1961)。然而普遍认为矿产投资率和国内资源的耗损率被这些许诺加快了。这是与经济效率目标相违背的,但是至少在短期内减少了进口需求因而提高了矿产保障。令人啼笑皆非的是,对石油和天然气联合生产者的比例耗损许诺被1975年美国减税法案废除了,而这正好发生在保障问题引起高度焦虑的时候。不过对某些其他矿产如铀则还保留着。

最后值得指出的是,一些欠发达国家政府已在对其国内公司(包括国有和私有)征税方面使自己陷入困境。他们一直认为施加于外国公司的整个(有时是任何一个)税收和财政征收不"适于"国内企业。吉利斯(Gillis,1982)指出,既然就业和增殖的作用极小,那么主权国从资本高度密集的采矿业投资中所获得的主要收益就是政府税收。这一观察很可能适用于国内投资,正如适用于外国 215
投资一样;因此可以认为,如果矿产摆脱外国控制,那么对整个经济的更大收益会自然增长。阿拉伯石油生产国除从石油出口赢余中得到很小一块外,其国有石油公司手中已剩不下任何东西,但这并不代表其他地方的情况。印度尼西亚、哥伦比亚、玻利维亚和加纳提供了几个实例,他们的国有企业都按其自己的内部逻辑运作,主要是按照其本身的利益,极少参照整个经济的投资需要。

价格管制

按照简化的经济模型,矿产或能源的价格是由供给与需求的力量建立的;但实际情况常常并非如此。生产者卡特尔的定价实践,无论是政府间的或包括私人公司的,都已在前面讨论过了,因此这里的注意力将集中在消费国政府的价格管制。在总价格被限制以防止通货膨胀期间,所有的矿产生产者都会受政府价格目标的影响,但对非燃料矿物价格的直接管制相对少见。在战争时期会控制金属价格,战后重建时期对建筑材料的价格也有所控制,但干预最多的是能源部门。

国内能源价格的管制

实际上每一个主要消费国政府都采取一些步骤来管制国内能源价格,虽然在各国之间,以及一个国家在不同时期内的控制程度、所用方法和目标都显著不同。非常概括地说,实行管制有三个重大的理由。第一,为保护消费者,保护出口加工业的竞争地位，价格一直被保持在“自由”市场水平之下，这自20世纪30年代以来一直是很广泛的。开始时是为了对抗国内能源生产的垄断和少数公司控制市场。但是在诸如美国、加拿大、澳大利亚等国家，近来却用以对抗欧佩克的价格固定措施。换言之，市场内部存在的“不完备性”又通过政府管制产生更进一步的不完备性。

施加价格控制不可避免地会影响国内生产者的可获利性。如果对私有企业所施加的价格控制过于严厉，则控制最终会变得损害自己，因为勘探和开发活动都会减少，供给受限，于是又有必要提高价格来恢复供需平衡。然而，如果对国有企业施加控制，
216 那么立即会在保护消费者的目标与在所控制产业中保持资本回报率和就业水平的愿望之间发生冲突。此外，“低”价格使需求膨胀，这会与资源保护冲突，在供给靠进口的国家还会与收支平衡的要求冲突。这最后一种两难处境明显反映在日本对1973年石油价格危机后政策响应的变动上，通产省利用其炼油特许的权利，在1973年对精炼产品的价格施加了若干正式的限制，作为一种反通货膨胀的措施；但两年后这些限制大部分取消，为的是使需求减少。同样，尽管消费者集团反对，对电力价格的控制也取消了，为鼓励保护资源和减少对燃油发电厂的需要，1979—1980年间的价格增长高达50%。

政府价格管制的第二和第三个理由都是为了把价格保持在市场水平以上，这对于保护国内能源生产者（及其雇员）免受外国的低价竞争是必须的；也符合促进节能的愿望，这常常是出于收支平衡和供应保障的理由。显然，任何提高价格的措施（进口税、进口限额或禁令、价值附加税等）都难以与保护消费者和制造业竞争力的目标相协调。此类问题有助于解释政府在能源价格上干预方

向的特定转变，在大多数西欧国家，尤其是国内具有大型煤炭工业的国家，这种转移曾引发一些典型事件。

第二次世界大战刚结束时，保持能源低价(当时主要是煤炭价格)的压力很大，主要是为了促进经济恢复。但是这与煤炭工业现代化和避免支付平衡上的进口花费相冲突。从大约 1957 年到 60 年代中期，政策的当务之急是保护煤炭工业及依赖于他的就业。但到了 60 年代末，为对付通货膨胀，周期性的价格限制变得更为普遍。在荷兰、挪威和英国，由于格罗宁根和后来的北海能源开发，情况进一步恶化。

在英国，除石油以外的所有能源工业都是国有化的，内阁在价格决定上的干预实际上是一种年度性的事件。在理论上，政府为公共部门的运作制定总的基本规则，而不干预其日常决策。但是按照君子协定，所有拟议中的提价都要事先提交内阁获准。实际上价格决定最终反映了当时的政治需要，例如控制通货膨胀，减少国有企业亏损，减少失业，收支平衡，或者经济效率。价格控制已趋向于高度政治化，正如库姆斯(Coombes,1971，p.108)所
言："基于选举优势、政党意识形态、庇护或交易的政治判断"已成 217
为价格管制的基础。政府干预的政治性和高度变化性是目前正进行的私有化计划的一个主要理由。

美国的价格管制

在能源产业传统上就是私有部门的那些国家，似乎可以设想能源市场是"更自由的"，然而正如这里对美国和加拿大政策的简短讨论所揭示的，情况远非如此。在美国，自 20 世纪 30 年代中期以来中央政府对能源价格就施行了若干重要的控制。随着

1935 年联邦动力法案和 1938 年天然气法案的制定,联邦动力委员会(FPC)的责任扩展到包括对电力和天然气公用事业定价和服务的管理,当涉及到各州之间的交易时,这种管理是必要的。在各州内部也纷纷建立了管理委员会,他们掌握了对州内能源公共设施投资所获最大回报率的决定权;在净回报计算出来以前,他们也决定根据财政收入应合法支付的费用规模和类型。无论是电力还是汽油价格,实际上都是由行政而不是由市场力量建立起来的(Glaeser, 1957)。

管理机构的建立,本来是为了在公用事业垄断势力不可避免的倾向下保护公众,但随着时间的推移他们却变得越来越"政治化"。1960 年以后,FPC 开始在能源价值条款中(对天然气)直接强加了低于煤和石油的上限价格。这就使天然气的市场份额显著地增加了。然而到了 70 年代早期,这又在需求和供给之间制造出严重的不平衡,潜在消费者等候的长列,日益频繁的供应中断,强加物质定量配给措施的要求,都提供了证据。在 1976 年,州间贸易中被管制的天然气优势价格,仅仅是同样发热值之进口原油的 25%(Webb and Rickets, 1980)。需求逐步扩大而生产者却没有什么积极性去探测新的供给源,这就不足为怪了。此外,人为的低价意味着很多已知储量,尤其是那些较小的储量,被归为不经济者。结果是探明储量与年消耗量之比从 1950 年的 26:1 急剧下降到 1970 年的 11:1。在新油田投入生产的地方,通常是作为石油勘探的副产品"意外"发现的油田,他们之投入生产在很大程度上归因于其使用只限于产油州内。例如,从 1973 年到 1977 年,增加的天然气产量中用于州间市场的还不到 20%。

到了 20 世纪 70 年代中期,石油价格还是由政府官僚的选择来决定。1970年时石油进口的限额(首次引入是在1959年)开始消除,进口量逐渐增加,而不再受保护的国内石油工业的生产绝对下降。作为对1973年石油危机的一种反应,政府又建立了一种新 218
的管理机构——联邦能源部。在其所谓的**正名计划**(entitlement programme)之下,这个机构为国内生产的石油建立了一种平均价格,并要求生产者以当时每桶2美元的价格购买精炼这种石油的名分。原油进口者也必须具有精炼的名分券,但这时他们将得到价值每桶3美元的补贴。在这种征税和补贴制度下的准确支付,追随石油国内平均价格和进口价格的变动而一年不同于一年。1975年冬季,政府担心蒸馏燃油的储备太少,对这种质量的燃油另加了每桶5美元以上的进口补贴。其实施也是通过同样的正名制度,并进一步降低了国内的价格水准。这种附加的价格补贴在变故中被证明是短命的,其他西方石油消费国强烈反对他们视为"使你的邻居成为乞丐"的政策,并在第二年6月东京政府首脑会议上,达成以后不再采取类似进口补贴的协议(Deese and Nye, 1981)。然而,正名计划的基本原则仍保持着,到了1980年1月,进口石油的实际补贴达到了每桶5.28美元,而美国的价格比世界水平低11美元。

在这种情况下,关于保护和保障的华丽辞藻并未与美国石油进口的任何减少相符就不会让人奇怪了。美国石油进口实际上已从1970年的每天350万桶上升到1980年的每天850万桶。对国内生产的征税使勘探和投资放慢,而相对低的价格并没有为保护提供有意义的刺激。此外必须记住,石油和天然气的人为低价影响了对替代燃料或替代能源的投资水平,因此煤炭、核能和可更新能源项目的外在可行性就降低了。

1977 年卡特总统雄心勃勃的国家能源计划显然认识到先前政策措施的固有矛盾。该计划自始至终极其强调价格机制在促进保护、新能源开发和减少进口中的作用,因此打算通过强行征税来有效地提高石油和汽油的价格。但是由于担心迅速提价的经济和社会代价,引出了变革必须是循序渐进的建议,而国内油价应该与世界水平一样的原则并未被完全接受。以公平为基础,天然气在该国每一个地方都应该在与国内石油一样的价格水平上(按能源价值计算)售出。

然而,当该计划以大打折扣的形式于 1978 年秋季从国会发布出来时,很多提价的关键措施都消失了;本该征收的原油或天然气税不见了,对使用石油和天然气作为发电动力的电力公用事业也不征税。虽然接受某些调整的天然气价格,但只适用于新开发的天然气;而只是到了 1985 年,联邦政府对州间流向的价格控制才延伸到州内的销售。这终于使价格较为平等和公正,但仍很难刺激保护。只是到了 1979 年石油危机和里根内阁临政以后,石油和天然气价格的调整过程才认真地开始。

219 加拿大的价格管制

加拿大的价格管制也有很长的历史。20 世纪 50 年代的关注在于国内新斯科舍煤炭生产者的可获利性(Donald, 1966),但到了 70 年代,大多数注意力集中在石油上。1973 年以前,这个国家实际上划分成两个价格地区。住在渥太华流域以西的消费者得到国内生产的石油供应,其价格主要取决于艾伯塔省政府的税收和消耗政策,高于世界水准。而东部的炼油厂用世界价格的进口石油,显然受 1973 年价格提升的严重冲击。结果联邦政府建立了“石油进口补偿计划",在全国实行统一的管制价格。

该计划开始时有效地补贴了东部沿海省份,主要从石油出口税中资助(见 238 页本章注释 9)。但随着 1979 年世界价格再次上涨,补偿支付的费用上升到每年 40 亿加元以上,大大超过政府从石油出口税收和对汽油实施关税中得到的岁入。对这个问题的一种解决办法是提高国内价格,以此来减少对补偿支付的需要。但是这种策略又有两个意外障碍。第一,它为本来已很富的产油省又提供了一大笔增加其税收收入的"横财",而这立即就意味着联邦政府不得不增加其对较穷省份的"均贫富"补贴。第二,提升石油价格在政治上是不得人心的,1979—1980 年短命的保守党政府很大程度上将其选举的失败归咎于能源政策和保护政策。1981 年 9 月,渥太华和埃德蒙顿政府努力达成了一个妥协的"国家能源计划","加拿大产"石油的价格被人为降低,这已铭记在官方政策中;价格保持在低于国际水准 30—45%的水平上。由于生产者纷纷将他们的装备南迁以捕捉美国价格调整所带来的优惠机会,西部省份的勘探钻井急剧下降。石油和汽油的进口显著减少,至少有部分原因是联邦政府所建立的控制贸易价格超过了美国实行的价格。1985 年,与自由贸易联姻的保守党政府大选之后,"国家能源计划"被放弃了,这是预料之中的事。

加拿大的例子对能源政策的特定政治性质提供了一个极好的说明,也充分说明面临国际能源经济中的急速变动事件,要建立一种连贯、一致的政策指向是非常困难的。

规划和环境管理

为了保护环境质量而采用很多管制手段,这在所有经济部门 220

中都是非常普遍的,将在后面的章节中详细考察。但是,这里有必要简要地概述矿产部门规划控制的发展,讨论特别应用于采矿的各种措施,并考察他们的经济影响。

控制的演变

40年前,世界上任何地方对采矿业的布局、发展或运营实践都少有控制。法规和采矿经营者执照中所强调的,是给予生产者明确而可靠的采矿权资格,对这种财产权施行后会产生什么后果却没有什么兴趣。例如在美国,1872年的普通采矿法规定,只要发现矿藏就可获得对该矿的权利,并不需要事先的行政批准。甚至公共土地也可以占用,公司对这些采矿专利权属联邦的土地可以获得资格(Henning, 1974)。

这种对工业运作的方式缺乏注意的状况也有例外,主要是19世纪到20世纪初用以改善矿工健康和安全的一些法规,那时矿工普遍长期工作在条件极差、危险性很大的环境中,而且工资很低[15]。例如英国1842年的"采矿与煤矿法",禁止妇女和女童在井下作业,并将男童的年龄限制提高到10岁。对法令全书也附加了一些条款,以关注采矿对毗连或上覆财产的影响;1891年的积水抽排(淹没补偿)法案提供了一个英国的早期例子(Roberts and Shaw, 1982)。但是总的看来,遭受损害的人还不得不通过普通法来寻求赔偿,这是一个众所周知的累赘而昂贵的过程,能得到保护的基本上是财产而不是人(Sandbach, 1980)。

总的说来,都认为从矿产开发中得到的经济收益比之大多数相关的环境和社会代价是值得的。根据阿特伍德(Atwood, 1979, p.59)的分析,直到20世纪50年代,美国"西部的大多数露天矿……都根据一条不成文的原则在经营，即采矿地应当作要牺牲的地区来对待”。近至 1974 年，亨宁在讨论公共土地上的采矿时还断言：“目前的采矿政策（尤其是在 1872 年的采矿法案下）允许了太多不必要和可避免的对环境的滥用，其区位的选择和开采是不明智的，很少关注诸如污染那样的有形或无形的后果。”（Henning, 1974, p.93）有必要指出，美国公共土地评价委员会（US Public Land Review Commission）强烈地代表着采矿者的利益，该委员会认为：“在我们多数公共土地上，矿产的开采和发展应优先于某些甚至全部其他用途……生产性矿藏的开发一般也是经济上最高的土地利 221
用。”（出处同上，p.92）1971 年，麦克尼尔对加拿大的采矿业也作了类似的陈述：“尽量廉价地采矿，这过去是，现在仍然是大家都接受的实践……这种实践已经造成了风景毁坏和水体酸性等后患。”（MacNeill, 1971, p.124）

英国 1947 年通过的城乡规划法案、1949 年的国家公园法案、1951 年的矿业工作法案和 1958 年的煤矿露采法案，标志着采矿控制方面的形势开始了重要的变化。但是，在大多数经济优先的国家里，对采矿和能源工业施加规划和环境控制的高峰年份是 1960—1975 年。在欠发达国家，虽然环境控制还不够严厉，但大约从 1970 年开始，环境方面的规定也逐渐出现在有关采矿和冶金的协定中。米克塞尔（Mikesell, 1983）指出，某些国家目前坚持在允许矿产开发前必须作详细的环境影响研究（EIS）。在巴布亚新几内亚政府与布罗肯希尔普替公司（Broken Hill Pty Co.）串联起来的国际资本联合之间所达成的开发奥克特地（Ok Tedi）铜矿的协议中，包括在 EIS 部分的主题竟长达七页，其中不仅涉及废矿和尾矿的排放、径流对地方溪流的生物化学影响，还要求研究采矿、基础设

施和城镇对该区域农业、部族生活和普通社会学的影响。(出处同上,p.22)

特定的管制响应

大多数控制法规是针对特殊的压力或危机作出响应而制定的,缺乏连贯和综合考虑的理想环境政策(见361—363页)。为处理一些专门的问题,一些新的管理机构建立起来了(这是典型的美国模式),或让现有机构附加新的环境功能(这是在英国占优势的策略)。其结果是,环境规划方面的行政安排在作用于采矿部门时,一般都在空间上和功能上显得高度的支离破碎。

在英国,如图5.2清楚表明的那样,管理体制极其复杂。矿产的不同类型是按照其最终用途分类,没有任何清晰的物理指标[16],由分离的中央政府各部门管辖。可能被损害的不同环境媒介又由不同的法规来保护,并由分离的机构来控制。所涉及的政府又有从区委员会到中央部委的各个级别,包括一些半自治的监测机构和区域机构。而且政府一直倾向于把规划和污染控制的行政系统看成不同的实体,规划的作用是在各竞争用途之间配置土地,而污染控制随其后再管理土地用户的经营(Miller and Wood, 1983)。

223 然而,与联邦制国家运行中的体制比较,英国的体制看起来还算是简单的,联邦制国家中各州、各省的机构也起着关键的作用。在这样的情况下,全国的司法权不统一,常常出现显著的司法不确定性,导致缺乏统一、连贯、协调力量的问题。各地区的政府又常常为经济发展而相互竞争,而在这样的争斗中,就经常出现超乎正式规划或环境条件的特许。澳大利亚东海岸各州之间为煤炭出口和铝的冶炼而争相吸引公司的竞争,只是众多例子中的一个。在

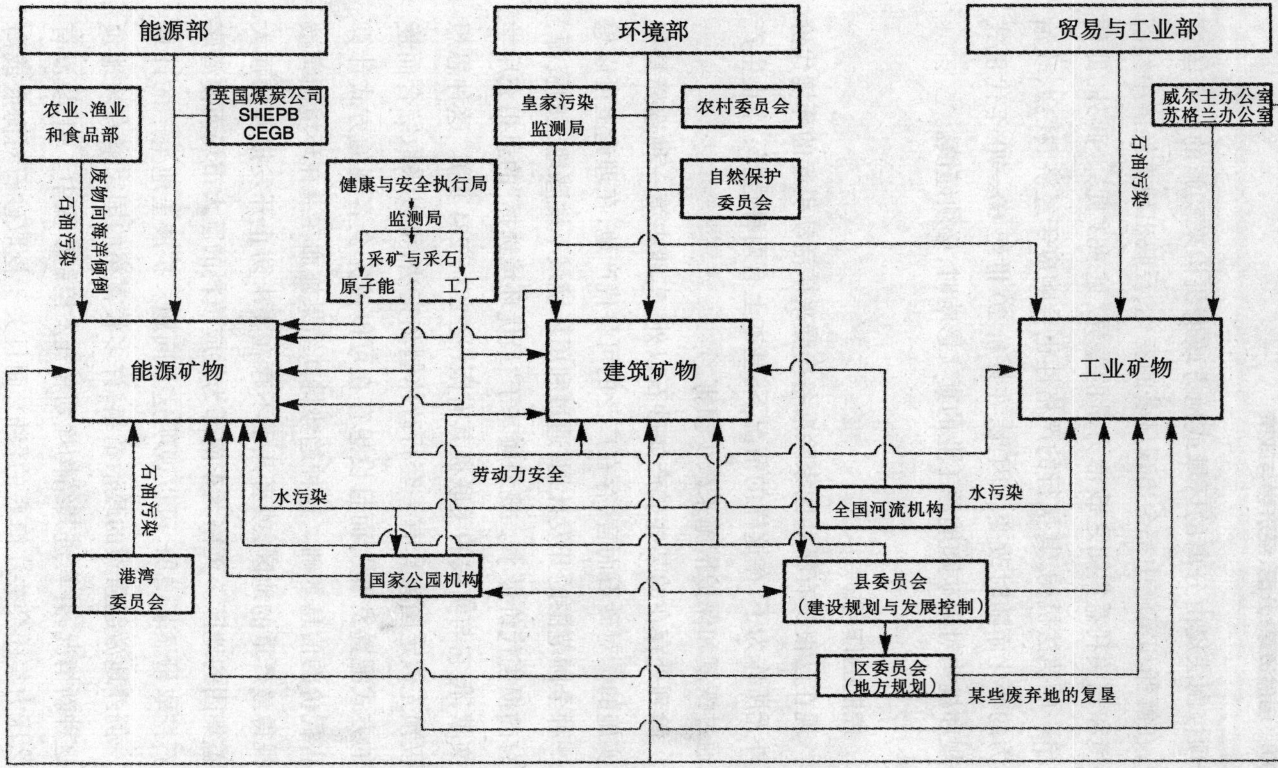

图 5.2　行政的复杂性：英国对矿产开发控制的分裂

单项控制法规由分离的区域或地方政府机构来实施的所有国家中,在解释和实施中都会出现显著的变化,反映出地方经济中经济环境和相关利益集团之政治力量的差异(见 363 页)。此外,即使是单一的执法机构,其执行的严格性也会响应于经济、社会、政治压力的变化而随时改变。因此,在评价 20 世纪 60—70 年代正式法规和机构对采矿和能源工业的真实影响时,必须谨慎。

控制的作用

现在已很少有哪些国家除准备接受采矿活动引起的环境代价而外无所作为了,在这样的情况下,基本上有两种选择:停止生产或通过恢复和保护措施来减少损害。

除到处存在的某些矿产如砂石以外,实践中第一种选择是很难实施的。对砂石而言,存在广泛的可替代产地,在理论上可以想象一种全国范围的开发计划,通过利用环境最不敏感地区的资源,使总的损害代价最小。规划应基于"最优环境选择"的思想充斥学术文献,但它与实践的关联极其有限(见 283—284 页)。这种思想不仅预先假定国家具有一套行政体制和宪法,可以采取综合而连贯的方式配置发展[17],而且设想存在可以按完全客观的方式计算损害代价的信息基础。这种趋势将其结果施加在潜在环境损害被忽视得最严重的地区,或者几乎不存在要求防止开发损害的强大利益集团的地区。英格兰东南部为供应填料的巨大市场而使海底砂石挖取量显著增加,可以说明这个问题。扩展土地生产的计划
224 无一例外地激起强烈的政治情绪,许多较富裕的国家能有效地预测这种新情况,并写进其结构规划和开发控制步骤中。但是,没有什么压力集团会关注海底的保护,而且关于挖取砂石对海底或海

岸生态系统或海岸侵蚀过程的影响,也没有多少数据。

规划和环境控制的程序多种多样(规划应用、公众调查、环境影响评价和法律的运用),这表面上说明"停止生产"的选择对少数广泛可得的矿产是可行的。但实际上很难如此。矿产利用被看成是经济可持续获利的根本,而国内的矿产生产又是保障的关键。这种观点的经典表达出自著名矿业通讯记者埃德温·阿诺德之手:

> 削减进口……只会使我们的经济更富有、更强大。长远看来,若无实力,我们国家生活的总体质量必然会下降。依我之见,现在还没有一个国家富裕到可以忽略其矿产资源潜力的地步。(引自 Smith, 1975, p.97)

毫不足怪,没有什么实例可以说明环境利益已成功地制止了至少按长期看来在经济上有吸引力的开发,虽然蓄意的反对显然可能延误该过程。例如,被壳牌公司在新林地(New Forest)的石油探井计划所激怒,这足以迫使钻井活动至少在计划期内被转移到英格兰南部保卫较松懈的地区。有人认为,压力集团的活动已迫使里约锡锌公司放弃了在 1973 年开采斯诺登(Snowdonia)国家公园内金矿和铜矿的计划,但其实真正的原因在于,该计划在当前价格水平下最多也不过处于不亏本的边际而已。正如麦克尤恩斯(MacEwens, 1982, p.234)指出的,"问题一直推迟到较富矿体的逐渐耗竭使得该计划有利可图"。毫无疑问,当存在强大的市场力量倾向于开矿时,英国的环境保护利益没有什么有效的势力来制止开发。名义上的规划控制并不适用于开发工作,一旦发现存在有利可图的矿产,准备从生产中放弃经济收益的政府确实是非常少见的。

在美国,环境集团一般具有比英国大得多的影响,20 世纪 60 年代后期和 70 年代早期,保护和污染控制利益确实有几次惊人的胜利。一个高度有争议的例子是,1970 年阻止允许西德公司 BASF 在南卡罗莱纳邻近希尔顿黑德岛度假胜地的地区建立大型石油化工综合体(Gladwin, 1977)。然而,实际上环境团体得助于下列事实:国内石油化工利益强烈地反对外国公司侵入其传统市场的企
225 图(Faith, 1972)。与此类似,壳牌公司不得不放弃在特拉华的 2 亿美元炼油项目,而重新布局在较同情该项目的新泽西沿河口地区。众所周知,对穿越阿拉斯加输油管的反对,使阿拉斯加油田的几个大型开发项目延迟了五年之久。反对在联邦土地和印地安保留地上进行石油、油页岩和露天开采,也发生了一些痛苦的斗争,他们肯定使开采放慢,但是并没有制止开采。正如戴维斯(Davis et al.,1983)指出的,矿区使用费、租期销售和税收是这些州、印地安部落和联邦政府的主要收入来源,对于维持社会计划具有极其重要的作用。当这些利益与采矿公司的经济利益结合在一起时,环境集团可以实现一些污染控制和复垦的特许,但很难阻止开发。

随着里根内阁的到来,环境院外集团的地位显著削弱。原来处于保护命令之下的联邦土地对开发活动开放,诸如环境保护局之类的关键机构被“要求”改正对其责任和环境法规的“错误”解释(Wilson, 1981; Mosher, 1981, 1982)。同样,内务部重新制定煤矿开采管制计划,使之“少干扰”煤炭公司,而且由于把现场监测露采的办公室数量减少了三分之二而显著地减弱了强制性(Lovell, 1983)。反对煤炭经营者违背露采控制与复垦法案(该法案只是在 1977 年才得以通过)的活动,在 1983—1985 年减少了 30%。此外,权力下放的行政政策也使环境保护减弱。更多的环境控制功能移

交给了州政府，而分配给他们用于管制和监测的联邦资金在1983年财政年度减少了20%，1984和1985年又进一步裁减（Jubak，1982）。因此，很多州不愿或不能以过去的那种严格水准继续强制性活动。某些州甚至不能维持控制的财政负担，另一些州则不想对公司强加费用，否则会把他们吓跑到其他控制较松的州去。然而，现在这种状况又变了，因为布什内阁在努力显示其"绿色"施政方针。

"谁支付"问题

任何把复垦或防止破坏的措施当成允许矿产开发之条件的地方，都不可避免地产生谁支付的问题。虽然污染者为所造成的损害支付这种思想在直觉上有吸引力，但这个建议不一定公平，不一定在政治上可接受，甚至不一定可行。大多数人都认为，对于1969年圣巴巴拉石油泄漏所造成的巨大损害，联合、得克萨科、海湾、美孚四家石油公司都应支付约1 350万美元来补偿，这才是公 226
平的；但可如此清楚地判断的情况却很少。在此例中，损害显然是那些公司造成的，虽然是无意的事故。那些公司在财力上也能够负担有关费用，又不太可能通过涨价把费用完全转嫁给消费者，即使可能，对价格水平也不会有显著的影响；更重要的是，公司绝不可能关闭生产因而引起地方收入和就业的损失。当这一系列非常特殊的条件不存在时，谁应支付的问题就会变得争论不休了。

首先，谁造成了对谁的损害，这通常是不清楚的（Coase，1960）。长期建立的采矿企业常常面临进行大规模复垦、减轻污染和屏蔽建设的要求。巴特利特（Bartlett，1980）在他的著作《瑞舍夫采矿之争》（Reserve Mining Controversy）中曾经追踪过这样一个实例。当1956年加拿大瑞舍夫采矿公司(Reserve Mining Co.)使苏必利尔湖岸的低等级铁英岩矿得以开采,该公司被歌颂为当地的救星。开采低等级铁矿突然之间变成了一个商业上有利可图的主张,先前认为已经耗竭的矿体现在有了新的经济生命。但是,正如巴特利特指出的那样,“公司在政策和行为都未作调整的情况下,发现自己从经济发展的恩人变成了环境退化的罪犯”(出处同上,p.4)。公司每天将67 000吨尾矿倾倒入湖中,开始时被人们认为是有损风景,后来又说具有潜在的(但未证明的)健康危害,因而遭到猛烈攻击。经过八年的诉讼后,公司被迫花费47 000万美元(1977年价格)建造一个陆上消纳场。如果公司拒绝这样做,或者无财力这样做,那么立即会有3 000工人失业,地方和国家的财政收入预算也会陷入混乱,还必须增加从美国的进口以弥补该公司所生产的占铁矿石总用量15%的缺口。这种实例说明,谁是受害群体往往是大可质疑的。

当污染者是公有企业时,“谁支付”问题又产生了另一个疑点。由英国全国煤炭委员会(UK National Coal Board)引入的土地复垦和污染控制措施实际上是让纳税人支付,因为该委员会从来做不到盈利。1966年,南威尔士危险矿渣堆积的清除导致了阿伯凡灾害事件,147人死亡,包括116名儿童,在诸如此类的情况里,一致的观点无疑会认为这种代价是合理的。但是莱斯特郡贝沃伊尔煤矿的例子却产生了困难得多的公平选择问题。当主要受益者是该地区关心保护景观质量和财产价值的相对富有利益集团时,应该要求纳税人为加固边坡或复垦广泛的矿渣堆积而支付吗?同样,污染控制的成本总是通过涨价而转嫁到消费者身上,并存在发生实际收入再分配倒退的可能性(见165—166页)。因此,虽然环境

照片 9　在德比郡南席罗的这个露天煤矿，作为停止使用的诺丁汉—德比铁路一部分的这座高架桥被列为“特殊建筑或历史名胜”。因此，它在煤矿操作期间得到保护，这不仅阻碍了其下煤矿的开采，而且增加了生产成本。

保护主义者在揭示采矿业引起的损害和保护所带来的利益方面无 227
疑是正确的，但问题仍然是：要求相对贫困的人为控制的成本支付比例较高的数量，这是否公平？在现实世界，当减少污染实际上以失业、不利群体收入的减少或严重的收支平衡困难为代价时,“污染者支付”的原则至少是可以怀疑的。

228 补 贴

在很多经济学家看来,支付补贴(以使能装备污染治理设施),维持亏损产业的就业,提供低价的商品和服务,所有这些都是市场经济内“无效率”的根源,他们扭曲了产品的价格和供给与消费者需求,导致自然资源配置不当。但实践中却经常采取与理论分析显然相反的态度。若干间接补贴事实上已经讨论过了:关税保护和税收刺激就是两种对矿产和能源工业极其普遍的有效补贴形式。作为污染控制措施的补贴将在第七章单独讨论,这里仅简略地提及政府补贴对于促进国内矿业生产的作用。

不景气的采矿工业、勘探计划、资源保护[18]和国内精炼、加工能力的发展,所有这些都得到广泛的补贴支持。就大多数政策措施来看,其后的动机是多样混杂的:最常见的是供应保障、创造就业机会或减少失业、收支平衡方面的考虑、国家威望,以及保护既得经济利益。在有些情况里,这种支持也可能是平息公众争论的一种表面姿态;有人认为英国能源保护计划就是这种表面文章之一例(Davidson and MacEwen, 1983)。为支持国内生产目标,政府基本上可采取三种补贴:

(1)给私有生产者和消费者直接资助和低息贷款,以鼓励他们采取特别措施;

(2)直接或间接地从总税收中转移给矿业生产者,包括税收减免、地租和矿区使用费折扣、取消积累的债务;

(3)来自其他消费者和生产者团体的交叉补贴流。

勘探补贴

很多工业化国家采用基金资助、优惠利率贷款、延期偿还贷款等方案来鼓励国内矿产勘探。加拿大联邦政府已经为边境地区(如波弗特海、北冰洋岛屿、东海岸大陆架)的石油勘探提供了可观的支持。虽然这些地区恶劣的自然条件用来为援助辩护,但实际上不可能把联邦政府在这些地区的开发中的利益从与对各省管辖权的持续不断的争斗分离开来(见 167—168 页)。该国北部是由中央政府直接管辖的领地,因此中央政府将从任何石油的发现中 229
获得大量利税收入。英国政府也力图刺激国内勘探,例如,1972 年政府引入了一个激励计划,对任何发现的矿藏之价值进行勘探或评价,其成本的 35% 可通过奖励金援助收回。近来,议会于 1983 年 10 月通过了石油矿区使用费(免除)法案,企图通过终止支付北海北部新油田的矿区使用费来刺激北海的进一步开发。

保护补贴

整个欧洲都广泛地采用直接奖励金来促进能源保护。在英国,1977 年 11 月建立了 4.53 亿英镑的支出计划,并一直持续到 1981 年(Harns and Davis, 1981)。这笔支出的近一半用于改善民用房产的隔热;大多数住户屋顶隔热费用的 60% 都能得到补偿,但不超过 65 英镑;而退休金领取者可得到 90%,最多达 90 英镑[19]。另外还有 1.53 亿英镑用于改善公共部门建筑的隔热(这基本上是政府内部的转移支付),对工业和商业建筑也有相对较少的补贴计划。最近,工业部已实施了一个资助金计划,为某些公司的新节能设备提供 25% 的资本费用;能源部也正在参与资助"邻居能源活动计划”,在这个计划下,地方自愿团体为低收入家庭的住房提供隔热和通风。

虽然50万以上的住户得到了此类资助金,但比之欧洲其他国家,特别是瑞典,英国在节能方面的努力还是小得可怜。在为开发新能源而注入的费用水平上,英国也是落伍者。政府在1983年认识到过去政策的不足,当时的能源大臣彼得·沃克(Peter Walker)先生证实,过去10年的节能运动最多产生了5%的节能作用(Guardian,1 November 1983)。但在工厂抵制节能的情况下,仅仅建立能源效率办公室和花费300万英镑的宣传运动,实在是起不了多大的作用。能源产业鼓励能源利用以能销售其产品,英国天然气公司(British Gas)现在是一个私有企业,因为其单位天然气的价格受到公共控制,它的产量增长得特别显著。此外,一种形式的隔热设施安装好后所得到的资助金太少,无论如何解决不了某些住户面临的困难,他们不能筹集到采取节能的住房装修措施所需要的资金总数。

1982年,下议院能源选择委员会提供的数据对节能的收益作了乐观的展望,每年在民用能源消费上减少20%就可节省10亿英
230 镑以上的能源支出;整个国家减少20%的消费则可在全国燃料支出上节省70亿英镑。但现在政府每年用于节能补贴的支出仅为1.49亿英镑,而用于使人民能够消费能源的支出是8亿英镑(Davidson and MacEwen, 1983),天然气和电力产业用于力图增加需求的广告费用是每年3 500万英镑!

生产补贴

欧洲各国一直在采用各种有效补贴来维持煤炭生产,还在较

小程度上加速核能开发。

在英国，NCB（全国煤炭董事会）一直通过注销其对财政部的大量积累债务而得到直接补贴；例如，1965 年 6.9 亿英镑债务中的 4 亿英镑被从账上勾销，1972 年更注销了 10 亿英镑。当政府要求该董事会维持高成本矿井的经营，以避免不景气地区已经很严重的失业问题进一步恶化时，又给予了更多作为社会成本资助金的支付。通过低息贷款形式还得到了额外的支持。不仅国库的贷款利率一般低于私有部门的利率，而且该董事会近年来还受欧洲经济共同体委员会鼓励煤炭生产以减少对进口石油之依赖的政策之惠。1974—1979 年间，该董事会从欧洲煤钢共同体得到了 3 亿英镑以上的“软贷款”（Manners, 1981b）。此外，在 1980 年的煤炭工业法案下，全国煤炭董事会得以推迟支付一些巨大投资项目的利息，直到这些项目开始盈利。最后，一种独特的补贴方式是用政策强制性地规定火电厂消耗一定比例的煤[20]。从理论上讲，使已建矿井现代化和使新的高效矿井投入生产的巨大投资计划，意味着该产业取得优势的竞争地位，在 1983 或 1984 年除了社会资助金外能够得失相当。很多评论家（例如，可参见出处同上之论文）对这是否是一种现实的目标（即使没有全国矿工联合会的活动）表示非常怀疑，因为需求趋势和其他能源的投资水平不允许这样。

虽然煤炭工业可典型地说明政府补贴计划的影响，但也有很多其他例子，只有考虑政府的作用才能解释生产和地方加工业的水平[21]。

通过政府资助金和其他形式的支持，铝冶炼厂和精炼厂被大量吸引到英国。1968 年和 1972 年，总共建起了三个冶炼厂，总投

资 1.5 亿英镑,其中 6 000 万英镑是资助金补助,另有 6 200 万英
231 镑是软贷款(Warren, 1973)。冶炼厂的布局高度依赖于区域政策和区域政治,最后布局在威尔士的安格尔西、苏格兰的因弗戈登和诺森伯兰的布莱斯。铝工业的这种情况也提供了一个很好的例子,说明能源工业竞争主顾的方式,其实践导致消费者之间复杂的交叉补贴流。为吸引冶炼厂到因弗戈登,公司答应从克莱德沿岸亨特斯登的核电厂提供廉价电力。在这个事件里,不要以为技术进步使得核电厂成了一个低成本的生产者,正是南苏格兰电力委员会无力继续提供补贴才成了公司于 1981 年 11 月关闭核电厂的主要原因。同样,布莱斯附近莱纳茅斯的阿尔肯冶炼厂从 CEGB(中央电力董事会)与 NCB(全国煤炭董事会)提供电力的竞争中获益匪浅。最后,煤炭董事会是赢家,提供了 CEGB 称为"不现实的低"价格,其他煤炭使用者和纳税人都为这种低价作出了贡献。

政府所有权

公共所有权的历史发展

早在 19 世纪,英国和大陆欧洲国家就建立了电力和煤气公用事业的公共所有权(Robson, 1937)。即使在美国,城市煤气也常常为市政当局所拥有;费城(1841)和弗吉尼亚的里士满(1852)所建立的城市煤气只不过是早期的两例。从 19 世纪 80 年代开始,公共所有的电力公用事业在供电上的作用就至关重要,特别是对私人获利潜力有限的小型住区供电。在加拿大,安大略省 1906 年建立了省属电力委员会,成为加拿大其余地区和美国此类发展的范

例(Glaeser, 1957)。

然而,政府直接参与生产在西方资本主义经济中发展较慢,直到20世纪30年代的经济萧条和第二次世界大战才使公共所有权有了重大发展。在美国,罗斯福的新政使地方、州和区域等各级政府(包括田纳西流域管理委员会)的权力范围迅速扩展;同时欧洲的非公用事业,例如煤和钢铁也广泛处于政府控制之下(Baum, 1958; Lister, 1960)。例如在英国,战后的工党政府于1947年1月建立了全国煤炭董事会(National Coal Board),1948年4月建立了英国电力局(British Electricity Authority),1949年5月建立了天然气委员会(Gas Council)[22]。瑞典政府同样也在该国的金属和电力工业中起了重要的作用,法国和意大利则建立了国家石油公司。

经济发达国家矿产和能源产业的公共所有权高潮在20世纪 232
50年代末平息,已建企业的国有化不常见了,但仍不断创建一些新的国有企业来开发新供给源,例如创建了加拿大的国有石油公司、荷兰政府入股的天然气田开发、英国国家石油公司、各国政府拥有的核工业、澳大利亚政府参股的铀和煤的开发,这些不过是众多可引用例子中的少数几个。

欠发达国家的国有化计划

在欠发达的矿产出口国,公共所有权已经有了重要的扩展,可将其简要的历史细节放到一种比较的关联域内来考察。无论是政府愿意直接控制重要产业的事实,还是唯利是图的私有企业不能按社会的广泛利益来运作的观念,都不值得惊奇,这种公有与私有之争已在欧洲和北美争论了一百多年。对欠发达国家国有化计划的敌视并非反对公有权本身,公有权已在西方资本主义国家牢固地建立起来了;而是关注于经济和政治势力的丧失,关注于多国公司资本投资的作用。

欠发达国家政府把矿产出口业置于国有权下的高峰时期是20世纪60年代中期至70年代中期的十年间。在此之前的很长时期里,政府直接参与生产已是广为接受的方式,尤其是在拉丁美洲,阿根廷、智利和玻利维亚的国有公司可上溯到20年代。例如,智利早在1927年就对石油勘探和生产建立了国家垄断(Odell,1970)。但是此类公有公司主要关注于开发矿产以满足国内需要,对国际市场毫无影响。

然而,早期也发生了一些没收外国资本的事,并立即激起多国公司及其母国政府的敌对反应。例如1951年伊朗的情况,这已经讨论过了(见172页);而更早的例子是1938年墨西哥收回全部石油利润。国际石油大亨对此的反应极快,墨西哥立即失去了整个占国际石油贸易大约10%的石油出口。直到该国政府同意通过支付公司财产的25年期账面价值来对公司作补偿后,各公司才撤消了法律活动威胁和对任何购买新墨西哥石油公司(Petroleos Mexicanos,略作 PEMEX)产品者的联合抵制。该国家公司幸免得以为迅速膨胀的国内市场提供石油,直到1975年墨西哥才有重要
233 规模的出口贸易。墨西哥东南部新的重大发现、石油价格上涨后次经济矿藏的重新评价、为支付进口和偿还国际债务而产生的对外汇的渴求、该国处于欧佩克之外的地位,所有这些都使这个国家成为一个新的重要石油出口国[23]。

其他早期的国有权运动于1952年发生在玻利维亚,三个锡矿"开采"集团,帕廷诺(Patino)、荷其柴尔德(Hochschild)和阿拉马育(Aramayo)被收归国有,但大约50%的产业仍在私人手中。与此类

似,在印度尼西亚,从50年代早期到1966年,也有广泛的产业被国有化,并抵制外国资本的投资。但对生产国来说,所有这些运动除造成收入、外汇和发展资金的损失外,并无持久的影响。只是到了1964年后,称得上是重要商品势力的转换才开始发生。

经过一系列的国有化,多国公司在智利(1964年是部分,到1970年则全部)、秘鲁(1972年部分)、赞比亚(1969年)、扎伊尔(1967年)失去了其在欠发达国家主要铜矿的全部所有权,这占国际铜贸易的55%左右。1968年,秘鲁没收了拉布里帕瑞纳斯(La Brea y Parinas)石油联合体,其财产原属美国的国际石油公司所有。接着,伊拉克接管了所有西方石油大公司。到1975年,大多数主要石油生产国都建立了对勘探和开采进行垄断的国家公司。这并不意味着国际石油公司完全被排挤,达成了各种管理合约、服务或工作合约、或者生产分担协议,所有这些都保证了大公司的技术技能和销售网络仍能够使用。

其他矿产也发生了类似的运动,对传统的特许协议展开了广泛的重新谈判,以使生产国从其矿产资源基础的经济地租中获取更大份额。这通常(但不总是)通过政府持有公司财产价值的主要份额来实现的,一种普遍的模式是建立一个国有公司,与多国矿业公司合伙。现在,这些新国有公司中有些已进入美国以外的500家最大企业之列,包括巴西的石油公司(Petrobas)、扎伊尔的杰卡矿业(Gecamines)公司、智利的科德克公司(Codeko)和印度尼西亚的佩塔米纳公司(Pertamina)。当这些国有企业已经发展起来后,他们不仅在其国内发挥关键作用,而且某些还扩展至邻国,为矿产的勘探和开发提供资本和技术技能。例如,巴西的公司就在哥伦比亚和其他拉丁美洲国家的煤、石油和铀矿的勘探中异常活跃。

在国有化和国有企业发展期间,大多数注意力都放在非常严酷的争夺上,当政府法令单方面地实施征收时就会发生这种争夺。
234 两个广为引用的例子是:秘鲁的石油国有化并且拒付补偿,阿连德政府没收肯尼科特(Kennecott)和阿纳康达(Anaconda)铜矿公司在智利的财产。在与弗雷前政府达成的协议下,肯尼科特已经将其经营的51%卖给了国家,但阿纳康达一直拒绝所有的"智利化"运动。1971年7月,这两家公司都被全部国有化,在他们获得"过度"利润水平并转移到国外的情况下,补偿也将被扣留。智利政府并非要向补偿原则挑战,事实上是为了支付也被国有化的小矿所有者[24]。但是对肯尼科特和阿纳康达两公司来说,过度利润注定会超过任何适当的补偿。可以预料公司对此会有争执,他们认为政府计算中所采用的针对拟议账面价值的赔偿水平,没有考虑潜在盈利会有丢失,要去填补其他地方的经营成本。但他们很难否认他们在智利经营的盈利远在其世界范围的平均利润之上,因为这明明白白地写在公司的正式总账目上(Mezger, 1980)。这个争执直到1974年阿连德被颠覆后才解决,政变后新上台的军政府同意将补偿条款作为一个广泛国际财政一揽子协议的一部分,该协议对智利10亿美元的外债作了重新安排。

单方面征收的其他例子也有发生,通常都很快地给予补偿结算,并与公司达成关于销售、管理和股份份额的协议。因此,公有权成为生产国与外来国际资本谈判的一揽子条款中的一部分。当政府力图控制对国内市场有重大作用的产业时,就会尽可能地完全没收或赎买独立的外国企业。但当资源产品是为销往国际市场时,就会与控制市场的外国公司达成谅解。例如,当秘鲁的消费者吸收了国际石油公司的大部分产量时,就感到能够将该公司国有化。但是,当发现新的矿藏,而且只有用外国资本才能开采,又服务于海外市场时,就会在一种合作的基础上邀请国际公司回来(Smith and Wells, 1975)。政府有效控制其矿业生产的自由度,极大程度上取决于对产品市场的需要。谢赫·亚马尼(Sheikh Yamani)清楚地表述了这一在国际经济体制内生存的基本事实:"国有化并不能保护关注于销售其矿产之手段的国家"(Mikdashi,1974,p.159)。

一个出口国要从单方面国有化中获得显著优势,必须有以下三个条件之一。第一,该矿产已经供给稀缺,且无多余的开采能力,或者能通过出口限制或其他世界供给中心的战争人为地制造 235
稀缺。第二,生产国必须控制世界供应量的足够部分,以通过持有供给来制造稀缺;然后还必须有财政储备以维持出口收入的损失,而且维持时间要长得足以耗尽保障性库存。第三,传统市场中心以外的买者必须愿意并能够购买产品。前两种条件显然适用于石油生产变为国有期间,第三种情况的发生如在苏联从圭亚那国有公司购买铝矾土的时候。

但这些情况只是例外而不是规律,正如欧佩克的例子所显示的那样,所取得的优势很可能是短命的,一旦新产地开发出来,供给稀缺就解决了。铜的情况对此是另一个清楚的说明。尽管高等级的铜矿被看成是稀缺的商品,但国有化使主权国政府所掌握的有效控制是极其有限的。在阿连德时期的智利,铜的销售量一落千丈;对美国和加拿大的出口降至最低,向法国和德国的销售量分别减少了65%和35%,因为法国的佩纳罗亚(Penarroya)公司和以德国为基地的梅塔尔基色尔夏福特(Metallgesellschaft)公司也都受到了新政权政策的影响。由于出口收入减少引起的财政限制,加上国际金融机构拒绝重新安排偿还外债的时间表,成为阿连德倒台和更同情外国投资资本利益的右派政府上台的主要原因。

在扎伊尔和赞比亚,政府认识到他们既无资本,也无本土的管理和技术技能来单独经营铜产业。因此,他们选择了与多国矿业公司合伙的路子。比利时的联合矿业公司在与国有杰卡矿业公司的协议和条款下,基本上保持了他在扎伊尔的管理和营销功能,条款中规定交易的大部分一般应视为比利时公司的(Mezger, 1980)。赞比亚获得了1969年全部生产潜力51%的份额,并对将来的勘探实行国家垄断;但是两大采矿集团,盎格鲁—美洲公司和若安有限信托(Roan Selection Trust)公司,仍然负责日常的管理,并具有对扩展计划或者资本划拨、勘探或勘探花费的否决权。此外,外国公司仍然负责大部分出口铜矿的营销。

公共所有权本身是否就能改善生产国政府的财政状况,这一点还远不是很清楚的,虽然它可以为内部政治带来重要的好处。史密斯和韦尔斯(Smith and Wells, 1975)曾经指出,在很多早期的合作和参股协议中,政府获得的收入实际上是下降的。例如,他们把利比里亚国家铁矿公司(Liberian National Iron Ore Co.)与贝斯里赫姆钢铁公司(Bethlehem Steel)的交易描述为"对政府是如此不
236 利,以至于大多数宽厚的解释必然是:政府交涉人员并没有搞清楚问题之所在"(出处同上,p.39)。很多分析家却没有如此宽厚,他们把那些协议条款贬为贿赂和腐败。由于政府官员缺乏经验和谈判技巧,看来很多早期的协议都明显偏向于多国公司,但这种情况显然已不再存在了。米克塞尔(Mikesell,1983, p.7)认为,"国有采矿企业和矿产部的存在,罗致了很多地质学家、采矿工程师和财政专家,使交涉者的谈判能力趋于平等"。但这并不意味着谈判的权力也是平等的。

大体上说来,多国矿产公司并不在乎一国政府是否选择将其利润份额作为股利或收入税;最终重要的是公司在协议下能得到多少。因此,他们充分地准备接受参股原则,有很多协议都包含了这样的条款:15—25 年之后,换言之,即公司已经获得其投资的回报之后,把生产公司整个所有权转让给国家。例如,汉纳(Hanna)公司与哥伦比亚政府的协议就包括 25 年后将镍矿经营权归还给国家(Smith and Wells, 1975)。任何采矿协议的条款最终将取决于一个矿业集团需要某一特定矿藏的迫切性,取决于替代资本来源、专门技术和市场出路的可得性,取决于生产国依赖出口收入的程度。毫无疑问,20 世纪 70 年代的条件转向有利于生产国,他们从开矿中所得到的利润分成显著上升。然而,除非建立全新的矿产品市场体制,多国公司仍持有讨价还价的关键牌。

小 结

政府对矿产部门运作干预的程度和多样化都显然随时间进程而显著提高了。这无疑影响到与矿产开发有关的生产和消费的分布、贸易格局的规模和组成、利用可替代矿产的相对水平,以及与矿产开发有关的财富和经济增长的分配。然而必须谨慎,不要过分强调政府的直接权力。在西方发达国家,有效决策的很大部分在实践中仍由私有部门作出;在国际尺度上,私有目标和利益仍支配着贸易和消费的格局,并继续决定出口生产的区位。资源开发的分布和规模方面,某些最重要的变化并非直接归因于政府活动,而归因于国际矿产业对政府活动的反应,而这种反应常常与政府 237
的初衷不相容。国家为使矿产部门的运作更符合社会的效率、公平、就业和环境质量目标而采取的干预,只能在市场体制所设立的限制内才能成功。

此外,不能设想政府管制甚或国家所有权就意味着矿产业的运作会更接近普遍的"公众利益"。何谓公众利益?这从来是不清楚的;实践中它倾向于是一个由众多企图改变政策方向的既得利益操纵以谋私利的概念。在公共决策的复杂过程中,各种目标之间以及各利益集团之间的冲突,典型地意味着一系列特定措施时有变化,以此来对付特定的"危机"或压力。最后的结果可能并不能显著改进矿产部门的表现,按某些标准看来实际上还可能削弱其表现。

正如将要看到的那样,发展和实施有效的矿业政策所涉及的问题,决不限于此类资源;他们同样适用于可更新资源。在很多方面,在采取适当公共措施方面的无奈,对环境质量和可耗竭流动性资源甚至更为严重,因为市场体制并未包括多少保证其持续可得性的机制。

注 释

1. 不用说,这些法案对美国独立战争并不是一个不重要的因素。

2. 过去五年来一直有一种引人注意的倾向,即要偏离国家在资源产业中的直接卷入。这在英国尤其显著,其公共的石油、天然气和钢铁公司都已经私有化,电力和煤炭也在准备私有化。然而,在欠发达国家也由于清醒地认识到其公共部门产业的表现而发生了类似的运动。

3. 例如在英国,某些像煤炭局那样的国有矿产企业,被赋予的财政目标大大低于私有部门所能容忍的目标,而且即使这样的目标也常常不能达到(煤炭工业很少实现得失相当的目标)。但是对电力部门制定的财政目标,至少在理论上一直是以私有部门的回报率标准为基础制定的。此外,最近撤切尔政府要求供水业创造的资本回报还超过了私有部门的要求。

4. 该天然气产业在1986年被私有化了,而且近来法律正准备1990年将电力产业私有化。

5. 由于目前撒切尔政府私有化计划的继续,这些比例在80年代已经下降。

6. 后者在大多数现代发达资本主义经济中确实如此。但对很多第三世界国家来说,这一点并不成立,那里的无产阶级和无地阶级一直在增加。

7. "作为实践的政治"和不决策的概念将在第九章中讨论。

8. 海湾石油公司(Gulf Oil)一家就报告,已在1967—1970年间通过秘密基金分发了1 000万美元给政治竞选运动。

9. 这方面也有一些例外,特别是在联邦制下,那里的国家政府对国内矿 238
产生产商本来并不征收土地使用费(见207—208页)。可是加拿大在1975年引进了石油出口税,以抑制国内生产的石油从西部省份流出,因为那时东部的炼油厂正日益依赖高价且无保障的中东进口石油。同样,澳大利亚政府对煤炭出口也强征一种特别税。那是在1975年,随着石油危机而使煤炭出口商自然获得某些意外收益,对此征税的愿望促动了特别税的产生。

10. 但是正如已经看到的,在中长期则不是这样。

11. 当1985年缓冲储存管理者的作用宣告破产时,锡市场中的紧张终于达到了极点。所有挽救国际锡联合会的企图都遭惨败,伦敦金属交易所停止了锡的交易,锡的巨额储备导致无支撑的新锡价崩溃,1986年锡的价格仅为1984年的一半。虽然这种低价终于能够增加需求,因为制造商从铝和塑料包装上转向锡,但锡生产国还是受到打击,他们在1987年4月同意限制出口,以尽快摆脱储备之不利影响,并希望恢复市场的"正常状态"。

12. 关于对等贸易尚无普遍接受的定义,其主要特征是包含某种互惠因素。一个出口国得到进口国生产的商品和服务,全部或部分支付进口。

13. 加拿大还对该国的加籍采矿风险投资提供慷慨的税收优惠。投资者每一加元的投资可获得133%的税收减免(Wellesley-Wood, 1987)。

14. 但是在该国的其他地方,这是作为其他生产过程中的副产品来生产的,而全部供给的三分之二依靠进口。

15. 爱弥尔·左拉的经典小说《萌芽》(Germinal)对1860—1890年间法国矿区内矿工及其家属所忍受的生活和工作条件作了特别生动的叙述。

16. 从同一地点开采的石灰石,既可用作一种工业矿物(化学剂),也可用作建筑矿物(填料)。

17. 例如在美国,任何对私有土地开发权的国有化都会被看成是“剥夺”财产,因而是违宪的。如果管制走得太远,也会被认为是“剥夺”。虽然允许分区(zoning),但必须给私有者手中留些可获利因素,在企图用分区来制止矿产开发以利诸如野生生物保护时,这显然就会产生一些问题。(见 Garner, 1980)

18. 把资源保护作为增加国内生产的一种手段,这看起来有点奇怪,但它确实促进了国内的自给自足;现在普遍把能源保护称为“第五能源”。

19. 现在仍可得到此类资助金,但已减为 50 镑,退休人员 70 镑。

20. 这不仅是英国的措施,在比利时、荷兰和德国也都采用;见联合国欧洲经济委员会(UN Economic Commission for Europe, 1978)。然而,当发电厂在 1990 年私有化后,这种措施在英国也就结束了。

239 21. 政府重要性的一个最近例子是北美的铜生产。好几个铜矿,包括布特和怀特盘,在政府的财政支持下重新开张;而由诺兰达拥有的霍恩冶炼厂一直在政府抬举该厂的资助下经营着(Thompson, 1987)。

22. 钢铁工业此时也纳入公共所有权,但在 1951 年又被非国有化,1967 年再次国有化,1988 年又再次私有化。

23. 1974 年的总探明储量是 5.8×10^9 桶,足够国内的需求但无多少盈余供出口;到 1980 年,探明储量达 60.1×10^9 桶。石油出口从 1973 年的 0 上升到 1981 年的每天 90 万桶以上。

24. 支付补偿是国际法中早就建立的原则。1962 年联合国大会《关于自然资源永久主权的解决方案》呼吁“适当的补偿”,但“适当”的意义却留待解释。

第六章　可更新资源：视角的多样性 240

可更新性的概念

“可更新资源”这个术语已极其广泛地应用于文献之中，正成为一个几近“家喻户晓”的词语，包括自然环境中所有不能归类为矿藏的多种多样产物。可更新资源的核心特征是：他们被认为是在与人类有关的时期内可天然再生的有用“产品”。这就把他们与化石燃料及元素矿物区分开来，化石燃料被利用后就转换成各种不能提供有用能量的物质形式，而矿物在得到再利用之前必须由人类重新加工。然而，储存性和流动性资源间的界线划分是非常微妙的，并且更多地取决于传统思维模式而不是自然现实（见图2.1，15页）。

以土地为例，这种定义上的张性立即就显露出来，土地实际上是一种固定的储存性资源，尽管它有可更新能力来支持各种形式的生命。在土地利用并不强烈时，土壤的肥力可自然更新，但在现代各种农业形式下，它必须进行人工管理并由人加以更新。此外，为此再生产目的可得到的土地有效供给，会因与城市有关的开发和引起侵蚀及荒漠化的农业实践而减少。因此，在现实中可利用土地的可持续流就像金属矿产的再循环速率一样，依赖于人类的决策和投资。

同样,以水为例,现代社会很少准备接受由于依赖于自然流动性资源而强加于人口数量、农业生产力或工业活动上的种种限制。即使在诸如英国那样的气候温和地区,储存、再循环和开发调水网络也需要投入大量资金,以增加自然可得性。在这种情况下,自然更新的概念就变得多余,现在的可得性是投资的一个函数,而稀缺的发生并不是因为任何绝对自然流动性资源的限制,而是因为缺乏资金。增加流动性资源的需要和有关的花费将不可避免地有空间差异,这部分是降雨量、蒸发量和径流量自然变异的结果,但在很大程度上也反映了不同的社会经济环境、公众政策目标和社会体制安排。

241 对大多数流动性资源来说,天然可再生性的整个思想只是在利用水平或强度方面才是有意义的,这是一个相对而不是绝对的概念[1]。

对处于**临界带**的各类资源来说,这尤其明显。对这些资源若利用强度不超过其可更新能力,则能保持自然再生;如果加以管理以人为地增加流量,也仅能维持更大一点的利用水平。因此,抛弃储存性和可更新资源是两类不同资源的观念是有益处的,他们其实是一个连续统一体。其一端是化石燃料,目前的利用速度大大超过了再生能力;另一端是水和空气资源,无论从总储存还是从环境再生可得单位的能力来说,至少在全球尺度上的需求仍相对很小。

在这个统一体内,个别资源不一定在所有的时间周期和空间单元上都具有同样的地位。例如,硬木材只在人类时间尺度上缓慢再生,在世界一些本地木材需求量不大,森林没有被伐木者干扰或未受农业利益压力的地区,他们能保持自然更新。然而,就世界范围说,目前硬木已变成一种正在耗尽的采掘性资源,要防止储存量的进一步减少只能通过制止大量砍伐或重新种植。当木材从人工重植地区获得时,它就不再是一种严格意义上的自然资源,而成了一种种植作物了。

从这类木材的例子显然可见,自然更新的概念不能与所关注的空间尺度分开。对许多资源来说,自然更新并非指在有关全球自然系统内理论上的总可得性和可更新性,而是指在一定地域单元内利用速率和供给间的平衡。这些地域单元一般不是由自然划分的,而是由行政和政治决策决定的。这可用水来加以说明,实际上水的再循环供应没有自然限制。通过储存和转移可调节水资源基本供应和利用在空间上和时间上的不平衡,自然净化循环可通过水—水交换得以加速,并且可选择汲取大量储存于海洋中的水。利用量超过自然流的事实是一种地区性的特殊问题,其意义是大不一样的,反映不同的政治、制度、经济、环境和可得能源对增加流量和再利用的限制[2]。

当我们抛弃所有流动性资源具有某些由自然而不是人决定的独特再生能力的想法,并把有效流动性资源看作人类投资和集约利用的函数时,就不会对发生稀缺、耗竭和退化等问题感到奇怪了。当然,也不能怀疑有某种自然再生过程在起作用。但是,正如已说明的那样,对临界带的资源来说,为维持这个过程需要人为增加流量或进行需求管理;而对非临界带的资源(水、太阳能或风能)来说,则需要投资以将潜在的流动性资源转换成实际的供应源。242
换句话说,可更新资源的可得性依赖于调控供需的政治、制度和社会经济系统,而且这个系统决定可得流动性资源在时间和空间上的分配。正像矿产的生产和分配系统不能与各种社会目标保持一致一样,可更新资源的管理系统也不可能实现社会范围内不同团体之间经常相互冲突的目标。

流动性资源问题的实质

在一本这种类型的书中,显然不可能试图描述流动性资源可得性和利用的空间格局,或详细地说明供应和质量方面必然随时发生的诸多变化。稀缺、耗竭和退化问题已经存在,维系所有生命形式的生态的、能量的和生物地球化学的循环正受到干扰,这些都已毫无疑问(Holdgate et al., 1982)[3]。但这里主要关注的是解释为什么会发生这些问题,以及分析替代政策响应的恰当性。这里不企图考虑自然因果关系,而是要在社会经济、制度和政治领域内寻求解释。

众所周知,在20世纪60到70年代出现了大量的文献,确认了大量的个别资源耗竭和环境威胁问题,其中卡森(Carson,1962)、尼科尔森(Nicholson,1970)、威尔逊(Wilson,1970)、沃德和杜博斯(Ward and Dubos,1972)以及沃德(Word,1979)等的著作是最著名且广为接受的参考材料。许多著作的争论集中注意一种狭义社会透视的某一特殊问题;而另一些则报导了技术细节,表明环境系统的某一部分正诱发着特殊的自然变化或损害。这些报导一般都包含某种隐含的假设,即变化是不好的,因此,对其加以规范自然就是正当的。但很少对规范的社会经济效果进行评价,或对调控措施的政治、法律或行政可行性进行分析。更为普遍的是对此问题的处理过于简单化,明显倾向于假设把无数关注大致归结为“环境”就包容了某一基本问题的所有方面,而所有方面都可追溯到某一基本成因或一组相关成因,并要求一套政治响应。然而,可更新资源是在某种广泛的社会经济和政治环境下利用以完成多种政治目标的资源混合群体。在寻找可执行的解决办法时,把各种流动性资源关注聚而为一,在分析上会误导,在实践中则无用。

在认识到世界经济和环境系统的相互依赖性时,阿赫默德指出:

> 发展中世界紧迫的优先考虑构成了一套与发达国家极不同的环境问题……一般而言——并以过分简化为代价——可以说,发达国家的环境问题起因于消费和生产的那种过分纵容和浪费的模式,而没有考虑环境的负担;而发展中国家的环境问题是贫穷和欠发达造成的。(Ahmed, 1976, p.226—227) 243

哈多和萨特思韦特(Hardoy and Satterthwaite,1984, p.308)也表达了同样的观点,他们认为:在第三世界,这些关注并不是"西方通常所理解的'环境'问题",而是"贫困问题……以及政府拒绝(或不能)对付贫困的根本原因"。对于被马博冈杰(Mabogunje,1984)生动地称为"贫困污染"所引起的问题,不能要求采取与起因于"富裕污染"的问题相同的解决办法。在概念上区分四种主要问题,即稀缺、不确定性、福利分配和耗竭,尽管依然是一种高度的概括和简化,却是很有用的。正如我们将要看到的那样,这些问题没有一个是孤立存在的,每一特定的资源关注都包含所有这四种问题。但是,他们确实使我们能明确可更新资源利用和分配中大多数冲突问题的核心要点。

基线稀缺

这里的稀缺,在一种严格意义上首先是指这么一种形势,即基本流动性资源的供给不足以使人们在生命的“基线”标准上生存。供给的基线水准取决于文化。这个概念很简单,通常用来排除各种环境“质量”资源的短缺,他们尽管对个人很重要,但不能归入基本的人类需求。按这种方式定义,稀缺目前主要是第三世界的问题,尽管从想象上全球生命支持系统的破坏可使其运用于各个地方。毫无疑问,几种重要的流动性资源严重短缺已影响到千百万人的基本生存。土壤侵蚀和荒漠化现在已是一种广泛现象,导致农业生产力显著下降,尤其(但不限于)在半干旱地区[4]。

地区性的水资源短缺已影响到世界近50%的人口,不仅直接降低人们的健康和福利水平,还使增加农业产出的困难更加严重。此外,森林砍伐已引起严重的地区性薪柴短缺,而薪柴在很多欠发达国家仍然是重要的燃料来源,森林砍伐又是加速土壤侵蚀的一个重要因素。

244 **缺乏有效需求**

此类稀缺是由复杂的经济、社会、人口、制度和政治条件造成的,对他们也没有简单的解决办法。食物、水和木材有明确的使用价值,长期以来就是潜在的市场产品,即使在世界上最贫穷的地方也有确认的价格。但仅存在使用价值或价格并不能保证其足够的供应。这些问题部分是国际与区域分配的公平问题,他们直接类似于那些起因于矿产资源分配的问题。许多欠发达国家的消费者缺乏有效需求,从而不能使在服务于国内市场的矿产或加工方面进行投资;同样,他们也不能明确地表现出在现存的经济、政治和财政系统内扩大可更新资源流的需求。

此外,基线稀缺不能简单地通过投资水源供应、灌溉和其他增加资源产品可得性的技术方法加以解决。“绿色革命”的历史提供了充足的证据,表明技术和财政援助计划都必须伴随有社会经济、政治和制度的变化。正如费德(Feder,1976)、达斯古普塔(Dasgupta,1977)、斯图尔特(Stewart,1977)及其他许多人士指出的,从提高农业生产力中得到的好处常全都集中在相当少的当地精英手中,而那些最穷的社会群体仍然进一步“边际化”,无论从经济上还是从空间上说都是如此。当然,这种当地收入差距被“发展”加剧的过程与储存性资源的情况是相类似的,即从矿产开发得到的物质利益使城市政治精英受益,而广大人口的生活条件并无改善。

未纳入市场的资源产品

对那些历来未纳入市场,或就其性质来说不能上市的可更新资源,也会产生稀缺问题。吸收废物(固态的、液态的及气态的)而又不损害其提供其他基本服务能力的环境潜力,就显然属于这种类型。尽管这些问题无疑也会出现在发达国家,但总的说来,它们基本上不危及人类在基线标准上的生存能力或实际生存下去的能力[5]。

在欠发达国家,情形则大不相同。例如,水污染正威胁着千百万渔民的生存(Agarwal, 1983; Smil, 1984),也威胁到千百万其他人的健康。虽然一些污染物是工业产物,但大量困难是由于故意丢弃未处理的垃圾,以及垃圾及其他废弃物污染径流而引起的。哈多和萨特思韦特(Hardoy and Satterthwaite,1984)引用过波哥大河的例子,这条河流经哥伦比亚首都,接收一个500万人口的城市排出而未经处理的污水。在波哥大河下游120公里处,这条河流的大肠杆菌平均含量仍高达7 300 000个,而一般认为安全饮用水源 247

照片 10 和 11:缺水是世界上近一半人口,包括像秘鲁那样一些降水相对较多的国家中的人口生活中的一个事实。水资源稀缺问题并不是自然造成的,而是由于投资不足。在这个有 2.5 万居民的郊区,饮用水的供应每周三次,每次约三个小时。由于只有三个供水口,盛水容器的队伍早就排得很长了,然后还得长途跋涉运水回家。

照片 12 和 13:现在尼泊尔妇女必须到很远的地方采集薪材和为其家畜寻找饲料,因为农村聚落附近的森林已遭到严重破坏。森林破坏也加速了已经支离破碎地区的侵蚀。

照片 14:正如新西兰卡索希尔流域(Castle Hill Basin)的这幅情景所表明的,对土壤再生能力的过度利用不仅仅是欠发达国家的问题。砍伐森林、过度放牧和林火已使这个地区植被退化,并且倾向于加速侵蚀。

的含量只是 100 个!缺乏基本的基础设施以清除和处理所有形式的人类废物,这产生了在发达国家看来难以想象的城市环境问题。这些问题不仅需要稀缺的财政投资,还需要在管理体制、城市和经济增长模式及政治态度等方面有显著的改变。

经济稀缺

对经济学家来说,当现行价格上的需求数量超过供给数量时,稀缺就产生了。如果价格上升,需求量将减少,供给量将增加,直到再次取得均衡,才不发生经济稀缺。从某种意义说,第三世界基本流动性资源的稀缺是经济稀缺,因为人们能够支付的价格不足以提供刺激以维持供给。但是,在这种情况下,价格的上升只能改

照片15:对健康的危害如此触目:废水与饮用水、洗涤用水混在一起,为腹泻等流行病提供了理想的条件。 248

变市场内稀缺的表象,而没有触及——事实上还加剧了——供给与基线需要之间的差距这一根本问题。

当消费对生存而言并不重要时,所产生的任何供给短缺都可以通过增加供给和抑制需求来解决,而价格上涨是一种可行的抑制方法。在第五章里曾经指出,管制使美国的天然气价格保持在 249
达到供求均衡所要求的水平以下,于是经济稀缺产生了。而随着时间的推进,当对投资新供给来源的刺激也减少时,经济稀缺就变得更加显著。这种形式的稀缺在公共供水方面也普遍发生,尤其在生活用水和灌溉方面。当供给机构将单位价格保持在长期供给成本以下时,就有产生短缺的趋向,除非引入切实的配给措施,或采取大规模扩展供给能力的办法,由其他用水户或纳税人来补贴(Hirschleifer et al., 1960; Rees, 1976, 1982)。当然,应当指出,如

照片 16:这里展现的情况又一次表明一种危害健康的情形:径流受到污水及其他沿街道流动又未加覆盖的废物的污染。

果接受支付能力是正确的分配标准,那么价格的变化可以解决这样产生的稀缺,但也只能满意地解决在相互竞争的用户之间分配供给的问题。

风险及不确定性

第二种类型的问题——不确定性——具有完全不同的性质。它与缺乏知识、大量不可确定的风险,以及我们处理风险的不完善体制和经济机制有密切关系。

全球风险

科学家们多年来都在论证:人类活动已减少了生物的多样性,

改变了全球能量的收支平衡以及至关重要的生物地球化学循环。从人类中心主义的观点来看,变化本身并不是一个问题。一定的环境状态本身并无所谓好坏,自然系统一直在独立于人类活动随时间发生显著的变化。例如,凯洛格和施韦尔(Kellogg and Schware,1981, 1982)已清楚地说明,"自然"气候具有永远变化的特征。约在18 000年以前,加拿大和西北欧的许多地方都为冰层覆盖。事实上,在过去的至少两百万年时间里,此类冰期和我们正在经历的间冰期以10万年的时间间隔变换着。这些全球水分和热量平衡的自然变化使任何由人类引起的变化相形见绌,人类直到50年前才对自然有了一些次要的影响。现在成为问题的是,人类引起的变化是否与这一物种的长期生存相协调。正如奥赖尔登(O'Riordan,1983a, p.407)所说的,"看来我们确实不知道我们对生态、能量和生物化学循环正在做什么,这些循环以一种复杂的关系相互影响着;而且,如果这些螺旋式的限制力被打断,承受的临界值被超越,则可能相互加速退化"。

20世纪70年代环境运动的高峰时期,预言生命支持系统很快会崩溃的伪科学盛行一时,其基础常常是对自然规律或调节机制作极端怀疑的推断和猜想。今天,大部分科学家认为全球系统 250
更为健全,总体失效的可能性还很遥远,尽管普遍认为人为引起的环境变化可能有深刻的社会经济含义。例如,大气中 CO_2 含量的增加(图6.1)至少在短期内可促进植物生产率;但更重要的是,也改变全球能量和水分的收支平衡,以至世界气候格局要发生重大的变迁,而且海平面会上升[6]。

目前最乐观的预测表明,中东、非洲、印度和中国的广大地区可能不再是水分亏缺的地区,而北美和苏联的许多地区可能出现

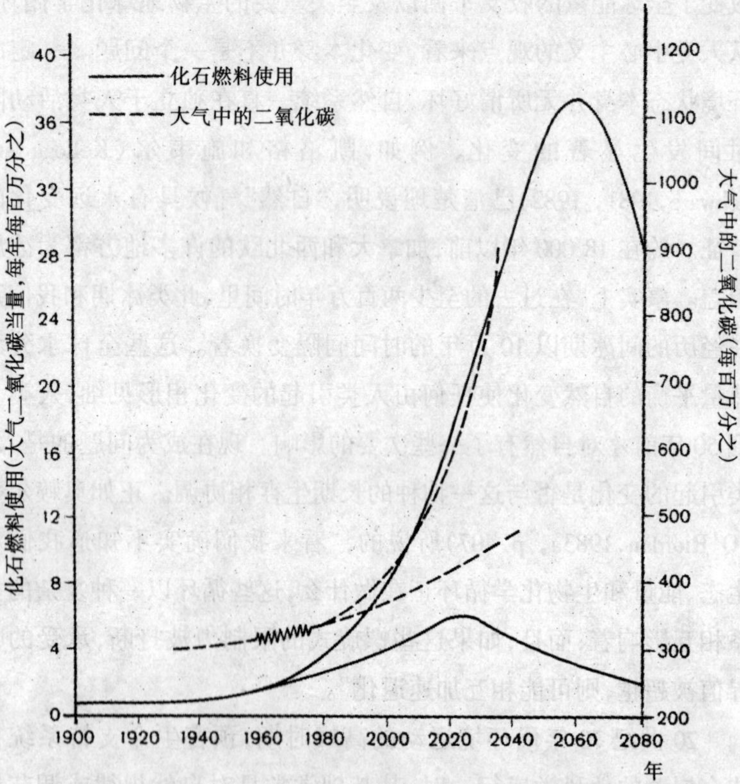

图 6.1 化石燃料消费和大气二氧化碳含量预测:增长率的最小值与最大值推断

资料来源:George M. Woodwell,"二氧化碳问题",《科学美国人》,238 卷,1 期,p.40 ('The carbon dioxide question', Scientific American, 238(1), January 1978, p.40.)。《科学美国人》版权所有。

干旱的情形(图 6.2)。想到区域水平衡这种如此不经意的改变,作为政治和经济系统显然不能具有的一种措施,很可能减少国际空间的不平等,简直令人啼笑皆非。

251 然而,这不过是多余的猜想。这里所关心的是,此类问题的解

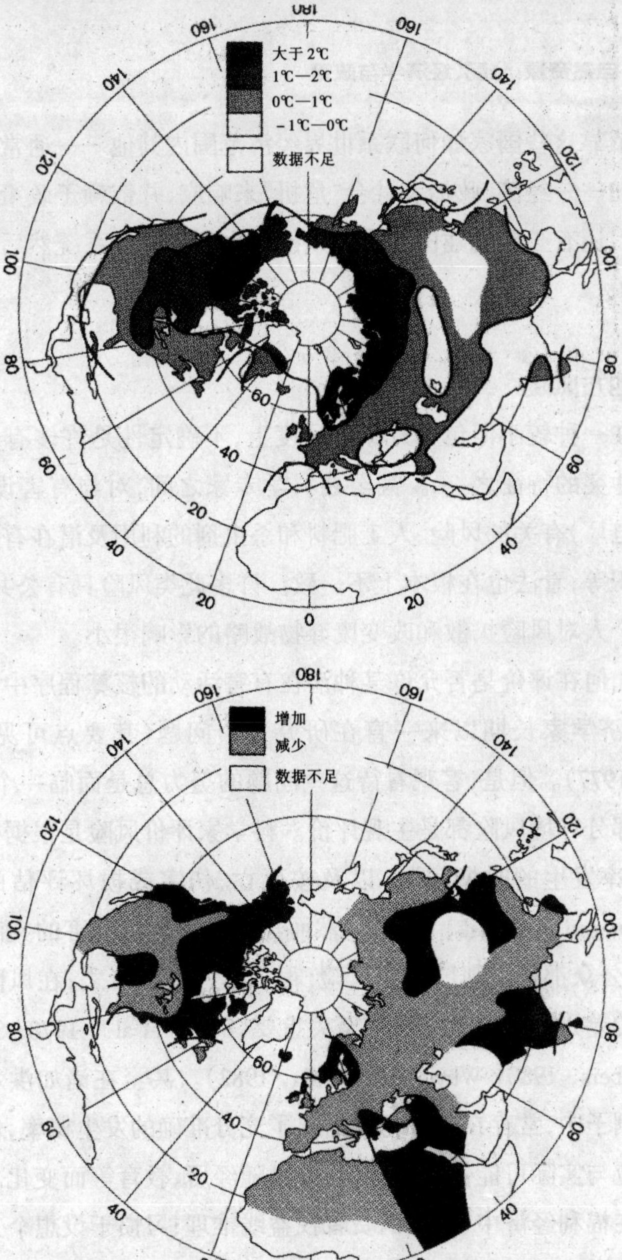

图 6.2　二氧化碳增温继续下的北半球温度变化预测(上图)和相应的降水量变化预测(下图) 252

资料来源:《新科学家》,1980 年 1 月 3 日,p. 16(New Scientist, 3 January 1980, p. 16)。

决将依靠这些国家如何联系世界经济范围内其他——通常是更为紧迫的——经济、政治和社会"危机"来响应,并依赖于政策将如何干预。还有必要创建国际机制以能作出利用环境系统然后加强之的决策。

地方风险

在一种较小但包罗万象的尺度上,不确定性是许多有关环境污染冲突的特征之一[7]。甚至在科学专家之间,对与有害设施(包括核电厂)有关的风险、人工肥料和杀虫剂的利用及潜在有害废物的堆积等,看法也在根本上不一致。许多此类风险具有公共性质,因为个人对风险扩散和改变废弃物战略的影响很小。

如何在评价是否允许某种潜在有害活动的核算程序中引入风险,经济学家长期以来一直在研究这个问题(其要点可见 Haveman, 1977)。但是,客观看待这些问题的努力总是面临一个障碍,即大部分环境风险都是主观评价。科学家评价风险是根据概率估算、概率发生的时期间隔,以及按死亡、伤害或损坏评估的结果(Burton and Pushchak, 1984)。然而正如关于自然灾害的文献所显示的,公众都是主观地感应风险,很少理性地评价之;在风险感应方面的差别对理解人类响应至关重要(Burton et al., 1978; Schwing and Albers, 1980; Whyte and Burton, 1982)。甚至在诸如洪水或旱灾的例子中,常存在各种记录给出了充分准确的发生概率,但个人的感应与实际可能性差别很大,并且随经历、教育等而变化。

在福利经济中,依据消费者权益线推理,习惯于设想个人的偏好和信仰(以适当方式扩大了)应该是决策的基础(Dasgupta, 1982)。这引起三个与环境风险相关的问题。

第一,当公众关于风险的信念是基于不完备的知识或对可能性的不充分理解时,是否将此纳入考虑之列?这对于低概率的风险(如核能发电厂的失效)来说特别困难。这不仅使大多数人难以将一个(譬如说1/10 000概率的)风险概念化;而且,如果个人对该事件没有经验,对风险的感应也趋于更不“准确”。然而,如果公众信念太不准确以至于不能加以考虑,那么是否有理由仅依靠“专家”的意见呢?达斯古普塔认为:“在许多情况下(特别是公众健康 253
受到关注的地方),环境保护很像一种恩德,因此政府可以只依赖大多数已知的意见制定政策”(出处同上, p.70);当污染者垄断了已被接受的专门知识时,就较难证明此种观点的正确性。在核电例子中这是一个关键难题,大部分专家在确保项目开发中是有经济利益的,这可保证他们的职位。

第二,如果将公众对风险可接受性的评价作为决策的基础,那么谁构成相关的公众呢?在我们谈论对生命支持系统风险的时间以外,个人被某一污染危害影响的概率不仅随空间变化,而且也是生活方式、就业类型和生理特征的一个函数。例如,空气中的铅对小孩有危害,而烟雾则特别影响那些已有胸腔疾病或心脏疾病的人。在这种潜在影响有差异的情况下,是否处在风险最大处的人叫得最凶?是否该国每个人都可平等地进入决策过程?那些不得不与灾害的威胁相处的人(例如,他们承受不确定性的代价),将不可避免地比那些不受直接影响而能持中立态度的人,更趋向于有较低的风险可接受性临界值。有人可能会认为,只要核电厂或核废料存放地集中在一处,核反应堆失效的风险或辐射性废物弃置的风险,就超过了便宜且有保障之电力的好处。

最后,既然每个人在风险感应及风险反感方面大不相同,那么怎样才能把他们的观点集中起来呢?已有一些发展集中技术的巧妙企图,其中之一是努力表明:如果风险涉及很多人,那么风险对于作为一个整体的社会可能是中性的(Arrow and Lind, 1970; Arrow, 1971)。这就方便地使不确定性的代价在评价中可以忽略。但是,这整个被设想为客观的集中方法,对于政治决策过程没有多大实际意义,而此过程实际决定污染风险的可接受性和空间分布(见402—420页)。

一旦确认某个风险,就须制定三个决策。第一,源于污染活动的好处是否超过风险?第二,在减少风险方面值得投资到什么程度?第三,如果风险事件实际发生,谁将去承受留下的不确定性代价及任何损失?在缺乏污染控制或规划机构的国家里,生产者的判断实际上将决定可接受的风险及谁承担风险。在已建立规范机构的地方,大部分决策将采取控制者和被控制者之间讨价还价的
254 形式,其中公众的偏好及信念只起很小的作用(见387页)。实际上只有在风险已成为显著政治问题的地方,个人对可接受性的观点才会纳入决策过程。所有这三个可接受性和分配选择都涉及不同利益集团间的权衡,其结果决不会是客观的,而是反映了流行的社会态度和社会上有效权力的平衡。因此,实际上大多数环境风险问题变得与财富和福利分配有关的那些问题不可分开。

福利分配

这就自然使我们提出第三类问题,即福利分配问题。可更新资源各种形式的退化都产生实在的经济和福利损失,这些损失包括对人类健康的损害,农业、渔业或林业产出的减少,水处理费用的增加,建筑或其他材料的加速贬值,以及作为审美或休闲资源的

特殊环境价值的下降。另一方面,避免或减少损失决不是无需成本的过程(见 279—280 页)。那么,归根结底的基本问题是:如何把这些各种不同的费用和损失在社会不同集团之间进行空间和时间上的分配?换句话说,根本的关注是收入、财富和福利的有效分配。

对一些污染形式来说,有关的费用被明显地从一群人转嫁给另一群人;家庭固体废弃物运至几英里外的垃圾场,不再影响污染者。在其他情形中,危害性的流动更加复杂,污染者或多或少要分担损害和风险。工业企业家把废物排入大气或当地水道,自己也遭受其害;但通常是作为个人,如家庭成员、快艇主人、垂钓者或鸟类爱好者感受到的。同样,居住在高密度交通区的小汽车主将一定量的铅排入大气中,这可能影响他们自己小孩的健康。污染的代价流不仅涉及人们间的财富转移,而且也改变每个人可得到的环境产品和服务的构成。同样,减少污染的费用和效益的分配方式也可能改变相对收入水平,并影响不同家庭获得的商品组合。

我们关于破坏程度及其在人们间分配的知识仍然很贫乏,而对关于所减少代价的分配,以及从污染控制或合理资源供应得到的好处的分配,知道的就更少(Berry, 1977; Dorfman, 1977; Pearce, 1980)。已有的证据确实表明,有形污染的分配本质上是倒退的,而这并不意味着控制污染的花费将对实际收入的分配会有积极的影响。这在很大程度上取决于社会不同集团对较清洁环境所赋予的价值,取决于谁来承担控制污染的费用。

尽管污染损失正在发生这个事实无可争辩,但对这些损失是 255
否重要到足以使控制污染的费用值得付出,仍然是一件有争议的事。在这些争论中,没有任何简单而明显正确的解决办法是可以通过采用综合的、客观的及设想不受价值观影响的科学评价所能找到的。问题最终归结于判断,所领悟的正确解决办法将因人而异,反映其不同价值观和利益。利用某种伦理美德气氛来鼓励控制污染和保护风景或野生生物是很省事的,但如果其结果隐含着某种实际收入再分配的倒退,那么“人们会实行控制和保护”决不会成为公理(在第九章讨论环境压力团体活动时将更详细地处理这个问题)。实际上,正如桑德巴赫(Sandbach,1980)与施奈伯格(Schnaiberg,1980)已指出的,把环境质量和可更新资源保护的问题与更为广泛的社会福利分配公平问题分开是不可能的。

资源耗竭

最后一类问题是资源耗竭。这类问题可部分归入前几类问题,但单独处理之是为了强调以下事实:从人类中心主义的观点来看,耗竭和稀缺之间并无必然的同一性。在某些情况里,如地下水、森林或土壤肥力,耗竭确实产生供应短缺问题。但是,稀缺是一个文化概念,且隐含着对特殊财货与服务的需求;如果存在替代品,则耗竭甚至整个流动性资源的耗尽,并不一定意味着稀缺。举一个极端的例子:英国狼的灭绝就很难认为是稀缺问题,因为除了一些保护主义者外,没有多少人把它当作有价值的资源。如果可轻易找到替代能源,则天然气储存的耗竭就并不重要。同样,如果可保证有足够的替代食物供应,则鳕鱼储存的耗尽就不成其为问题了。这就出现了一种可能性,即如果新的资源可望取代所关注的流动性资源作为财货和服务的供应者,则耗竭可能成为一种理念上的策略。当然,这种思路对生态学家来说是十分厌恶的,他们认为天然自然系统的多样性对人类长期生存至关重要。这种思路也受到那些认为鸟、鱼或动物有固有价值的人，以及那些认为所有生命物质都有生存权的生物伦理学派作家们的抵制。

可更新资源问题的原因

在20世纪60年代和70年代早期的环境文献中，从不同角度分析研究的作者们揭示了多种多样的基本问题成因，其中有五个尤为流行，即人口压力、技术变化、经济增长、市场失效及伦理信 256
念。典型的做法是从中选出一个作为主要成因，然后由此推导出一套预想单一政策目标下的解决办法。

人　口

许多作者把人口压力看成是根本成因，并呼吁"人口零增长"甚至更为极端地提倡"独生子女家庭"（Ehrlich and Ehrlich, 1970）。因此，控制生育及流产自由化被看成为有效的解决办法。但这些办法不一定在政治上或道德上可接受，除了这个事实外，人口数量显然只是流动性资源财货和服务需求水平的一个方面。如果那些剩下的人在物质繁荣方面欲望增长，那么稳定的甚至下降的人口也不能防止耗竭、稀缺及环境退化。这可用西欧加以清楚地说明，在那里人口稳定或低增长率已成为近20年的特征，但这既没阻止北海鱼类储量的耗竭，也没有防止污染。

欠发达国家人口控制计划的一个首要目的是提高（或至少是维持）生活标准，那么怎样才能使之与采用这同一机制以减少需求对资源的压力相一致呢（Schnaiberg, 1980）？如果少生一个孩子所多出来的产品仅仅被家庭增加其人均食物、木材或水消费而占有，那么资源利用形势就不会变化。此外,随着物质财富的增长,人们开始需求对自然系统施加更大负担的财货和服务;例如,食物结构由谷物类向动物蛋白类的转化意味着需要增加土地生产率。很少有人[8]否定人口控制计划对解决欠发达国家的稀缺和耗竭问题是合乎需要的甚至是很重要的,但同时又只能将他们看作是其他社会和经济政策的一种附属物。此外,减少人口增长率对克服不确定性和福利分配问题的帮助不大。

技术变化

另一群分析家把所有可更新资源问题归因于技术变化的速度及其对环境无情的性质。通常认为,新技术比其所取代的技术具有更大的破坏性和污染性(Commoner, 1972a, 1972b)。无疑,大批量生产技术、包装水平的提高、复杂加工品的生产、能源密集技术及"非自然"合成物质的开发等,所有这一切都增加了对自然系统
257 的需求。但必须记住,传统的生产技术也可引起耗竭和污染。土壤侵蚀、荒漠化、水分稀缺和森林退化等并不需要复杂的生产方法,正是这众多的基本传统技术,正在以一种与自然更新循环不相协调的规模被应用着。

所有形式的生产都涉及对环境资源的某种利用,是否有耗竭和损害后果取决于利用强度。现代方法是否比过去的技术有更大的环境破坏性?这个问题部分取决于所关注的论题是自然系统的哪一部分。当石油或天然气代替旧的能源——煤或木材时,对所有环境媒介的总体破坏[9](所消耗的每单位能源)并非更大,这一点至少是可以争论的。常以同样的方式宣称,新技术比过去使用的技术含有更大的风险和不确定性。然而,这是一种主观判断。风

险的性质无疑已经改变。技术发展创造出发生可能性更小、但因而潜在破坏性更大且扩散效应更广的风险(Burton and Pushchak, 1984)。就生命损失和工作质量而言,可以认为核电生产比采煤风险更小。也有一些技术比其所代替的技术明显具有更小的破坏性;当污染物和污水处理代替直接往河中排污、污水池和化粪池时,健康风险和污染就明显地减少。技术变化使一些流动性资源问题加剧,但它将继续为另一些问题提供解决办法。

经济增长

然而,把技术看作是独立"原因",分离于驱动它、反过来又被它驱动的经济增长,这是没有意义的。增长和新的投资促进技术变化,这反过来又产生新的市场机会,而后又促进增长过程(Rosenberg, 1976; Layton, 1977)。这就向我们提出了环境问题的第三个普遍成因,即按照物质标准衡量的经济增长步伐。普遍提倡的解决办法是停止增长,或至少重新限定之以包括"生活质量"等变量(Mishan, 1976; Tsuru, 1972)。

这个成因有三种显然相关的立场。第一,认为经济增长与本质上是封闭的、有极限的自然系统不协调(Daly, 1973; 又可见第八章,323—326页)。第二,认为政治家和经济学家都被短期经济增长所吸引,这歪曲了整个生产过程,趋向于根据目前偏好和收入水平来衡量的物质产出最大净产值。这损害了时空分配的公平, 258
不仅忽略了后代人的需求,而且也否定了当代消费者不可上市的生活质量财货和服务。就长期来说,对实物增长的一味追求将减少而不是增加真实社会福利。

国民生产总值与社会福利

争论中的第三种立场所关注的是:采用国民生产总值(GNP)作为经济福利的一种度量。国民生产总值指的是在一个经济系统内所生产的全部财货和服务的市场价值。作为一个概念,它是以市场系统内的财货交换为依据的。任何非市场产品和服务(无偿家庭劳动、自惠的服务、家庭生产的蔬菜等)都被排除,不合意但无价格的环境和社会代价,如污染、栖息地损失、犯罪、过分拥挤或精神紧张等也被排除。可笑的是,某些此类无利活动的增长实际上还可以增加 GNP:更多的犯罪必需更多的警察力量,污染的增长可增加对药物治疗的"需求"或增加净化机构,等等。

要把 GNP 的增长等同于人类福利的增长,需要三个基本而堂皇的假设:第一,实际所有的财货和服务,包括无利润的,都必须标价而且包含在市场交换系统以内。这显然未被实行,而它尤其与可更新资源部分有关,环境"服务"是很少纳入市场的。第二,消费者应有主权,不受生产者的束缚,自己决定所有商品的价值;这其中固有的问题已讨论过了(见 132—133 页)。既然在现代工业社会中"生产者具有更大的权力和影响"这个结论难以避免(Scitovsky, 1976, p.5),那么市场价值、市场上商品和服务的获取,往好处说也只是与消费者偏好仅有微弱的关系。

最后,在个人生产的实物产出、他的财富与事物对他的使用价值之间,应有一种直接的关系。这同样也没有实现,获得的收入和财富就不是同一回事,而且一个人能够支付的东西并不一定正确反映使用价值。正如马克思所说:

> 一旦人类劳动(以其直接的形式)不再是财富的伟大源泉,劳动时间也将不是并且必然不是财富的度量标准,交换价

值也必然不再是使用价值的度量标准。(引自 Tsuru, 1972, p.12)

无论何时,只要用支付意愿来评价从产品和服务中获得的实际利益,总有无力支付的问题。

关于 GNP 的缺陷,关于经济福利的类似市场价格度量的缺陷,现在已有大量文献,而且已作出许多努力以设计出更有意义的"真正"福利指标。然而,这些对实际计算 GNP 增长的方法,或其 259
作为感受政治目标的中心作用,影响甚微。困难在于:揭示市场价值不适当比设计一个度量真正福利(包括噪音污染、景观变化或特殊动物物种损失等不利方面)的系统要容易得多(见 341 页)。

"非增长"的含义

对一些分析家来说,经济增长本身就是所有资源问题的基本成因,因为无论其如何度量,他们都包含了消费增加,因此也更增加了对地球资源基础及其生命支持系统的需求。但是当应用于第三世界国家时,这里隐含的"非增长"办法就言不及义或者缺乏道义上的合理性。首先,为使那些生活在仅够生计水平的人继续生存下去,就不得不有某种增长,除非人口增长也降为零。非增长只会使千百万人沦于仅在物质水平上生存,这是难以接受的。此外,当目前的利用强度已经超过环境的自然再生能力时,它不能解决业已存在的问题。

新马尔萨斯主义作家,设想"太空地球"不能在一种持久的基础上支持即使是按目前水平消费的当前人口。从这种设想出发,他们认为欠发达国家生产增长的努力应当停止。例如,埃利希(Ehrlich,1970b, p.64)一贯坚持这个观点:"我们将不得不认识到

这个事实,大多数国家永远不可能实现工业化,对其工业化给予援助是无用的。"此外,他寻求一个理想的"半开发"状态:

> 肯尼亚、坦桑尼亚及其他一些非洲国家,可为世界提供一种无价财产:关于过去的窗口,当时大量人类以外的动物漫游在地球表面。他们还可提供一种具有生命多样性的生物保存地,这些生物保存地将是价值无穷的,因为人类企图对这个行星上已退化的生态系统火上浇油。这些地区及类似区域可作为来自这个行星上更狂暴工业化部分人们的休闲和居住中心。他们也可作为文化多样性的见证者,作为特别保护区以能允许人们维持其传统生活方式。(Ehrlich and Ehrlich, 1970, p.313)

这种争辩的基础在于它对许多传统社会里的实际状况有一种高度浪漫的看法;也忽视了有关人群可能对他们自己的命运有完全不同的见解这个事实。正如萨克斯(Sachs, 1972, p.128)所说,它以如此的方式操纵这一文化多元论的概念,以至于提出了类似于动物园中观众和动物间关系的一种国际劳动分工。为维持如此一
260 种把生态和文化游艺公园中人口与资源间设想为正确的平衡,目前居住在那里的人口数量不得不陷于(假设允许的话)马尔萨斯的方式,以饥饿和疾病来充当"自然"调节的机制。当然,这种道义上令人厌恶的策略是帕多克斯(Paddocks, 1967)提出的,他说应采用"区别对待"的医学概念。没有希望的病人不给予帮助,允许他去死,这是为了集中资源到成功可能性最大的地方。

米尚(Mishan, 1967)、霍德森(Hodson, 1972)、戴利(Daly, 1973)、舒马赫(Schumacher, 1973)及其他许多人把狂热增长、物质渴望与

过量消费看作是伦理价值误置的反映,这种观点应用于富裕的工业社会有更为直观的感染力。当增长的结果是生产电脑游戏机,建造美丽的厅堂和享受精美的餐饮时,不考虑增长的需要是容易做到的。但需要是一个相对而不是绝对的概念。尽管在发达国家收入和财产的差别不很明显,而且福利计划某种程度上也在减缓赤贫,但相对贫困者仍然感受到其不利的地位。除非非增长政策伴以在国家和国际尺度上都进行大规模的财富重新分配,否则大多数人都不可避免地将要求享受财富带来的富裕机会。非增长形势将产生更多的"真正"社会福利的观点,包含着各种关于福利不仅在目前而且在将来实际上对个人意味着什么的价值判断(Abrams, 1974; Cotgrooe, 1976)。不仅个人要做出不同的判断(此判断会引发人际对比的问题),而且所有的评价都依赖于目前社会、经济和政治的关系。

不能否认更高水平的消费将不可避免地对资源施加更大的压力。此外,如果消费增长是通过服务而不是物质占有,也不一定减少这些压力。有一个目前很流行的观点认为,资源问题将在"后工业化社会"减少,因为物质消费达到了享受的顶峰。但这方面的证据很少,正如施奈伯格(Schnaiberg, 1980)指出的,新的服务需求只会趋向于增加老的物质消费。此外,许多新的服务需求加强利用环境质量资源;这显然最适用于户外娱乐、海外旅行及景观或野生生物的保护方面。大多数人会接受增长是目前资源耗竭和退化的一个因素,但这个认识远非把非增长接受为一个道义上、政治上或经济上可行的政策选择。

市场制度的缺陷

261 当把增长问题看作为一个 GNP 计算问题时,持续增长的合理性不会受到挑战,但必须重新引导它来保证在人类福利方面实际产出的真正改善。这个思路实际上就对我们提出了导致环境问题的第四个普遍成因,即市场制度的不完善、不完全运作。

外部性概念

外部性概念是传统经济学处理可更新资源耗竭和退化问题的中心。外部性(或外部成本及收益)直接就是在做个人决策时所有未被个人考虑的经济或社会活动的无补偿副作用。"无补偿"这个词很重要,因为它排除了在正常市场交换过程中的所有外部成本和收益。例如,如果两个家庭竞争要买一幢特定的房屋,最终买者对那笔财产的所得将产生引起另一家损失的副作用,但是至少在理论上,后者由于保持了购买的费用而得以补偿。外部性仅发生在当一种活动的副产品引起其他人的市场外成本或收益时的情形中,而这又没有通过现金或商品交换得到补偿。当生产者或消费者基于其本身的个别成本和收益制定利用决策,且允许忽略其行为的外部效应时[10],利用模式与社会乐于接受或优化的模式差别很大。

在任何社会系统内,外部性是日常生活的普遍特征:在拥挤房间里吸烟,在图书馆谈话或在凌晨 3 点操鼓都是明显包含有外部成本的例子。规划控制、建筑分区或把列车分为吸烟区及无烟区、晚上禁止使用汽车喇叭,是努力减少个人行动的社会代价的少数几个例子,但许多类似的外部性问题不够明显或太昂贵而难以处理。

当外部性概念首先被用来分析经济关系时,就倾向于假定大部分新产品和服务都纳入市场交换体系,假设无补偿的外部成本只是例外而不是规律。然而很快认识到,在可更新资源方面,外部性是无所不在的,是我们经济系统在处理商品的生产、消费和处置循环方式上一个不可避免的结果。只有那些直接用于生产和消费的环境商品和服务才标价并纳入市场。无用产物返回环境的反向流却被系统地忽视了。环境吸收和改造废物的有限能力是没有价值的。

对反向废品流重要性的认识基本上应归功于现在已成为经典 262
的博尔丁(Boulding,1966)论,他指出消费不是经济系统的"最后活动",实际上废物处理才是。根据热力学第一定律,物质既不生也不灭,仅随利用而改变形式。因此,在物质生产和消费过程的每一个阶段,物质都重返到环境系统中(图 6.3)。换句话说,由于返回流(残余物)的加入,经济系统变成是封闭的了,要持续就必须保持物质平衡(Ayres and Kneese, 1969;Ayres, 1972)。物质平衡的思想不仅是要清楚地认识随处可见的废物生产和外部性问题,而且意味着注意力必须从废物处理转移到废物的减少和重新利用。此外,不能有意地将水、大气、海洋或土地污染看作是分离的问题。例如,如果企图阻止污水排进河流,则同量的废物就会排放进环境系统中别的地方。

纠正市场缺陷

当市场在解决外部性问题的失效被认为是可更新资源问题的"成因"时,答案就显得简单了。通过保证所有的资源产品和服务,

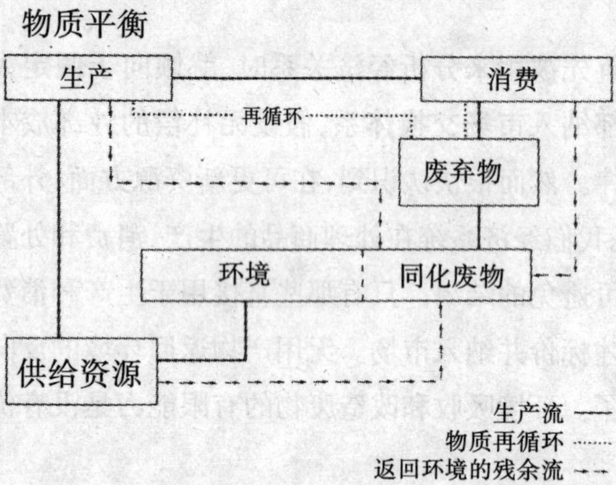

图 6.3 物质平衡

资料来源:Rees, 1977, p.314。

包括环境同化废物和为所有生命物种提供栖息地的能力,都标价并纳入市场交换系统,所有的资源(储存性的和流动性的)就会分配得使其净使用价值达到最大。这种市场效益方法概念上的困难在第四章已讨论过了,而且在第七、八章评价控制污染和流动性资源耗竭的经济策略时将更详细地加以评论。在现阶段仅需要指出,纠正市场失效的纯理论简化掩饰了几个关键的政治、社会、实践和伦理限制,这些限制可成功地解释:为什么大多数经济学家看待流动性资源和环境问题的方式与所有其他人(包括那些负责实际管理决策的人)所采用的方法之间有很大的差异。

我们的经济制度在考虑资源利用所涉及的全部社会代价方面的失效,对环境系统的耗竭和退化负有责任,这已没有多大疑问。但是从这类分析而得出的经济政策药方,不能解决由于不同利益团体的价值和志趣冲突而产生的那些基本的问题。实际上,也不能解决代际公平和保持可持续发展模式的两难境地。

伦理信念

263 最后一个普遍认同的可更新资源退化的成因与人类的基本伦

理信念有关。对此有许多种看法,但基本上只表达了两种相互关联的观点。第一,在“先进”文化中占优势的宗教和政治哲学,把人类想象成与自然分离且高于自然的(Tuan, 1974; Cotgrove, 1982)。许多“传统”的社会没有这种情况,他们认为自然、人类和上帝是相互依赖的,人类与自然界和上帝分不开。在“人类高于自然”的哲学中,环境成了提供产品和服务的一种集成,以满足人类而不顾其他物种的权利。此外,一种广泛流行的信念认为,自然是可驯服、可征服来为人类眼前需要服务的,而未充分注意对复杂而相互作用的生命支持系统的长期影响。第二,人类天生就目光短浅,根深蒂固地偏向于已知的当前,而不顾不确定的未来。这意味着社会、政治和经济的决策不可避免地要倾向于当代人的需要,其结果就是不管后代人的潜在需要。

这类争执已被一群大异其趣的分析家推进了。生态学家倾向于强调人仅是全球生态系统的一个成分,而经济学家长期关注眼前利益问题。在这两种情况中,争论本质上都是以人为中心,态度的差别在于有必要让人种延续下去或给后代人以平等享受地球资源的权利。然而,其他一些学者,如佩德拉(Pedlar, 1979)和洛夫洛克(Lovelock, 1979)认为,植物、动物、甚至岩石都有生存的权利,这与人的愿望截然不同。人的愿望是,之所以要保证他们的生存,是因为他们为人类提供或可能提供某些服务或美学满足。很难将这种推理继续至很远,因为它是一个人类的概念,是道德判断和推理 264
的一种产物。正如弗莱希曼(Fleischman, 1969, p. 26)所指出的,自然界并不关心生物伦理,“自然界将不在乎美洲鹤或雄鹰……保护是建立在人类价值系统基础上的。其有效性有赖于人类的状况及人类的关怀。”

实际上,自然保护运动中“哲学变化学派”的支持者不过是另一群在利用稀缺环境资源方面的利益集团。此外,基于我们反生态文化抽象概念的关于改变态度的呼吁,也与寻求解决资源耗竭和环境质量问题的可行办法关系不大。

所有这五个原因都对问题提供了某些见解,但很明显没有单一的成因,或没有放之四海而皆准的万灵药,我们也不指望有。

公共财产问题

除以上讨论的五个普遍的问题成因外,许多分析家还继续指出,因为其公共财产的特点,可更新资源还产生了特别尖锐的、难以克服的困难(见58页)。

国际公共财产资源

在全球尺度上,生态系统本身及所有包含在其中的生态的、能量的各生物—地球化学的循环都表现为最明显的公共财产资源。当利用维持在系统的自然吸收或调整能力以内时,无控制的自由进入不一定构成问题。但一旦超出这个限度,继续利用就将使每个人遭受损害代价,无论任何个人对这些代价的贡献如何。除非我们退回到科学幻想中,并设想一个强有力的世界政府承担全球生命支持系统的有效拥有权,且控制人与环境相互作用的各个方面,否则他们将保持公共财产的性质。个人利用决策将继续忽视有关的社会代价,而且将产生退化问题。

同样,对全球内的次级系统如大气、海洋、迁徙鸟类和鱼类,达成国际协议也有必要,他们都全然不顾人类人为的国家主权界线而延伸至广大的区域。正如欧洲经济共同体公共渔业政策的7年争吵,以及国际捕鲸甚至更长时间的争论所说明的,协议绝不是可以轻而易举达成的。尽管每个国家可原则上同意准入限制和产生控制是必要的,但是他们也不可避免地力图把他们自己承担的有关代价降低到最小程度。甚至在那些已签署承诺协议的领域,也存在严重的实施问题。

在海洋渔场的情况中,对国际公共财产问题可采用一种供选 265
择的方法,个别国家借此来维护和保卫(必要时可用武力)专有的国家进入权[11]。例如,爱尔兰已宣布了200英里的专有经济带(EEZ),在此范围内,禁止外国渔船进入,国内捕鱼也受到控制。同样,在1976年的"渔场保护和管理法"下,美国宣称在其EEZ内有管理渔场的专有权,并对国内外的所有渔民强加一系列关于捕捞吨位、捕鱼季节、允许的工具、渔网大小等的规则。正如扬(Young,1981)指出的,实施这些规则的费用(每年两亿多美元)及有关的问题是令人畏惧的,然而对只有有限海上防卫和空中防卫力量的欠发达国家来说,困难更大。例如,据最近报道,尽管毛里塔尼亚人努力在其EEZ内对捕鱼实行控制,但是"对海上资源有组织的掠夺实际上继续有增无减,因为来自欧洲和亚洲的超现代化捕鱼船得到了毛里塔尼亚商人和政府官员的默许"。(Guardian Third World Review, June 1984)从继续开发中得到的短期利益,远超过因非法捕鱼而被捕的极小机会和因此而被罚的小数目罚款;此外,他们为官员腐化堕落提拱了一个强有力的刺激。

当产生份额分配协议或宣布单方面管辖区域时,从某种程度上说资源不再是公共财产,而受制于很不完善的所有权和控制形式。然而,在个人利用者的尺度上,他们仍然是公共财产;仍然存在对可得流量的竞争,而对保护的刺激将取决于控制法规的适当性和实施的有效性。正如很多作者所指出的(Holt, 1975; Young, 1981; Mitchell and King, 1984),过去的法规所达到的记录并未给人以深刻印象。

另一种更为不同形式的国际公共财产资源出现在特殊物种或栖息地只在一、两个国家发现,并被国际保护团体赋予很高价值的时候。塔斯马尼亚西南独一无二的荒野区域、大熊猫及东非猎兽物种都属于这种类型。这引出了两个相关的问题。第一,国际保护利益对此类资源的评价就优于国家或地方可能不同的评价吗?第二,如果要保护,谁得到有关的机会?谁承担有关的控制费用?

关于塔斯马尼亚水电委员会计划在哥登河建坝的争论中,该国州政府持这样的观点,即从此项目获得的工业增长及就业效益要超过野生资源的保护价值[12]。这种观点与澳大利亚国家政府或世界保护利益并不一致。此类价值和利益上的分歧引起重要的公平问题。为满足他人的利益,澳大利亚最不富裕的一个州是否应
266 放弃潜在的发展?同样而且更明显的公平问题出现在非洲野生生物的保护上。保护不仅意味着那些地区不能用于农业,而且巡视保护区以防止偷猎的费用也是很高的。让国际野生生物利益集团承担这些费用,而不是让不发达国家的政府承担,这至少是可争论的。

国内公共财产资源

当我们转向空间上局限在国家范围内的流动性资源时,公共财产的特性部分来源于惯例而不是资源自身的自然性质。当随时间而发展的财产权制度允许许多利用者自由进入的时候,就会产

生这种情况。例如,在英国公共法律制度下,为供水目的或排放废物而利用水的权利,是通过拥有毗邻的或上游的特定水路而获得的,而历史上对公共土地的放牧权则是通过居住在某一特定社区内而取得。同样,在美国,公共土地的准入一直取决于政府的批准,而且通常限制特定的使用者类别。例如,在国家公园里,只允许被动的娱乐形式而一般禁止其他的使用形式。应该指出,大多数国内公共财产资源的准入不是(将来也不会是)对所有人都自由的,而是通过习惯法、公共法令或立法限制在特殊的使用者阶层。

具有多种用途的资源表现出一种更为不同的公共财产性质。尽管一个特定的土地拥有者可能有绝对的财产权,但他可能不是唯一的因其土地经营方式而获益的人。一片森林下的土地不仅为其主人提供潜在的木材产品,而且对其他人也很有价值,可作为一种视觉审美、一种娱乐资源、一块野生生物的栖息地、一种土地侵蚀障碍或水流调节器等。由于其主人一般都会有某种开发利益(如农业或木材生产,或投机性建房),而其他人希望他全部或部分地放弃以使资源保持对他们的价值,这就会产生一些困难。

当所有权与使用者分离时,随时会出现更进一步的外部性问题。如果租赁安排仅给了一个有限时期的使用权,那么使用者很可能努力使目前的产出达到最大,而忽视土壤或森林的长期生产力。换句话说,租用者在其使用权期间只会关心他们自己的个别成本和收益,而忽视其行为的长期社会代价。

矿产部门的公共财产问题

尽管经常认为公共财产问题仅出现在传统上更丰裕、且一般少有商业价值的流动性资源上,然而并不完全如此。在许多国家,

267 法律系统也不能给一些特殊的储存性矿藏提供私人专有权。例如,在通过土地所有权取得开采权的地方,许多公司有这么一种倾向,即购买一片土地,然后争相尽可能多地为自己采掘矿产;美国早期石油和天然气工业的开发就是这种情况的典型例子。在此条件下,少有生产者从其活动中获得许多利润,主要的受益者是原来的土地拥有者,他们从土地买卖中获得大量不劳而获的经济地租[13]。当一个公司(有时是公共所有企业)有效地买断所有的竞争时,或当合作的好处很明显从而签署联合生产协议时,非专有开采权所引发的问题有时就得以解决;当仅涉及少数几个企业时,后一种情况更容易实现。在另一些情况下,政府强迫合作。比如,美国大多数州政府都建立了调节机构,而在北海的英国部分,石油公司在其特许条件下要求基于某种联合开发各自分开的储油结构。

一个重要而且仍未解决的公共财产问题出现在海底锰结核的开发上。为使其冒险具有商业上的合理性,每个公司都需要大面积海域的专有权;但在领海之外,这就需要对适当的权力分配系统有一个国际协议。如果允许公司坚持“先到者优先”的基本原则,那么开发的收获不可避免地仅为技术先进的国家所得。如果通过军事力量,利用国内政府管辖正被自己公司开发的区域来保证其权利,也大致是同样的结果。一个进一步的选择是在海岸国家之间划分海底,正如已经划分的大陆架一样;但对于那些内陆国家,对于那些拥有相对短狭的海岸线又与具有潜在生产力的海洋接界的国家来说,这显然是不能接受的。

一个可选择的建议是,由一个国际机构来发放专有开发执照,但这也不能解决问题,仍留下一个根本困难,即要设计一个被所有国家都认为公平的分配系统。不可避免地,只有那些发达国家才有实际开采锰结核的技术，而且最终会有三个非常突出又不得不回答的问题。第一，怎样保证那些具有技术能力的国家的开发权？第二，他们将准备放弃多少来自开发的经济地租？第三，对这些释放出来的地租款项，以什么作根据在无生产国家中分配？除非回答这些问题，否则有潜在价值的资源只能大量保持在未开发状态。当1982年4月第三届联合国大会关于海洋法的第十一轮会议最 268
终采纳一个草约时，在达成国际协议方面似乎又迈进了一步。本来可以建立一个国际发照机构，利用它的经费和矿区使用费为第三世界提供援助。但是经互会及六个欧共体成员国都放弃了（这实际上剥夺了整个联合体的权利，因为某个主要成员必然坚持保证欧共体参加的条约），而且美国也投票反对这个条约（Johnson，1983）。这意味着整个系统难有机会实施，因为大多数有技术和资本从事开发的国家不是协议的参与者。

外部性问题

公共财产和多用途资源的存在产生了三个相关形式的外部性问题。第一个的出现是因为存在外部效益。从表面上看，私人行动可为他人创造所得福利的可能性看来是一件好事。但实际上它意味着，如果私人成本超过任何私人所得，那么就不能刺激个人在扩大流动性资源计划或提供环境服务方面投资。总的社会收益超过有关的费用这个事实对个别决策者来说没有多大关系，它不能保证外部受益者在提供这些费用上会有贡献。

每当商品和服务不管人们是否需要都流向他们时，当人们提供的设施不能阻止这种流动时，就基本上会出现外部收益。他们出现的场合范围很广。比如,农场主或林务员会不愿放弃为保留对他人有价值的树木、树篱或沼泽地而遭受的损失。景观美感,野生生物栖息地保护及径流率减少方面的收益可能超过生产的损失,这一事实在决策过程中起不了什么作用或根本不起作用。同样,私人从洪水控制、野生生物禁猎区或娱乐区中所获得的可能少得不足以鼓励他们提供什么投资。同样,一个含水层或商业渔场的个别利用者也没有动力在任何人工储水或渔场补充计划上投资,除非他们有某些阻止别人获取投资回报的手段。此外,如果有足够多的个人认定他们能够不用分担成本而分享收益,那么个人的集体行为也会被排除。为防止此类"逃脱",一个社区,需要建立强有力的社会组织来逐渐灌输集体责任感或意识。这类对自私行为的"道德"检查在小规模的传统社会里曾经很普遍,但在发达的工业化经济里却大大减少了。

第二和第三种形式的外部性问题都涉及溢出费用,这在个人决策者中是可忽略的。他们之间的划分界线有点模糊,但是,虽然如此,仍有必要区分**交互外部性**与**转移外部性**。

269 在交互外部性情形中,一种公共财产资源的所有利用者都向大家,包括他们自己,征收了费用。例如,如果若干企业和农场主竞争着以超过自然补给的速度向含水层抽水,那么超量抽出的每一升水都将增加每个人的抽水成本。然而,当其各自的抽水成本比超额水的价值高时,每个人只有控制使用。所有使用者都懂得,他们是在利用一种正在耗竭的财产,但是除非每个人都同意采用相同的保护措施,否则每个人都要承担限制抽水的费用,同时限制抽水所产生的任何利益都将被分享。此外,如果其他人利用这种形势,而且只是增加他们的用量,就不能保证利益的实际自然增长。交互外部性问题同样可以发生在公共土地、渔场及野生生物的开发上。在所有这些例子中,个别利用者可能忽略其利用对资源耗竭的作用,也不能增加供应或控制他人的行为[14]。除非控制某些利用,否则在短期内资源会倾向使用过度,而从长期看,整个资源流则会耗尽。

公地的悲剧

这是一种耗竭问题,哈丁(Hardin,1968)在其著名(虽然某些部分构思得并不好)的关于"公地的悲剧"的文章中对此有论述。这篇文章的焦点问题是一个有限世界里的人口增长。为表明"我们目前在再生产中的自由放任政策"将导致灾难。他采用了牧人利用公地的类比:"设想对所有人开放的一片牧地。可以预料每个牧人都将在这片公地上饲养尽可能多的牛。作为一个理性的人,每位牧人都寻求最大限度的所得。"甚至在那片公地的载畜能力已超过时,每位理性的牧牛人还将继续增加牲畜量,因为他将获得附加牛群销售的全部利益而仅承担部分过度放牧的代价。"在那里就出现了悲剧。每位牧牛人都被禁锢在一个迫使他无限制增加牛群的系统中——而这是一个极其有限的世界……一个公地内的自由使大家都遭殃。"(出处同上,p.1244)

当然,对哈丁的基本观点,即毫无控制地自由进入某一供应有限的资源会导致过度使用和退化[15],是没有什么争议的。但是他对公地问题的分析和以此对人口增长所作的类比却有一定局限。断言个人被驱使着无限制地增加牧群,这并不准确。正如在含水层的例子中所看到的,当超量抽水的成本与水的价值相等时,对抽水就有一种个人限制。同样,正如达斯古普塔(Dasgupta,1982,

p.14)指出的:“牲畜不是没有成本的,即使对拥有他们的牧主也是如此。而且这种个人成本对每一牧主可认为是最有利可图的牲畜数量设置了限制”。这在人口增长的情形中更为适用,假想额外的
270 孩子不花成本显然是错误的。显然,在发达经济里,额外孩子的机会成本,无论在物质上还是在精力上,似乎都成了一种控制生育的强有力的个人刺激。

还必须记住,在公地的例子中,随着牧群的生长,对个人节制使用的刺激倾向于加强。牛的售价将下降,这不仅是因为逐渐增加的牲畜供应将降低市场价格,而且因为过量放牧将降低其质量。当个人成本超过收益时,生产者将放弃这个行业。在商业性捕鲸中,这已很明显,主要企业很久以前就转向更有利可图的活动了。在这些情形中,资源流的总体耗竭并不是不可避免的。

哈丁的假设——公地对所有的人开放——也是不对的。实际上它只对那些属于特殊团体的人开放,并受到社会导向和集体责任感严格规则的束缚。换句话说,当对私人经济控制的激励不足以防止严重的外部损失时,就会出现社会规范。值得指出的是,早在 1938 年,西里阿锡—万特鲁普就强调社会控制对公共财产资源利用的历史重要性:“自然资源公共财产本身从环境耗竭上说并不比私人财产更像是一个悲剧。它整个依赖于引导资源利用的社会规范程度。”(引自 Clawson, 1974, p.61)正如斯蒂尔曼(Stillman, 1982)所论,实际上哈丁人为地创造了一套条件,使公共财产的毁灭不可避免。在实践中,社会规范是可适应的,而且一旦耗竭的影响变得明显,它也会倾向于变化。公地、过量开采的含水层及正在耗竭的渔场常常或者受制于某些形式的政府管制,或者转变为私人所有。

在理论上，如果一个企业可获得过去公共资源开发的全部使用权，那么外部性问题可得以解决。在制定利用速率的决策时，生产者就要考虑所有的利用成本和收益。然而，当资源可被更有效地开发时，私有化的解决办法将加重社会的不公平。此外应注意，利用决策的国际化绝不能保证不发生耗竭；如果目前使用的收益按所有者的估计超过与耗竭有关的成本，那么业主仍将继续掠夺资源。

转移外部性问题

在交互外部性情况里，所有受影响的个人都分担他们制造的破坏；而在转移或非直接外部性情况中，一个经济单位就把代价强加在同一资源的其他使用者身上[16]。这在企业或家庭把废物排入环境时很典型。例如，当一个制造商利用水道来排放污水时，其清除废物的个人成本很小。但是，外部成本则可能包括捕鱼产量的损失、水处理费用的增加、河溪娱乐和审美价值的减少；如果水质 271
恶化到不适于灌溉或供水，还会涉及其他一些损失。在生产者选择位置、工厂设计、产出水平、生产技术或输入的原料类型时，这些成本都被忽视了。因此，很少有生产性资源被用于废物处理，很少有科学研究致力于促进减少废物或改进治理污染技术，而造成损害的废物却大量生产。此外，因为一些无意的补贴流向采用高废物生产技术的制造商，经济系统内的商品和服务的相对价格被扭曲了。高污染产品的价格将很低，而且他们将以大批量出售。

当废物排出到大气中时，交互外部性与非直接外部性之间的区别不太明显。某些损害代价转移到下风位置，正如斯堪的纳维亚和加拿大的酸雨问题充分证明的那样。也有一些情形，疏散更受到限制，从而使损害的主要部分降落在污染者自己身上。所有城市区域的车辆使用者都分担一份他们自己制造的损害代价。

当转移外部性问题只是由少数有关单位引起和承担时，可以设想受影响的单位（如果让他们自己决定）将谈判达成一个自愿的协议（或一套贿赂）以取得一个更"优化的"资源配置（Coase，1960；Turvey，1963a）。然而，这类外部性问题能自行解决的情形是有限的。通常有许多受影响单位，他们中的大部分并不完全知道他们施加或引起的代价，以至很难在所有有关单位之间达成一个可成为现实选择的完整协议。鲍莫尔和奥茨（Baumol and Oates，1975）报道了一个有趣的事例，在这个事例中，哥德堡（瑞典）一个拥有污染炼油厂的公司与一个相邻的汽车制造厂之间确实发生了讨价还价，但那个地区的广大居民却被排除在决策过程之外。当炼制劣质石油而且盛行风携带着大气污染物吹向汽车工厂时，大大增加了金属和新近生产车辆油漆的腐蚀程度。经谈判后，石油公司同意将其劣质炼油的操作限制在腐蚀性成分被吹离汽车厂却吹向居民区的时期。如果减少汽车腐蚀的价值超过地方居民全体经受的附加损失的价值，那么就金钱来说，这个协议可能确实减少了净外部损害成本。但是同样可能的是，总体损害代价保持不变，甚至在达成协议后比达成协议前更大。在这个例子中，并没有获得有效的利益，只是把有效收益福利从哥德堡各位市民中重新分配给汽车公司及其顾客。为做到充分有效，自愿的讨价还价应包括所有
272 受影响的当事人；且为了广泛的公平，要求他们都有同样的讨价还价权利，这种权利以财政资源、信息和政治影响来衡量。因此，在大量事例中，转移外部性问题的解决办法需要一定形式的政府干预。

无须怀疑公共资源的开发倾向于滥用和耗尽,但那种认为这些问题可简单通过把资源归属单一拥有(私有或公有)来解决的观点,又否定了利益的各种冲突,这些冲突是在一种经济内所有商品和服务配置的根据。私人拥有权既不能解决时间和空间分配的公平问题,也不能减少不确定性,而且它仍可能导致耗竭和稀缺。公众拥有仅使资源利用冲突"内部化",但也不能解决这些问题。

环境管理目标

关于环境管理的文献由于缺乏一致的目标而被弄得更加混乱。大部分分析家同意当前可更新资源利用的模式和速率在某种程度上是有缺陷的,但是也有不一致的地方。觉察出的缺陷及问题的概念化严重依赖于作者的意识形态观点。同样,提出的各种解决办法,在关于自然界和人类世界里什么构成一种理想状态的价值判断方面,也缺乏一致性。不同思想学派之间的意识形态差别是巨大的;正如科特格罗夫和达夫(Cotgrove and Duff, 1980, p.349)指出的,"关于环境问题的争论成了瞎子与聋子的对话。"可大致将主角分成三种类型,两种建议整个地改造社会,一种准备(或乐于)在现在的社会、经济和政治系统内寻求解决[17]。

提倡根本变革的第一类群是生态革命派,其出发点是生态系统内各要素的性质、极限、需要和权利。他们中的一些人将管理目标看作是把环境恢复到它"自然的"状态。另一些人怀疑此目标的意义,认为不存在自然正确的环境状态,而是认为自然系统必须是"可持续的"[18]。这立即引出了什么样的可持续性和为谁而可持续的问题。如果接受所有的物种都有平等的生存权利而不只是关注人类的可持续性，那么就隐含了非常不同的利用水平和类型。虽然这一类群的成员在细节上有所不同，但都强调社会的整体变革，创造出让人类作为整体生态系统的一部分生存于自然限制内的生活方式。

第二类主张革命性变化的**社会激进派**不同意这种把自然需求放在首位的整个方法。一些人认为环境关注不是一个问题，或者
273 说是一个虚假的问题；他们认为这转移了对更基本的政治、经济和社会问题的注意力。他们担心保护和污染控制将有利于富裕起来的人，侵吞那些本来可在反贫困战斗中将更好利用的资源。然而，另一些人把环境质量看成与此有关的问题，因为穷人倾向于占据污染和退化最严重的环境。从此角度看问题的所有作者都承认，主要流动性资源的稀缺问题（水短缺、荒漠化等）正在发生，但不接受那种诉诸经济增长、工业化和技术变化之终结的解决办法。他们认为这种办法完全没有抓住空间和社会不公平的真正问题，而且不能使每个人都有满意的生活质量（Marwell，1970）。要求变革不是为了创造一个与自然限制更一致的系统，而是为了满足所有人的需求。

正如所期望的那样，在当前社会经济和政治结构内寻求解决的作者是一个多样化的集团，他们与较激进思想学派的界线是模糊不清的，但是持有一种实用的观点，即必须以非革命的方式使当前的体制对环境或社会的需要更为敏感。在这个非常广泛的派别内，对最终管理目标并无一致看法；大部分论及要提高社会或经济福利，但对这些术语的实际意义却未达成共识。一些人坚持经济效益标准，主张改变市场体制以使资源的开发和配置能发挥其最大净使用价值。另一些人则把实际收入的分配公平看作最终社会

目标；还有另一些人则实际上主张机会均等。

最后这群人强调需要改变管理系统以便平等地进入决策过程，设想然后可达成关于环境商品和服务的折衷办法（例如，可参见 O'Riordan and Turner, 1982, p.10）。然而，政治科学家们特别主张诉诸公众参与，或把持异议者纳入咨询过程，这样才能实现真正的机会均等。但有一些证据表明，当反对派成为正式讨价还价过程的一部分时，他们就被政府和大企业招安，而且因此变成无效的激进力量（Sandbach, 1980; Lowe and Goyder, 1983）；不仅如此，除非人们有平等的资源和影响，否则平等参与决策必然流于一种理论概念。最后，应提到有一个巨大并有影响的思想团体，它认为当前的流动性资源管理战略没有什么错误，并提倡“惯常的营生”。这一群人被奥赖尔登（O'Riordan 1977）认为是技术中心丰饶论者，他们主张依赖经济和技术变化的动力机制来解决任何资源耗竭或退化问题。

意识形态和自我利益常常是很难区分开来的，这个事实更进 274
一步加剧了目标的混乱。通常采用带有很高道德色彩的概念，例如公平、保护或环境质量，来证明更多分享环境商品需求的正确性。“保护”可以用来维护财产价值或阻止对“位置固定”的商品的需求。这个词被赫什（Hirsch, 1977）用以表示社会上稀缺的商品，其价值随着更多的人可得到他们而下降（例如，平静的乡村景色，或乡村社会生活，在不再是少数时都会“掉价”）。在某些情况里，自我价值不是通过获得物质利益而是通过审美享受来满足的。正如马斯洛（Maslow, 1954）所说，一旦个人满足于其物质需求，一系列有关精神和审美享受的目标就会占据重要地位（自我实现的需求）。一些作者，如英格尔哈特（Ingelhart, 1977）、科特格罗夫和达夫(Cotgrove and Duff,1980),依据这种推理,认为在“后唯物主义的”价值(包括环境质量)与社会经济地位之间有一种密切的相互关系。那些有足够的收入并且其生活不直接依赖经济生产部门的人处在对环境服务需求的前列,而这种服务是不能以金钱来评价的(Marsh,1981; Cotgrove,1982)。不用说,对那些物质需求还得不到满足的人来说,这种审美目标的满足似乎是第二位的,或者简直就是不相干的。

小 结

显然,要解决流动性资源问题,并没有自由价值的办法。这儿所采用的方法将环境看作一系列资源,在一定限度内可被人类得到并加以利用。以这种人类中心主义的观点来看,有三个中心问题。第一,当前这些资源是怎样在相互竞争的用途和用户之间进行时空分配?第二,由此导致的分配对社会基本目标、经济福利最大化、社会公平和保障满足到什么程度?第三,可能采取什么公共政策措施来纠正任何觉察出的资源错置问题?这些问题将是第七章至第九章讨论的焦点。同时认识到,这种分析框架将立即遭到生态革命派的反对,因为它把自然置于为人类服务的地位,而不接受有一个人类必须尊重的自然生态系统的完整性。然而,人类显然独立地具有自觉选择及推理的能力,在这个意义上人类与自然分离了。因此,他们不可避免地要判断他们的环境并利用它来满足需要。当然,也可能出现一种情况,即最后的选择会被误导,产品价值误置,短期物质利益优先,而从长期看将证明是不可持续的。正如皮尔斯(Pearce,1977,p.365)所指出的:人类已进入一个与自然的"浮士德式交易;用未知和未预见到的代价来换取生活物质标准方面明显而合意的增长"。

注 释

275

1. 这并不适用于得自"固有地球"外部力量的太阳能、潮汐能和风能,这些能流永远不受利用水平的影响,虽然会不经意地被污染所改变。

2. 水的转移和储存对其他流动性资源(如动物、植物)的可得性与质量有影响,这会给人为增加供给的项目施加某些限制。此外,脱盐与废水处理都是高度耗能的活动,因此,如果基本能源是化石燃料,那么这会进一步限制扩大供给的可能性。然而更为常见的情况是,供给极限是由成本而不是任何自然限制造成的。

3. 在 L.C.布朗的《世界现状》(L. C. Brown, *State of the World*)和世界资源研究所的《世界资源》(*World Resources*)这两种年度出版物中,可以找到有关的最新评论。

4. 当然,过度利用土壤资源自然再生能力的问题并不仅限于欠发达国家(Jacks and Whyte, 1955),但当它发生在发达的工业经济中时,却表现出非常不同的形式。首先,他们并不依赖此类土地生产食物;此外,他们可采取广泛的改良措施,而这些措施在欠发达国家还刚开始采用。他们可以努力降低土地利用的强度,在人工再生方面投入资本和技术,而且进一步改良已侵蚀的土地,把水输送到荒漠化地区。当然,并不是说必须采纳这些措施。采纳与否将在很大程度上取决于土地改良措施的成本是否能由相应的农业产出或舒适方面的产出价值来补偿。

5. 当然,若污染导致或加剧"致命"的疾病(如癌症),则又另当别论。

6. 最近的预测认为,二氧化碳和其他温室气体的集聚将在 21 世纪 30 年代翻番;这种倍增可能使全球表层温度上升 1.5℃—4.5℃。全球变暖的一种潜在危急效应是:海平面将在未来 50 年内上升 20—140 cm,这对诸如孟加拉那样的三角洲国家很可能有显著的影响。更为全球性的海平面上升灾难在下一个世纪不太可能发生(Hare, 1989)。

7. 克鲁蒂拉(Krutilla, 1967)注意到不确定性的一种深层来源。他认为生物物种的丧失会使人类失去有潜在价值的药物或者抗病性强、生产率高的作物基因库,因而施加高昂的机会成本。

8. 有一些作者,如西蒙(Simon,1977, 1981),对人口增长有严重负面效应的观点抱怀疑态度,因而认为人口控制的价值是值得怀疑的。

9. 总体破坏的概念很难用有意义的定量化术语表达。例如,对于森林耗竭与烟雾污染的比较,我们绝对没有独立于价值观的方法(参见 339—347 页)。

10. 私人成本(收益)+外部性=社会成本(收益)。

11. 这种实践显然会引起重要的国际分配公平问题,并被内陆国家及那些海岸线比较短的国家所反对。200 英里 EEZ 的广泛采用会使世界 90%的现有海洋收成置于国家控制之下:参见 Cooper,1977。

12. 戴维斯(Dawis,1979, 1980)曾尖锐地指出,对额外电力和发展计划收
276 益的“需要”整个被夸大了。

13. 土地(或其他资源)的额外价值远远超过其次最有利的利用价值。

14. 当耗竭速率相对较低时,利用者可以把可能整个耗竭的问题转交给后代,因而困难将趋向于变得甚至更为棘手。在这些情形中,就出现了时代之间或世代之间的外部性问题。

15. 当今萨赫勒和类似半干旱地区的荒漠化问题以及全球气候变化问题,证明哈丁的命题确实具有某些合理性。

16. 当损失代价转移到了下代人时,非直接转移也可在不同时代之间发生。

17. 已有很多把环境运动分类的企图,如奥赖尔登(O'Riordan, 1977);科特格罗夫(Cotgrove, 1982);奥赖尔登和特纳(O'Riordan and Turner, 1983);而萨克斯(Sachs,1972)则有完全不同的观点。

18. 关于可持续发展越来越多的大量文献,将在本书第二版的结束语(第 434—445 页)中讨论。

第七章　可更新资源流的分配：经济透视和经济机制

经济透视的必要

在本章和下一章里，将把经济透视作为分析流动性资源部门和评价替代性公共政策措施的起点。这种观点并不能垄断真理。可更新资源管理的传统经济方法严格地以效率、消费者权益和效用最大化概念为基础，这就引起了在关于储存性资源的那几章里已讨论过的所有方法问题。现在，经济学家已深刻地认识到，他们对这些问题的处理，不一定能产生政治上可接受、在分配和代间平等或满足长期保障（持续性或生态稳定性）要求方面符合大多数人观点的答案。结果是：现在已出现大量文献，试图将可替代的社会价值、政治目标同传统市场过程和传统投资程序结合起来（Little and Mirrlees，1974；Squire and Van der Tak，1975；Helmers，1979）。显然，市场过程仅仅是社会对资源控制的形式之一，其他的社会选择过程也起着重要作用，这一点也得到了认同（Dasgupta，1982）。

在20世纪70年代，摆脱既定经济概念和分析方法束缚的观点颇为流行，认为环境、资源问题引起了如此尖锐、复杂的问题，以至“传统经济理论”的框架和工具对于分析正在讨论中的现象既不相宜，也不相关（Kapp，1970，p.839）。今天，这种态度已经有了一些回转。现在，几乎没有人声称，建立在经济效率标准基础上的传统经济方法,能够对本质上必然包括主观的政治、社会和道德选择的各种问题作出绝对、客观的解答。但他们对为什么无论是在私有资本主义,还是国家资本主义运作下,流动性资源的稀缺、耗竭和衰退都是资本主义经济的特征这个问题,确实提出了有价值的见解。例如:经济学家发展了整个"外部性"的概念,尽管在计算广泛的外部成本和外部效益时存在着许多众所周知的问题,外部性
278 仍然是一个关键而有力的工具(Beckerman, 1972a)。此外,经济评价确实指出了替代的管理战略在实现环境和可更新资源政策上可能扮演的重要角色(Pearce et al., 1989)。

正如桑德巴赫(Sandbach,1980)强调的,若不参照产生它的社会、经济和政治组织,就无法充分认识资源问题。因为无论是社会体制还是政治体制都离不开经济体系用以引导生产和分配的运行方式,所以经济组织起着关键作用。在分析流动性资源问题和发展适当的政策响应时,我们不能简单地无视市场过程和经济选择机制。如果这样做,就会忽视这样一个基本的、虽然有时是令人不快的事实:传统资源利用实践的任何变化都会给某些社会部门增加成本。

在现存经济、政治和社会体系下,大部分可更新资源问题,实际上可归结到可得财货和服务的时空分配这一点上。并不是所有的财货和服务都是物质性的并能包容进传统市场交换体系内部。但是基本的争议在于,应生产什么范围内的产品(包括环境质量和保护)?谁得到什么?什么时候得到?这些都必然涉及到经济选择。前文曾经论证,所有值得一提的公共政策、措施都影响人们之间有效收入的分配,流动性资源管理策略也不例外。尽管经济分析不能决定财富的最终分配应该如何,但它有助于鉴别收入变化

的性质、范围和方向。

正如我们在第六章所看到的那样,大多数经济学家已经把可更新资源问题看作是公共财产权和忽视资源利用之全部社会成本和效益的产物。大量的这些问题需要靠某种政府干预的形式来影响其解决。然而,国家所有或法规本身并不能解决任何问题,它必须伴随在相互竞争的需要之间分配可得供给或使用权的机制,以及提供被忽视了的环境服务,包括为增加自然资源流而进行的投资。

传统经济方法意味着,为了达到这些目的,必须采用市场的机制和评价标准,这一点毫不奇怪。假定现存可更新资源是为着使它的净使用价值最大化而经营,分配决策就应该留给至高无上的消费者,留给对具体环境财货和服务显示出偏好的个人。为此,必须确定所有那些迄今为止还没有市场价值的资源产品的价格(或偏好度量)。理论上,为增加未来能得到的可更新资源流(包括保护)而采取的投资决策,也应该建立在消费者个人偏好的基础上,应该采取同私人部门大致相同的评价标准。然而,这种评估的任务由于在分析中需要包含一系列社会成本和效益而变得很复杂。279
尽管如何在竞争的用户之间分配现存资源流的决策,同如何在新的供给中投资的决策密切相关,但争议、问题和适当的经济工具在这两种情形下却大不相同。因而,本章的注意力将集中在分配问题上,而第八章将关注保护和投资决策。

大多数理论经济学家认为,支配可得资源流管理的原则适用于各种类型的可更新资源。正如达斯古普塔(Dasgupta,1982,p.201)所说:“用来研究污染控制的那套经济学概念,同在研究渔业、集水流域、森林等方面的完全相同”。因而,没有必要去讨论大范围的、现今正被进行经济分析的个别可更新资源[1],而是以污染控制作为典型事例,来评价这一方法及其局限以及它在实践中的应用。然而,仍然需要参考渔业和供水的实例,这有助于阐明一些特别的概念性问题、政治问题或实践问题。

污染控制实例:确定最佳利用水平

理论简化

为了有效地管理既定现存多用途可更新资源的供应,首先要求决定给每一个使用者分配多少。在传统控制污染的经济对策中,涉及到在废物排放的环境利用和其他目的的利用之间建立一种平衡。解决办法并不是禁止所有的废物排放,而是找到一个抑制排放水平的花费同它的收益(即减少损害的益处)相等的点(图7.1)。

在一定的成本下,总是可以抑制任何一种环境介质中的废物。在大多数工业中,所减少的绝大部分一直是通过改变每单位产品所产生的废物量来达到;这一点能够通过改变生产过程本身,改造所用原材料或燃料的质量和数量,改变产品类型或设计而做到[2]。实际排入环境中的残余物一旦产生,其数量可以通过循环设施和副产品提取技术,通过处理设备来控制。一个私人公司也可以通过承包人运走废物的有偿服务来减少它表面上的排放量;但除非废物后来被重新处理,这其实不能减少对环境系统的总排放量,然而可能有益于减少所导致的危害(见284页)。最后,残余物的排放能够通过减少产出或关闭工厂来减少,尽管这是一种极端选择。

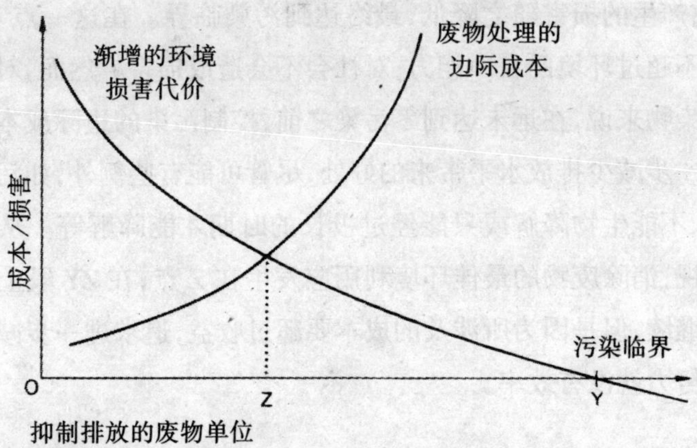

图 7.1　污染减少的最佳水平

资料来源：Rees，1977，p.315。

一般说来，随着越来越多的废物数量被禁止排放，这些控制措 280
施所导致的成本也在上升。克尼斯和塞胡泽(Kneese and Sehultze，1975，p.19)证明："从一个工业过程中消除污染物的百分比越大，排除污染物的花费也越高，这是一种普遍存在的现象"。他们进一步拿一个典型的大型肉类加工厂往水里排放废物作例子。根据残余物的生物氧需要(BOD)测算，当30%的残余物已被消除，进一步减少废物的单位成本是每磅6美分；但是一旦有90%的BOD被消除，减少余下的每磅成本为60美分；若要消除95%以上的BOD，成本将增加到90美分。成本模式在不同厂家有很大变化，但总的来说有一点很清楚，那就是控制污染的边际成本随着排放水平的降低而升高(如图7.1)。

另一方面，随着排放到环境中残余物数量的减少或质量的改善,它产生的损害随之降低,最终达到污染临界。在这一点上,排放量不超过环境的自净能力,对社会不会造成损害。然而,对大多数污染物来说,在远未达到零污染之前,控制污染的边际成本会超过进一步减少排放水平带来的好处,尽管可能有些例外,如污染物
281 剧毒、不能生物降解或只能经过极长的时期才能降解等。从经济上透视,消除废物的最佳环境利用应发生在 Z 点;在 ZY 段上污染仍在继续,但是因为所涉及的成本要超过收益,追求进一步减少废物的努力就没有效率。

实践问题

计算损害函数

努力平衡减少废物的收益与处理废物的成本,这在直觉上是诱人的,尽管实际计算平衡点时所涉及的问题很多。主要问题在于明确损害函数的性质。首先,和某一特定位置上一系列排放量相联系的损害并不固定,而是随着时间有明显变化。当把河流当作排放媒介时,损害代价响应于七个主要变量而波动:

(1)河水的流速、流量;

(2)气候条件,特别是周围气温和风速,二者均影响河水的天然氧含量;

(3)河道特征——最显著的是河床不规则性,它影响湍流、表面积水与水量的比例,这些都影响到天然再氧化率;

(4)产生废物排放的时间周期——如果排放是逐渐进行的,并且是根据河流吸收能力的自然变动来调整排放水平的话,损害将会很低;

(5)这个地区其他污染源的数量、规模和位置;如图 7.2 所示,

如果有A、B、C三个公司用同一条河流排放他们的污水,由于排放量在河流的自净范围内,不会产生损害;但是一旦公司D和E都向同一水流中排污,就会达到污染临界值,于是产生了损害;在这种情形下,很难确切地说清楚是哪一方造成的污染;

(6)河流中其他污染物的性质——如果污染物协同作用,污染的损害就会加重。两种或更多污染物的结合造成的损害程度,大于每种污染物造成的损害之和。因此,如果铜和镉综合作用,它们对鱼的毒害是他们各自对鱼毒害的两倍以上(Sandbach, 1982);

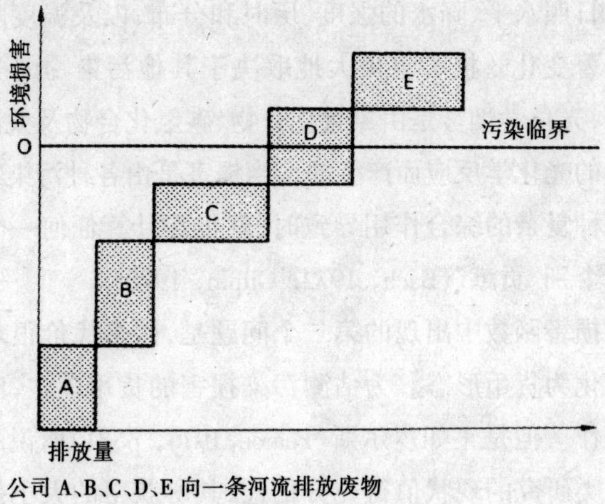

图7.2 污水排放与污染临界

资料来源:Rees, 1977, p.318。

(7)其他用水者的数量、位置和类型——如果取水点、灌溉设备或诱人的娱乐场所被布置在临近排放管道的下游,损害显然会更大。

在所有这些变量中,只有排放的时间段是污染者本身可控制的。在许多情况下,一个公司的排放量没有任何变化,仅由于其他

282 用水者改变了他们的行为而造成了明显的损害。如果上游的取水者增加他们的消费，或者供水控制机构和水电站决定给水库蓄水，河流水量可能被减小。同样，排水部门或航运部门通过清除障碍物，或裁直或疏通河道，会减少天然再氧化的速率，从而增加污染损害。下游娱乐场所的需求、公共供水需求和灌溉水量的增加同样会导致更高程度的污染损害。在所有这些情形下，谁给谁造成污染就很难说清了(Coase, 1960)。

极其类似的问题也出现在大气污染方面。这里，损害随着风速、风向、日照水平、降水的强度、历时和分布，以及温度随高度的变化而显著变化。损害也极大地取决于其他污染物的类型和数量。例如，光化学烟雾是由氮氧化合物、碳氢化合物及太阳紫外线之间复杂的光化学反应而产生的。当损害是由各种污染物和化学过程的这种复杂的综合作用导致时，就很难计算任何一个污染源对污染的个别“贡献”(Bach, 1972; Gilpin, 1978)。

估测损害函数中出现的第二个问题是，许多代价很难甚至没有必要转化为货币形态。为估测污染损害的货币成本，已做了大量研究工作。但是正如皮尔斯(Pearce, 1976, p.81)所说的：“还不能认为此类研究的现状值得充分信任，其所获得的大小排序还不
283 能用于实际决策中”。涉及到这种成本—收益评估形式的问题将在第八章考虑。在这个阶段仅仅有必要指出，即使对土地和财产造成的有形损害所涉及的成本计算也存在许多困难。

但是，与用货币度量人类健康、早死或审美、娱乐价值的丧失相比，这些都相形见绌，变得很不重要。来自噪音、气味、可见的侵害性开发及有害设施的损害本质上都是主观的，个人之间会有很大不同，这使得客观评价变得很困难，有些人甚至认为不可能

(Kapp, 1970, 1972; Adams, 1974a, 1974b)。然而，除非实现货币转换，否则，不仅不可能将所有不可比较的损害类型归纳为一个函数[3]，而且也无法比较控制污染的成本和收益。

另一个估算损害的问题源于我们在任何一时间点上的知识限制。显然，损害函数只能包括现在已知的成本。但是，正如我们在第六章所见，一系列环境问题之所以产生，是因为变化对自然系统整个影响的不确定性。因此，实际上不能确切知道当前经济均衡的位置是否和持续性相适应。在较小但包罗万象的尺度上，忽略污染对人类健康、植物及动物群的损害是非常普遍的(Saunders, 1976)。例如，目前美国约有 70 000 种不同化学品在进行商品性生产，其中仅有一小部分已作了充分研究，从而可以评估他们的残留性和长期生物效应(Sandbach, 1982)。

环境的相互依赖性

除了这些计算上的问题外，经济均衡方法也有重要的概念性困难。首先，他本质上是静态的，仅能处理明显的、有限空间的污染损害类型。但是环境系统的基本特征之一是他们的相互依赖性。在系统的一部分被污染后，能产生广泛传播的连锁反应："这些相互依赖性"和引起环境扰动的因果链，在种类和复杂性上，与经济学家传统关注的那些完全不同(Kapp, 1970, p.835)。

尽管卡普正确地指出了自然系统的复杂性质，但是相互依赖性的问题是否真的在程度上大大不同于存在于经济体系内、被进行经济分析的那些问题，仍然存在着争议。损害问题评估之所以如此困难，原因在于必须考虑环境系统和经济系统之间的相互关系。

当计算损害成本时,很有必要打破某一点上的因果反应链,而这一点本质上是任意选择的。图 7.3 以一个高度简化的形式表
284 明:试图追踪从以矿物燃料为基础的发电厂排放到大气中的废物所造成的损害涉及到种种困难。在污染损害评估中有关的空间尺度应为多大?很清楚,如果忽视跨国的污染影响,表面的损害代价将低得多。在任一条损害链上,何处是合适的断裂点?如果仅考虑第一级影响,忽视次级以及所有的后续影响,代价会再次显得更低。

交叉媒介传播及最佳环境选择

进一步的困难来自损害函数依赖于所采用的减轻污染的度量。因此对图 7.1 中的两条曲线不能分开来单独评价。正如我们已知道的,物质既不能创造也不能消灭,除非发生完全循环,废物必然会排放到整个环境系统的某一位置。因而,随着采用不同的减污技术,残余物的形式、接受介质和损害程度都在改变。通过保证最终排放至少发生在环境最不敏感点或有过剩吸收能力或再生能力的介质上,一定排放水平所造成的损害能够降到最低。换句话说,我们正在处理的是一个不能够仅用损害和控制成本这两个量纲来充分度量的多维问题。优化利用整个环境系统所要求的数据量是庞大的。关于边际损害的信息非常必要,这些边际损害成本发生在所有可选择的环境介质里,发生在所有可能排放的位置上;而和每个选择相联系的污染控制成本的信息也很必要。而且,实际上还需要一个能够确保能充分考虑到各种处理选择的管理体系。

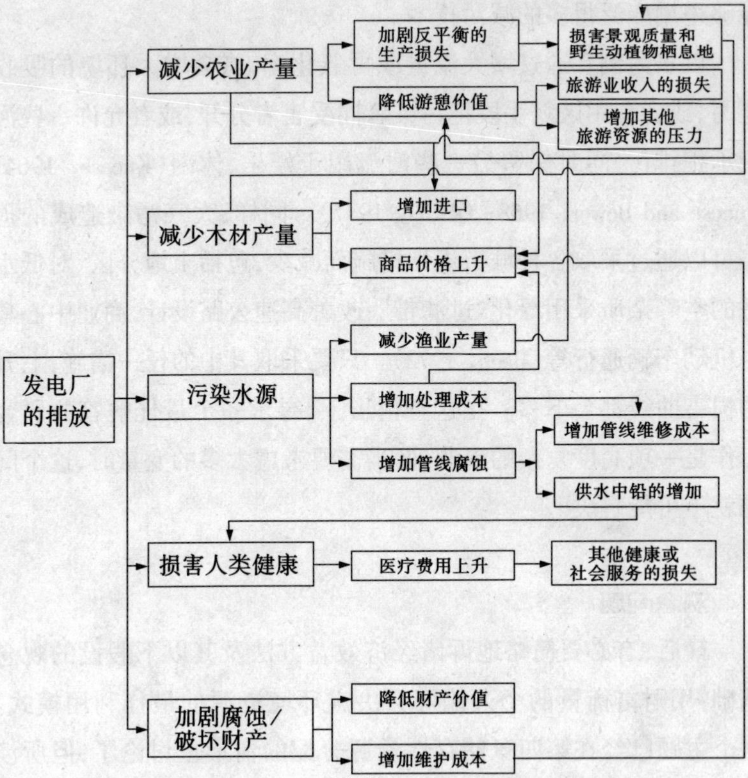

图 7.3　环境的相互关系:发电厂排放 SO_2 废物的潜在影响

减污措施

如果政府的控制污染机构决定不是仅让污染者单独承担,而是采取集体减污措施,损害曲线和减污成本曲线也都会移动。在以较低的总成本实现一定的环境改善这个意义上,这可能导致一个更有效的解决。在污染单位集中的地区,集中处理比单个公司在控制技术上的投资要便宜得多。如果达到规模经济,那么减污成本曲线将外移和下移。而且,公共污染控制部门比单个公司更能够采用广泛得多的减污技术。

以水为例。通过增大流量或再氧化率,将会增大环境的吸收
能力,或者利用区划手段把污染者同受害者分开,或者允许一些河
285 流承担排污,同时保留另一些河流用于娱乐、休闲(Kneese, 1964;
Kneese and Bower, 1968; OECD, 1977)。同样,大气污染造成的损害可以通过采取各种城市规划措施而减少,包括土地分区、对低水平的空降杂质采用绿化“过滤带”,改善高速公路设计,商业中心禁止机动车辆通行等(Bach, 1972)。只要采取其中的任一措施,上升的损害曲线都会下移。在这种情形下,寻求一个最佳解答的研究工作是一项高度复杂的事业,而当需要考虑太多的变量时,这个问题就不可能解决。

观念问题

286 最后,有必要简略地诉诸经济效益方法及其以下假设的观念基础:用财富衡量的个人偏好会决定环境资源的最佳利用模式。这个主题已经在第四章储存性资源分配的情形里讨论了,但所涉及的原则对可更新资源并无不同。这里唯一重要的是要强调四点。

首先,个人表露的偏好,既受一心使他们的减污成本最小的利益集团操纵,又受把很高的价值附加于环境质量资源的压力集团操纵(见第九章,403 页)。第二,个人偏好往往建立在缺乏远见和无知的基础上。第三,偏好往往随变化的经济政治形势迅速变动,或干脆随媒体的报道而变动。这意味着表面上的损害曲线也将移动,因而很难把它作为一贯的减污战略的基础。最后,采用货币评估涉及到使所定的政策倾向于高收入者的偏好这个困难。因而,

不能认为损害曲线是一个固定的、客观的存在。除非能够假定所有的收入阶层都有相同的一套偏好(这几乎是不可能的),损害函数响应于财富及收入分配的变化而移动。

人们现在已经充分认识到,必须放弃建立在成本—收益客观评价基础上的减污"最佳"水平观念。所要求的污染减轻水平必须通过"讨价还价"的环境质量标准或目标来确立。这并不意味着试图使环境资源利用达到均衡的想法被否定,或计算损害水平及损害代价分配的努力就被忽略。事实上,拥有尽可能多的成本数据作为对讨价还价过程的一种投入是很重要的。没有它就会有一种明显的危险,即污染控制的优先权将连续被嗓门最大者和权势利益集团所把持。当来自减污措施的好处仍然被错误看待时,污染政策的形成偏向经济利益的这种已经相当显著的偏向将不可避免地再加强。损害成本数据作为对工业和农业院外活动集团一种抗衡力量至关重要,当出现改善环境运动或要求成本补贴时,它能指出可识别的控制成本。

时间上的相互依赖及自然资源供给的可得性

传统的经济学认为,污染的外在性基本上是静态的,与时间无关的,实际上还假定:任一时期环境潜在的可利用更新能力和污染物所造成的损害不受先前废物排放的影响,并且假设目前的排放 287
决定也不会影响未来的吸收能力或损害程度。每一个时段都被认为是独立的存在,因而时间上的相互依赖造成的困难就被忽略了。在污染物迅速降解成无害物质或资源的完全还原速率非常快的情况下,这样一种方法也许是有道理的。例如,虽然短期内流经重工业区和城区的某段河流可能会彻底丧失全部更新能力,但更为广泛而有理的假定是:对大多数污染物而言,一年内的排放量将不会影响下一年可实现的同化能力。然而,即使在这种情况下,虽然水质资源的自我更新可能不依赖于先前的污染程度,但对于河中水生生物便大不相同了。一旦产卵地被破坏,鱼群就需要经过很多年才能自然再生。

污染情况中时间相互依赖的例子

然而,在大多数情况下,以时间上分离的方式处理减少污染的最优策略分析是不恰当的。无论何时,如果残余物的平均排放率超过资源的再生率和污染物的分解率,其效应就会积累起来。在水的自然替代相对缓慢的湖泊和内海里,任何污染物都不能在一个时段内完全降解,这将降低下一个时段可实现的吸收能力。就像过度捕捞可以采空渔场一样,如果污染物的排出量持续地超过资源更新量,水体降解污染物的自然能力将会被耗尽。

当排出的污染物或者他们的一部分,在一个相对较长的时期内只能进行生物降解时,时间上相互依赖的问题便扩大了。对所谓的储存性污染物——放射性废弃物镉或水银的一些特殊形式,他们的自然分解与化合过程进行得如此缓慢,以至于与人类已没有太大关系了(Nobbs and Pearce, 1976; Preace, 1976)。在一些极端的例子里,考虑环境对此类基本上是固定存量的污染物的接受能力也许更合适一些,这类污染物的每一次排放都将减少未来可安全排放的数量。然而,尤其在不是所有排放的储存性污染都积累在他们可造成危害的地区和环境媒介中时,所划定的安全极限具有极大不确定性。举例说,虽然元素矿物,例如汞,实质上是无

害的,他们只有在最终形成含矿岩石的沉积过程中没有被固定而
保持“自由”时才会造成损害问题,因此,要在排放水平和积累性污 288
染物储存水平之间明确一个直截了当的关系是不容易的,更多地
要依赖沉淀物在空间和时间上的变化率。

对于长期存在的污染物而言,以下的特点是很明显的,即一定的排放水平所造成的危害,极大地取决于受影响的生态系统中已存在污染物的数量。这一点显然适用于半衰期在 30 年左右的 DDT,也适用于汞(Holdgate, 1979)。这些污染物造成的问题,由于他们向食物链集中的趋势而恶化了。同样,铅污染强加于个体的健康代价,不仅与目前的含量水平有关,而且还是过去的摄入量的一个函数,这是由于大部分过去吸入或摄入的铅仍然保留在身体组织里。即使是噪声污染也能产生积累性影响,虽然噪音本身不能像存货那样积累,但对听觉的损害可以通过长期的曝露而发生。因此,在某种意义上,类似于工厂或航空港这样的特定环境,假定被影响的个体所组成的人群保持完全不变,其在长时期内吸收噪声的有效能力会降低。

时间上的相互依赖与其他可更新资源

这些少数的例子仅仅说明,在许多情况下设置一定的假设是必要的,即假设在每一个时期内总有恒定的、由外因决定的环境质量流可得到分配[4]。在许多例子中,可得性不能看作独立变量,而必须看作过去使用率的某个函数。环境的生物降解能力与依靠生物再生过程的任何其他可更新资源并无不同,长期以来,在关于这些资源的经济分析中已认识到,确定一个最优利用水平的企图必须考虑可得供给与消费水平之间的关系。对这一论题最早、最基

本的看法是在海洋渔业的关联域里发展起来的,以后就广泛地应用在其他可更新资源领域。

渔场的例子——一个简单的静态模型

在渔场的例子里,其利用与可得性的依赖问题首先通过持续产量曲线(见28—29页),并把优化任务限制为在曲线上找出捕捞的纯收益达最大的那一点来解决。这样,分析就高度简化了,并且通过假设每个时段的最优捕捞量与剩余存量的再生力相一致,而使得分析基本上是静态的(Gordon, 1954; Scott, 1955b; Schaefer, 1957; Copes, 1981)。在这个基本的模型里,没有包括下述可能性,即将捕捞进行到耗竭点可能对社会来说最优。应当指出的是虽然在纸上画出一条持续产量曲线是很简单的,但要计算其对世界的
289 实际意义却不是一件容易的事。渔场的最大承载能力、渔群的现存规模以及它的自然再生率很难精确地推知。如果诸如污染等其他因素也发生作用影响基本参数,那么随机模拟就必然是一个更为复杂的过程。

许多非经济学家认为,为使鱼的持续产量在每年都达到最大,一个合理的管理策略应考虑如何控制捕捞量。但对于经济学家而言,目标不在于使可捕捞的鱼量达到最大,而是使捕捞成本与通过卖出捕获物而获得的利润之间的差距达到最大。值得关注的不是食物产量本身,而是利润。

在图7.4中,通过简单假设鱼的价格恒定,并将该价格乘以渔产量吨数,持续产量曲线就转化为持续收入曲线;现在这条曲线表示的是每年收获量的销售价值。之后,假设单位捕鱼量的成本相同,成本与捕鱼量相对应,那么可通过原点画一条直线型成本曲

线[5]。假设渔民们都是“经济上理性”的人，那么在一个不受控制的渔场，渔船可以连续运作至 OA 个单位产量。由于捕获所得的收入会大于成本，到达这个捕捞量点后，再进一步捕捞仍然是合理的，条件是这个成本也包括雇佣劳动及资本的正常回报。然而，没有一个理性的渔民会在超过这一点后捕捞，因为成本会大于持续回报。

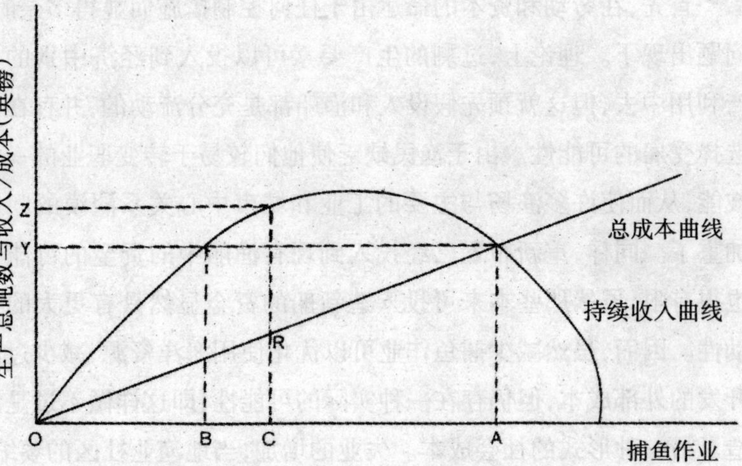

图 7.4　捕鱼作业与持续收入曲线

显而易见,OA 点并非有效利用劳动力和资金的最经济的点,因为仅用 OB 个作业单位,以低得多的成本就已经获得了相同的生产收入。但 OB 本身也非最优作业水平,最优作业水平应该在 OC 点上,在这一点上捕捞物价值与成本之差达到了最大,也即是在该点渔场的纯利润最大。通过这类的分析可见,除非某管理机构能从其行业中排除 BA 个捕捞日,否则作为公共财产的渔场将不会以经济上最优的方式得到开发。

实践中的问题

这里所概括的经济学方法在允许的范围内大大简化了。即使对目前已经发展起来的相对静态模型,完全的合理性是几乎不可能做到的,更不要说从70年代早期就已经成为文献特征之一的、更为复杂的动态处理了(Clark,1976;Munro,1981)。然而它确认了实践中与渔业管理的目标和政策现实背道而驰的三个关键方面。

首先,在劳动和资本的命运由于任何控制措施而显得多余时,
290 问题出现了。理论上,过剩的生产要素可以投入到经济中别的生产利用中去,但这就预先假设人和渔船都是充分流动的,并存在可选择受雇的可能性。由于渔民缺乏使他们较易于转变职业的一定技能,从而使许多渔场与主要的工业和城市中心关系淡漠的问题加重了。同样,重新布置已经投入到现有渔船中的资金的可能性也很有限,虽然那些本来可投入造新船的资金显然具有更大的流动性。因而,虽然减少捕鱼作业可以优化使用海洋资源,减少过度开发的外部成本,但仍存在一种实际的可能性,即这样做不过是制造了另一种形式的社会成本。失业的增加,当地渔业社区的萎缩,不仅仅投在船上并且投在被影响社区的基础设施上的固定资金的浪费,都必须在形成政治上可接受的渔场管理策略中加以考虑。

当失业和不充分就业已经在国民经济中突现时,捕鱼业作业的萎缩带来的社会冲击和政治重要性就会更突出。如果捕鱼业的无限制开发能够和产量的持续性相一致的话(如图7.4),那么就业方面进一步损失的社会成本就可能超过从捕鱼作业"优化"中获得的经济利益。然而,那种认为不加控制的捕鱼业开发会迅速耗尽全部鱼类存量,并进一步使所有渔民失去谋生手段的看法并不一定正确。鱼类存量的迅速耗尽最有可能发生在所谓"夹道网"式

的捕捞中,在这里鱼类集体行动,沿着一些已知的而且易被阻截的路线游向产卵地,大麻哈鱼就提供了一个明显的例子;简单而且成本很低的捕鱼技术就可以消灭整个鱼群(Pearse, 1972)。在这种 291
情况下,为了避免由于资源完全耗尽而导致的更大成本,接受部分失业的社会成本将是必需的。

第二个问题涉及优化的再分配结果。如果允许就业的渔民们保持所增加的净收益(或新创造的资源地租),那么收入就会有效地从那些已经失业的劳动力中转移到正在就业的劳动力中。既然优化管理策略会导致较高的总收益,那么在理论上处于优势的人就应当向所有失业的人支付赔偿,而且即使这样他们的情况依旧比失业的人好。按照帕累托标准(见 126—127 页),这种新状况提供了一个潜在的福利改进,但是在实际中,赔偿则可能不会支付。无限制捕鱼的一个通常特点是低收入水平,因而,最通常的管理目标之一就是确保渔民的较高收入。通过允许渔民获得新创造的利润,这一目标可以较容易达到,但在决定谁将受益时就不可避免地发生困难。当来自几个不同国家的渔船已经按惯例在开发加以控制的渔场时,问题将变得非常尖锐;没有几个国家愿意接受跨国界的实际收入再分配。

大多数经济学家认为,应当利用价格机制去决定哪些个人(或国家)应当提供那种使渔场保持优化管理的代价。通过对每一单位捕鱼量征税,或者拍卖剩余的捕鱼权,那些最有效率的生产者将继续经营下去,而那些高成本低效率的渔船将被迫退出此行业。这种分配机制意味着新创造的利润将自然增长到管理机构,因而进一步到国库中去。是否将收入作为一种赔偿而再分配给失业的劳动力和退出行业的资本,这是政治决策的事。许多传统的对捕鱼业最优管理的经济评价都忽略了这些关键的分配问题(Eckert, 1979);而当发展可实行而且政治上可接受的控制策略时,这个关注中心是很难回避的。

整个最优化方法中的最后一个重要问题,就是我们在讨论矿产资源时已经碰到过的那个问题,即它有赖于以下假设:对商品所付的价格反映了对消费者的真实价值。在捕鱼业的例子中,对发达国家而言,这大致是合理的,在这些国家中食品短缺现象很少发生,而且健康方面的问题大多是由于过量饮食而不是由于营养不良引起的。但是,应用于那些欠发达国家,有效性将大大受到怀疑,那里的食品尤其蛋白质的缺乏非常普遍。因此在这些欠发达国家,管理鱼类资源使其达到最大化实际产量而不是最大化经济收益,才是社会最优的。

对于任何流动性资源而言,不存在任何一种客观的方法去建立一个理想的利用水平。经济效率提供了一种评价标准,但它很少是管理者或者政策制定者唯一要考虑的。在建立一个可接受的使用水平时,就业要求、实际收入的再分配,就像尽量减少公众争
292 论的愿望和鼓励那些在言论上或政治上的主要利益集团的需要一样,都起着重要的作用。为了避免其他形式的社会代价,为了以权宜之计去获得一种能使某些控制措施得以生效的一致认同,可能不得不接受经济上的次优利用模式。

可得资源供给的分配:污染案例

控制使用还是增加容量?

如果我们假定,控制污染的目标是要达到某种特定的环境质

量标准(或甚至只是将废物排放减低至当前水平以下),问题则随之产生:采取哪种管理手段去达到目标?这里总共有两种差别明显但又不互相排斥的主要选择。第一,增加环境的吸纳能力;第二,减少废物的排放。对于诸如水的供给、森林、鱼、土壤以及野生动植物之类的资源而言,这两种方法都可存在。这些资源的供给可以通过在诸如存储能力、种植、人工鱼类孵化场的建造、动物喂养计划等方面的投资得以增加。或者,可以将需求控制在一个任意制定的"自然"限制之内。

习惯的思维模式以及传统的实践做法,通常决定着采用哪种方法。我们将要看到,在水供给的例子中,长久以来人们一直认为工程能力的扩展(供给适应)计划是最好的解决方案,而在很大程度上忽略了需求管理技术。另一方面,与之相反,在污染问题上,通常大家都认为,对废物排放水平的控制是最合适的政策措施[6]。这种着重控制污染物的做法反映了这样一个事实,那就是所有国家的环境政策都是被动的,都是等到污染成为明显事实之后才努力解决特殊的污染问题。一旦污染物排放问题已经存在,管理任务就变成一种消防灭火式的工作,而且可理解为只限于找到减少排放负荷的方法,或在排放产生后再来处理。尽管一直广泛地提倡将环境政策从事后的纠正转向事前的预防(Simonis,1984),但在当前则很少选择去改变环境的吸纳能力。传统的对于污染的经济处理都有实用偏向,而且几乎全部集中于减少需求。从其他经济部门中供给增长这个核心重要性的角度来看,传统的污染治理方法是有些令人惊讶的。

在减少废物排放的选择里,可采用六种控制方法:(1) 给所有环境资源定价(也即是说,使用环境媒介的吸收能力要收费);(2)

293 建立“合适的”个别排放标准,限定每种废弃物的性质与数量;(3)禁止污染严重的物质;(4) 引入其他形式的法规,例如关于生产布局、工厂与设备的设计、产品类型及其他方面的法规;(5) 给治污者以补贴,使他们可以装备减污技术;(6) 要求所有污染者使用集中处理设施。

单位定价的理论争辩

直到最近,大多数经济学家都始终喜欢用价格作为解决问题的手段。这是将污染视为一种外部性问题而对之进行分析的逻辑延伸。如果对于每一单位废物排放所产生的社会成本,一个理性的生产者都被要求付费的话,那么废物排放将会不再增加,直到处理或减污成本与社会危害成本价格相等。在图 7.1 中,这种均衡在 Z 点上达到,生产者将减少 OZ 单位的废物排放,但需支付 ZY 单位的污染成本。即使在损害成本上无法建立实际价格,照样可以采用相同的方法。损害曲线被周围空气或水流标准替代,他们决定了可分配给每个时期的吸收能力,然后根据废物排放者的支付愿望在他们之间分配这种可得能力。

从总体上看,经济学家一直认为,采取非价格方法以影响废物排放行为,与达到使用者之间分配可得数量的效率是不相容的[7]。可以举出一系列的研究以支持采用价格机制(例如,Beckerman,1972b;Baumol and Oates,1975;Anderson et al.,1977),但采用价格机制的一个最显著特点是,它缺少从实践经验得来的客观证据以支持它的结论。

大量的争辩都支持价格解决方法,并且反对用其他方法来减少废物排放。第一,认为只有收费才可以不断地向污染者施加压力,以改善排放技术。排放标准或同意排放的条件仅仅促使厂商去达到标准;其他法规,例如对工厂及其设备设计的控制,按照当前可获得的技术固定了生产方法,无法促进创新。实际上如果厂商为了获得许可使用“非标准”生产方法或污染减少措施而必须通过复杂且成本昂贵的规范程序的话,则技术变化将会被抑制。尽管制定适当且强制的标准,特别是那些在时间上与新技术可能性紧密联系的标准,能够提供一些创新激励,但在实践上它通常是不可能的。可以肯定的是,在英国建立标准的通常方法意味着他们倾向于反映当前可获得的而且已应用的技术,而不是向公司施加
压力以促使它们在创新方面投资(Rothwell and Gardiner,1983),然 294
而,是否任何可实行的收费制度都可以产生较好的效果,这是有争议的。

第二种赞同价格机制的观点认为,收费可以使得厂商能自由地选择那些在减少废物排放方面成本最小的方法。正如已经看到的,原材料、产品、加工及产出的变化都可以减少废物产生的数量,同时处理及再循环的应用能够降低任何剩余废物的排放。厂商会选择在他们特定的生产环境中成本最小的各种方法的集合。其他控制措施注重废物产生后的处理而不是减少实际产生的数量。实际上,认为标准的设置会剥夺厂商选择的自由是毫无道理的,尽管在实践中法规方法及补贴应用的方式确实有利于事后处理。例如,大多数的公共大气质量法规都包括要增加装置以从汽车尾气及烟囱废气中清除有害元素。同样,补贴常常用于支付处理废物的资本设备的购置,而不是用来帮助生产者改变生产流程及产品。例如在美国,“萧条地区”的厂商可以享受48%的公司所得税减免和高达100%的直接补贴,以便去购买处理设备,但如果采用其他

降低废物排放的方法则得不到帮助。但是,在这些不可避免地倾向于资本密集型废物处理的可选控制技术之中,没有哪一种是其内在必须如此的。譬如,完全可以去补贴生产过程的改变,就像法国塞纳河—诺曼底流域管理局所做的那样,它允许它的全部补贴中有30%支付于这种改变(见306页)。

第三个赞同价格机制的原因与第二个紧密相联。收费制度使得厂商注意废物处理或降低排放两方面的不同成本,在排放不同数量的废物上具有灵活性。相反,排放标准忽略不同的减污成本,惩罚那些老而破旧工厂的生产者,或者那些面对许多技术障碍的生产者。如图7.5所示,一个统一的排放标准将对厂商A施以高成本惩罚。但是厂商B可以在相对便宜的费用点Oa处,取得所要求的废物缩减,而厂商A则付出Ob单位的费用。理论上一个排放收费方案应在废物排放方面导致相同的总缩减;两个厂商都支付同样的单位残余费用,但对厂商B,将其排放控制在OY是经济的;而对厂商A,它会选择将排放减少为OX。所以说,价格机制有助于减少为达到所要求的质量目标而付出的成本,并且可以在潜在的废物排放者之间有效地分配同化能力。

价格机制被认为具有第四个预期的优势,即只有它可以使污染控制的成本全部由废物生产者来承担。一个厂商不再能够将它
295 的部分合法生产费用——废物排放的代价——转嫁给环境资源的其他消费者。除非对所有超过污染临界的废物排放予以全面禁止,否则所有其他机制都将导致由社会承担剩余污染的代价。补贴支付显然意味着一个厂商清除废物的部分费用不是由厂商商品或服务的消费者,而是由纳税人支付的。此外,没有任何一种非价格法规的形式,可以创造任何基金用以支付在建立和强化污染控

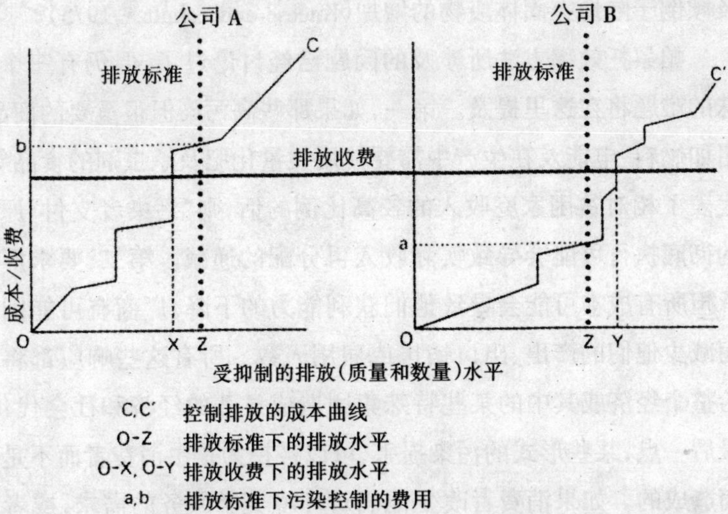

图 7.5 污染标准与征税的效果比较

资料来源:Rees, 1977, p.317。

制体系本身方面通常是庞大的开支(Sandbach,1982)。

理论上讲,只有致污者支付所有其废物产生的全部社会成本,才可能在国民经济中实现全部资源的有效配置。否则,那些导致高额废物排放的商品将保持低价并被过量消费。换言之,消费者将对错误的成本—价格信号作出反应,不会把他们的需求模式转变成有利于低环境损害成本的产品。如果管制走得太远并且要求厂商支付的费用大于在他们的废物处理中导致的全部社会成本,那么他们同样是没有效率的。这正如 1972 年美国水(污染控制)修正案所表明的那样。这个修正案要求所有排入可航行水道的污染物应于 1985 年以前全部根除。除了在改变依赖于排放污水的全部工业及生活体系方面所涉及的那些技术问题之外,其经济代价将是巨大的。此外,水净化的实现,直接就意味着导致空气污染及倾倒于陆地上固体废物的增加(Kneese and Schultze,1975)。

296 帕累托效率方法所涉及的问题已经讨论过了,但仍有三个特殊的难题将在这里提及。第一,如果那些高污染但很重要的商品,诸如燃料、电能及在生产中需要使用大量化肥及杀虫剂的食品等,代表了相对贫困家庭收入的较高比例的话,则"污染者支付"原则的彻底执行可能会导致实际收入再分配的递减。第二,要求厂商承担所有成本可能会导致他们获利能力的下降,厂商有可能因此而减少他们的产出、出口销售或雇用人数。所有这些响应都将会给整个经济或其中的某些特殊集团造成显著的经济和社会代价。最后一点,某些形式的污染损害,可以被视为是由消费者而不是厂商造成的。如果消费者改变他们对环境美学服务的需求,或者在靠近废物排放者的地方购房及进行娱乐活动,则他们的选择在某种意义上造成了损害。这虽不是一个很流行的解释,但它却很有道理。这三个问题表明,从社会角度而言,坚持彻底的"污染者支付"策略是否正确,完全是需要探讨的。

第五个也是最后一个支持价格机制的主要观点认为,它是代价最小的控制形式,因为它只要求较少的信息,并且是自我执行。其他的控制系统,都被认为是不灵活的和昂贵的,而且会阻碍执行(Anderson et al.,1977)。但在实践中,这个观点颇令人怀疑。排放标准和收费制度二者都要求大体上相同数量的关于所用生产技术的信息,以及可供给厂商选择的减污方式(Brown,1973;Storey and Walker,1975;Walker and Storey,1977);同时,为防止厂商逃避监控,二者都需要排放量监测系统及警察部队(Wenner,1978),实际上在许多情况下,执行收费政策的费用会更加昂贵。很简单,因为这需要去计算账单及去收钱(Harrison and Sewell,1980)。

最近一些年以来,甚至于赞同收费制度论及摈弃其他控制机制的理论基础都受到了质疑。正如布朗在1973年所指出的那样,如果补贴制度和排放标准制度联合使用(正如常有的那样)的话,那么有助于厂商达到所要求的降低废物排放的补贴措施,并不会干扰达到一个有效的水或空气质量水平。而且很明显,在取得一致以执行污染控制管制方面,补贴可以发挥很重要的政治和经济优势。布朗(Brown,1973)以及斯托里和沃克(Storey and Walker,1975)都证实了定价方案,比起那些基于收集有关厂商减污成本信息的排放标准设定系统而言,在分配方面不一定就更加有效。尽管某些理论经济学家依然迷恋于对最优价格方法概念上的满足,而那些更多关注于发展可执行污染控制策略的人们已经日益认识到,收费制度决不是哪里都可通用的万灵药。正如谢林所指 297
出的:

> 许多经济学家……并不是立法或行政管理方面的行家。他们并不总是做一些经验性工作,以便检验使用价格手段而不是直接控制会造成什么样的实际差别,理论推导使他们自我欣赏乃至偏执,他们中的大多数人并没有设计出方案执行过程中那些大量不可缺少的细节。(Schelling,1983,p.x)

在达到一个特定环境质量目标方面,会有这种情况,即某种价格系统的形式可能是从成本角度上说最为有效的方法;但同样也有许多情况,其他的管理技术将证明为更适合。

定价的实际问题

定价解决方法的适用性取决于以下三个主要的因素:(1)为

有效地囊括特殊的污染问题,制定价格的容易程度;(2) 企业对收费的实际反应方式;(3) 企业的反应给产品价格、实际收入、地方发展及就业等带来的结果。

建立适当的价格方案

要用一个简单的价格方案抓住污染问题的要害,这里所涉及的实际困难是非同一般的。文献中已经列举出数百种污染物质,为了制定收费方案,这些物质是不是都得测量?实践中,一个能执行的价格方案通常只基于一种或两种易辨识和监测的化合物,虽然匈牙利在它的排污税方案中用到了 31 种不同的物质(Johnson and Brown, 1976)。因此,对那些在收费体制之外的污染物质就不得不进行直接控制。事实上,单独地使用定价制是不常见的,而是把它作为对法规的一个补充以提高收入。

所有的收费方案至少都应该包括质量和数量两个方面,仅根据单位体积的收费只会鼓励生产者将排放物进行浓缩,而单独根据质量参数又将引导生产者在排放之前对污染物进行稀释。在某些情况下,收费系统还需一个定时的标准,从而防止高浓度污染物的大量排放,或鼓励在接受媒介的自净能力达到最高时进行排放。更为重要的是,制定针对特殊地区的定价程序也许是必要的;如果特定的大气区或河段有不同的质量标准,或者生产者对价格具有不同的反应,那么,为了保证控制的目标能实现,就得采用不同的
298 收费标准。但是,从政策上讲,实行一个依生产者位置不同而改变的收费系统是极其困难的。

排污收费决不只是一个对所关注的实际问题重要的价格表的问题,而且还是制定一个易于为人理解而且在相关的团体中最能

接受的系统的问题(OECD, 1980a)。当污染问题只涉及到个别污染物和很少的易辨认的污染源时,收费从成本上讲很可能是最有效的。例如,尼科尔斯(Nichols,1983)认为,在"清洁空气法"第112项中,被美国环保局于1977年列为危险性空气污染物的苯,能通过对个别工厂进行收费而得到最有效的控制。同样,对排放SO_2、NOx的电厂制定并实行收费也不困难,但这些能否带来预期反应又是另一个问题。然而,在产业过程更为复杂和多种污染物存在的地区,以及在多种污染源存在的情况下,一个污染税收系统就更不容易恰如其分(Martindale, 1976)。

对定价的反应

在所有对"污染者支付"战略的经济争论中,很少注意企业对任何价格设置的实际响应方式。设想生产者为"经济人",他们将对任何收费作出规定的理性响应,并设法将私人成本降到最低。未来资源(研究所)发起的大量研究已经表明,工业污水排放的收费具有潜在的高弹性,洛夫和克尼斯(Lof and Kneese,1967)关于钢铁工业以及范海姆和拉塞尔(Vangham and Russell,1973)关于石油冶炼的研究为这项工作提供了三个例子。他们都假设,只要存在节约的可能性,企业就将对合理计算和实施的收费系统作出响应。经验证明,价格对排放水平没有多少可观察到的影响,这已为价格太低的呼声所解释。但是,近来有关英国产业对于排入下水道的工业污水而制定的收费的响应的研究表明,还有更复杂的解释(Webb and Woodfield, 1979; Rees, 1981b)。

不可避免地,只有当企业理解收费系统时,他们才会对它作出合理的响应。他们需要意识到收费实际上怎样影响到他们;如果改变排出物的浓度/体积构成,支付水平会有怎样的显著差异。当收费只涉及到一方面时,这种问题就不会发生。正如当人们没有退还扣了押金的瓶子时,就会很容易地意识到他们花去的成本。但正如我们已看到的,大部分排污收费需要包括不同的组分;系统
299 越复杂,污染者就越不容易清楚地理解它的含义。在英国,对行业排污的收费结构是相当直观的[8],发现20—30%的企业不能合理地对价格信号作出响应,这仅仅是因为他们不清楚收费会怎样影响总支出。尽管排污收费执行了四年,而且污染控制部门已经广泛地宣传和解释了这一方案,但情况仍是如此。

理解问题的另一方面来自企业对其排污权的感应。许多公司认为,大量的支付给了他们许多随便排污的权力。在一个区域水管局(RWA)[9],这一观点实际上已经成为一项被接受的政策。对采用污物工程进行处理的"正常"污染物及其体积没有规定一致同意的条件。只要收费反应了污染处理费用,那里的地方水利局就能为产业提供服务,而不是强迫他们进行减少污染的投资。然而,从长远观点看,当污染处理厂的处理能力不得不扩大时,这一思想就大成问题,因为行业排污收费没有反映处理厂能力增大的边际费用。

少数企业的情况与缺乏认识相反,他们没能作出预期的响应是由于太了解收费系统。既然收费是根据已经建立的污染处理工程的处理费用而制定的,人们便意识到,如果企业的响应太强烈,则处理工程将在远低于它的处理能力的情况下运行。因此,当局不得不提高单位排污的收费以弥补高度固定的成本。因此,向某一污染处理工程排放污物比例大的工厂,就正确地认识到他们处在"没赢"的位置。当他们最后不得不分担现存的公共资产的费用时,避免进行减少厂内污染物的投资就是合理的。

一个更进一步阻止企业响应的因素是:相当一部分企业对污染处理的方法和费用,以及对能改变产品、程序或投入而减少排出物浓度和体积的潜力所掌握的信息很不完备。那些没有进行过污物处理或回收的工厂,有这样一个明显的趋势,即他们将高估处理的费用和难度。而且,很明显,在一些企业群中,生产者们都指望某一企业在研究上起带头作用,而自己并不努力在减少排污的技术上进行革新。

另一种信息限制的形式是由于企业内部责任分散造成的。除一些很小的企业外,负责排污的人无权付账。因此,除非支付的款项远超出通货膨胀或已经成为工厂运行的重要费用项目,否则企业对所要求的数额就照付不误。废物处理工程师很少重新考虑已经建立的排放惯例是否合理。

最后,在某些方面也是最重要的一个限制因素是资金市场的 300
不完备性。工厂的部门管理者实际上全都面临高度受限的资金预算。在最低水平之上的投资计划都得请示总管,但是,除非运行费用远超出往年,否则在仔细的检验之后是不会拨下来的。因此,大部分管理者都倾向于尽可能地请示上司,很少考虑在减少排污技术方面的投资,只是简单地缴纳排污费。由于许多工厂坚持两到三年内就能收回成本,而废物控制方面的投资很少能在少于六年之内收回,这样,投资就受到了进一步的限制。较小规模业主经营的工厂还为资金的短缺所阻挠,尤其是在利息很高的时候。许多工厂宁愿或被迫连续从收入中抽出一部分上缴排污费,而不愿由于污染处理设备上的投资而招来债务。这一结果已经被近来有关英国制糖业和电镀业的研究所证实,这些研究发现,由于利率太高和许多工厂的存款只能维持他们的日常开支,导致工厂在污染控制设备方面的开支受到限制(Rothwell and Gardiner, 1983)。

尽管这些妨碍响应的因素只出现在相对较少的企业例子当中,但没有理由认为他们没有广泛的代表性。其含义是:至少在短时期内,仅仅依靠价格也许不能提供足够的刺激来减少污染物,因而环境质量也将不能实现。确实,我们没有足够的信息来确保任一特定的价格水平会产生预期响应。毫无疑问,在价格系统实际上达到质量目标之前,重复地实行几种价格是有必要的。这种价格的变动将使企业格外难以作出连贯的减污政策(Storey and Elliott, 1977; Walker and Storey, 1977)。然而,如果用一种少理论多实践的方式来看待价格,它将是对法规的一个有用补充。它至少使污染控制当局对减少污染的战略能进行更广泛的资助。这些战略包括标准的加强,提供有效的技术咨询服务,支付减污津贴和给那些面临减污成本陡然增加或缺乏必要财政资金的工厂提供优惠的贷款。

"污染者支付"战略的后果

跟踪排污收费计划的经济后果及分配后果决不是一个轻易的任务,但如果我们要把假象和现实分开,这项任务就是必要的。工商利益集团在不断声称,排污收费将提高生产成本,加剧通货膨胀,降低产业的竞争力等等。尽管英国产业同盟认为,对排污者来
301 说,污染税比排放标准/强制系统昂贵得多(Martindale, 1976),但很清楚,事实绝对不总是这样。一方面,企业确实不得不为他们连续排出的废物付费[10],另一方面,在排污收费方法中一个关键的要素是:它给予了企业灵活性以制定最有成本效益的经营机制。而且,既然工厂被允许选择抑制排污或缴纳排污费,那么对那些减污成

本陡然增加的产业,排污收费就能减少减污成本。产业反对排污收费,有一个更讽刺的解释为:排污收费不如排放标准好回避,后者只是在严格实施的情况下才让企业付出代价(见第九章)。

根据基本经济学理论可知,污染税对价格和工业产出的影响将依企业的竞争结构和消费者需求的价格弹性而显著改变。排污成本将使生产成本增加,从而使企业的供应曲线从 S_1 移到 S_2(见图 7.6)。如果对企业产品的需求是无弹性的(D_1 曲线),那么,随着价格上升(从 P_1 上升到 P_3),排污收费直接转移给消费者。正如我们已经见到的:公共垄断产业或公共机构管理的公用事业将有相当大的机会转移排污费用,且很少有激情采用减污措施去减少他们的排污费用。另一方面,消费者对价格更敏感的地方,价格的上升会较缓(P_1 到 P_2),但相关企业的市场销售量将 Q_1 下降到 Q_2。由于完全竞争的企业面临着相当弹性的需求曲线,他们的生产水平将特别受影响。除非同行企业(国内和国外)的每一生产者都面临同样的成本增高,否则,企业为了全部销售其产品,将不得不吸收整个减污费用。

由于很少有国家已真正地采用了足以刺激减污的排污收费制度,所以有关价格影响的经验证据还很有限。大多数数据得自排入下水道的排污收费方面,这些证据表明,一些小企业已发现污染控制费用成为企业崩溃的最后一个因素,尤其是国内生产相对于国外竞争已处于边际经济的经济部门中的那些企业。约克郡毛纺品工业提供了这样一个实例:在 1975 年新的高标准企业排污收费实施以后,企业关闭和合并的现象开始发生。但是,很难说排污收费就是原因,因为这些企业本来就处于经济相当困难的时期,而且没有可能度过 20 世纪 70 年代后期到 80 年代初期这段经济萧条

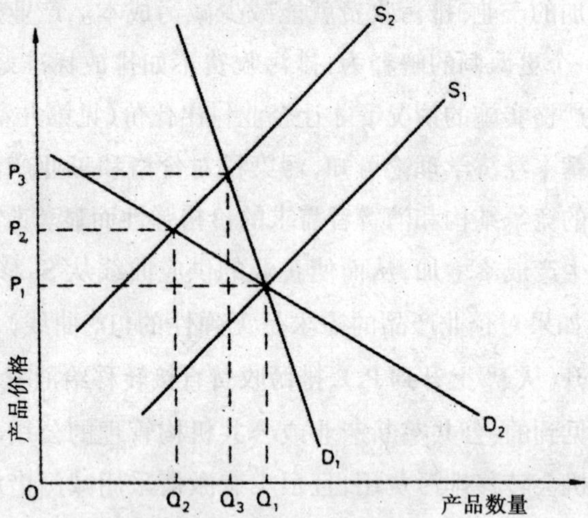

S_1 无排污收费或控制条件下的供给曲线

S_2 排污收费和控制条件下的供给曲线

D_1 弹性小的需求曲线

D_2 弹性大的需求曲线

P_1 P_2 P_3 产品价格

Q_1 Q_2 Q_3 产出水平

图 7.6 污染控制费用对产品数量和价格的影响

资料来源:Rees, 1977, p.319。

时期。

排污收费的影响也会依产业的不同而显著地变化,这取决于企业循环利用和副产品回收的潜力。安装水过滤器和空气洗涤器能回收有用的物质,这些物质能方便地重新利用或出售。而且,就
302 水来说,安装循环系统能显著地降低水供应费用和能源费用。在制糖和糖果业,通过收集和更新蔗糖废弃物能实现可观的费用节省;同样在利用高价值金属的工业中,相当简单的水过滤技术就能回收和重新利用金属细粒。但是,应该指出,副产品收集后在公共市场上出售的可获利性必然会随着更多企业从事这种活动而下

降。而且,材料的回收也许将给那些生产新原材料的经济部门带来产出和就业方面的不利后果。

可供选择的经济刺激

排污特许的拍卖

至此,讨论仅仅集中在能将经济信号传达给排污者的一种策略上,即单位污染物的价格或收费。尽管其他多种经济手段已被理论文献所推荐(Dales, 1968; OECD, 1975; Common, 1977),但实际上排污收费仍然是应用最广的方法。一种可能的方法是管理机构拍卖污染特许直到所制定的质量目标极限。这种制度避免了缺少关于排污者对价格响应之了解的问题,并保证能实现目标排放水平。

除非拍卖频繁地进行,或生产厂家能重新出售在拍卖中得到 303
的排污特许,否则,由于阻止了那些持有排污特许证的企业革新减污技术的激情和防止新的企业或城市发展进入本地区,这种制度会将现存的废物生产格局固定起来。较大的企业看起来有可能试图而且能够得到并持有远远超过他们现有排污要求的排污特许,然后,这些特许又可能充当一种安全保障,以防止将来扩展计划或生产变化由于缺少排污权而受限的危险。在英格兰和威尔士收集的20世纪70年代早期的大量证据表明:尽管制造商和农场主依据他们许可得到的水量付费,但他们还是抓牢尚未使用的特许权,以便单独从河流和含水层取得水的供应(Rees, 1970)。这种付费被认为是为减少风险和不稳定性而可接受的支付。如果长期的污染特许权通过拍卖获得,则没有理由指望这种行为会改变。

短时期(月或年)的污染特许权也许能克服这种变通性问题,

但这将剥夺企业有效规划长期生产和减污战略所需的保障。很明显,如果由于企业没能在拍卖场上获得排污特许权而导致企业关闭,则将引发大量的经济和社会问题。不可避免地,整个拍卖制度将有利于较大的企业,他们出价能高于排污较少的厂家,而不顾根据单个工厂减污费用所制定的排污权所具有的实际价值。仅仅是这一特性就使得环境吸收能力的有效分配不可能发生。而且,企业间串通从而在出价上达成协议的可能性也不容忽视(Schelling, 1983)。

市场化的权利和特许

拍卖的另一种形式是将**现存特许权转化为市场化或可转让的商品**。对许多环境资源,排他性使用权一直在随着时间的推移而演变,这更多的是由于历史的偶然和传统,而不是所要求的客观评估。例如在英国,取水和污水排放权的分配都建立在历史的利用格局基础之上(见 312 页);在美国也具有同样的水权分配。最近的《美国清洁空气法》(1970)在将废弃物排入大气方面所取得的一致是以传统的污染源和减污实践为基础的:

> 在现有污染源加起来不超过所直接要求或隐含要求的总排放水平的地方,企业被允许继续按传统的水平各自排放……但新的企业或已有企业的扩展必须在规定排放限度内
> 304 的剩余容量范围中调节其新的排放。一旦"剩余"容量被用光,就再无余地供进一步的增长,也无余地给也许生产大于而排放小于现有企业的新企业。(出处同上,p.39)

在所有这些例子中,传统的权利起着冻结和保护过去的、效率可能

不高的利用格局并处罚新发展的作用。

于是建议应将这样设置的排污权转化为可进行交易的所有权,从而允许新的或扩大的企业购买排污容量,并造成一种货币刺激使已有企业采用保护或者减污措施(Liroff, 1979)。这一观点目前正被用来考虑加利福尼亚的水权问题,而且它也许能对在美国大气控制系统下更好地利用当地大气容量发挥作用(Repetto, 1983)。

处在可市场购买的排污权和单位排污价格之间的是排污特许的出售。为了举例说明这一措施怎样运行,考虑一个大型城市中心的实例。当大气的吸收容量天然有限时,在某些特定日期必须严格控制车辆的污染物排放。另一种方法应取代根据车辆登记数任意控制车辆使用的方法(就像东京那样),此方法为出售每天的开车特许直到建立在"先到先服务"基础上的限度为止。原则上,这和停车特许的出售有点不同。

罚款和屈从行贿

一种更进一步的潜在的经济刺激方法是实行污染罚款。规定企业或个人有操作标准,如果没能照此执行,则处以自愿的财政处罚。谢林(Schelling,1983)在为美国客车制定的车辆耗油量标准方面讨论了这一方案。每年都规定车辆制造厂有一个每加仑汽油所行里程的目标,他们的车辆平均必须达到这一目标;到1985年,平均为每加仑行驶25.5英里[11]。如果没有达到规定的目标,制造厂将被罚款。这一方案最初被设想为节省能源的措施,但它也起到减少环境污染的作用。

最后必须提一下屈从行贿的作用。尽管行贿或津贴经常被看作与污染税和收费相反,但在一些情况下,又很难将二者分开。例如,可归还瓶子的押金是一种污染收费形式,它实际上是对不归还瓶子者处以了罚款。但是,如果押金鼓励小孩在邻里搜寻未归还的瓶子,则他们起到了清洁行贿的作用。通常被建议得最多的行贿方式是:如果企业达到了一定的减污水平,他们应该得到污染费用的回扣。如果回扣超过了开始的支付,行贿很明显就成为一种津贴。或者,企业可支付某种押金或契约金,如果他们达到了某些制定的环境质量目标或采用了令人满意的排污措施,则支付的押金或契约金就能归还(Bohm, 1981)。在英国,这种制度的一种形
305 式已在运行以鼓励开矿者修复开采过的土地;采矿和采石场主如果没有修复土地,则他们支付的契约金将被没收。英国科学技术选择委员会主任办公室(The UK House and Lords, Select Committee on Science and Technology, 1981)最近建议,固体废弃物场地的操作者应交纳相似的契约金,以保证他们采取措施将径流污染危害和其他环境事件降至最低。

这些经济刺激制度没有一个能普遍地应用,但就某一范围,他们能够作为现有管理方法的补充。

定价制度在实践中的运作

尽管寻找一种经济上纯粹的污染价格系统将是徒劳的,但收费正被广泛地采用并吸引了人们日益增长的兴趣(OECD, 1980a)。虽然已有收费用于大气管理、土地废弃、固体废弃物和噪音减小方面的例子,但在实际中,水管理是能提供最多关于收费应用数据的领域。

“污染者支付”原则已在西欧环境政策语言中扎下了根,许多

欧洲经济共同体的国家已将这一原则解释为:应采用**排污收费**或**使用者付费制度**[12](ERL,1985)。有三个国家已实行了相当综合的收费方案作为他们水管理政策的一部分。法国是第一个在全国范围内采纳排污收费的国家,在1964年通过了立法(OECD, 1976b; Harrison and Sewell, 1980)。在德国,负责鲁尔河、利珀河和埃姆斯切河的水管理机构早已采用了一种污染定价形式作为他们全面水管理和分配制度的一部分,1981年,排污收费的应用已扩展到了全国(Brown and Johnson, 1984)。同样,荷兰已在广泛地应用排污收费和使用者付费。在这三个国家之外,基于价格的水污染控制计划的实施像是点缀。更多的经济合作与发展组织国家在对污水排放收费,在加拿大和美国,一些地区和大城市有了排污税(OECD, 1980c)。

对其他形式的污染(大气、固体废弃物和噪音),没有一个国家有一套综合的收费政策。荷兰、挪威、法国和日本都对SO_2的排放征税,但不包括其他大气污染物。固体废物排放的特点是涉及的机构复杂,无怪乎各控制政策之间不存在连贯性,即使在同一国家内部也是如此[13]。例如在美国、法国、瑞典和西德,一些市政当局将使用者付费应用于家常固体废物处理(OECD, 1980b)。这些收 306
费最通常是用来支付搬运和处理废物的费用,但加利福尼亚的情况表明他们的确有刺激减污的效应(EPA, 1972; Wertz, 1976)。在此类方案中,税收评估的基础显然不同:德国的乌珀塔尔根据每年从标准容器中搬走固体废物的次数而对家常固体废物进行收费;法国的博洛涅河畔格朗日和瑞典的维默比按垃圾包的数目进行收费;在南斯德哥尔摩,采用了一个计算机化的清单系统来精确计算每一寓所的固体废物处理费用。国家和地方政府已着手对特殊形式的固体废物进行收费和管理。

对产品收费一般是用来支付收集和处置丢弃物品的费用。例如,德国从1969年起就已对润滑油征税,将得来的收入重新分配给愿意收集此油并进行无污染处理的企业。法国在1979年实行了相似的方案。挪威对金属饮料容器征收高额税,一方面促进了回收,另一方面充当一种污染控制措施。产品收费的另一种不同形式为押金制度,它已被广泛地用来鼓励瓶子的回收,在挪威和瑞典,近来押金系统进一步应用于车身的回收。

虽然一些国家采用经济刺激制止机场飞机的噪声,但对噪声污染实行收费并不普遍。例如在德国,对航空器符合国际民用航空署制定的噪声标准的机场,将根据一般机场费给予回扣;日本和法国征收特别税用于资助机场附近的隔音设施或收购那些被噪声严重影响而不适于居住的房产。

法国的排污收费制度

1964年,法国建立了36个流域自治机构,他们负责制定改善水质量的滚动计划,并负责执行收费方案(OECD,1976b)。这些机构绝不是综合的水管理机构,他们既不拥有也不运行任何形式的供应系统或处理设施,而只关注技术规划和经济管理。重要的是他们甚至不掌管属于地方政府职能的排污特许权。

这种收费方案的关键特征为:它被用来资助管理污染控制系统的高费用、直接资助污水方案和收集处理设施(包括部分运行费用),并对符合排放标准的单个企业实行贿赂和津贴。最初,收费被看作是一种重新分配的手段,一切减污刺激的效应都被认为是一种奖励。那么,严格地说,他们过去是(现在大多仍然是)一种提高收入的机制而不是污染控制机制。尽管想逐渐提高价格水平以达到刺激的程度,但实际上,他们的效果已被通货膨胀所侵蚀 307 (OECD, 1980a)。原计划是将收费用作收集资金的来源,为了解决过去由于忽视减污投资造成的问题,这些资金是必需的;而这样做的同时,又不能显著影响工业增长和城市发展。

在税收评估方法和收费本身的设置过程中,简单性和可接受性这两个基本条件必须满足。并不试图对大范围的污染物质作价,而只对四种污染物(悬浮颗粒物、可氧化物、溶解性盐类和有毒物质)进行收费[14]。对流域范围内每种污染物质都按每千克/天进行收费,但一种简单系数或加权系统被用来区别对待处在流域不同点的污染者。某些机构认为,排放源的集中使排放超过水域的吸收能力从而引起污染。因此,在密集的工业和城市发展的地区采用了高权重。另一方面,塞纳—诺曼底当局持有相反的观点,它的主要目标是保护上游的水质,因此,对上游的排放实行较高的收费(是基本收费的150%)。由于河口湾的同化能力较大而且能达到收集处理的规模经济,所以在河口湾实行低收费处理是合理的。

较好的加权系统不能和流域内强大经济利益集团的地位相分离。在任一机构内,收费制度实际上是通过流域委员会协商确定的,流域委员会由水使用者及地方和区域政府当局的等额代表组成(OECD, 1976b)。这些委员会还决定税收的评价依据。尽管企业可选择根据实际检测的排放量收费,这样,企业就不得不支付检测的费用;但对大多数企业,只是根据工业流程采用的减污设备来估计他们的排放水平。同样也考虑受服务的人口规模和工厂类型来评估城市污水处理厂。

对法国制度的效果看法不一。一些人认为它是一个有希望的起点,认为经济刺激作为更广泛的污染控制策略的一部分具有一种合法的作用(OECD, 1980a)。另外一些人则批评作为收费根据的污染物范围太窄,这种价格水平不能提供任何重要的减污刺激(McIntosh, 1978)。近来,哈里森和休厄尔(Harrison and Sewell, 1980)认为:除某些特殊情况外,一般水域的水质几乎没有改善,并且整个流域收费制度正被中央政府部门的开发所破坏。但也自动取得了以下一致意见:认为特殊产业部门是主要污染者,如纸浆和
308 造纸业、制糖业、羊毛洗涤业和造酒业。如果公司同意在规定的日期内达到特定的排放目标,作为回报,将解除他们支付流域收费的一些义务,同时还给予可观的设备资助和贷款。流域自治机构声称,中央政府已准备接受水质量标准的降低以达成要签定的协议。

无论在全国水平或流域水平上,污染者必须参加决策过程的原则已对解决政策的可接受性问题起作用。但这也意味着控制制度易为限制他们有效性的政治压力所操纵。把价格提高到刺激的努力已不断受阻,中央政府现在已限制其变化只能上涨2%;实业家和市政污水机构已寻求操纵评估依据和加权系数,以将他们对自治机构收入的贡献降至最低;一切设法将农业非点源污染包括在内的努力已被农场主击败;和优先投资需要的客观评估相比,补助金的支付更取决于政治上的讨价还价。法国的经验为马约内(Majone, 1976a, 1976b)、温纳(Wenner, 1978)和桑德巴赫(Sandbach, 1982)的观点给予了支持,他们断言:在经济利益设法将废物处理费用降至最低的压力下,一切管制的效果都是有限的。

收费制度和大气污染

大多数国家都已简单地设想直接的法规是解决大气污染的唯

一合适机制,尤其在美国,这一设想已导致建立了相当复杂的规章制定机构(见387页)。尽管没有人会认真地认为定价能取代所有的法规形式,但近来的研究表明,对特殊物质如 SO_2 和 NOx 的排放收费可能成为一种在收费上有效的政策选择(EPA, 1974; Baumol and Oates, 1975; OECD, 1980a),或者,在排气点周围大气标准成为控制基础的地区,就会出现一种可能,即可市场买卖的排放权成为一种合适的分配手段。里佩托(Repetto,1983)指出,排放权的出售和现在由环保局操作的所谓"泡沫"政策只有一小步之差。这最先被采纳来建立一种规范,以平衡一工厂内对某些污染源的较严格控制和对另一些污染源的较宽松的控制。自此以后,这种方法已扩散到包含不同厂家之间的平衡,并且,允许厂家"贮存"一些减低的排放,使他们的排放在限制以下以抵消将来的排放需要。正如扬德尔(Yandle,1978)指出的,这意味着排放者在他们的排放上有财产权,并且这种权利是可在时间和空间上转让的。至今,大 309
多数允许的转让实际上都发生在公司之内,而且很明显,这一制度有利于多工厂的经营者(Liroff,1986)。但也造成了一种可能,即新公司或那些具有高屈从费用的公司可以向其他污染者付费以抵消减污费用。

尽管经济刺激制度在大气质量的管理中大有潜力,但在实践中执行的例子很少。在日本,实行了最接近于排放收费的方案[15],根据燃料中硫的含量及排气管中气体的脱硫数量估计 SO_2 的税收。但是,没有测量排放水平的直接方法,并且只对主要的污染装置征税,却也包括了所有 SO_2 排放源的90%。正如法国流域收费的情况一样,该制度被设计成一种重新分配的措施,收入被用来补偿那些遭受污染带来健康危害的人,如患慢性支气管炎、哮喘病和肺气肿病的人(Gresser, 1975)。补偿预算是由行政决定的,然后用每年的预算除以全年总的排放量,得出单位 SO_2 的排放税。确立标准单位排放收费的权重时,要考虑污染源的地理位置,城市集中的地区的权重最大。税率增长得很快并且已显著地提供了一种减污刺激,1987 年 SO_2 的排放已比 1975 年降低了 360%。

在挪威和荷兰,SO_2 的排放量主要通过标准来控制,但分别从 1971 年和 1972 年开始,设置了对燃料的征税,以作为污染控制的一种补充方法。挪威的制度是征税和屈从行贿的一种案例。根据在油类燃料中硫的含量征税,并且对那些采用处理和硫回收的企业给予偿还。但是,收税和贿赂都一直很低,偿还的资金实际上还不到收入的 10%;实际税收水平允许降低,按石油税前价的百分比,从 1971 年的 6%降至 1977 年石油危机后的 1.5%。在这种水平下,税收不能提供任何减污刺激。

荷兰的收费制度同样被用来作为一种重新分配和提供收入的机制,它提供了一个被社会成本考虑缓和了的"污染者支付"计划的有趣例子。通过对所有化石燃料进行差别征税所得到的收入有四个方面的用途。首先,它补偿了所有执行和加强排放特许以及产品质量标准的费用。第二,资助减污技术的科学研究以及由污染造成的环境损害。第三,资助大气污染基金,此基金为那些由于大气污染而遭受不可挽回损失的人或厂家提供补偿。最后,收入的一部分为那些面临很高减污费用的厂家提供津贴,给那些由于得不到排污特许而导致产出受限制(甚至关闭)的厂家给予补偿。最后一条承认,控制的社会代价和污染的社会代价同等重要。

关于实践中收费制度的结论 310

实践中执行的收费方案没有一个接近经济学家的经济效率模型。实际上,他们都有力地表明,政府较少关注环境资源利用优化本身,而更多关注污染的再分配后果。所有研究的方案都被设计用来从污染者那里获得控制系统运作和改善已造成损失所需的费用。单独依靠法规不可避免地会将这些费用强加在受影响的公众和纳税人身上。因此,经济机制不是用来在竞争的使用者之间分配环境服务的手段,而是用来重新分配有效收入。

没有一种污染控制策略能为所有环境质量问题提供一个全面的解决办法。在达到特定环境质量目标的费用上最有效的方法会依污染物的不同和接受媒体的不同而不同。而且,不同机制的政治可接受性将随时间的不同而变化,反映有关经济中分配公平概念和权利平衡的改变。正如克尔曼(Kelman,1983)所指出的,控制方法的选择引起了有关我们想在怎样的社会中生活的意识形态或哲学问题。有趣的是,如此相信市场机制价值和不受政府干预的自由工业集团,在反对环境质量市场时却毫不宽容,而且偏爱直接法规!在第九章将论述这一似乎自相矛盾的偏爱,有一个主要原因是:对排放标准可以讨价还价和操纵,强制也是灵活可变的,而管理机构经常按被管理者的利益操作。

其他公共财产资源管理中的定价:一个简要讨论

无论是经济学家把定价作为分配工具的主张,还是实践者对这种药方的漠视,都不仅仅表现在污染的控制方面。诸如公用土地、水资源、渔场和狩猎场等公共财产资源的管理者,也很少打算用价格机制作为分配和需求控制的工具,而是宁愿采取直接管理的形式,在已引入某种收费形式的地方,主要是把它作为一种创造收入的措施,用以弥补控制机构的行政开支。管制机构基本上征收两种类型的费用:准入费和使用费,迄今为止前一种形式更为普遍。

统一费率的准入费

311 当管制狩猎、捕鱼、放牧、抽水及木材生产水平的特许证和许可证发放时,收取统一费率的准入费被广泛地实践着。这些费用必须在许可证持有者完全有权使用资源以前支付,如果收费很高,他们就会对进入的需求形成限制。一些潜在的使用者将不能或不愿支付这种进入以前的费用。但是,公共机构很少拍卖准入可再生资源的权利,或很少使用市场价值标准来建立合适的收费标准。年度或季度收费标准水平由管理机构决定,目的是满足一定的预算要求;如果收费起到减少需求压力的作用,这也是偶然的。当然,这种一般情况也有例外。例如,在美国国有森林里伐木的许可证现在按与私有森林具有可比性的市场价格出售。同样,作为资源保护的措施,狩猎特许证的收费近来也大幅度地提高了。

然而,甚至是很高的统一费率准入费,对于防止资源的过度利用或耗竭可能性也收效甚微。这些收费可以限制使用者的数量,但不能控制每个使用者的获取量;无论许可证获取者是获取一条鲑鱼或是 20 000 条鲑鱼,他所付的钱是一样的。因此,每单位资源的实际价格为零。没有金钱刺激权利持有者去保护资源,却有各方面因素刺激他们增加获取量,特别是在改进的技术导致单位生产成本降低时。在这种情况下,任何对实际利用水平的限制都必然通过许可证本身的条件或其他直接利用控制来实施。例如,进入一个被控制渔场的许可证持有者常常必须遵守捕获量定额、用具限制及捕鱼季节的规定。抽水许可证经常限定可允许抽取的总量,这可以大大降低日或季的最大抽水量。同样,伐木许可证一般都会详细地规定可采伐的操作条件。这些条件可以是要求植树,禁止完全砍伐,规定可伐树木与留下用以更新树木的比例,以及列出减少火灾的措施。

但是在许多情况下,支付的准入费只有象征意义,仅能补偿许可证系统的行政开支,甚至经常还做不到这一点。因此,价格水平一般都太低,并不能消除过量的要求,应该以支付能力和支付意愿作为使用权分配基础的观念被含蓄地或明确地抛弃。实际上,广泛拥有的一种观点是,用价格来限制人们进入共有土地或水资源是很不道德的[16]。

对定价制度的抵制意味着如果要解决与自由进入相联系的耗竭问题,管制机构必须采取替代的分配标准及限额手段。虽然有些例外,一般选择的标准是:保护既定资源使用者。管制机构很少在一张白纸上工作,现存的使用者早已通过法律或习俗确立了一 312
些形式的进入权利。例如在英国,地表水源的附近或含水层上的土地所有者曾经在习惯法下得到有关水源的使用权,这种权利在英格兰和威尔士已于1963年废除,但在苏格兰仍旧存在。同样,在美国"联邦土地一般都需要确立私有使用者,他们是或可能是合法的'特权'……但他们体现了许多政治'权利'的特点,"(Clawson, 1974, p.61)一旦确立了这种权利,管理机构任何接管这种权利的企图都不可避免地遭到强烈反对,反对不仅来自受到直接影响的经济利益集团,而且来自另外一些人,他们从哲学的角度反对他们认为是侵犯个人私有权及自由的事情。这些反对从一个方面说明了为什么市场价值的特许费用是如此稀少。没收某些人对水或鱼资源的权利,然后要求他们付钱来买回这些特权,这在政治上是很困难的。

英格兰和威尔士的抽水特许制度

实际上,管理机构常常通过事先对所有既得利益集团分配使用特许来"购买"规则的可接受性,哪怕这并不能使资源的利用量下降到所要求的标准。英格兰和威尔士 1963 年通过水资源法形成的抽水特许制度就说明了这一点。所有既成使用者在立法以前的使用量都得到了"权利特许"。除有关的企业或农民以外,没有人清楚这些使用量是多少;实际上是给既定抽水者一张空白支票作为许可证,以抽取自己所需要的量,或抽取他们感觉侥幸获取的量。有些地方所认定的特许总量超过了干旱气候下溪流的流量或含水层补给的平均速率,出现这种情况并不令人吃惊。伦敦的大部分地区,科恩河谷(泰晤士河的一条支流,在伦敦西部)、利河谷及遍及埃塞克斯和安格列东部的给水区都受到了特别不利的影响。在这种情况下,许多地区(埃塞克斯是一个值得注意的例外)采取政策禁止继续向工业或农业抽水者发放许可证,而不顾水对现有权利所有者的利用价值或被禁止的有关单位所额外付出的供应成本。甚至在实际消费远低于法定数量时,或在完全没有供应时,既定抽水者也是被保护的。值得注意的是,1969 年许多抽水大户在安装检测设备从而可以得到充分精确的消费数据后,在整个东南英格兰地区实际消费量浮动在法定量的 50%—70%之间(Rees, 1970)。虽然在 1963 年法案下可以废除不利用或利用不足的特许权,但绝大部分权威把这看作是不合道德的措施,它否定了

水资源利用者长期确立的习惯法权利。如果其他地方的资源利用
更具有生产性,那么本来可以重新分配任何正在使用的特许数量,
但是可以看到这一点的人仍然很少。使既定水资源利用格局合理 313
化的任何企图将导致成本较高的法律以及赔偿金支付,这种可能
性更进一步严重阻碍着采取行动。

一些地区在迎合了“特许权”持有者的需要以后,仍有足够的能力为新用户提供所需要的水资源量,可是仍没有采取行动让价格机制来决定谁应获得准入权,而是在对适宜的替代分配标准缺乏明晰决策的情况下,缺席采用了“先来者先服务”的配额步骤。

实际上,人们认为对于直接的工业和灌溉用水来说,水资源供应者有某种“天然”固定的极限。例如,当已经分配的水资源总量加上最小的可接受流量等于有记录以来的第三位干旱年份供水量时,泰晤士河管理局拒绝再发放许可证。不仅最小可接受流量是一个主观概念,而且把迄今所知的第三干旱年份作为自然供应极限也没有客观基础。此外,如果潜在用户愿意支付有关的投资费用,整个政策也否定增加可得流量的可能性。如果公用供给事业要求新的供应能力,这种可能性被认为是存在的。实际上,拒绝向公用事业发放许可证被认为是不可能的,因为他们有法定义务去满足一切民用要求。因此,就会出现这样一种不正常现象,一些被拒绝直接抽水特许的工业用户,如果他们能支付很高的价格去从公用网络系统取水,他们就能获得水资源的供应。这不仅极大地增加了分配的成本,而且由于公用供水必须处理为饮用水,对于绝大部分工业用水来说质量不必这么高。以经济学观点来看,这种管制系统是极无效率的,它鼓励用户保留过时的水资源利用技术,长期保持低水平利用,甚至是浪费性的利用,并且可能对新的或正

在发展的企业拒绝供应(或增加供应成本)。

使用者付费的方案

公共管理机构采用使用者付费制度去管理对可再生公共财产资源的进入,这种情况很少见;但娱乐或野生动物保护区的进门费和供水费例外。在前一种情况下收费纯粹是象征性的,既不是用来限制需求,也很少能补偿一部分提供和管理娱乐设施的成本。以美国国家公园为例,并不是用进门费来控制参观者的数量,而是限制用户类型,限制轿车和篷车的负载,规定帐篷放置。

每人都应"自由"进入的观点很普遍;只允许那些愿意或能够付钱的人进入是不公平的。但是这绝不意味着公平就是服务的低
314 收费或不收费,以致不能补偿相应的供应成本。一些评论家认为,对诸如野生生物区、适于划独木舟的奔腾溪流、帆船或机动艇中心等娱乐设施的需求属于"上等人",主要来自相对富裕的中产阶级。社会上最穷的阶层由于其住地,由于缺乏流动能力和装备费用,就被此类设施拒之门外,不可能享受这种公共财力提供的补贴。

在任何已经建立公共供应机构去投资所需的储备、处理和分配系统以使自然流量转化为有用产品的地方,都按水的单位收费,但也决非没有例外(见240页)。私有用户直接从自己的住所或附近的天然供应源取水则很少付费,虽然有些国家实行这种制度,如法国、德国部分地区、英格兰和威尔士、以色列、日本,有点讽刺意味的是还有匈牙利(Cunha et al.,1977)。

英格兰和威尔士抽水收费制度

1969年,英格兰和威尔士得到许可的私有抽水者开始有义务

根据每年允许抽取的总量付费。只有家庭或农民为家庭用途或牲畜用水而抽的水全部免除费用;安装喷灌设备的用户对其允许的用量有只缴50%的水费的特权,超过总量则按实际消费量收费。这就意味着灌溉者只有在干旱年份抽取全部被允许的抽水量时才支付全部费用。农场游说团的政治影响产生了这种特殊安排,它在经济上是不合理的,因为有特许权的灌溉者先占有的供应量必将保存下来用于他们每年的灌溉,而不可能被重新分配给其他用水户。此外,在灌溉集中的地方,管理机构在湿润年份经受至少20%的收入亏空,因此就会产生严重的财政预算问题。

在这些许可证收费的计划中,企图根据他们利用所导致的机会成本让不同的消费者支付不同的价格。"消耗性"用户或仅在夏季月份用水的用户,他们所交纳的费率要高于那些把其用水量的大部分归还到河流的用户。在一些地区,根据用户的地址或供应源的不同也有不同的收费。例如在东萨福克和诺福克,那些从沼泽地取水的用户只交纳普通地表水用户费用的20%。在埃塞克 315
斯,内地用户每单位用水量的收费两倍于海滨用户,理由是前者影响了下游用户供应的可得性。但是,这些计划一点也不符合经济理论界定的理想。

利用价格机制分配可得供给量,直至消费者愿意支付增加流量所涉及的成本,这种可能性在法律上是有障碍的。收费仅能用来补偿成本,平衡各个年份之间的水资源账目。因此,利用价格去平衡需求和可得供应并因此有一定收益的情况是极不可能的。用价格机制来显示扩大供应能力是否合意就更不可能,因为这几乎不可避免地要把收入盈余积累到需求水平证明投资正确时才能显示。

毫无疑问,在收费计划开始实施时,单位价格太低而不能对需求有显著的影响。例如,1974年以前东南英格兰4 550升水的收费在0.1至0.4便士之间;也就是说除了最大工业用户以外,其他用户每年的费用都少于150英镑。这种低价格水平来源于这样一个假设:直接抽水的供应量是不变的,除非他们"搭车"在为满足市政要求而设立的扩大计划上。既然很少有或没有投资,那么平衡账目所需的收入就很少,不会比管理机构的行政开支多多少。然而,有证据表明,收费本身已经促使一些用户把他们的许可用水量降到实际消费需水量以下。但是这在那些不能得到新许可证的地方不可能发生;许可证本身获得了某种稀缺价值,这种价值超过每单位收费的低额费用。自1974年多目的水资源管理机构开始负责抽水许可证以来,收费水平有了上升;许可用水量及实际消费量有了显著的下降。但是把这种下降过多归功于价格机制是愚蠢的;正在变化的工业结构、老工厂的关闭、经济的普遍萧条是更重要的因素。

行贿及补贴

正如在污染案例中所看到的,经常提供屈从贿赂或补贴以诱使人们减少进行废物排放的环境利用。同样,一旦确立了利用其他公共财产资源的私有权利,那么当这种权利被单方面收回时,就有法律上、经济上或政治上的必要去提供财产刺激来限制需求及补偿损失。这特别可能发生在严格法律规定了个人权利和自由的国家,以及对私人财产的重要性高度敏感的社会里(Johnson and
316 Brown, 1976)。控制问题及补偿的必要最可能发生在那些私有土地上的可再生资源(风景资源、自然栖息地、动植物以及某些水流都属于这类)。例如在美国,保护野生生物、海岸线、湿地以及其他资源的企图如果牵涉到私有土地上的开发限制,而且只是“不补偿的剥夺”,那么将被认为是违法的。自 1922 年以来,一直认为“对地产应有一定程度的管制,但如果管制走得太远,就会被认为是一种剥夺”(宾夕法尼亚煤炭公司对马洪,美国法律 260 条 393 款)。随后的法庭诉讼一直认定某些形式的土地分区制及栖息地保护法案,是“剥夺”条款内可合法接受的。但要取得这一点所需的诉讼费用相当可观,同时任何新的保护措施或利用规定显然必须在法庭上加以检验(Rosenblum, 1974; Garner, 1980)。

英国的资源保护贿赂

在英国,规划或管理机构可限制私有土地所有者开发权并且不负责补偿的原则早就确立了,其时间跟城市及工业的发展时期一样长。然而,任何保护诸如风景、野生动物栖息地的资源或增加乡村娱乐供给的企图,如果限制了农业或林业的发展,都可能需要赔偿。这种反常形势是由于 40 年代规划立法中很令人怀疑的一个假设而产生的,这个假设认为繁荣的农业与乡村风景资源的保持是和谐共存的——而且实际上是很重要的(Mabey, 1980; Shoard, 1980; Green, 1981)。《关于农村地区土地利用》的斯科特报告(Scott,1942)坚定地确定了这样的信念(大多数农业利益集团甚至至今还坚信):“利用和美丽之间没有对抗”,“现存保护的最便宜也是唯一的方式……应该是开垦它”。虽然许多有远见的分析者,如丹尼森(Dennison,1942),不同意这些流行的观点,但是农业及林业仍不受开发控制,至今基本如此,较大的农场或林业建筑物除外。私有土地上的资源保护和娱乐设施建设必须通过“合作和协议”而不能通过控制来进行。

因此,国家公园管理处以及其他规划机构必须利用“管理协议”来保持特殊风景或栖息地,并且确保公众进入这些地方。这些协议在 1973 年由乡村委员会规定作为“公共机构和土地所有者之间的正式文字协议……因此土地所有者管理土地必须满足公众的特定要求,但通常要考虑某种形式的回报”(Feist, 1978, p.1;重点
317 是后加的)。实际上可以接受这样一种情况,即区别对待农村土地所有者,并且由于他们接受对他们开发权及利用权限制而获得一定的报酬。全国农民协会一贯坚持“公平”补偿其每年的数目必须相当于潜在利益的损失,并定期协商以考虑通货膨胀的影响(MacEwen and MacEwen, 1982)。这会陷入一种将普通纳税人的收入再分配给农村土地所有者的“无底洞”。即使另一种补偿原则,即对被控制的土地所损失的价值进行一次性资金补偿,也将给规划机构带来过高的财政负担。

对于 1981 年野生生物和乡村法案存在着长期和强烈的反对,该法规定“农民不受任何限制,对其失掉的补贴(改善农业需支付的)和本来可通过损害环境而获得的收益,他们有权获得赔偿”(出处同上,p.285)。由于低地地区传统农业和集约农业之间的收入差别可以超过每英亩 150—200 英镑,因此这些赔偿支付将昂贵得不可实现。在以后十年中,仅为保护 1 800 英亩沼泽地免遭开垦,其费用就高达每年 100 000 英镑,此后就再不能保证继续保护(ENDS Report 106, November 1983)[17]。因此,尽管有许多负责保护风景、野生生物及其栖息地的机构,但他们既没有控制的权利也没有财政来源以执行任务。

加拿大渔场的退役贿赂

在渔业中也实施了与“屈从贿赂”有点相似的方案。在开始实施管制时给予所有既定用户正式的特许,一般性政治措施对于解决新近的耗竭问题毫无作用。在这种情况下,有必要对直接用户施加直接的实质性控制,并且需要引进一种机制来“诱使”既定用户放弃他们的使用权。加拿大引进“赎买”赔偿方案作为合理利用太平洋鲑鱼场计划的一部分,这是“退役”贿赂制度的一个好例子。1968年发布了一项禁令,禁止额外渔船进入,禁止连续捕鱼不到五年的船只,但是几乎占有全部捕获量的船主则给予了持久的、可更新的许可证。这些许可证可转让给任何替代渔船,甚至所有者有权把渔船连同许可证一起出售(Copes, 1981)。在这种情况下,已经很严重的资源问题得不到解决,极少的许可证费用对降低准入需求毫无作用。由于已经给予既定的渔民正式的捕鱼权,要让他们自动放弃捕鱼,就有必要“贿赂”他们。

官方建立的赎买委员会鼓励所有者出售他们带有许可证的渔 318
船,出售价格等于渔船的估计值加上鼓励奖金。然后拍卖这些渔船,但是有一个明确的条件,即新的所有人将不能得到这些许可证。拍卖收入及仍在鲑鱼场的渔船缴纳的许可证费为该计划的实施提供了必需的资金。然而,很快就会看出,既定渔户在开放的市场中出售他们带有许可证的渔船可赚到更多的钱。得自委员会的鼓励奖金并不多,很大程度上是由于任何增加许可证费的企图都要受到抵制。因此,要把一个有效的赎买计划有效地继续下去,这在政治上是不可能的,它在实施不到三年的时间后就取消了,在总量7 000艘的渔船中仅减少了354艘(Mitchell and King, 1984)。没人准备支付这种赔偿费用,而给予既定用户正式、长期及可转让的准入权的政治决策却制造了这种要求。

尽管进行了15年以上的管制,并且在人工繁殖和促进产量计划上的花费超过了1.57亿加元,太平洋鲑鱼场在1982年仍被说成是处于危机之中(Canada, Commission on Pacific Fisheries Policy, 1982)。许可证已经削减了船队的规模,但没有降低每艘船的捕获量,渔民仍在争相尽可能地提高捕获量。由于强大而且互相竞争的顽固经济利益,保护计划的所有企图都已经失败。

小 结

本章通篇说明,为有效配置可得资源而开具的各种传统经济处方都有严重的局限。特别是对传统公共所有并可自由利用的资源赋予价格的任何措施,都不得不面对三个主要问题。

第一,实际计算有意义的价格度量绝不是一个轻松的任务。第二,更为重要的是,用"支付愿意"作为分配资源流的标准,就会产生至关重要的公平问题。正如卡普正确指出的:

> 一个人或公司愿意为清洁空气或娱乐设施支付多少,或者为忍受污染对其健康的损害愿意接受多少赔偿,这些都取决于他们的收入和支付能力。如果收入分配不公(确实如此),并且收入分配不公除其他原因以外,还因为处于支配地位和被支配地位的不平等经济单元之间的不公平交换(确实
> 319 如此),那么这样产生的支付能力和愿望就像产生他们的价格和工资结构一样不合适。(Kapp, 1972; p.119)

第三,对以前免费或花费不多的财货和服务,现行价格的引入不可

避免地要遭到各既定功能经济利益的反对,这些集团以前就把资源退化及耗竭的社会成本转嫁给别人而受益。虽然这些集团并不总是社会上最富有阶层的成员(个体渔民很难进入这个阶层),但他们经常是这种成员。很重要的是,大部分反对采用污染和资源耗竭税收的人来自于企业利益集团、污染工厂主、冷藏船主及鱼加工厂主、制造商或大量私自抽水的农民等等。

调和第二和第三个问题的两难处境是很明显的。如采用价格机制,这可能不利于穷人;但如果不采用价格机制,则肯定有利于富人!

注　释

1. 已经讨论的优化策略有:地表水(Burd, 1967);蓝鲸(Spence, 1974);迁徙鸟类和作巢地点(Hammack and Brown, 1974);海狗(Wilen, 1976);赤鹿(Beddinglon et al., 1975)。然而,水资源、渔场及污染控制的案例在学术著作中仍居主导地位。

2. 在这里可以引用的例子很多。改进炉子的效率可以使燃料更加完全燃烧,这不仅减少能量投入(本身就是减少污染的措施),并且抑制了残余物的排放。改进发动机或工厂设计可以对降低噪声水平有很大影响。低硫油、杂质含量少的金属矿、碎金属及再生纸利用,都是变换原材料以减少排放的例子。改进包装——例如轻牛奶瓶的利用,无铅汽油以及洗涤剂由硬变软的变化,这些只是改变产品能降低废物排放的三个例子。

3. 已经有一些以主观损害排序为基础的归纳企图,在某种环境影响状况框架内得到特别的发展(见353—354页)。

4. 对于所有的资源,包括环境吸收废物的能力,可得存量的自然增长率可表现为三种基本形式:(1)增长率为零,这适用于诸如化石燃料等的储存性矿物以及环境处理储存性污染的能力。(2)增长率不变,取决于自然而不受人的影响,太阳能、潮汐能和风能属于这一类,虽然这些能源可利用量的供应

显然取决于过去在转换设备方面的投资率;可以认为水资源供应的更新也属
320 于这一类,但实际上绝大部分含水层和地表水源的更新决定于集水区水资源的利用模式,包括通过建造水库、改变植物或土壤的自然持水能力而对径流状况造成的任何变化。(3)增长率是现在资源总量(因而取决于过去的利用率)关于特定环境系统的最大承载(或吸收)能力的某个函数。

5. 不变价格和成本假设都可能下降,但这并不扰乱模型的逻辑,只是增加了它的复杂性。

6. 在空气污染的例子中,由于一个普遍的政策措施是分散,所以严格说来这并不真实(见 Frankel, 1974)。

7. 在最近几年里,人们越来越接受市场机制不能完全取代法规控制的观点。同时非常注意价格激励在补充或加强法规方面的作业。

8. 他们都是以所谓的莫戈登(Mogden)方程式为依据;这个方程式考虑了排放量及其质量,以 BOD 或 COD 和悬浮物来测算。

$$C = V + \frac{Bt}{Bs}B + \frac{St}{Ss}S$$

式中:

C = 每单位排放量的总费用;

V = 每单位排放量的初步处理和接受费用;

Bt = 以 BOD 或 COD 计算的工厂排污强度;

Bs = 该区域排放废物的平均强度;

B = 每单位排放量的生物处理费用;

St = 工厂废物中的悬浮固体;

Ss = 该区域废物中的平均固体含量;

S = 每单位排放量中的淤泥处理费用。

9. 自 1974 年到 1989 年,区域水资源管理机构一直负责英格兰和威尔士水资源管理中各方面的事务,包括污染控制。对水资源管制中行政管理历史的简短讨论见第九章(378—379 页)。

10. 一个"纯粹"的排出物收费方案(皮戈万〈Pigovian〉税)事实上会要求污染者不仅支付他们所造成的损害,而且还要支付利用环境的税款(Pezzey, 1988)。然而,在实施收费方案的过程中,这种负担是很少施加在企业头上的。

11. 按欧洲和日本的标准,这种单位耗油量所行驶的里程还是很低的,不大可能加快已经很明显的向更小、燃料利用率更高车辆的发展趋势。

12. OECD 出版物中所用的“排污收费”一词指直接排入环境的费用,而
“使用者付费”在往下水道排污时才使用。然而,在英国“行业排污费”应用于
下水道排污,这增加了混乱。在最近的文献中,**污染收费**这个词用来指对直 321
接排放到环境的支付。这些都既可能是力图改变生产者行为和增加财政收
入的刺激性收费,也可能是用于补偿成本的收费。后者直接指在从污染者那
里收回污染控制系统的管理费用。

13. 在这种地方性多样化方面,丹麦提供了一个显著的例外。1986 年以来,一直在全国征收固体废物费;地方机构和企业要为堆放在土地上和焚烧的废物付费(约每吨 3 镑)。收入用于补贴废物处理、循环利用和开发低废物技术。

14. 某些机构近来也对排放有机氮和磷酸盐收费。

15. 法国在 1986 年以后也实施了一种 SO_2 税,是基于大型燃烧场所使用的燃料中硫的含量计算的。这种税被用来作为增加收入的手段,以用于增加控制大气污染的基金。

16. 为什么在认为取暖、食物、住宅和医疗服务可以用价格系统来分配的社会里,却认为采取价格来控制狩猎、娱乐、捕鱼或放牧是不合乎道德的?这个问题尚不完全清楚。

17. *ENDS* 是关于环境问题的一种月报,包括短评、新闻及议会答辩。它由 Finsbury 商业中心环境数据服务公司编制,地址在 40 Bowling Green Lane, London EC1R 0NE。

第八章　对资源保护及流量增加决策的评价

引　言

第七章已指出,可再生资源管理的任务是在互相竞争的用户之间分配现有流量。但是正如已说明的,通过投资或保持现有供应量以提高未来产量的方式一般都可增加可供量。大部分非经济学者很可能会把在储水、污水处理或用潮汐产生有用能源方面投资的决策,看成是一个与保护森林或保护野生生物栖息地投资很不相同的概念性事物。但从经济繁荣的角度看,所有这些决策都涉及同样的概念原理。保护和投资都需要减少现有消费量,从而增加未来的潜在可供量。也就是说现在花钱以保障将来的利益。

环境质量和再生资源问题的处理,与矿物存量或任何一项资本设施的长期最优利用模式的评估并无不同。当芒罗探讨渔业经济时,他清楚地表达了传统经济态度,并有这样的主张:

> 就如所有的自然资源一样,从社会的观点看,渔业资源构成了资本资产。与工厂和机器等人造资本资产相似,渔业资源能够随时为社会产生回报流。(Munro, 1981, p.129)

管理的任务是分配回报流以使期望的社会净收益达最大。如果投资的净贴现利润超过所用的成本,私人公司在理论上就会从事矿产勘探和开发;同理,如果收益超过成本,公共机构应投资将来的可再生资源流量(见第三章,76页)。另外,如果期望利润至少等于其他经济部门主导投资的一般利润,资本和劳动力就会花费在流量扩大和资源保护方面。

关于整个经济纯利润最大化的许多基本方法论的批判,已在 323
前面关于经济效益和矿产部门的探讨中分析过了。从中可见,那是基于一种完全竞争市场的高度抽象模式,并且按现在的眼光看待整个资源利用和资源保护问题。所采用的贴现程序是把未来收益和成本流量转化为现时价值,这就不可避免地使资源利用模式偏向于当前消费而忽视资源保护。此外,利用市场价格来决定收益和成本很显然使评价过程偏向已经富裕阶层的需求。因此,必须确保达到社会公平目标或长期环境质量和稳定目标的帕累托效率模型是不真实的。就像这些早已讨论过的无疑很重要的问题一样,本章的重点集中在经济优化方法的两个重点批判上面,它们在环境资源方面特别恰当:第一,收益最大化目标是否适当;第二,用来测算环境资源利用成本和收益的技术本身固有的缺陷。拒绝以经济效率作为管理目标以及对传统的成本—收益评估结果不满意,已导致寻找替代的评价技术,最广泛采用的是环境影响评价。它的由来和不足将在本章后面部分讨论。最后,在结论部分将讨论是否有任何合理的科学评价能解决可再生资源利用方式的冲突问题。

产出最大化目标:一个批判

麦克哈格(McHarg,1969)等作者认为,把地球环境系统仅仅作为另一种资本货物或商品,这在伦理上是站不住脚的,在生态上是不合理的。一些经济学家也对标准福利最大化范型的适用性提出质疑,因为问题涉及对环境质量的判断,涉及到生命支持系统的长期可持续性。例如,卡普(Kapp,1970, p.844)认为:"只要经济理论仍在这种方法论道路上继续下去,就不要指望对环境退化和社会代价作出正确的分析,而科丁顿(Coddington,1970,p.596)甚至认为"经济学家能给后代提供的最伟大服务就是保持沉默。"

稳态概念

那些从生态繁荣角度切入再生资源利用主题的作者认为,产出最大化方法与封闭自然系统的有限性质不相容,并主张引入使社会(或各种植物和动物种)能长期存在的管理目标。例如,戴利
324 (Daly 1973, 1976, 1982)10多年以前已主张建立稳态经济,这种经济的目标不是财货和服务的产出最大化,而是建立"最低的可行的"物质和能量通量率。除了"最低可行的"到底意味着什么这个关键问题留待回答以外,稳态经济模式还引出了许多实际问题和伦理问题。它要求不变的人口和不变的物质财富存量,这些存量的规模取决于"满足一种好生活的程度及对长期未来的可持续程度"(Daly, 1982,p.252)。好生活由什么构成?这绝对说不清楚,因此就不能为计算满意的人口和财富存量提供基础。因为个人的消费水平是各种各样的,他们所认为的对于一种合理的生活质量很重要的财货和服务的类型也各不相同,那么接受谁的判断?又怎样把这判断推广到每个人呢?

稳态概念更大的困难来自于世界人口数量。如果现在的人口水平已与"好的和可持续的生活"相矛盾,那么首先就需要有某些

机制来使人口降低到期望值，然后确保人口出生率维持在更替水平。戴利主张“生殖的权利再也不能当作‘自由财货’。应将它看成为稀缺资产，合法权利要限制在总量内”(出处同上，p.258)。他所主张用来分配这一稀缺资产的手段是出生许可证或限额制度，其发放首先以严格的公平性为基础，然后可出售和购买。这一方案在道德上会遭到许多人反对，在政治上的可行性最起码来说也是有疑问的。财富固定存量的分配还有另外一个重要问题。戴利自己就说，当不再用产出的增长来缓和贫困时，就绝对需要在收入分配方面达到更大公平。他提出的解决方法“是非常简单的事情：最小收入与最大收入配对，最大财富积累；为了激励，为了补偿各种令人讨厌的和强度大的工作，需要有限的不公平，但仍排除极端不公平”(出处同上，p.259)。这一提议可能在概念上非常简单，但它所引出的制度和政治上的问题却不简单。

在戴利的计划中，稳态和伴随的人口和收入分配变化要利用现存制度实现：“我们没有时间，没有领导，没有智慧来取消现存制度并再从极不同的制度开始”(出处同上，p.258)。他在这里的意思是，现在的市场制度，私有财产和价格体系将被保留，虽然形式上有一点改变。但很明显，在任何促成稳态经济的途径能成为可执行的现实以前，其他社会政治和法律制度必须有巨大的改变。
在界定各种生产量目标方面缺乏精确性的情况下，在稳态途径政 325
治上不可操作的情况下，大部分经济学家拒绝用它替代福利最大化目标，这就不会使人惊奇了。

可持续利用及最小生存风险

艾伦(Allen，1980)、国际自然保护联合会(IUCN，1980)、奥赖尔登(O'Riordan,1983b)、伊格尔斯(Eagles,1984)以及其他许多人都主张,应管理环境资源以确保物种和生态系统的长期可持续利用,确保最小生存风险,确保未来的利用有尽可能多的选择自由。这些观点的多种多样的说法在侧重点方面有一点区别,但其主题基础都是相同的。我们对许多生态系统的动态和能力知之甚少,因此我们不能确知我们的行为所产生的长期影响。因此,现在的利用模式必须改变,掠夺性利用必须减少甚至整个废除,以使不能复原的耗竭或有害反馈影响的机会达到最小。最小风险和可持续性的始作俑者出自生态原理;如果要保护地球上互相依存的各生命支持系统,那么物种多样性的保护和最小环境变化被认为是根本。显而易见,最极端和最严厉的要求来自生态极端分子的生态伦理派,他们持这样的伦理观点,即整个自然界都有生存权利。这些早期可持续性概念的各种说法都受到了广泛的批评。

大部分分析家会同意,在资源管理策略的发展中应将减少生存风险作为一个目标;但认为它是最重要的目标且凌驾于其他目标之上的观点则很少有人支持。风险最小化只有通过牺牲其他社会福利目标才能实现,除非它是一种无代价的行动。它几乎不可避免地需要大大地降低当前的资源利用水平,全部苦涩的含义就是:这会不利于现在世界上的人口,特别是不利于尚处在或接近于维持生存水平的人类社会最贫穷的阶层,进而言之,后代生存风险的最小化将要由现在活着的亿万人民完全不能生存来"购买"。各种各样以生态为基础的资源管理目标的福利含义,是绝大多数经济学家反对他们来替代福利最大化的核心问题。例如,达斯古普塔就直言不讳地指出:

诸如"选择计划以使未来选择机会的数量最大化"那样的

> 教条明显是愚蠢的：他们忽略了与这些相连的社会代价。(Dasgupta, 1982, p.193)

勒孔勃提出了相似的观点： 326

> 使"生存"风险最小将导致各种行动的急剧削减，例如，这些行动包括在不发达国家利用 D.D.T 来控制疟疾，削减的结果将可能导致目前死亡率的上升。(Lecomber, 1979, p.34)

在这些批评的强大影响下，把可持续性作为管理目标的支持者们已转变了立场，现在他们不再谈论生态可持续性而谈论可持续利用：现在的重点放在改善人民真实而且长期的福利上面，其途径是确保将环境系统维持为"一个将为遥远的未来以不可预见的方式永续利用的资源库"(Eagles, 1984, p.3)。这样的一个资源库不仅能提供食物和其他生产物品，而且能满足人类美感、精神和教育的需要。从这个角度来讲，经济学家们的福利最大化目标和环境主义者们的可持续性目标之间的本质区别是，后者包含了这样的假设，即生态系统生产力(或产出)的无限维持将长期增加人类的福祉。这一假设在全球尺度上完全可以认同，但当应用于个别物种、地方"自然"区域或特色上时则显然不完全正确。如果高位沼泽、沙蜥或蛇头豹纹蝴蝶的生存将导致食品生产的损失，那么维护他们的可持续性总能增加人类福祉的总量吗？这显然是大可置疑的。如果获得可持续性的代价为零，那么大多数分析者将毫无疑问接受它作为一个管理目标；但显而易见，它至少会让人类社会的某些部分付出代价。因此，它的合意程度将依赖于它的分配结果[1]。

纳入替代价值

环境资源利用的不确定性和可能的不可逆转的影响,无疑对传统福利最大化方法提出了一些分析上的问题。然而,一般认为这些困难的存在强调了需要改进评价方法,而并没有成为采用基于不同假设社会目标的新方法论途径的根据。理想中,资源长期利用预期社会净收益最大化的企图应包括得自降低风险、可持续生产力以及未来较大范围选择自由的效用。但这仅是对人类福利总量起作用的两个因素,把他们纳入分析中可能导致传统政策规定的修改,而且至少在某些情况下能保证经济目的与可更新资源流的维持相一致,这些可更新资源流包括环境质量和生物地球化学循环的废物同化能力(Dasgupta, 1982)。

327 然而,生态系统的可持续性和人类福利的其他“非物质”生活质量方面能够被纳入传统经济方法,这样说比实际去做容易得多。这就把我们引到了对福利最大化范型的第二种根本批判上:亦即是,在确立福利的有意义度量方面的困难以及仅着眼于那些能转化为货币指标的因素之倾向。

在考察成本—收益分析(CBA)时将考虑这些困难。成本—收益分析是极为广泛地应用(有一些是滥用)于评价公共投资计划和政策的经济工具。运用这种技术时所涉及的大量很基础且很普遍的方法论和计算问题,实际上已在私人投资决策的关联域中讨论过了(见第三章,76 页;第四章,138—139 页)。既然成本—收益根植于竞争市场的观念,这些问题就不会令人惊讶。私有企业的会计师重视投资的内部回报及纯财政收益,而公共分析家需要验明和测算作为一个整体的社会在执行特定计划或采取各种政策时所产生的经济福利的损失和收获(Mishan, 1972)。在重大公共事业有许多副作用的情况下,决策者就需要一种分析技术,能够对大量有关数据进行系统分类和综合评价。成本—收益分析就被看作这样一种方法。

成本—收益分析

确立适宜的管理目标

要评估任何一个项目或政策的满意程度,必须知道其目标都是什么。大部分20世纪50、60年代所作的分析以及许多当前的评价,都设想目标是经济效率,像帕累托标准的补偿试验修正所界定的那样(见126—127页)。评论家们曾经攻击这些评价,攻击他们的"单相思地信仰效率范型"(O'Riordan, 1976)以及他们忽视成本和收益在社会内的分配方式。这两种批评毫无疑问都是正确的。但必须指出,在现在关于此类分析技术发展的经典著作中都明确认识到:政府还有广泛的社会经济和政治目标(Eckstein, 1958; MeKean, 1858; Krutilla and Eckstein, 1958)。必须认识到其他目标在决策过程中都很重要,这些目标诸如区域发展,社区中特定阶层的收入或居住条件有选择的改善,农业产量易变性的降低,以及在政府基金的空间分配中达到表面"公平"的政治要求。实践中强调效率,特别是资本利用的效率这个事实,不过是经济学内部 328
新古典主义范型占优势的一种反映。它也产生于一些问题可知的性质,这些问题是成本—收益分析首先严格应用时的问题,以及政治决策者经常强调GNP增长的问题。

虽然成本—收益分析早已出现,但它作为一种分析工具的重大改进,是响应美国水资源项目开支的增长而产生的。这些投资的绝对规模可以由他们是联邦民用支出项目中的最大单项这个事实来说明,其数目是一年约2.7亿美元(1951),而且还必须加上州政府和地方政府的花费。所能获得的资本投资回报率一般都非常低。典型的例子是灌溉项目,仅有四分之一到三分之一之间的总资本成本得到回报(Renshaw, 1957)。从纯财政标准来看,这些计划是得不偿失的,意味着联邦和州财政的重要流失。此外,水资源转换的规模使投资机构与下游用户(包括娱乐和美感利益)发生冲突,他们要求维持河流流量。赞成灌溉的集团声称,从增加农村收入,提高农业生产力等得来的外部效益,比继续投资的直接效益要大得多,但这些主张却没有得到系统、综合的统计分析支持。水资源上的开支成了一个引起争论的政治问题,投资资本实际回报最大化的需求成为当时的重要政治目标。

同样,在澳大利亚,虽然晚了10年,但关注用来补贴灌溉农业的资本的效率仍是联邦政府引进成本—收益分析背后的重要因素。所有向中央财政寻求资金的新项目计划都必须附带一份成本—收益评估,这在1966年成为正式要求。必须认识到,无论是正确或是错误,政府在他们的经济管理中经常把GNP增长看作重要的,有时是最重要的目标。在一些国家,政府投资在总的国民投资中占有重要地位,如英国,许多欧洲大陆国家和第三世界所有国家,其投资所得到的回报将对整个经济的增长有重大影响。

这在欠发达国家经济中产生了特别的两难境地(Pearson and Pryor, 1978)。一方面,大量生计部门的存在,以及将再分配公平作为政策目标的普遍重要性,使纯利益方法很难应用,甚至是完全不适用。但另一方面,资本的稀缺及其很高的机会成本,以及强调将经济增长作为一个社会目标,使获得资本的实际真正回报极为重要。由于债务问题和 GNP 水平下降的问题已尖锐,对提高效率和 GNP 增长的政治需要在近几年变得更急迫。例如巴西是 20 世 329
纪 70 年代早期经济增长最强劲的国家之一,在 1981 年增长已停顿;1982 年 GNP 实际下降了 2%,海外债务达到 800 亿美元(Townroe, 1984)。这些困难已使人们重新强调把经济效率作为力争的政治目标,国际援助机构和金融机构确立的条件进一步促进这一变化,这就束缚旨在产生社会及再分配效益的计划和政策。在这种情形下,公共决策者把相当的重心放在经济标准以及相关的分析方法上面就不会令人感到惊奇,其目标(或意图)是使经济中产生的所有财货及服务的价值达到最大。

产出最大化的分配含义

然而,对产出最大化目标的重视是可以理解的。用成本—收益分析去界定最满意投资或保护策略有两方面重要含义,这些含义适用于所有经济形式,但在欠发达国家却产生了特别的困难。第一,最大化的是以现时市场价值测算的产出。因此,整个项目选择过程不可避免地会歪曲那些本来有利于缺少收入的阶层在市场上表现其需求的投资,也会歪曲传统上排除在市场交换之外的财货和服务的生产。第二,也是与此紧密相关的含义是,现时对生产和消费的偏好限定了最优产出的范围。欠发达国家的资本一般是生产的最稀缺因素,贫困和剥夺对增加当前产出水平施加了很大的压力,高贴现率是规律。因此,项目评价明显倾向于能产生很高短期收获的投资。这些项目不一定与长期产出最大化一致,也不一定能确保产出长期持续。

正如皮尔逊和普赖尔指出的:

> 快速开发资源的压力可能在森林资源行业最为明显,它反映了现代工业化国家的市场需求;食品生产行业也较明显,人口的压力和食品的需求使对脆弱土壤资源基础的压力越来越大。(Pearson and Pryor, 1978,p.230)

在他们的生计农业模型中,他们明确表示出对现时产量的强烈偏好导致土壤生产力的退化,并破坏长期生产的基础。项目评估中所采用的贴现率越高,为获得眼前产出而掠夺土壤及其他可更新
330 资源的刺激越强,并且长期和短期产出最大化之间的不一致也越强。换言之,即使接受经济效率为合法的政策目标,也绝不能表明经济纯收益将长期最大化。

成本—收益的早期提议者很清楚,该技术方法的利用有很重要的再分配含义及代间公平含义。例如,克鲁蒂拉和埃克斯坦(Krutilla and Eckstein,1958)认为,每一个可选项目的再分配结果都应清楚地表示出来。然后政治决策者对这些结果的可接受性要有价值判断,并且要在公平与纯收益总量最大化之间权衡。然而,对补偿试验标准的保留和对贴现率的选择倾向于使成本—收益分析的实践意义降低,该方法自身的技术精致性把它给葬送了。如皮尔斯所说:

> 新古典主义范型近期历史的一个奇怪之处是,补偿规则由于得到实际的和已实行的评估方法的微妙支持而增强了自身的力量和影响。同时,又受许多职业经济学家的批判,在理论文献里把它看作是破坏性方法。(Pearce,1983,p.255)

多目标成本—收益分析

20世纪70年代初，曾试图使成本—收益的理论和实践适应于将多目标和分配影响结合进计算中（Dorfman，1965；Weisbrod，1968；Howe，1971；Squire and Van der Tak，1975）。这些适应不仅是学术理论争辩的成果，而且也是社会经济条件和政治环境变化的结果。其中三个因素特别重要。第一，成本—收益技术被用来评价广泛的项目，包括那些非经济目标及分配结果很重要的项目；诸如野生区域的划界和保护，防洪，阿拉斯加管道及空港的建设。同样，在欠发达国家这种技术越来越多的利用需要考虑生计部门，并且把降低财富不均作为一个重要的政策目标。第二，环境运动成为升起的明星意味着美感、环境保护及其他"生活质量"目标获得更大的政治意义。最后，与第二个因素紧密相关，经济发达国家仍沉醉于表面的持续增长及繁荣时期；进一步的增长倾向于设想为较低的相对优先权，至少以物质单位来测算是这样（Inglehart，1977）。

多目标计划的中心问题是如何对每一目标的相对重要性求权 331
重或排序。例如，在海洋渔业资源保护计划的分析中，至少有五个重要的目标：(1)确保海洋环境的自然持续性及生态多样性；(2)维持捕鱼以及鱼产加工社区短期和/或长期的就业水平；(3)改善这些社区传统的低收入；(4)确保有效的利润（或租金）流；(5)降低渔业管制及各种社区援助计划的直接成本（Mitchell and King，1984）。各利益派别对可选目标所给的权重很难达成一致，政府机构也很难将任何一种优先权排序一致地坚持下去。一些分析家曾试图给每一个目标附加数量化的权重，从而获得替代的（但经常有冲突的）目标，然后算出合计的成本—收益结果（Hill，1968）。这样，不同的价值表面上被约减为一个单一的价值,通过多种目标的总计成绩定政策来刺激项目和政策。很显然,每个目标所给的权重将极大地影响分析结果。如斯特雷顿(Streeton,1972,p.53)已指出的,不同集团的经济利益冲突“仍没消失,它已隐蔽于这些目标所附带的相对价值(常有很大任意性)之中”。

通过用某种“效用测算”来加权特殊收入或社会集团的成本和效益,这种考虑分配影响的企图也产生同样的“隐藏”价值问题。正常情况下,可设想获得或损失的边际效用对高收入集团来说应更低,并且随收入水平的下降而将增加(Mishan, 1972, p.22)。显而易见,任何一个效用权重系统都是随意的和高度主观的。韦斯布罗德(Weisbrod,1968)早已指出,对过去公共项目的研究可产生一系列暗含的、可广泛遵从政治上可接受的公平概念的权重。他们是可以公然建立的,并且能结合进将来项目的成本—效益评估中。而认为过去的决策倾向于最强有力的经济利益的人们则认为这种观点是荒谬的。任何一个以此为基础的权重系统只会增强不公平的历史。另一个同样具任意性的系统是从不同收入阶层所得税的边际税率中得到他们的权重。(例如,不纳税者的获得或损失被定为1,而缴纳60%税款阶层的收入变化仅得到0.4的权重。)这里暗含着一个假设:税收系统是社会对公平目标真正许诺和偏好的一种反映。

所有的求权重或排序系统都把政治、社会和道德选择转化为拟技术选择。实际上,他们允许分析家把自己的价值判断强加给大家,除非政治决策者或公众在评估过程中起着必要的作用(O'Riordan, 1976)。没有人蓄意准备让经济学家来设立社会偏好,尽管特维的观点显然相反。他陈述道:

> 经济学家所做的价值判断一般都比那些非经济学家所做的要好。……其道理很简单，那些对某个问题经历了系统思考的人，一般就是那些对此问题做出最正确判断的人。因此，绝大多数人都准备接受一个艺术评论家对一幅油画价值的判断，无论他们的美学理论是什么。(Turvey, 1963b, p.96) 332

现在很少有经济学家仍持这种职业自大的看法。一些人认为，把多种目标和分配影响结合进一个纯粹而单一的净收益结果，此类复杂企图只会误导决策者，或“把一种假权威赋以纯粹的个人偏见”(Culyer, 1977, p.149)。斯特雷顿(Streeton, 1972, p.53)提出了这样的观点，“计划者应分别处理各种问题，而不应被掩盖了偏好的单一数字所迷惑，这样才会有一个清晰的图像”。同时，纳什等人(Nash et al., 1975a, 1975b)和皮尔斯(Pearce, 1977)主张引入价值敏感性分析，其中的企图是要表明，所选社会纯收益的度量如何对已改变的价值假设作出响应。经济分析家可能处于“不赢”的境地。如果拒绝非效率目标，则评估结果被看成是误导和有偏向，而如果采纳这些目标，也会产生同样的批评。另一方面，如果没有对公共投资的预期效果进行分析，则投资机构将更加固守他们自己的职业偏见，并接受强大既得利益的更大压力。

空间尺度问题

确立管理目标中出现的另一个稍有不同的问题是，这些目标适用的空间尺度。要求中央电力生产委员会减少其电站排放 SO_2 的成本—收益评估结果，显然高度依赖于是否包括酸雨污染的超国家影响。从某种环境观点来看，评估最好应包含所有重要的影响，不管其位置如何，但实际上，投资或管制机构很少考虑他们管辖区域以外地区的外部性问题。

撇开国际公共财产资源耗竭所产生的特殊困难问题,行政职责的问题在国内范围内也是一个重要的方面。大多数地方层次的政府普遍都负责供水设施、固体和液体废物处理、娱乐设施、防洪等方面的投资。如果考虑一系列广泛的利益,为当地管辖区居民产生最大纯利润(或付出最低纯成本)的项目并不一定是令人满意
333 的。依赖建造堤防或大坝的防洪计划可能会恶化河系其他地方的问题。防止海岸侵蚀的海防计划可能导致海滨资源耗竭,并加速邻近地方管辖区内的海岸悬崖后退。如仅考虑当地居民的需求,则可以忽略娱乐休闲设施或野生生物保护区的提供。同样,一个渔场的保护会直接导致另一个渔场更大的压力及耗竭;河流污染控制会把问题转嫁给大气、陆地或海洋环境。在经济及环境系统的本质是互相联系的情况下,空间尺度问题是不可回避的[2],但是成本—收益的结果很大程度上要依赖于决策机构所关注的区域和环境媒介,认识这一点是很重要的。

鉴别成本—收益流:选择倾向问题

一旦决定了所涉及的目标及尺度,评估的下一步就是鉴别与投资项目、保护措施或政策改变有关的所有相应损失和收获。虽然界定直接或主要的成本和收益通常是一项简单的任务,但在编制相关的外部条件表时却会产生一些问题。首先,并不是说至今尚不知道的副作用不能包括进去。当发生环境变化时,这些副作用可能是特别重要的,而变化的损害代价可能在许多年里都不明显。

在相互关联的自然及人类系统都很错综复杂的情况下,要考

虑所有已知可能出现的成本和收益是不可行的。分析家将倾向于有所选择,对哪些影响是相干的,哪些重要得足以必须考虑,哪些太琐碎或不常发生以至无须考虑,都要作出判断。在某些情况里,关于因果关系的量值、频率和性质的各种科学证据互相冲突,这就需要对哪些证据可接受或被抛弃作出选择。当副作用不是项目本身自动产生,而是由于人们对项目的反应而产生时,则必须做进一步的选择。然后必须对可能的人类行为做出判断。

现在给出一个例子:当评估一个防洪方案的满意度时[3],如果人们知道防护措施意味着该地区现在安全了,那么分析家应不应该考虑增加洪泛平原汇洪的可能性(White, 1942)? 换句话说,是否认为计划当局将继续对平原分带,管制新的发展以使当量值大而频率低的洪水超过项目设计能力时所产生的损害代价小些?

显而易见,评估者的培训、经验及个人看法将影响选择过程,正如委托研究机构的职责和政治偏见的影响一样。还必须想到,所选择的一系列相关成本和收益随着时间的流逝将发生变化,反 334
映了社会价值和不同利益阶层行为的变化。任何一个评估都能被证明至少有一些社会集团不愿接受,他们认为他们的特殊利益被忽略了,因此对研究的结果持有偏见。毫无疑问,最早的分析因对相关影响的选择高度局限而受到损害,他们明显倾向于重视有货币价值的方面而忽略社会及环境后果。

选择倾向的例子

例如,运输发展的成本—收益研究已受到批评,说他们倾向于运输用户的损失和收获而忽视被影响的公众。桑德巴赫(Sandbach,1980, 1982)认为,英国运输部用于道路规划的各种分析都被误导了,因为他们忽视了交通带来的噪音和烦扰代价。同样,最近增加卡车最大允许载重的决定也受到了批评,因为这项决定虽然考虑了道路维护的额外费用,却忽略了对路边建筑及路面下的供水及排污管道的影响。罗斯基尔(Roskill)委员会关于伦敦第三空港建议位置的研究,试图考虑比当时一般情况下考虑的社会及环境代价广泛得多的范围,但也受到了强烈反对。塞尔夫(Self,1970, p.254)把最后的成本—收益数字几乎是排他地集中于项目的生产性产出方面(如水电、供水或排水或灌溉土地所增加的产量),集中于建造和运行设施,看作"不可相信的,不仅因为所包括的各项有不同基础,也因为所排除的各项其实很重要"。

同样,起码直到20世纪70年代早期,水资源开发计划的评估因他们狭隘的关注而易受批判,他们所关注的几乎只是项目的产出(如果该项目是水电站,所关注的则是水的供给或受灌溉的土地所增加的生产率)以及直接的建设成本营运费用。这些评估典型地忽略了几个重要的成本因素:

(1) 水库的建造一般将导致农业用地及其他土地利用或潜在发展的永久性损失;因此对放弃的机会增加了成本,并且这些成本是相当高的。例如,澳大利亚仍普遍限制进入供水水库周围的广大集水区,以防止污染并避免广泛的污水处理需要。"抛荒"这些地区所产生的机会成本被成本计算省略了。正如未来资源研究所的经济学家们早已指出的那样,当开发对独一无二的风景资源或生物栖息地有不可逆影响时,将来利用之选择机会的损失具有特别重要的意义(Krutilla, 1967; Fisher and Krutilla, 1974; Krutilla and Fisher, 1975)。

335 (2) 虽然对由于这些计划而要搬迁的家庭负责赔偿或重建的

机构的费用应该是评估计算的一部分，但对于那些被迫离开他们家园和土地的人，以及其他由于现成社区的瓦解而遭受不幸的人来说，这些只是他们所经受的全部福利损失的一部分。

(3) 大型项目一般都会改变地方生态、河川径流规律及排水条件。这不仅导致那些特殊生物物种或栖息地的美学损失，而且也将给那些集水区内的土地利用增加物质成本。例如，水位的上升将导致积水的增加。

(4) 计划也可能对风景价值产生不利影响。人们倾向于设想水库应加强而不是破坏舒适程度，但在一些水面下降从而暴露出污泥地带，在夏季月份当该地区的绝大部分用作娱乐场所时，这是否加强了舒适程度是值得怀疑的。

(5) 水库项目几乎不可避免地会改善受影响地区的可进入性；这不仅给保护部门带来不利影响（如塔斯马尼亚的戈登河工程），而且会进一步瓦解地方社区。

如果认为所有的项目评估工作都继续忽视无形且很难测算的社会和环境后果，这是严重的误解。在20世纪70年代里，与发展多目标评估方法的动向相一致，有大量的工作努力把非物质的外部性结合进传统分析框架中，其中最著名的是北美的工作，但也不限于北美。当然，仍有可能找到机构内的评估案例，他们集中于极其狭窄的有关问题上；对社会、生态及舒适损失，统统列入“其他”项内而作一下象征性姿态，似乎他们缺乏重要性，从而与可定量表示的成本和收益评估区别开来。这部分是特定机构职责权限的反映，而不是成本—收益分析所固有的问题；它同样适用于所有项目评估形式。例如，对柴郡沼泽（英国）化工制造业扩展的环境影响研究就忽略了水污染考虑，由于这属于区域水资源管理机构的事情,超出了发起该项分析的地方政府的管辖权。

“附加”问题

鉴别成本—收益流的进一步问题涉及到需要明确:只有在发
336 生投资、政策改变或者保护措施时才有成本—收益流,并且仅仅是这些措施就足以使流量改变。这需要了解过去的倾向、了解给研究造成损失及收获的一系列常常是极其复杂的社会经济和环境变量。这里所出现的困难最好用例子来说明。为了评价对保留灌木树篱的要求加以管理的生态效益,重要的是收集关于他们被砍伐后对所有其他影响野生动物群体的因素的重要性的充分数据,这些因素有物种数目的天然变化、其他栖息地的毁坏、杀虫剂利用的增加等等。

同样,为了评估改善供水设施的卫生效益,需要有影响卫生标准的所有环境条件的数据。人们普遍认为提供安全供水源就能“解决”欠发达国家与水有关的疾病问题。但事实并非如此。在供水投资产生预期的卫生收获以前,还必须改善住房条件、医疗保障、卫生学基本知识的训练、更为有效的污水处理方法以及在被污染河流减少休闲娱乐利用(White et al.,1972;Feacham et al.,1977,Kalbermatten,et al., 1980)。换句话说,供水设施的纯收益被大大高估了,除非其他必要措施的成本被包括进评估之中。在欠发达国家灌溉计划的效益辨识中也出现了类似的困难。这里又一次发现单靠水还不足以促进预期的生产增长及福利改善;还需要改变制度以能提供信贷、技术咨询、装备和机械来在用户之间分配供水量。

这种形式的评估问题不仅适用于采用成本—收益分析来评估

项目执行前措施的满意程度，而且可以应用于以后的审计。人们经常声称，伦敦 1956 年后空气中烟和特殊物质的减少归功于 1956 年清洁空气法案下引入的无烟带管制。但这大大夸大了立法的表面效益，因为它忽视了一个事实，即至少从 20 世纪 20 年代以来，这些污染物的浓度就已经稳步下降（图 8.1）。减少利用煤来采暖，火车从蒸汽机向内燃机或电机的转化，工业的重建，更加重视装配工业和服务行业，以及城区炼油厂和小规模电站的关闭，都是对污染水平下降起作用的重要因素。

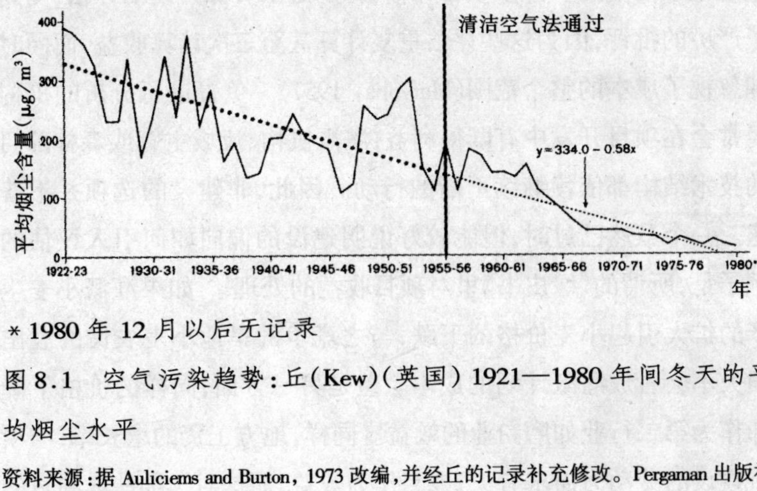

* 1980 年 12 月以后无记录

图 8.1　空气污染趋势：丘（Kew）（英国）1921—1980 年间冬天的平均烟尘水平

资料来源：据 Auliciems and Burton，1973 改编，并经丘的记录补充修改。Pergaman 出版社版权©，1973。

区分货币溢出和技术溢出

由于需要区分（按经济术语来说）真正技术溢出的成本和收益以及货币转移的成本和收益，这就产生了另一个重要的识别问题。337
前者代表社会的真正损失或获得，而后者并不使生产可能性发生变化,但可使成本和收益在不同社会集团之间转移。当把经济效率作为管理目标时,货币溢出可以忽略不计,虽然在政策目标是对选择的区域或社会集团进行实际收入再分配时,他们很可能是高度相关的。

如果要避免重复计算成本或收益的问题,那么区分这两种溢出形式是很重要的。例如,在评估一个灌溉项目的收益时,既计算农民增加的收入,又计算以农民为顾客的零售商人的收益,这就是重复计算。成本—收益操作的实际规则是否要考虑各种溢出,一直是很不清楚的。许多项目评估,特别是水资源开发的评估,受到了严厉的批评,因为这些评估重复计算甚至三次计算收益,而同时却忽视了成本的整个范围(Margolis, 1957)。负责进行分析的机构经常会在项目开发中有既得利益;灌溉机构、流域主管或森林部门的技术结构都依赖继续不断的行动。因此,非建设的选项并不普遍。一个虽然已过时,但能较好说明建设的偏向如何引入评估的例子是,所谓的《绿皮书》里对项目收益的处理[4]。如果灌溉小麦生产的扩大引起小麦价格的下跌,与之竞争的旱地小麦农民的溢出损失不会看成灌溉计划的成本。但是另一方面,同样的价格下降却作为第二行业如磨粉业的效益。同样,地方工资的增长率(与项目建设的劳动力需求有关)被当作为效益,而这对于那些非项目的雇主的成本却被忽略了(Hirschleifer et al.,1960)。

338 因此,仅识别评估中所包括的成本和收益而产生的问题就很多。但除此之外还必须加上由于要确立长时期流量的大小,由于要把各个时期多种多样的收获和损失转化为可比货币款项而产生的更为重大的困难。

物质成本和收益的计算

甚至当损失和收获是物质性的,并且已确定了市场价值时,他们的计算也涉及三个基本问题。第一,成本和收益流的规模以及他们发生的时间周期将依赖于人类行为。许多成本—收益分析已假定人们对资源项目提供的机遇将迅速作出响应,并且以经济理性的方式响应。例如,人们预先假定在灌溉或排涝计划中受益的农民将很快改变他们的产出模式,将生产出效益最大的新作物或牲畜产品。而事实表明,许多革新的采用都是渐进的过程,这与上面所说的假定背道而驰(Hägerstrand, 1952, 1967)。一些生产者由于他们的特殊知识和装备而被束缚在既定实践上;其他生产者则可能因缺少资金来作出改变;还有一些人仍想等待,直到新作物及任何生产或分配问题的有利性被评估以后;再有另一些人会固守着他们不愿抛弃的生活方式,此外,生产者可能没有能力也不希望使利益最大化;许多人需要或倾向于采用风险最小的策略,以确保有规律的、稳定的基本收入。任何假设理性收益最大化行为的评估都会使总效益流上涨,那些假设立即采用革新的评估将过高估计实施计划后第一年所得的产出收获。

试图评价保护或污染控制政策的收益也会碰到预测人类响应的问题。任何管理的收获无疑是如愿水平的函数。很明显,如果大部分车主认为减污装置降低了燃油利用率从而去掉了他们,那么从"增加"装置以抑制废气排放而得到的减污收益会大大降低。大部分评估都倾向于假设完全如愿,尽管明显的事实是,许多管理形式的如愿记录都是很可怜的(见第九章)。

第二,收获及损失的货币价值将极大地依赖于他们是按机会

成本还是按实际价格来测算。从经济效率的观点来看,应采用前者,因为它给出了经济的实际生产成本,经济正是在该项目中而不
339 是在下一个最好的替代用途中利用了一种生产要素。例如,如果不雇佣劳动力,则在资源发展项目中雇人的机会成本应是零。必须为已利用的生产要素实际支付市场价格的资源管理机关对这个方法不感兴趣。一项劳动力密集型的项目如果从计算中省掉了工资支出,则被证明是很令人满意的;但它不能创造出足够的收入来补偿实际的工资支出。除非中央政府准备弥补任何财政亏空,各机构将继续从他们自己而不是以整个经济的角度来计算成本和收益流。

第三,任何有关未来的收获和损失的评价形式都具有不确定性,由此而来的问题,随着分析向未来推进得越深入而越严重。谁也不能指望分析者无所不知;消费者兴趣、相关要素成本和生产技术诸多变化都会随时起作用,以不曾预测过的方式改变成本和收益流。提出一个简洁、单纯的净收益数字会给人一种虚假的确定感,它掩饰了一个事实,即它由经常是极为粗略的估计得来。评估最好能表示最可能的结果,理论上它应采用概率分析来估计结果的可能上、下限范围,或者使这些结果接受灵敏度检验,以显示重要产出价格或投入成本的可能改变将如何影响这些结果。然而,一项完全的成本—收益研究需要大量的量化数据,这些数据经常很难得到或需花费资金去构造或收集。

任何计划都不可能比他们赖以为基础的数据更精确,并且他们都极大地依赖于适当预测技术的利用,依赖于很好地理解那些影响需求水平及要素价格的复杂社会经济变量。即使是在发达国家,许多成本—收益研究也曾经是并仍然是建立在极为脆弱的数

据基础上，而且采用“标准”预测程序，而不是最适合环境的方法。每当对成本—收益研究的要求成为制度化时，需要获得的结果就趋向于比认识该研究的限制和含义更重要。当没有条件从事经济评估的机构被正式要求提交对所有项目建议的成本—收益分析时，这很明显是极为困难的。例如，英国地方当局现在必须从事成本—收益研究以确认所有海岸保护工作的正确性，但他们很少有资料、专业技术或财政去使这种研究成为非常有意义的实践。

对非市场财货赋予货币价值

正如已经看到的那样，采用货币（或市场价值）对分配公平来说有严重问题，但事实仍然是：货币是唯一可操作、可比较、可获得的度量。然而，当确认的收获和损失没有既定市场价格时，采用金钱标准确实产生了不可忽视的问题，一些人认为这些问题是难以
解决的（Adams, 1974b）。这显然适用于环境财货和服务的各个方 340
面，诸如风景舒适，清洁空气等，它们确实都没有纳入市场；在公共机构以纯粹名誉价格或零单位价格提供娱乐设施或供水时，也会产生上述问题。于是就出现了设计各种度量来替代金钱价值的需要。已提出了许多替代方法（见 Pearce, 1978; Nash and Bowers, 1988），其中五种方法使用最广泛：(1)自然损害成本的估计；(2)避免损害或风险的支出；(3)房地产及土地价值的变化；(4)消费者剩余的计算；(5)补偿金或贿赂评估。

自然损害成本

企图通过计算自然损害成本来为污染设定价值的想法，在概念上很简单但实际操作起来极其困难[5]。一些形式的损害经得起

财政评估的检验,而另一些涉及主观福利损失的则经不起(表 8.1 给出了这两类损失的一些例子)。虽然许多成本—收益研究已试图为舒适损失设置价格,罗斯基尔(Roskill)委员会为其经典范例;而现在把这些所谓“线下的”项目排除于直接损害成本评估之外却是得到广泛接受的实践(OECD, 1976c)。人们知道雅典帕列农神庙已被车辆尾气影响,或者知道泰姬陵在工业空气污染下慢慢变成褐色,他们的美感损失实际上并没有可按财政项目表达的有意义方式(Gilpin, 1978);更不可能评估这些建筑遗迹对未来世代意味着什么。

表 8.1 污染损害成本

	损害种类					
	人类健康	动物	植物	自然资源	建筑材料	气候与天气
财政损失	生产力损失,健康医疗,成本,包括增加避免污染的研究费用	牲畜和鱼类生产的损失	作物生产的下降,森林增长的降低,蚜虫捕食的增加	被污水域或土壤的生产损失,增加处理成本,土地利用灵活性的降低	材料使用寿命的缩短,材料效用的降低,修理费用的增加	因烟雾而产生的交通拥挤和事故成本,因光照的减少,降低农业产量并增加照明成本,世界降雨格局移动造成农业损失
舒适损失	风险厌恶,痛苦的成本,丧亲的成本,加在个人及其家庭及社会上的限制的成本	风险厌恶,垂钓以及观赏野生生物乐趣的减少	风险厌恶,观赏植物物种及风景乐趣的减少	风险厌恶,娱乐收益的减少	风险厌恶,忍受已弄脏或受到损伤的材料,精选出的美感遗迹和目标的损伤	风险厌恶,能见度降低减少的乐趣

资料来源:基于 OECD,1976c。

许多研究已试图为因空气污染而出现的物质损害赋予成本数字,此类损害有建筑、漆器、家庭织物等的加速腐蚀和弄脏。这些一般都会牵涉到在被污染地区和没有被污染地区的清洁、修理和维护成本之间作比较(Programmes Analysis Unit, 1972; Waddell, 1974),并且需要努力收集大量数据。污染的界定可能仅根据一种或两种污染物,最普遍的是烟、微粒物质和 SO_2;这就导致一种可能性,即所谓的无污染地区实际上已受损害,只不过污染物未测出来。此外,这样界定也不能包括协同影响。而且,这种方法还面临所有跨部门研究中固有的问题,即把污染影响与大量其他变量孤立开来,而这些变量能影响物质损害(例如雨量、光照时间和霜冻的变化)和维护、修理方面花费(例如收入水平或社会态度)的空间分布。例如,泛美联盟(PAU)研究很意外地发现,英国家庭在清洁产品上面的花费与空气污染水平呈负相关关系;很显然,其他社会经济变量的影响直接抵消了污染的影响。很少有分析者准备提出 342
非常确定的损害评估,这并不奇怪;例如,沃德尔关于美国的研究给出了一个可能的空气污染损害范围,每年 7 亿至 29 亿美元。

谁都知道空气污染能降低农业生产力;SO_2 的出现将使商品作物的产量下降或被耽搁;过量氟化物使牲口患上氟化病,使牛奶产量下降并引起牲畜残疾;现在甚至认为,一种重要作物害虫——蚜虫的增长率因 NO_2 和 SO_2 的出现而增大(ENDS Report 108, 1984, p.3)。然而,使这些损失精确量化的各种企图都受到阻碍,阻碍不仅在于野外条件下对剂量反应关系知识的不足,而且在于当产品剩余或被大量补贴时产量损失的实际价值不确定。从欧洲经济共同体的观点来看,如果考虑贮藏和补贴支付成本的降低,在某种意义上牛奶产量下降的机会成本是零,或实际上为负数。但从个别农民的观点来计算,数字就会很不一样。我们又一次看到,这种形式的损害成本的估计变化很大;20 世纪 70 年代早期英国估计的数字范围在每年0.39亿美元到23亿美元。

迄今为止,损害成本评估中最大的一项工作集中于健康方面,包括卫生医疗上增加的花费,以及因疾病增加和死亡率提高而产生的生产性产出损失,虽然对后者争议较大。空气、水和土地污染(土壤中的有毒物质)对人类健康有不利影响,这已被广泛接受;同时许多因果关系的准确性仍不为人知。流行病学研究已确立高浓度大气污染物与支气管炎、肺气肿、心脏病,甚至普通感冒之间的各种相关关系,至少可以用一个事实来部分解释这种相关,即穷人趋向于居住在污染最严重的地方。弗里曼(Freeman,1972),贝里(Berry,1977),阿施和塞尼卡(Asch and Seneca,1978)在美国的工作表明,在城市里空气污染和收入阶层之间呈反比关系,具有低收入特点的城市被污染的程度相对较高。换句话说,较差的住房条件,贫乏的食物供应、采暖或医疗保障,吸烟的习惯和整个环境条件各自不同地影响着穷人,这是解释疾病发生变化所必不可少的。

给疾病或死亡设定价格也是一个较大的困难。一个普通的方法是计算生产性产出损失的降低。以死亡为例,就是某人死亡所节省的消费。这一观点受到了激烈的批评,批评基于一种道德考虑,人们认为不能把人的生命当作一件生产机器。但是并不反对它含糊的伦理基础,不可回避的事实是,这种实践很广泛地应用在保险评估和法庭中关于损害要求的判决方面。当然,这种方法不是没有操作困难,一个最大的问题是如何计算生产性产出。与污
343 染有关系的养老金领取人或失业者的早死将证明是净经济收获,因为损失的产出为零;同时收益支出也节省下来。同样,如果产出是以市场标准定价,则家庭主妇的死亡在经济上就不是太重要的事情。此外,如果把收入作为产出的度量,那么一位电视滑稽剧导

演早死的损失应比农场劳动者或水管工的损失重要得多。

避免损害或风险的支出

为了得到消费者对非市场财货偏好的一种显然非常粗略的度量，人们企图计算避免损害或风险的花费水平[6]。这样，家庭在洪水保险、安装双层玻璃来减少噪音损害、设置篱笆或围墙来阻止可见侵入等方面的花费，都被用来获得污染控制或减灾价值的最小估计。斯塔基和约翰逊(Starkie and Johnson，1975)认为在双层玻璃方面的花费代表了平静和安宁的最小价值；在理论上，如果其费用小于噪音给人们的主观舒适损失，如果舒适的损失又小于搬家的成本，则人们应安装隔离设施。很明显，这个方法有许多局限；某些家庭不能支付避免噪音的费用；短期房客不可能为后来的房客和房主获得的利益支付费用；在双层玻璃房间以外仍有损失，并且人们安装双层玻璃是为了提高房子的价值，提供防盗的附加保护，减少热量损失或仅为了赶时髦。同样，从私人避免风险的开销中来推测洪水控制价值的研究也遇到了困难，人们有关损害可能性的知识高度不完备，并且也期望公共机构提供救援或保护。

房地产价值和土地价值

有关房地产和土地估价方法的文献已出版了很多，大部分皆起源于北美，但也不尽然(Pearce，1978)。这种方法基于一个单纯的观点，即房地产的价值应反映它本身的质量和它周围的环境，就像购买者所感受的那样，包括诸如噪音或空气污染等侵入性影响。因此，就可能通过房地产价值的降低，以及反过来通过环境改善的价值来观察污染的影响，诸如垃圾堆清除或公园之类的设置都应在价格的提高上反映出来。

这个方法的另一个变式困难要少一些,在污染降低了土地利
344 用的灵活性,或导致了所有发展价值的总量时可以应用这种变形。例如,建房可能不得不局限在被有毒物质污染或受到矿井塌陷影响的土地上;另一种情况是需要在危险装置或噪音装置周围建立隔离带。通过现在被限制利用的土地的价值与其未受到损害时的利用价值进行比较,可对污染损失赋予一个粗略"价格"。所有基于土地或房屋价格的计算都不可避免地有一些问题,即房地产市场高度不完善,并且在用于指导决策时对实际福利的分配有倒退性影响。污染的"成本",矿井塌陷的成本,或者在沿城市公路两边高噪音地带搬迁房屋的成本,在低收入和低房地产价值地区将明显偏少。这给该地区带来了一种危险,此类不愉快事件的不相称数量将直接加剧已经不利的境况(见第九章)。

利用房地产价格变化作为舒适或不舒适价值测度的研究有两种形式:跟踪环境变化影响的时间趋势分析,以及受污染或舒适设施不同影响的各地区交叉研究。前者在很大程度上已得到了更令人信服的结果。当提供新娱乐地点(公园、花园或湖泊),或当指定一些区域为保护区、国家公园或绿化带时,有关房地产价格无疑将要有大幅度提高(Byers, 1970; Eagles, 1984)。许多新的不愉快来源的评估更为困难,主要因为他们一般也能带来利益;新的道路改善通达性,新的工厂、电站或空港创造就业。因此,许多研究工作已发现房地产价值没有重大变化,但不能由此设想不舒适的成本或价值是零(Pearce, 1978)。跨地区研究的结果更加难以评价,因为对同类房地产的需求及其价格的空间变化是大范围社会经济变量的产物;通达性、服务设施或流行样式的不同简直可以压倒任何

舒适/不舒适的影响(Sharp and Jennings, 1976)。确实有证据表明房地产价格与空气污染指数的上升呈负相关,但污染指数与收入水平有关系;因此,要弄清因果关系就特别困难。

房地产估价方法最多也只能对噪音和其他形式的污染损害提供一种最小估计。许多人将继续忍受不舒适,因为他们买不起"未受损害"的房地产;另一些人住公房或住租金受控制的房,他们别无选择,只能接受不舒适;同时还有一些人无力支付搬迁到损害较少的地区的费用。由于那些高收入阶层的人流动性较大,高价值房地产的价格下降水平最大就不足为怪。因此就明显出现了这样一种危险,对缺少流动性的工人阶层社区的舒适损失赋予的价值过小(Self, 1970; Sandbach, 1980)。

消费者剩余 345

消费者剩余这个概念对社会收益的测算很重要;它可简单定义为:对于一给定数量的财货,消费者愿意付出的最大金钱总和减去实际付出的数目(Mishan, 1972)。图 8.2 中,需求曲线 DD 代表某人购买不同数量水的意愿。如果供应是不计量的,每年征收一个固定的费率,而不管消费水平如何,那么其单位价格是零;如果抽取了 OA 单位的水量,总的消费者剩余应等于三角形 OAB 的面积。然而,如果同一个消费者决定安装水表,然后按每单位用水的价格(OP)交费,消费量应降到 OQ,消费者剩余也会降低;现在消费者剩余应等于三角 PRB。一旦单位定价系统实施,任何导致价格下降的措施都将使消费者剩余增加。例如,价格从 P 降到 P^1,剩余的增加为菱形区域 PP^1RS。

这种思想已被广泛应用在公共财货设施价值的评估上。通过

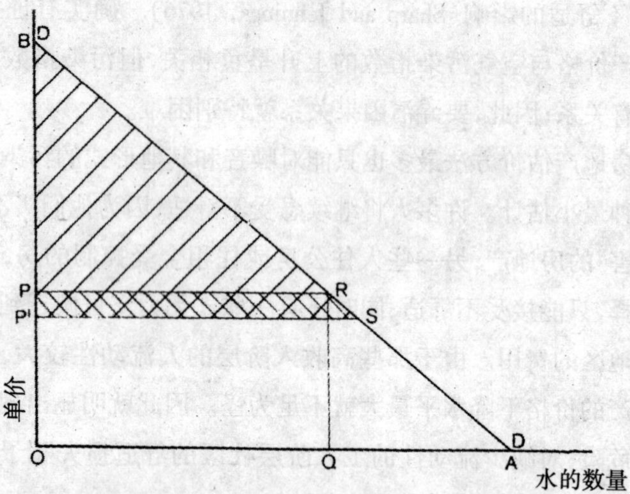

图 8.2 消费者剩余概念

降低旅行时间和费用来增加消费者剩余,通过减少旅行费用而获得额外的旅游从而增加消费者剩余,这些都是公路、快捷运输系统和空港位置成本—收益研究的主要(经常是关键)部分(Self, 1975)。这些研究的一个很重要因素是给节省的旅行时间设定价值的方法;给时间任意的和高度主观的价值可能使评估结果偏向于开发。

消费者剩余概念的另一个众所周知的应用,是评估得自公园、水域、鸟类保留地等的娱乐观光收益(Smith and Kavanagh, 1969;
346 Newton, 1972)。根据克劳森(Clawson, 1959)模型,通过估算到达特殊地方的旅行费用,可以构造一条娱乐需求曲线。回头看一下图8.2,OB代表那些离旅游点最远的人的旅行费用,而OA应是居住在旅游点附近的人们支付的"价格"。假设娱乐经历的所有福利都来自该旅游点,旅途中则完全没有获得福利;那些付出少于OB的人就得到了某种消费者福利剩余，这一价值应归于娱乐资源(Knetsch, 1974)。这种方法的三个基础受到了严厉批评：假设旅途本身没有娱乐价值，把得自某一娱乐资源的福利与该经历的费用联系起来的整个概念，任意赋予的旅行时间价值(Mansfield, 1969; Flegg, 1976)。

赔偿金支付

最后一个用来确立不舒适(包括风险)成本的普通方法，是试图发现人们需要多少赔偿金或贿赂来弥补他们的损失[7]。可以通过抽样调查来做到这点，向一些家庭询问一些假设的问题，诸如"如果要你们忍受收音机噪音的增加并且在将来也要忍受下去，你们要求赔偿的最小数目是多少?"其结果不可避免地依赖于被采访人的富裕程度——对于那些收入低、没有储蓄而且没有资本、财产的人来说，5 000 镑看来就是非常多的一笔钱，而对另一些人来说则是一笔小钱；另外如塞尔夫(Self, 1975)所指出的那样，在调查条件下做出的主观估价与在现实市场条件下实际做出的评估差别很大。一种替代的但同样有问题的方法是，依据过去人类的行为来建立可接受的赔偿水平。例如，按工资率支付奖金来吸引劳动力去从事高风险的工作，这种奖金就被作为风险成本(或者人们为避免风险而准备放弃的收入)的粗略估算。另一方面，由于赔偿原则被社会广泛接受，可以利用法庭裁决、保险支付，或者私人或公共机构实际支付的赔偿金水平来表达全部不舒适的价值(Puschak and Burton, 1983)。

关于成本—收益研究的总结提示

必须承认,确定各种项目或政策之成本和收益的客观方法是没有的。在建立评估目标,列举相关的损失和收获,计算他们的自然量值和发生时间,特别是把这些方面转化为货币款项等方面都引入了主观性。当选择一种适宜的贴现率,以便把不同时期所花
347 费货币成本和所获得的收入转换为不变时间的价值时,就要作出更加主观的判断。就如第四章讨论的那样,高贴现率对代际公平有极其重要的含义;但是,另一方面,如对长周期项目采用低贴现率,则实际上任何开发项目都可能显示出有利可图。毫无疑问,成本—收益和相关的货币主体技术已被大大滥用了。由于可精心选择有关的损失和收获,还可有选择地利用有关每项损失和收获价值的证据,分析者就能使其研究偏向于得到他自己的机构或政治老板可接受的结果。但是批评成本—收益分析要比提供一种替代的评估方法容易得多;所有的评估工具同样都易于出现分析者的偏向,易于被一些人滥用,这些人应用评估来支持满足其他理由的活动。

在经济评估中使用货币价值毫无疑问是一种退步;很明显的事实是,价格并不是由具有同等权力扩大他们偏好的人们来决定(Sandbach, 1980)。然而,又没有其他通用记账单位,也没有其他容易的方式来明确人类行为各方面都不可避免要出现的权衡问题。一方面猛烈批评那些试图把“不可测事物的测算”纳入额外市场现象的评估,另一方面指责分析者忽略了环境财货和舒适所失去的价值,这显然是不合理的。货币评估的替代方法是把选择全部留给行政官员、政治家和直言不讳的利益集团。如皮尔斯

(Pearce,1976, p.108)所指出的,“如果不在这些(环境和社会)项目上设定货币价值,或甚至没有这种企图,那么不难想象,当环境集团没有实力时……情形会回复到简直无视环境问题的状况”。如在评估中没有这方面的意图,整个决策过程将更加偏向于重视发展、忽视资源保护,重视物质繁荣、忽视精神愉悦的强大经济利益。

环境影响评价

国家环境政策法和环境影响报告的由来

环境影响评价按目前形式的发展,在很大程度上是20世纪60年代美国环境院外集团日益高涨的政治压力的结果。毫无疑问,在对政策、投资项目和开支计划作评价时,传统的成本—收益分析和相关的评价工作降低了,或者说完全忽视了环境价值。在今天的政治气候下,必须正式认同环境主义者的要求;1969年随着国家环境政策法(NEPA)的通过出现了这种结果。该法律规定:“明 348
显影响人类环境质量的重大联邦活动”必须附有环境影响报告(EIS),报告应“尽可能地”详细到下列内容:

(1) 拟议行动的环境影响;

(2) 如计划被执行,将会造成何种不可避免的不利环境影响;

(3) 拟议行动的各种替代方案;

(4) 当地短期使用人类环境与维持和提高长期生产能力之间的联系;

(5) 拟议行动如付诸实施,将造成何种不可逆转或不可弥补的资源消耗(NEPA,第102款,2c)。

根据这个法律的前言,要求作以下陈述以保证联邦政府

> 承担长期的责任……采用所有与国家政策的其他基本考虑相一致的可行的手段,达到五个关键目标:
>
> 作为托管人保护子孙后代的环境;
>
> 保证全体美国人安全、健康、生产力,以及美学和文化上的愉快环境;
>
> 最广泛地合理使用环境,而不使其退化或危及健康和安全,或引起其他不良的和不合意的后果;
>
> 保护美国在历史、文化和自然景观方面的重要遗产,并尽可能地保持一个支持个人选择多样化和灵活性的环境;
>
> 达到人口和资源利用之间的平衡,使人们能享受高水平的生活和广泛的生活乐趣;提高可再生的资源的质量,使可耗竭资源达到最大限度的循环(出处同上,第101〈b〉;重点是后加的)。

与许多立法相比,NEPA用词非常概括,因而立即引起几个重要的解释问题(见第九章关于政策解释、贯彻和执行之作用的更详细讨论)。首先,这个法案的序言虽然说得冠冕堂皇,但是并没有指出环境政策目标在所有"国家政策,其他基本考虑"中究竟有多大权重。虽然这个法案始终未能——或许就不想——重新拟定国家传统的经济和社会目标。正如施奈伯格(Schnaiberg,1980,p.137)所指出的,"对NEPA在影响国家支持生产格局方面能起的
349 潜在作用所抱有的厚望是短暂的"。虽然从法律上认可了环境质量和多样性是重要的公共政策目标,但是围绕实现这些目标所作

的说明,表明不可能为了环境缘由从物质上牺牲经济发展。五个环境目标只有在可行而且与经济增长和保持高水准生活相一致时才能遵循。在环境利益集团和经济利益集团的要求发生冲突的情况下,政策上的紧张态势仍然会加剧。

NEPA 明显想要控制执行单位,但却听任执行单位自己决定满足环境目标的可行性。正如他们自己准备的环境影响报告要求所揭示的,法律规定他们考虑他们行为的影响,但是赋予这些影响多少权重在很大程度上是一个行政权限问题。这种权限不可避免成为维持现状的可怕力量;致力于发展目标的执行单位认为他们的计划给经济、技术、就业和国家保障带来的好处远胜于造成的环境危害。尽管环境压力集团努力运用 NEPA 迫使执行单位选择其法定的政策和实践方向,但是法庭秩序却明确规定司法判决不可能推翻执行单位经过深思熟虑的决定。这种规定起源于著名的卡尔弗特·克利夫(Calvert Cliff)诉原子能委员会案(1971)(Culhane, 1974)和自然资源保护理事会诉莫顿(Morton)案(1971),其中规定:

> 法庭[不能]以任何方式用自己的判决取代执行单位的决定,除非发现执行单位的决定是专横的、反复无常的或者滥用权限,这时法庭可以要求执行单位重新考虑它的决定。(引自 O'Riordan, 1976, p.287)

尽管由于环境影响报告不合要求而修改了个别项目和放弃了一些计划(Sandbach, 1980),但是这些最多也只是对环境主义者的要求稍作让步。没有证据表明 NEPA 改变了执行单位的基本的优先权和他们政策的发展方向(Greis, 1973; Culhane, 1974; Friesema and Culhane, 1976)[8]。

国家环境政策法只是在作出正式决定前,增加了一道必须执行的新的程序,并没有明显地改变决策系统本身。增加信息或许会加强人们对环境要求的信任,环境压力集团也有新的机会表达他们的观点,但是环境质量与公共政策其他可能的不相容的目标相比,究竟分量如何取决于官僚主义的选择和顽固利益的势力(见第九章)。

350 可以很乐观地希望国家环境政策法或者任何类似的法规从根本上改变决策行为,以在经济和环境政策目标之间建立一个合理的平衡。就像可运用成本—收益分析来支持已被其他考虑预先决定了的决策那样,执行单位也可以遵照环境影响报告要求的形式而不必在他们评价程序中实质性地建立环境标准(Fairfax, 1978),正如弗里塞马和卡尔汗所阐述的:

> 国家环境政策法将促使联邦机构制定科学的、整体的、优化的、可评价的、起缓和作用的和一致的政策,这种期望似乎是要求官僚主义行为能合理决策的最新表现……[然而],公共行政行为不是科学管理而是政治。(Friesema and Culhane, 1976,p.340)

当需要对影响报告的形式,他们的范围和保证环境评价的联邦行为作限定时,国家环境政策法也显得不明确。没有制定详细的程序;没有清楚说明相关影响的范围;没有建立判断标准以把"明显影响环境的行为"和那些影响大小难以纳入环境影响报告的行为区分开来;没有规定报告要求的详细程序。执行单位必须"最大限度地"提供信息的措词立即引起一个问题,即收集数据的费用是否限制研究的范围。这些情况给行政处理权限留有相当大的余地。执行单位自己预备他们的环境影响报告手册，发布他们自己的准则来解释法律的含义，内部决定被评价的相关影响范围和详细程度，决定哪些行动符合环境影响报告，决定将被评价的拟议行动的选择范围。例如，根据韦瑟恩(Wethern，1976)，联邦电力委员会在高于或低于2 000马力容量的水力发电项目之间制定了一条任意的分界线；只有前者被认为非常重要，必须进行环境评价。相类似地，执行单位一般仅考虑有限的选择方案，仅仅讨论拟议方案的其他可能地址(其他大坝、路线和电力厂址)；他们很少根本修改既定方案以提供可行的选择。执行单位内部对他们分析内容拥有的权限范围，更加使整个过程倾向于维持现状。

然而，执政当局也不能完全自由地解释这条法律的要求。理论上独立的环境质量委员会被指派来评价执行单位的表现和复审环境影响报告要求的草案。在过去的岁月里这个委员会已发布了一整套准则；这些准则根据执行情况和出现的环境或社会问题力 351
图说明和重新解释法律的范围，保证执行单位遵循可接受的(但不是一成不变的)程序，例如，虽然国家环境政策法本身并没有要求执行单位考虑他们那些非自然意义环境行动的社会经济影响，但是环境质量委员会建议环境影响报告应包括更广泛的影响范围，包括“生态的(如对自然资源的影响，对所涉及生态系统的组分、结构和功能的影响)、经济的、社会的或健康的影响，无论是直接的、间接的还是积累的(US Council on Environmental Quality，1978)。

但是环境质量委员会改变执行单位评价活动的能力有限。正如萨克斯(Sax，1970)和许多后续的分析家们所指出的，委员会仅仅有建议权。它不能强迫执行单位采纳建议，也没有能力深入检查交给他们的大量环境影响报告。而且，委员会实际上是一个政府部门,同执行单位一样受到政治压力。

环境影响报告复查过程更加明显地限制了联邦机构的权力,这使环境压力集团可以利用法庭向解释和实施法律含义的方式挑战。所有环境影响报告草案,必须抄送其他联邦机构,必须让公众评论。这种参与过程最少有90天的时间,然后准备好最终的环境影响报告,这个报告象征性地考虑收到的评论。至少在申请项目实施前30天向环境质量委员会提交最终的报告;在这期间任何对环境影响报告不满的人都可以诉诸法庭。

在多数情况下,其他的联邦机构不会提交多少评论;甚至负有环境责任的行政当局,如环境保护局,也因为他们的复审和评论程序不充分而受到严厉的批评(US National Academy of Sciences, 1977a, 1977b)。然而,环境利益集团对许多评价提出了系统的评论,并利用法庭向执行单位的常规做法挑战,也为他们的观点获得一个公开讲坛。但是应该注意到,即使在压力集团非常活跃,法庭具有重要法制作用的美国,大量的项目仍然毫不受损地通过了整个国家环境政策法(Schnaiberg, 1988)。出现这种情况有两方面原因,一是评价众多,不可能仔细深入地研究每一部分;二是主办机构对写作环境影响报告越来越内行。他们学会了尽可能避开有争议的问题和领域,精心地与法律的字面意义一致,哪怕本质上不符合法律精神,并且利用评价过程消除潜在的冲突(Fairfax, 1978)。
352 然而法庭上裁决和论辩的可能性无疑影响着环境影响报告要求的范围,迫使执行单位提供更全面的报告,同时大大拓宽了那些目前被认为具有明显环境影响的活动范围(Anderson, 1973; Meyers, 1976; Sandbach, 1980)。但是司法监督仅仅使执行单位遵循法律要求的程序,它不能改变公共政策优先考虑的事项(Wandesforde-

Smith，1980a）。

环境影响评价的扩展

环境影响报告的要求一开始作为联邦措施就为美国许多州广泛采用，并被介绍到许多西方发达国家和一些欠发达国家（Wandesforde-Smith 1980a，1980b；Wathern ed. 1988）。要求评价的严格形式，涉及到的开发类型，环境影响与规划、污染控制和资源开发过程的结合点，以及公众评议所作的安排，在不同的国家甚至一个国家的联邦制度下都有很大差别。环境影响评价不可避免地成为在大相径庭的政治、司法和行政系统内运行的案例。

许多政府对数以百计的法庭案件以及由此引起的决策耽搁、诉讼费和人力花费的情况忧心忡忡。结果，在国家环境政策法出台之后进一步正式明确了哪些类型的活动需要环境影响报告，限制用于特定项目的评价而不用于评价政策变化或大规模的开发计划和项目。不仅如此，环境影响评价多用来作为确立开发规划或污染控制程序的补充；需要向环境利益集团咨询，但是对报告的评估和给各种环境影响的权重属于"专家"管理层的事。重点放在有助于增加规划合理性的环境影响评价本身的技术上（Clifford，1978）。换句话说，对环境影响评价范围的政治性发生在法规制定以前，而不是随后的法庭上。很显然，公共政策的重大方向不断通过现存的制度加以修正。

在已经颁布法律要求编制环境影响报告的国家中，没有一个在政策优先考虑方面从物质增长转向关注生活质量，或者保证国家保护环境质量的行动。在随着国家环境政策法而来的影响评价热潮中，往往忽视了环境影响报告仅仅是一种提供数据的方法。

此类信息最好也不过是对可选择开发项目和战略的影响所作的一
353 个综合的系统的评估,可供决策过程参考。但是它不能解决在所有大型开发项目上不可避免产生的利益冲突。环境、经济和社会的变化的各种特殊形式哪个重要？这仍将取决于哪个利益集团更能有效地影响政策制定过程(见第九章)。

评价的问题

从文献上看已设计出来数以百计的环境影响评价技术,许多技术可能方法上很精致但与实践无多大关系(Bisset, 1978; Clark et al., 1978)。大量文献对此已有评论(O'Riordan and Hey, 1976; Clark et al., 1980),这儿不打算叙述可以选择的程序或者争论各自的优点,而是着重讨论所有类型的环境分析基本的和固有的问题。必须强调,要区别、量化和比较与各种开发形式有关的大量不同的环境变化这种任务,是非常复杂的,而且难免不带有相当的主观性。分析的困难而且需要作出价值判断,意味着可以用环境影响评价来模糊问题,可以操纵评价的结果使之与开发者(私人和公共)和有权势压力集团的利益一致(Bisset, 1978)。就像成本—收益评价不能提供唯一合理的正确选择一样,环境影响评价的结果随着分析者的训练和观点而变化。

评价的方法大致分为三种功能或分析阶段:影响的识别、估价和比较——前两个阶段是第三个阶段的基础。

影响识别

识别技术旨在以一些常用的形式(清单、矩阵、线性图或网络、叠置图)向决策者提供各种影响的清单。甚至这种最基本的似乎简单的事情都困难重重，因为它以因果关系的认识为先决条件，而这种认识又常常很缺乏。显然，分析家不可能识别未知的影响类型，必须对相抵触的各种科学证据的准确性作出判断。由于需要作出选择性，就给识别过程带来主观性。因为自然系统和人类系统内部以及两者之间关系复杂，为了明确评价的范围，必须选择一些时间和空间的截断点。同样，必须对那些被认为轻微的或不值 354
得考虑的影响作出判断。此外，评价者要设想可用来改善开发影响的技术。换句话说，影响识别的问题与成本—收益分析中确定相关费用流和效益流所涉及的问题完全一样。

影响评估

虽然停留在识别阶段的技术已广泛应用，而且有利于减少主观性和评价者的偏向程度，但这些技术有其局限性，不能评价每一种识别影响的大小。影响估价则力图做到这一点，它采用某种判别标度形式，向决策者提供有关不同影响的大小、规模和潜在危害的信息。这里的明显困难在于，当确定影响的标度(或打分)时，没有共同的记账单位和判别标准。即使标度得自环境变化的物理测试，也不可避免地带有分析者的主观判断；例如，如果把某些生物物种的灭绝定为最大影响标度，那么种群损失一半的相应标度是多少？更大的问题在于，就如当景观损害是要识别的影响之一时所应考虑的一样，危害性的评价必须清晰地考虑人类的审美判断。任何试图给一个影响定体系——无论价格还是影响排序——都必然不可能获得每个人的支持；必须承认，人们处于不同的价值体系下，在许多过程中运用再复杂的技术也不会使人人都满意。

影响比较

环境影响评价的影响比较阶段涉及的主观性更多。正如它的名称所暗示,它比较各个开发计划的毫无联系的影响,选择“最佳”或“平衡”的解决办法。最简单的办法只是把环境影响估价阶段得到的分数相加,寻找总计损害最小的工程。显然,这是包含一个假设,即物种绝灭的10分和其他影响的10分相等。另一种技术是根据对不同影响设想的重要性赋予权重,这立刻就产生了一个问题,谁来加权——政治家、专家还是公众?只要加权程序被掩埋在
355 技术估价过程中,就会产生明显的危险:从公众的争论中排除了本质上是规范性和政治性的问题,而根据分析者的价值体系进行权衡。另一方面,如果通过政治的讨价还价和公众检查来加权,那“平衡”的天平必定倾向最有权势和嗓音最大的利益集团。

当然,这里并不是说环境影响分析无用。提高环境信息水平让人们更好地理解因果关系,认识到常规发展战略的代价,所有这一切努力都有助于使公众,更重要是管理部门的选择,倾向于小心地使用环境资源。然而,如果认为环境影响评价是“最令人激动的和最富有挑战性的手段,可以度量和平衡亦已存在的无公度问题”(O'Riordan, 1976, p.199),这种对环境评价重要性的说法就太言过其实了。无公度正是指:没有哪种合理的评价技术能够平衡不同利益集团的不相容目标所产生的冲突。

广泛参与的环境协商：进步之路吗？

科学合理性和政策合法性

成本—收益分析、环境影响评价和类似的评估技术仅仅是向决策过程提供信息的工具。他们都是“科学”规划方法的产物，而后者基于如下概念：较好的管理系统、较多的数据、完善的数据处理条件和更严格的评价方法将导致均衡、合理和有效的决策。追求合理性意味着政府机构或法庭内的“专家”必须远离政治过程，不受政治过程的影响，独立作出他们的职业判断；他们必须是公共利益的独立公正的仲裁人。然而，愈来愈多的迹象表明，公众（至少是其中呼声高的部分）并不打算依靠专家们来评价相竞争的自然资源利用要求。

因为要求责任部门采用特定的估价技术，考虑更广泛的变量，接受各被影响团体的意见，冲突不可能简单地消失。实质上冲突往往还会加剧。在评价过程中获得的信息愈多，作出的权衡愈明确；人们会比较容易地看出一个收益分析或者环境评价技术固有的主观性，意味着利益集团可以轻易地抓住评价中的缺陷，攻击他们不满意的决定。用来审查证据的司法或准司法机制把影响的团体置于敌对的位置，以为胜利而战的态势处理他们的案件（Harter，1982）。这样提高土地利用规划和污染控制制度科学可信性的种种努力，并不增加决策过程的政治合法性。相反，公众渐渐地更加怀疑专家决策者的中立性。

已经提及，关于可更新资源利用的争论基本上是谁得到什么 356

资源和何时得到的问题。假设合理的、不受价值判断影响的科学评价可以解决这些问题,并不能使这类分配冲突非政治化。正如卡彭特和肯尼迪(Carpenter and Kennedy,1980,p.67)指出的,“用纯技术的准则来解决环境问题的努力,所引起的冲突比解决的冲突更多。必须寻找各种方法把个人关注和相互关系问题融合进相抵触的管理战略的发展中”。相当多的观点一直认为,只有公众参与决策过程,才能恢复对环境规划制度的信心。没有参与民主,决策就不会被认为是公正和公平的,决策的合法性就会不断受到挑战。

公众参与

广泛参与的想法认为在20世纪70年代晚期有一种规划迷信状况,在许多发达的西方民主国家,土地利用规划和环境法规引进了一些公众协商的手段。然而,公众参与的实践经验很快揭示出他也不是包治百病的良药。保证社会各部分有效参与的代价和遇到的困难是令人生畏的,呼声高、强有力和组织严密的利益集团的选择性参与又牵涉到重大的平等问题,而且采用的参与形式倾向于增加而不是减少冲突。

这种情况在美国表现得最明显。国家环境政策法和同期颁布的其他环境法规一样,允许利益集团获得信息,阐述他们的观点,并且可以对开发者管理机构提出的证据表示异议,但不允许他们参与最终的决策。换句话说,这种参与属于阿恩斯坦(Arnstein,1969)的表面文章一类,并未给公众任何决策权。随着行使他们的挑战权,法庭也就被环境诉讼案所包围;一些决策被耽搁好几年,还出现了解决新冲突的程序需要。从这种需要又出现了冲突管理和环境调解的概念。不需要很高的代价,通过协商和合作可以解决麻烦持久的对抗和资源利用的冲突。在从问题提出到最终决定的决策过程的各个阶段,扩大公众真正参与的水平是取得成功的关键。

环境调解

调解的意思至少在字面上很简单,特别在劳动和种族关系领域对调解都有很好的跟踪记载。在自愿的基础上,把争论中所有各种类型的当事人召集到一起,让他们面对面地协商,“通过讨论 357
达成后续政策的一致”(Harter, 1982, p.80)。这些协商由训练有素的中立调解员来推进和协调,但调解员无权把一个解决方案强加给当事人(Cormick, 1980)。理想的情况是协商导致和解和一致。当事人都将更加理解他们的各种需求和关注,共同分析问题产生一个更广泛更有创造性的替代解决办法;在此基础上形成一致和合法的决定。甚至最热烈支持调解的人也承认,如此理想的结果仅出现在有限范围的情形,但“无论如何,调解的方法值得一试”(Harter, 1982, p.84)。

迄今已获得的环境调解运作的大量经验主要在北美,但也不限于北美(Bingham 1981; Haussman, 1981; RESOLVE, 1982 至今[9]; Talbot, 1983)。可以预见各种调解努力的结果已结合在一起。有些努力无疑为长期引起争议的问题找到了可以接受的解决办法。另一些努力是把极化的利益集团召集到一起,就可能的政策方向、可选的管理策略以及工程选址和设计进行对话,避免冲突,这也有了良好的开端。还有一些仅仅产生了僵局或是关键利益集团拒绝接受妥协性协议。不同的结果部分地反映了调解员能力的差异,但主要是由争论的性质和利益集团的性质所决定。

如科密克(Cormick,1980)(环境调解办公室主任)所指出的,有效的调解必须具备四个主要的相关先决条件:

(1)所有当事人必须认识到协商的必要性。

(2)每位当事人必须有**足够的能力**和影响进行有效的讨价还价,并且阻止任何团体采取单方面的行动。

(3)每个团体的谈判者必须对协议所规定的**义务**有所妥协。这不仅指他们本人必须准备遵守最终决议,而且他们必须能让他们所代表的选民执行决议。

(4)必须有某种**紧迫感**——一致认为在近期内必须做出某个决定。

其他一些评论家补充指出,如果争论的问题相对明确,发生在相当离散的空间范围,并且仅涉及有限的不同利益的集团,那么就最有可能成功地达成一致。

调解的局限性

这些条件不可避免地大大限制了调解所能成功解决的环境冲突范围。当冲突涉及弄不到一起的争端和利益集团时,所包含的
358 实际问题就与组织有效谈判大不一样,这里更主要的问题是决策权力的分配。只有那些持政治体制多元化观点的人才会支持在全体公众间分配决策权,这样,所有利益团体都有充分的谈判实力,也就会出现许多相抵触的情形。然而,那些持精英观点或极端观点的人认为,很少有(甚至没有)什么争端可以将权力公平扩展到足以达到科密克第二个先决条件的要求。另外,许多政治科学家认为,在社会中真正拥有权力的人实行调解,决不会把触及他们根本利益的问题提上政治议程;换句话说,那些问题就不会成为争论

的对象，因此也就不需要调解。

“为了促进谈判，与会人员一致同意绝对禁止对正在会议室那边所发生的事情作进一步的曝光”

图 8.3　环境调解过程？

Ed Fisher 作画；《纽约客》杂志版权所有，1982。

实际上，一旦环境压力集团有能力通过法庭诉讼使工程延期，能大造舆论让开发者或管理当局难堪，或者利用经济制裁（如撤回劳动力，对开发者的产品实施禁运）讨价还价，那么，环境调解在选址争端中就非常有用。规划部门也利用环境调解制定出各种空间 359
尺度的土地利用计划，负责资源保护和污染控制的机构运用环境调解来制定可选择的政策战略。但是，正如在下一章将要指出的，在制定计划和政策达成一致是一回事,执行的效果是否如预期的那样是另一回事。

关于调解的广泛使用还有更大的局限性。如果调解是有限的,也收到了预期的效果,那它就限制了执行机构和民主选举的立法机关的权限。就因为这一点,它可能会受到职业官僚们的敌视。目前,职业官僚们拥有相当大的自主权,能够显著地影响有效政策的方向。如果实行这种方法,不仅他们改变社会经济和政治环境的自由受到严重限制,而且他们获得正式授权的能力和内部确定的组织目标也会受限。此外,也不能担保每个调解的结果彼此之间一致或者与立法者的政治初衷相一致。如果在某一政府层次上协商的结果被看作侵犯了其他层次政府的民主权利,这就会产生严重问题。

在整个调解的概念中,值得在这里一提的最后一个问题是:调解在分配公平性上的含义。首先,当调解被当作避免冲突的手段时,它会而且已经"有意或无意地用来限制不属于任何团体的那些人有效地参与基于权力的决策过程"(Cormick, 1980, p.29)。其次,当用调解的方法解决明显的冲突时,整个过程的公平性有赖以下假设:所有受影响的利益都得到认可,形成了清晰的选民团体,并且都有公认的真正具有代表性的领导人。这样,明显存在下列危险:一部分公众被排除在决策过程之外,而妥协方案会再次把资源利用的不良影响分担给这部分人。

对有效调解的这四个基本又密切相关的限制——权力分配、实施过程、管理权限和分配公平性——是下一章的基本问题。

注　释

1. 可持续性文献在过去的五年里不断涌现；本文提出的一些关键问题将在第二版的结束语中予以讨论（见 435—445 页）。

2. 值得指出，这些困难同样适用于其他的评价技术，如环境影响评价（见 353—355 页）。

3. 实际上，这只是大量问题的一部分；当评价一个工程或一个政策变化可能产生的结果时，必须对人类的响应有所假定，而每个人都不可能完全按照“经济人”前提所设想的理性方式活动。

4. 这是一本在评价流域工程时建议使用的手册。1950 年、1958 年美国 360
政府出版，联邦流域协调委员会编制。

5. 损害费用方法广泛用于自然灾害管理（见 Penning-Rowsell and Chatterton, 1977, 论减轻洪水灾害）。

6. 一个相关的概念是“选择价值”，哪里的开发可能破坏“唯一的栖息地”和潜在的有用基因物质，或产生长期的生存危机，哪里的个人就可能得准备支付某种形式的保险金以求减轻危险或保持选择的开放性（Fisher and Haverman, 1985; Freeman, 1984）。

7. 兰德尔（Randell, 1983）曾对该方法的变式作过建议。诸如污水厂一类的必要开发项目总得放在某个地方，那么，就能举行补偿拍卖。最低标价的地方将成为所选地并得到它所要求的补偿。

8. 然而，考德威尔等人（Coldwell et. al., 1982）认为环境影响报告的形成过程影响了联邦机构的决策，而泰勒（Taylor, 1984）则强调企业环境工作人员影响机构行为所创造的机会。

9. *RESOLVE* 是关于环境争端解决办法的一种季刊，内有大量的调解实例报道。

361

第九章　可再生资源管理的政策和实践

非理性的政策过程：引言

传统理论讨论资源管理过程的特点是把它当作一个具有明显阶段等级的理性连续系统(图 9.1)。第一个关键的步骤是政策的制定。在试图设计与任务相适应的行政结构和规范技术之前就要决定达到何种目标，这样似乎才合乎逻辑。一旦确定了政策目标，理性决策者就会分析各种可能的组织安排，评价制定规范工具的可行范围，调查不同执行战略的所有后果，然后决定管理体系。自始至终，这都是为了寻找达到特定目标的最优方法，事后通过所得结果与政策目标相一致的程度来衡量操作成功与否。

尽管没人会认为实际的决策过程与理论的最优模型相一致。但是，有强烈的意见表明资源管理系统应该这么做。整个经济方法都与“理性”有密切联系；甚至那些设想经济效率是唯一正确的政策目标的分析家，也是从这样的前提出发，即存在一个检验项目和工程的明确目标。政府具有多重并且常常相互冲突的政策、目标，承认这点，这只是增加了分析的复杂性，并没有阻止寻求“最佳”的结果。当然，经济学家并非唯一采取有序理性方法作为其行为准则的职业群体；物理学家、建筑师及规划师对他们的功能也都有某种有序的目标—手段观。在英国，理论规划过程——建立广

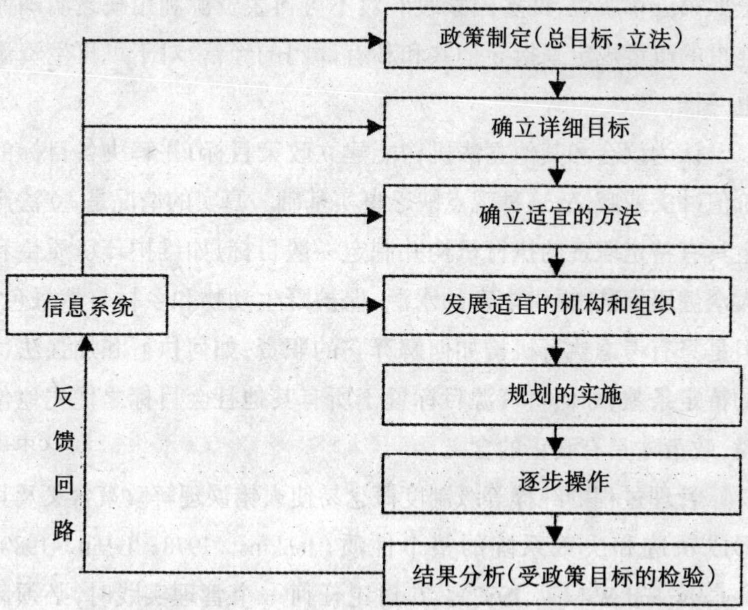

图 9.1　理想的决策和实施过程

泛区域目标的结构规划与这些目标一致的地方规划,然后通过共同投资和控制私人开发来完成全部规划——是受理性思想影响的典型证明。

在整个可再生资源部门,理性决策模型在政府努力改善管理系统质量的过程中扮演了一个重要的角色(Richardson and Jordan, 362
1979)。成本—收益或费用—收益技术的使用,环境影响评价的引入,计划的预算项目和公司管理实践,以及不利行政系统的重组以使各种资源利用有效地结合,这一切都是理性的、理想的管理过程的产物。

一般认为,不同的管理阶段反映了决策机构的等级层次;政策由最上或中层政府决定,下达给地方政府或各种执行机构实施。

正如第五章所说，许多国家政府对不可再生资源利用缺乏明确而连贯的政策规定来指导公共和私有部门的经营，对于可再生资源也一样。

认为议会和其他立法机构能建立政策目标，并解决各目标的
363 价值冲突或歧义，这种观点缺乏事实基础。真实的情况是，立法产生具有特定职责的执行机构并制定一般目标，如维护环境质量和大众健康标准，提供丰富的水源，保护野生动物和乡村自然景色。但是只有考虑执行机构如何解释它的职责，如何执行和加强法律的特定条款，如何将资源目标置于所有其他社会目标之优先地位时，政策才具有真正的含义。

管理过程的纯粹等级制度概念易使人错误理解政策含义及其形成轨迹和决策系统的整个性质（Jenkins, 1978; Levitt, 1980; McGrew and Wilson, 1982）。在讨论任何一个管理实践时，必须区分正式表达的政策与结果所暗示的政策，区分公开的决策过程与隐蔽的决策议程及其对选择的暗地影响（Bachrach and Baratz, 1963; Lukes, 1974）。

一旦抛弃管理过程合理分段的思想，分析就变得更为复杂。政策是动态的，并依据从中央立法机关到个别资源使用者的决策等级中各种层次的行为制定（包括维持现状）。这就意味着没有长期有效的政策目标。实际上，分析家要么不得不采用他们自己的管理目标（经济效率、物质产出最大化、资源保护、环境稳定性、分配公平等）作为评价标准；要么不得不作过分简单的假设，即一定的政策结果可以用法规、法律责任和已陈述的管理计划来鉴定。为了突破管理过程的复杂性及片面理解，这里将采用后一种方法作为出发点；其中关键问题是鉴定的政策结果与实际相差多远？

然后关键问题将变为考虑替代决策模型有助于解释管理实践和政策形成的程度。

正式政策的实施

现在已经知道,政策陈述如何被解释、实施和执行是至关重要的。正如安德森等(Anderson et al.,1977,p.vii)所指出的:"法规的目标和计划的影响基本上是由实施过程改变的"。这个过程不可避免地受到后来的政治、经济和社会环境变化的影响,但也以三个关键因素为前提条件:授予执行机构的职责范围和允许他们使用的权限大小;执行机构的特点;用于扩大资源供应和管制使用的常规方法。

可以预料,有效的政策将随时改变方向,相应于社会经济条件 364
的变化和经济中不同利益集团之间力量关系的变化,政策将以不同的速度和严格程度实施。为了满足就业或经济增长目标,可能放松对污染和土地利用规划的控制;作为反通货膨胀的一种措施,可能推迟增加可更新资源、保护不可更新资源和治理污染项目的投资;随着影响燃料保障和价格变化的政治事件、能源储备或研究可更新能源的积极性发生变化,在强大的经济利益压力下,可能放松对可更新资源利用的全面控制。

来自中央的变化

某些情况下,这种变化往往来自中央;部里的通知可以改变已传达给下级机构的关于法规解释或执行方式的建议,为了满足特定的需要,部长的命令能够修正或者悬置法规。例如,对希思罗机场周围的噪音限制为了迁就协约而放弃;为了缓解无烟燃料临时短缺带来的问题,英国1956年和1968年的两个清洁空气法都被周期性地悬置。而且,中央政府通过控制投资资金的规模、成本和分配,施加支出或借贷限制,控制价格和地方税上涨,减少机构人员配置等手段,隐蔽地影响政策导向。在这个过程中,机构在财政、人员配置和政治地位方面的相应变化和他们所能支配的资源绝对水平同等重要。正如前面章节所说,政府有许多互相矛盾的政策目标,这些目标被扭曲来反映政治和经济优先。在这一扭曲过程中,政策的正式表达可以保持不变,但其实质已发生了变化。

污染控制法案例

英国1974年污染控制法的实施是一个典型的案例,其实施过程明显地改变了法律表面的意图。实际上,有效政策转向的潜在性明显地体现在法律自身,因为其条款应当蛰伏,直到被启动命令激活,并且由详细的规则来描述。其理论基础就是"不确定的经济气候"需要一个渐进的实施过程。这样,正如列维特评论的:

> 365 法规实施的一个重要特征就在这个阶段决定……即包括公众消费的政策优先于涉及污染控制的政策,而且由中央政府来决定推进的速度。(Levitt, 1980, p.33—34)

这个法案第三和第四部分关注噪声和空气污染,这两部分的启动命令相对比较快,尽管许多条款的有效实施被推迟了12个月左右,直到发布了必要的规则,但是理论上1976年1月1日就生效了(UK Department of Environment,1978)。然而对于法令的这些部分,在给予执行单位处理权力或替代原有法规方面都有很大的问题。还有重要的一点，他们要求最小的公共支出。例如，关于噪声的第三部分，除了给予地方权力机关设立噪声减弱带权力（而不是职责）外，相当程度上只是取代了1960年噪声减弱法中的条款。与此类似，涉及大气污染的第四部分，只是在公众健康和清洁空气法已有条款的基础上，增加了相对次要的控制权。唯一潜在的重要新权力就是以下条款：地方权力机关可以监测工业排放，在与地方利益集团协商后公布他们的发现，但要服从国务大臣关于他们如何和在什么范围内调查和发布信息的权威。实质上这种权力，也仅仅是一种权限，由于受到各种附加条件的限制而难以行使。

第一部分（地上废物处理）和第二部分（水污染）都被推迟10年才实施。郡议会（英格兰）和区议会（苏格兰和威尔士）都被授予几项新的职责，负责来自生活、商业和工业的废物处理，包括有害和有毒的废物。要求每个议会调查他们区域内产生的废物量，评价当地处理设施的充分性。另外，授权他们给陆地填埋地点和处理设施发放许可证，并要求他们制定废物处理计划，更不用说执行，所以从改善处理来看，这些条款没啥意义。第一部分其他条款也未实施，其中包括一条重要的要求，即责成废物处理机构为"堆积"[1] 在他们地区的废物作出处理安排，并且收集和处理某些（常常是有毒的）难以控制的废物[2]。

这个法令引起广泛争论的第二部分也未取得进展。这部分条款把已用于管理地表河流的排污许可证制度扩展到近海岸水体、港湾和地下水；要求区域水管理局（RWAS）公开登记排污者，记录下他们服从法律的详细情况；让公众检举未能遵守许可证标准的 366
污染者和控制污染部门。毫不奇怪，工业利益集团强烈反对执行这条法令。英国工业联合会认为这条法令是"多管闲事的特许证”,特别反对规定更多公众参与和信息公开的条款(ENDS Report 103,August 1983;106,November 1983;Pearce, 1982, 1984)。而且,因为不充分的污水处理设施是——今后仍将是——河流和近海污染的主要原因,实施这条法令将意味着增大公共支出。

杰格的报告《理所当然》(Jeger,Taken for Granted,1970)清楚地揭露了区域水管理局1974年接管污水处理责任时从地方管理机构继承来的遗产——疏忽。在典型的条件陈述中,约克郡区域水管理局发觉哈德斯菲尔德的工作“不得不被看作是值得信赖的”。有毒的工业废水未经已装备技术的处理,正在破坏处理正常污水和排出物设备的能力。塞文—特兰特管理部门报告他们那儿64%经过处理的污水没有达到要求满足的条件,而泰晤士地区有50%令人不满意。类似的不符合要求的事遍布全国(Tinker, 1975; Porter, 1978; Parker and Penning-Rowsell, 1980)。因此,需要巨大的资金支出来使内陆工厂达到标准。如果要求热点海滨浴场的细菌总量减少到欧洲经济共同体的指标,还得需要一笔钱在海岸地区进行处理和改进排水管。这种花费不仅遭到当地纳税人的反对,而且还可能与国家反通货膨胀措施和公共支出限额不相当。因此,强有力的公共和私人经济利益集团联合起来使执行推迟。

1974年曾计划到1976年底分阶段实施法案的第二部分,但是一年后,宣布无限期推迟;三年后又宣称到1979年完全实施。然而,那年大选产生了新一届的政府,显然需要重新审查这些措施的财政含义。直到1982年,随着2月份宣布在1983到1986年之间“最大限度地利用过渡性措施”贯彻这些法规,所有的问题才经复审暴露出来。在所有可能性中,产生这个转变的主要原因是保证英国形式上(而不是本质上)满足在欧共体关于水质量的几个指令下所承担的义务(Haigh, 1984)。

1982 年 8 月,环境部的咨询文件在法律意图之外又节外生枝,它指出对现有法规已不能控制的所有排放要么给予豁免,要么当作默许。这样就使排放在目前质量水平上有增无减,这时才看清政策的实质(ENDS Report 92, September 1982)。1983 年 8 月正式开始执行第二部分条款。但正如咨询文件所预料的,第一个(而且在起草时是唯一的一个)条款,就是命令新的控制规定豁免所有当前未控制的排放,欧洲共同体指令下要求认可的排放除外;被豁 367
免的包括来自使用汞、镉、砷、获氏剂和钛二氧化物公司的排放,还有那些影响到 1976 年沐浴水规定和 1979 年有壳水产水规定所涉及地区的污水处理厂的排放。但是所有未准予豁免的排放都会符合"认可"或"默许"! 这样,实际上一点也未减少潜在危害物质的污染负荷,形式上已满足了欧洲共同体严格控制这类排放的要求。在这种情况下,撒切尔夫人在污染控制法通过之前就作出的热情断言显得有点虚假,她说该法令"可能比许多其他的措施对英国的许多地方的生活质量产生更大更持久的影响"(Pearce, 1984, p. 10)。

责任授权

当然,书面政策陈述与实际政策操作之间的偏差决不仅仅是由于中央政府目标的转变而引起的,还可能主要是由于某个决定(或不决定)降低了执行机构的等级而造成的。

每当政策或规划的制定成为一种授予的职责(通常的情况正是如此),执行起来便会出现严重的拖延,因为各个机构要花几年的时间才能进入状态。与此同时,它还要“正常营业”,而不管法规意图何在。一个例子就足以说明问题[3]。

如前所述,在污染控制法第一部分中,要求地方当局调查所属地区,并制定废物处理计划。这被看成是基本条件,以便进一步提供安全的处理设施,减少因土地填埋场所不足而导致的危险,特别是改进危险废物的处理安排。1984 年 3 月,政府环境发言人洛德·贝尔温在上议院指出,在英格兰的 46 个郡议会中,只有九个全面完成规划,虽然有七个郡由国务大臣负责规划,但他正考虑其他郡提出的异议。其中的 23 个郡,包括曼彻斯特、西约克郡和兰开夏郡这些重要的废气产区,甚至没有制定供公众讨论的草案文件(图 9.2)。在苏格兰和威尔士,由政府的最低层区议会负责处理,情况甚至更糟(但参看注释 4):在苏格兰的 56 个区中,只有 3 个提交了草案供公众商议,而威尔士则什么也没有(House of Lords Written Answers, 15 March 1984, cols 966 - 968)。

这种进展缓慢的情况在一定程度上反映了对地方政府开支的
368 压榨,反映了新近废除大都会郡的动向[4]。但也是利益冲突的产物,这种冲突在设置不受欢迎并有潜在危险的设施时不可避免会发生。某些机构不愿意规划废物处理地点的发展,因为他们担心他们会被用来处理他们区域以外的地区所产生的废物(很少有议会愿意在他们家门口出现一个埃塞克斯〈Essex〉的皮特希〈Pitsea〉那样的大处理场)。另一些地方则确实很难找到地质和水文条件都合适的地点,还有一些则害怕任何处理计划都不可避免会引起政治争论(Levitt, 1980)。

执行机构可能会被要求实行极为具体的法规,例如试图阻止利用或处理特殊污染物质,或是制定环境质量标准,即使在这时政

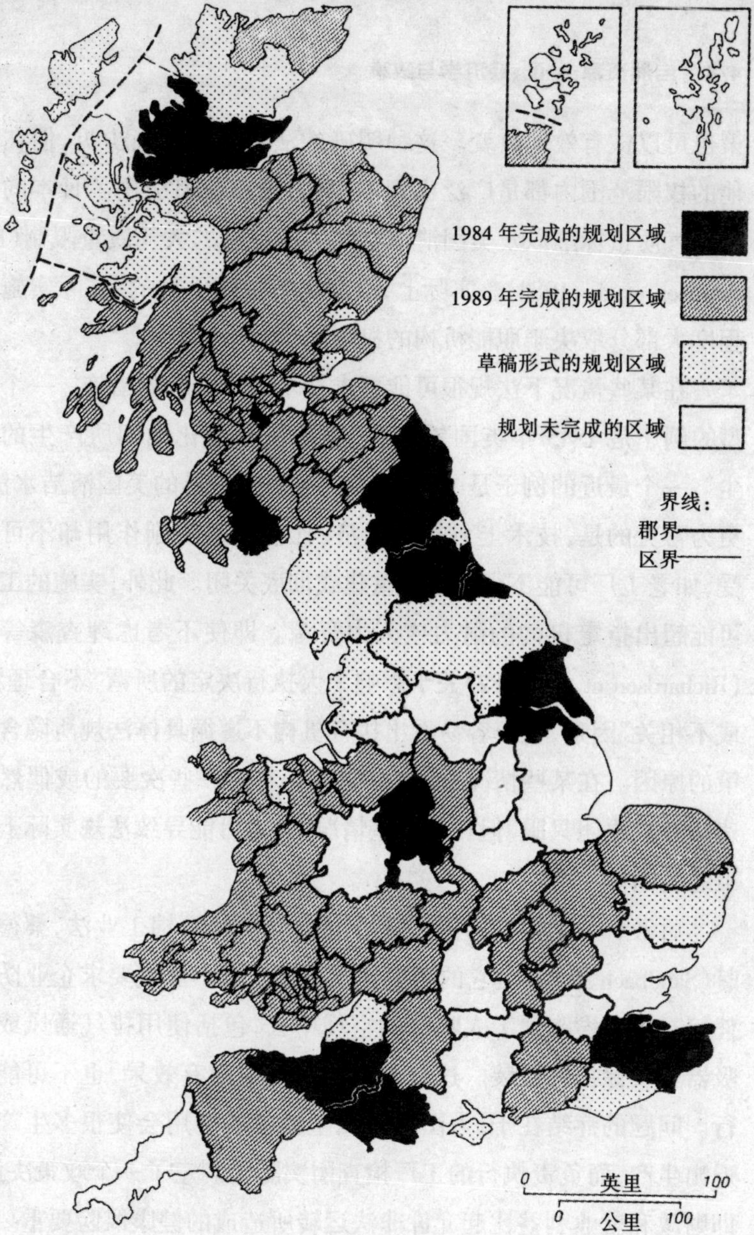

图 9.2　有害废物规划：不依从或部分依从污染控制法的分布图，1974—1989。

资料来源：由环境部和苏格兰场提供。

策也可以被有效地改变。这种明确的法规在英国尚少见,但在其他的权限范围内都是广泛出现的;奥古斯(Ogus)引用了日本的水和空气质量标准以及美国清洁空气法所提出的大气质量限制(Richardson et al.,1982)。实际上,全部实施是做不到的,实际实施的程度大部分取决于职能机构的权限。

在某些情况下法规很可能要求技术上不可行的措施。一个典型的例子是 1845 年英国铁路法"要求机车消化他们所产生的烟尘",一个最近的例子是 1972 年通过但提交更早的美国清洁水法。更为常见的是,技术上可行但经济、社会或政治副作用却不可接受,如老工厂可能不得不整个重建或彻底关闭。此外,实施的工作可能超出指定机构的财力或人力资源。即使不考虑理查森等人(Richardson et al.,1982)关于影响个人执行决定的所谓"不合理和/或不相关"因素,也很容易看出执行机构不遵循具体法规所隐含政策的原因。在某些情况下,这可能意味着对一些次要的或偶然的违法睁只眼闭只眼,但在另一些情况下,也可能导致法规实际上被束之高阁。

后者有一个很好的例证就是 1931 年英国石棉工业法,桑德巴赫(Sandbach,1982)对它的历史作了总结。这一法规要求企业防止任何石棉尘埃跑到工人呼吸的空气中去,包括使用排气通风或呼吸器具及保护性服装。这整个限制被证明没有效果,也不可能实行。问题的症结在于,力图坚持无尘要求的费用会使很多生产者退出生产,而负责执行的工厂检查团实际上制定了一个政策决议,即财政和就业利益比起允许非法运转所造成的健康风险要重要得多(Jenkins, 1978)。但是,谴责检查团对政治优先权的解释是天真
370 的;要在其权限之内保持严密的监视,他的人员和资金却极为不

足,检举违法者的成效甚微,其结果也仅是数量最低的罚款。1964年对中央石棉有限公司所属伯蒙德塞(Bermondsey)厂的成功检举结果是一笔滑稽可笑的罚款:170英镑50便士(Sandbach, 1982, p. 148)。值得注意的是,当1969年根据最卖力的工厂所能达到的情况在新规定中引入尘埃标准时,法规才较为符合现实。

当赋予执行机构总责任授权时,他们就有更大的有效决策权,而并不是被要求去实施具体的测量或执行严格限定的职责。同很多国家一样,在英国,授权的原则"没有被很好理解……而是被简单地想当然"(Haigh, 1984, p. 10)。各机构不仅在解释其责任意义时有极大的灵活性,还可以发展他们自己的战略来满足其职责,制定他们自己的实施时间表,决定他们自己的执行方法。结果是,实际出现的可能与法规的表面政策意图相去甚远。大量的例子可用来说明这一点:卡森(Carson, 1971)显示了英国工厂检查团是如何通过解释其职责和执行方法,从而实际上制定新政策的;沃克和斯托帕(Walker and Storper, 1978)分析了美国清洁空气法的无所作为;理查森等人(Richardson et al., 1982)和霍金斯(Hawkins, 1983)评价了英格兰和威尔士水污染控制中的权限和执行的作用;麦克尤恩斯(MacEwens, 1982)清楚地揭示了管理机构的优先权和做法可以影响国家公园政策。

机构特征的重要性

共同的责任授权意味着执行机构的特征可能是决定实际政策的一个主要因素(见374页)。正是由于非常概括,负责开发和生产特定可更新资源商品的公共机构才能根据技术性条款来解释他们的功能。供水部门、土地排水部门、森林机构、灌溉公司及海岸保护机构并不关心其行动的政治和分配性质。具体的物质需要得到认同,而且成绩是用技术或产出标准来衡量的(Hirschleifer et al.,1960;Parker and Penning-Rowsell, 1980)。这些机构的技术专家体制是靠项目支持的;产出活动的任何减少却将威胁到工作和提升机会,从而减少其权力并影响官僚阶层。

另一方面,当可更新资源服务的提供与(机构内或机构外的)开发利益相冲突时,或当这种服务被视为管理机构主要功能的边
371 缘时,对责任的解释就更趋于不同。在这两种情况下,不提供或提供不足是典型的结果。与此有关的一个经典例证涉及到1968年英国乡村法中所谓的"愉快条款"。它将一项走向保护的职责强加给"所有的部长、政府部门和公共团体……在任一法令之下发挥其有关土地的功能";他们必须"关注对自然景色和乡村愉快性的保护是否令人称心"。正如麦克尤恩斯(MacEwens,1982, p.24)所指出的,这一条款"不过是一个字面上的屈服罢了",在改变公共团体的主要发展势头方面没有任何实际的重要性。

另一个极为相似的例子就是保护河流免受水污染。立法规定了英格兰和威尔士的区域水管理机构两个基本的、非常概括的目标:要"保持并在有实际可能的地方改善"河流水质量,以及制定水质规划。大多数区域水管理机构积极响应,制定了自己宏伟但最终却是毫无意义的长期目标,诸如"恢复和保护区域河流水质"之类(North West Regional Water Authority, 1977)。如果不指定水质参数,不说明是为了什么或为了谁而保护,对这种语句是不可能解释清楚的。正如已经看到的那样,保护所有水生生物种类所要求的环境质量和保护饮用水标准或美学及娱乐兴趣所要求的质量是不一样的。但是这种兴趣的抱负不能当作政策——在考虑近期目标

时,现实的优先权更加清楚。在西北地区水管局(出处同上,p.39),这些在政策陈述中被总结为“首先要防止当前状况的恶化,然后,只要有资金和地方上的需要,再改善河流水质”。

最近,在1983年,当局公布了一个25年规划以加速该区域河流、河口湾、沙滩的净化,该区域被认为是英格兰和威尔士受严重污染水道最长的地方(National Water Council, 1981)。但要花费大约37亿英镑,而且还不包括由工业所造成的大量附加减污费用;区域水管理机构已经发出警告,说这一规划是不可能完成的,除非它获得足够的财政资助(ENDS Report 104; September 1983)。简言之,可以将水质的改善看作是一个象征性的政策目标,甚至仅仅是为了从其他的地方获得资金以减少当地污水和排出物处理费用的一种手段[5]。

二元状态假设

各执行机构对其责任的不同阐述在某种程度上可以诉诸二元状态假设(Saunders, 1981)及其理论前提来解释。区分国家的生产功能和(社会投资)和分配功能(社会消费)在概念上很有用,并有
助于理解不同的决策模式(Friedland et al., 1977)。据说前者基本 372
上是对生产企业的必需投入,一般倾向于由区域或国家级政府部门负责。这样,决策过程(利益协调模式)就与专家政治团体中的“代理制”投入隔离开来,但是大资本利益通过“共同协商[6]”仍然影响该过程。按弗里德兰等人的话说,

> 执行机构从党派和公众的束缚中挣脱,在与影响到经济增长参数的公共政策利害相关的那些经济团体中发展外部选民,执行机构用以保护自己的技术性规划和专家主义观念不

仅使他们独立合法,而且阻拦任何公共干预的努力,因为据称所要作的事不是政治的而是技术的。(Friedland et al.,1977,p.458)

另一方面,据说社会消费政策往往是地方政府的责任,因而从属于"在地方层次上开展的政治性斗争。"(Saunders, 1981, p.260)

毫无疑问,资源开发功能在很大程度上已集权化了,但是二元状态假设所勾画出的简单轮廓并不能评判许多可更新资源管理实践的复杂性。可以举出大量的事例说明,更高级别的政府在担负着全部或大部分与社会消费有关的责任。在诸如法国、芬兰和以色列这样高度集权化的国家里,地方政府对可更新资源供应、分配和保护只起着微小的作用。也有像大气质量控制这样的情况,所有级别的政府都有一些责任,他们之间的职责划分很少遵循那种简洁的描绘,分为提供社会投资的责任形式和关注社会消费的责任(见387—397页关于美国和英国情况的讨论)。

当负责单一资源的机构提供生产投入和社会服务时,情况更加复杂。例如,在英格兰和威尔士,河水质量保护、供水和污水处理(其中每一项都属于社会投资和消费功能),陆地排水(投资)和水上娱乐(消费)全部是区域专家管理团体的责任(见注释5)。公众很少有机会参加这种机构内的决策过程,对决策过程的影响很有限。

373 可以认为,在一个机构中协调两种功能,并与非共同利益的要求隔离开来,有利于减少资本积累要求和社会需要两者之间的"紧张"。因此,通过规定各级的不同功能和决策方式不能调停利益冲突,这些冲突只不过是被围绕着技术专家的神秘色彩淹没了。尽管和二元状态假设本身一样,不能一概而论,但是,所有环境资源管理的本质方面,有从地方控制迁移出去的趋势。广泛地建立环境保护局就是这种趋势的一种表现。把所有这些变化归结为国家作为资本保护者的角色是幼稚的;部分变化也是为了满足(或者说扩散)环境集团的要求。中央或区域机构一旦建立,毫无疑问会受制于阶级合作主义的压力,但是这并不能掩盖这样的事实,即执行机构发展的一种内部的职业优势逻辑,决定性地左右着他们解释其职责的方式,这决不意味着所有职业团体都支持扩大私有部门的生产及其利益。

有限权力

当执行部门只拥有采取特定措施的有限权力而没有明确的职责,也不要求实际操作时,对他们决策功能的委任更引人注目。这也无例外地是许多国家共同的策略,大大有利于(至少在理论上)灵活反映以满足干预要求的空间变化和不同公众团体的偏好。

如果执行机构忽视有限权力或没有财力、人力资源使用他们,有限权力也无所作为。例如在英国,除了一至两个著名的例外,从纽卡斯尔到泰恩,很少有地方当局为了在减少噪声上作出积极贡献而使用他们新的权力建立噪声减弱地带。许多部门根本不愿从事这项工作特别可用以下三个因素来解释。首先,如果建立噪声减弱地带,他们必须检测和监督,但是没有新的人力、物力可用于此。其次,在这个地带,只表现出“合理的成本来实行”的地方才可要求减弱噪声水平。这本身就会因语句的含义而引起潜在的法律问题;不仅如此,如果公司被指控超过要求水平,他们就会用“正在采用的最能实行的方法”削弱噪声为其辩护。最后,还有政治上的考虑;建立噪声减弱带肯定会遭到受降噪成本增加影响

的那些经济利益集团的反对。在建立了噪声减弱带的地方,他们往往也不是配置在最需要的地方,无论是按噪声水平或是按影响
374 的人数来衡量都是这样,有的干脆就是装饰门面,虽然设置,但不进行检测和控制。在只有一个或两个潜在高噪声源的已经很安静的地区建立噪声减弱带相对比较容易。但是,对于商业、工业和住房开发混杂在一起的高密度地区,建立噪声减弱带就是另外一码事了。

作为实践的政策

如此多根据法规执行的活动所采取的形式都是给执行机构责任或权力受权,并赋予贯彻执行的自主权。这个事实意味着三个相关的因素决定性地影响着实践对公开公共政策意图的转换方式:(1)这些机构的特点;(2)他们使用的干预形式;(3)他们内部的决策过程。这里仅用“管理系统特点”来代表机构的司法权职责(表现在空间和职能上),他们的规模、职业专长的范围和内部行政划分。用“干预形式”这个术语可概括全部可采用的政策措施(咨询机制、法律规则、经济措施、实践规范、扩大供给的技术等等,见Levitt, 1980)。同样的表面政策,譬如说关于污染控制的政策,如果它由各地方政府机构、一个中央集权的管制机构、一个不得不“把外部性内化”的多功能机构来实施,或者依靠与污染者的“君子协定”来实施,那么它的实际性质会各不相同。同样,用来执行政策的机制也会影响贯彻程度和它的分配结果。所采用的干预形式和管理系统的特点是相互关联的,特定的机构类型总习惯使用特定的机制,认为恰当的政策工具也影响机构司法权的地域范围和

功能范围,影响它的职业能力和它的内部结构。

“管理特点”的作用

下面这个概念在第六章里讨论过,即可更新资源的滥用和耗竭问题是公共财产资源特有的不完善所有权和控制权的产物。从这样一个分析角度来看,理性的管理需要消除“自由”进入权。需要通过剥夺私人进入权,更常见的是通过国家干预来将“外部性内化”。国家在以下三种策略中采用一种:(1)获取全部所有权和使用权,并直接经营资源;(2)获取全部所有权,但分配使用权直到受某些“自然”限制;(3)建立一个有足够控制力的公共机构来阻止私人使用者。

自然环境区域 375

假定管理实施的目标是优化资源本身,一般认为“自然”(由天然特征决定)的环境区划将为公共管理机构设置适当的司法权限制。据说生态系统内的相互依赖需要一种总体的、综合的方法,而且管理机构更能够管理特定环境区域内单一资源的所有用途和用户。只有那时才能实现合理的资源开发和分配计划,以使福利回报最大而利用冲突最小(Fox and Craine, 1962; Cunha et al., 1977)。这些概念对某些国家的管理安排确实有相当大的吸引力和有深远的影响,尤其在水管理机构的建立中。例如,当职能机构能控制整个集水区的土地利用和径流特征时,更有效率的洪水控制措施无疑是可行的。可是当水管理机构能通过把污水排向下游相邻的法权地区而减少他们的去污成本时,污染问题趋于加重。

但是自然区域方法并非没有它的实际问题和概念问题(Coate

and Bonner, 1975)。对许多可更新资源来说,什么是“自然”环境单元并不清楚。在某种分析尺度上,全球生态系统就是一个相互依赖的各种循环的相互联系系统,打破这种关联的链条来限定一个地区单元或功能单元,这总是多少有点武断的决定。地表水的范围界定也许是最简单的;资源限定为明显的河道或水体,集水区表现为公认和清楚区分的自然单元。但还是产生一些困难——陆地系统和海岸系统之间的界线究竟划在哪里?是由集水区管理机构来控制河流所影响的河口湾和海岸地区,还是由海岸管理机构来管理作为一个整体的海岸带?而且,虽然地下水和地表水系统是相互联系的,但地下水“区域”并不总是和地表集水区一致。因此,哪个区域应作为管理单位并不总是清楚的。当明显的自然单元按资源使用者的分布不能提供有意义的管理区划时,新的困难又将出现。是人类的决定创造了自然界不存在的各集水区之间的分离。当需求超过一定集水区的能力,或当流域内发展起聚落,因而从一个集水区供水而向别的集水区排放废水时,就发生了流域间的转换。伯明翰(英国)的位置是在塞文集水区和特兰特集水区之间,这是上面情况的一个最好的例子。在这种情况下,合适的管理
376 单元不再按纯粹的自然意义来限定,而必须承认人类居住地的空间分布。同样,显然有一些集水区太大而不能提供可行的管理区。

当关注的主题是诸如空气、滨岸带、近海渔场或迁徙鸟类之类的可更新资源时,自然地区的界线更成问题。例如,在美国虽然“大气区”已被承认,但这决不意味着自然实体,而是由污染源的分布和影响公众的管理要求所界定的功能区。对所有依赖土地,水和空气而生存的动物群和植物群来说,问题则在于是否将资源管理与整个栖息地的管理区别开来。负责保护鸟类的机构能合法地

声称,农用土地的管理必须置于他们的司法权之下;而森林委员会可能极力主张他们需要控制工业对空气的污染。

相互依赖与媒质综合

当存在几组不同的相互依赖关系时,另外一个紧密相关的困难出现了,即:机构的职能由哪组关系决定? 例如:在污染控制的事例中,热力学定律决定了废弃物必然排进环境系统的某个地方,除非剩余物循环利用和完全再利用。因此可以认为,一个机构为了能形成最少环境损害的排放选择,应控制所有排放媒质。英国皇家环境污染委员会(1976)采用了这个论点,建议设立一个能控制特殊技术过程所引起的所有污染形式的统一监察机构。当承认可以通过修改生产和处理过程将污染从一种媒介转移到另一种媒介时,土地、水和空气之间的这种关系是否比把水作为一种多目标资源管理的需要,或比把土地上的废物处理综合进土地使用计划系统的其他部分的需要更有意义,这是不清楚的。在所有自然、经济和社会系统之间存在复杂相互关系的情况下,存在一个特殊联系的事实自身并不能证明综合管理的合理性。必须对不同类型联系的相对重要性和组织间非常武断的职能划分作出判断。

因为"自然"的土地区域、水区域和空气区域并不一定一致,所以,媒质综合的主张就与一种资源的所有使用必须置于一个管理机构司法权之下的需要相冲突。此外,媒质综合方法还可用来为完全不同尺度的污染控制机构提供正当理由。专注于可能发生在英国任何地方的废物生产过程的皇家委员会,认识到需要一个由能够处理控制技术问题的"专家"工程师和工业化学家组成的全国 377
机构[7]。然而,麦克尼尔(MacNeil,1971)采用同样的媒介综合观点,但这次却是从被污染活动的集中所影响的公众的视角,提倡地方尺度的管理,把每个城市地区看作一个相互依赖的生态系统。

在对待多重目的的资源时,合理的管理途径要求一个机构对所有的使用形式负责。但是仅仅把不同的管理职能置于一个屋檐下,既不能保证协调也不能排除利益冲突,因为管理只是在组织之内而不是组织之间。结果,分配决策趋向于较少的公开监督,而取决于该机构的内部结构。它的职业优势和它对特殊利益集团的开放,这始终会使一、二个职能比其他职能更受惠。在由“产出”职业(工程师、林务员等等)占优势的机构中,包括保护、审美、娱乐的责任趋向处于较低地位,隶属于他们自我感知的主要责任,这似乎是一个普遍现象。多目的机构的一个相关困难,是所谓“偷猎者成为猎场管理员”问题。在这种情况里,要完成一种职能,该机构必须控制它自己的运作。例如,英格兰和威尔士的区域水管机构负责河流污染控制,但由于他们又具有污水处理职能而成为主要污染者。在威尔士和苏格兰,地区委员会必须控制土地上的废物堆放,但他们自己却是土地堆放场所的主要用户。在这些情况下,总有追求减少处理成本而导致放松质量标准的危险。

资源生产力或民主参与?

最后,在许多方面,管理单位环境综合方法困难在于,设想政策目标是使以自然产量或经济效益标准来度量的资源生产力达到最大。这个设想,深深地根植在理性主义者的技术中心思想中,把污染控制和其他资源管理问题看作自然问题,需要专家的科学关注和经得起目标分析和“正确”答案的检验。这些问题的根本政治特征和分布特征到处被否认,有效的政策形成被委托给据说是中性的、有专业能力的机构[8](Nelkin, 1977)。这些机构不可避免地是大尺度的地区或国家范围的组织,并逐渐偏离控制的民主形式。

英格兰和威尔士的水经营管理历史,对寻求组织效率而产生的资源管理者和他们打算服务的一般公众之间的分离,提供了一个典型的说明。1945 年以前,水供应和污水处理基本上是地方政府的事,并与保护公众健康联系在一起。然而,除非通过共同法, 378
水质量和地下及地表水资源可得性都不能得到控制。这种情况无疑会导致:服务标准的降低;综合规模经济的损失;零碎又无效的供应开发;河流污染问题的不断恶化和地下水耗竭。

对这些缺陷的认识,利于为管理的渐变过程作好准备(Parker and Penning-Rowsell, 1980)。抽取供应和排放废物的共同法权被去除了;卫生大臣被授权要求相邻供水合并;负责河流流域级别上水管理协调的机构建立起来了。河流委员会建立于 1948 年,负责土地排水、捕鱼、航行,1951 年后还对河流水质负责。更有意义的联合步骤发生在 1963 年,建立了 29 个河流管理局。在他们的领域内名义上控制了所有的水用户,包括地方供水事业。就在十年后,1973 年的水法清除了 1 400 多个分离的、负责某些方面水管理的公共机构,并建立了 10 个代替他们的多目标机构——区域水管局(图 9.3)。

首先,区域水管局觉察到了民主代表监控的虚伪,虽然并非完全如此。但是由于大多数权力机构成员是从地方政府中委派的,这种非专家成员在控制机构的高级技术人才官僚方面的有效性是值得怀疑的。1983 年,当选举出的成员被中央政府任命的少数管理机构代替时,甚至民主责任的虚伪也消失了。工业和农业的利益在此类机构中得到很好的表现,这能在闭庭期间避开所有公众

图 9.3 1974—1989 年新英格兰和威尔士的区域水管局监督[9]。

这里并不是暗示水资源管理本来应给地方上民主选举出的而且可能更有责任心的机构带来任何"好处"。事实上,区域水管局现在面临的许多财政问题,是地方自我利益的历史遗产,是数十年来忽视对污水处理设施不起眼的非选举获得的消耗以及忽视对供水网络和下水道系统的修理而产生的历史问题。现在估计需要50亿英镑才能更换旧的、泄漏的、腐蚀了的自来水干线和下水道。

然而,这里要指出的是,从"理性的"资源管理观点看来合适的管理单位趋向于和决策过程中有意义的公众参与不相容。分析家们从公众参与前景来看可更新资源问题,拒绝"保姆最清楚"的规划方法,而是强调需要有高度政治责任心,并在有利于公众参与政策目标的确定和实施过程的空间尺度上建立的管理单位。建立在 379
集水区基础上的机构,不可避免地跨越已认可的行政区划,它无法有效地满足公众接近的标准。任何要考虑自然系统内主要因素间相互关系而设计出的区域都是这样。总之,管理机构没有不需证明的正确结构。要调和技术专业知识的高输入和综合的需要与公众责任心及公众决策优先权之间的考虑,总是很难的。

建立实际的管理单位

有一些整个管理单位重新组织的例子。区域水管局的创立就属于这种情况;但正常情况一直是管理机构非常特别地渐进发展。
政府很少从政策需要的某种整体理性评估,从特定资源特征及其 380
需求的性质来解决组织结构的问题,而是对特殊问题作出反应。当对现存的机构日益不满时,当觉察到需要进一步的控制时,或对额外资源服务的需求在公众眼前出现时,就会建立过量的半自治机构、政府部门、协调委员会或调查委员会来对付他们(或至少做出要行动的样子)。此外,为了管理容易和减少政治冲突,新职能附加给现存机构,或调整他们之间的司法权界线。于是,典型的情况是,管理结构逐渐形成而不是有目的地创立,管理机构在各国会不可避免地显著不同,反映出诸如管理风格、法规立法系统和资源关注的历史发展等事物的差异。一般而言,可以鉴别出五种不同的职能机构类型,这是在大多数发达国家在过去时间发展起来的。

(1) 基本的集体消费服务部门——公共领域内产生的第一种资源服务部门,一般都是那些与健康标准紧密相关的部门(民用供水、污水和垃圾的收集)。传统上,这些曾经(在许多国家里仍然)被看作地方政府的法定职能。

(2) 资源开发机构——尤其自20世纪初以来,已创立了一些政府部门来生产特殊的资源商品(灌溉水、水电、土地排水、森林等)。在管理上,这些机构采用了三种基本形式:(a)特定公共项目公司(例如美国的田纳西流域管理局,澳大利亚的斯诺伊河流管理局),这些公司模仿私人公司,有高度的自主权。(b)政府公共事业管理局(例如,美国农垦局,加拿大的安大略水电委员会,澳大利亚维多利亚的河流和供水委员会,英国的森林委员会)——他们向政府报告,但仍然有大量自主权。(c)政府部门(例如南澳大利亚的工程和供水部和许多地方或省政府中的公共事务部门)。

(3) 土地利用管理与规划机构——他们划分为两类:(a)半自主权的和特殊资源的,例如国家公园,野生生物区和湿地管理机构;(b)普通的,可更新资源的规范和环境质量的管理在这里被综合进各级政府的总体规划职能中。

381 (4) 污染控制和保护机构——他们同样有两种类型:(a)特殊资源的或特殊问题的(环境保护机构,河流净化委员会,危险废物监察机构,生产安全机构,土地和历史建筑保护委员会);(b)普通的,污染控制在这里被看作是环境健康或地方和区域政府规划职能的一部分。

(5) 混合或多目标机构——其中一些是寻求“合理的”综合管理的产物,但大多数是为其他目的而建立的机构的演变,并且逐渐积累了一些职能;举一实例如下:澳大利亚墨尔本的大城市工作委员会。它原先建立起来是为一个早已扩展得超过了其地方管理边界的城市地区提供集体服务,尔后迅速呈现了资源开发公用事业的所有特点。从技术角度看待它的职能,并且逐渐脱离它建立起来要起作用的地方民主控制及公众政策优先权。它已确立的强有力地位和拥有整个建立亚司法权的其他机构的缺席结合起来,使之表现为唯一合适的土地利用规划机构。因此,它在 1949 年负责制定第一个大都市计划(Logan and Ogilvy, 1981)。

一般说来,管理机构的变化一直表现为职能的扩大,建立新的机构和职责,同时保留大批旧的机构和职责。一旦形成,这些组织显著地证明是持久的(Kaufman, 1975)。对他们的不满很少导致他们的总体废除,而是建立新的高层机构作为控制,或提供咨询和协调委员会来改善表现。正如珀尔曼(Perlman,1976,p.76)所说的:“官僚机构堆积在官僚机构之上,官僚阶层在增长。它堆积如山,不可能一下子发掘出开始时的小丘”。

结果,整个改善管理机构的过程经常是自我失败,导致破碎的组织结构和责任的分散,给个人和机构留下相当大的范围来追求立法从来没有明确考虑的目标(Bowman, 1979; Cawson, 1977)。然而,应该强调,管理系统的变化从两种意义上都趋于对政策结果只有一种边际影响。首先,政府在盛行的政治和经济体制内工作;基本制度——法律的、政府的、社会和经济的——基本上保持不变,于是形成了一个无形的强大保守主义偏向(Sharkansky, 1970)。第

二,司法权限和职能的变化一般都让机构成员本质上原封不动,因
382 此使习惯的态度和行为方式继续存在。即使在整个重新组织发生时,为新机构招收新成员的"圈地围墙"方法(限制顶替者的工作)也是在相当大的控制下操纵真正变化的一种主要力量。当区域水管局在英格兰和威尔士建立时,正是遵循这种模式。

"干预形式"的作用

资源机构使用的干预形式可分成三种粗略的类型:资源管理的技术;规范影响用户行为的措施;通告和控制决策的措施以及执行人员的实施实践。最后一种将在本章的后面讨论,因为他们的使用和功效不能脱离政治决策环境来看待。

资源管理的技术偏向

各种资源供应技术对所有负责基本资源服务和商品的机构都至关重要,也与负责保护公众免受诸如洪水或海岸侵蚀之类的资源危害的机构有关。他们也能被污染控制和保护机构采用,虽然如在第七章所见,在传统上,他们把他们的行为限制在控制私人用户的活动,而不是在流量增加上下功夫[10]。合理的管理模式需要对所有可能实现政策目标或解决特殊问题的替代方法进行评估。但研究不断表明:资源机构实际使用的系列供应技术只是全部可能选择中一个小的子集。

怀特(White,1942)、凯茨(Kates,1962)、伯顿等人(Burton et al.,1978)和许多他们的追随者的工作已清楚地证明,管理人员对洪水和其他灾害事件感到只有非常有限的调节。减少洪水损失的责任已转换成调节河流的需要,觉察到适当的方法是建造支撑大坝或

保护性堤坝，消除自然水流障碍物，以及河道的取直和加深。流量调节的非工程方法，诸如增加流域植被覆盖来减少径流率，很少包括在传统上认可的技术里。同样，至少在北美洲，很大程度上忽视了对允许洪水发生但减少他们的危害作用的方法的选择（土地分区，改变耕作方式，重新设计建筑以减少底层的作用，提供诸如沙包和闸门的临时障碍，等等）。在英国，更综合的土地利用规划系统已经建立。官方认为在城市地区内土地分区是可以考虑的选择方法，而其他减少损害的措施只是起次要作用。

对发达世界大部分供水行业的评价可得出同样结论：全部惯 383
例的供应措施只包含有限的选择方法（Hirschleifer et al., 1960; Holcomb Research Institute, 1976; Rees, 1976, 1982）。当局典型地把满足所有既定需求看成是他们的职责，力图以可观的供应安全边际来运作[11]。无论是限定供应水平或安全标准的经济效率措施的使用，还是需求管理技术的使用，历来在水资源规划中都没有起着重要作用；虽然最近几年，至少在英国，来自中央政府减少花费和满足投资目标回报率的压力已推动该行业朝向更经济（或记账）的表现标准。同样，在美国部分地区，扩大供应计划的花费和可得性供应分配上的冲突，已推动了需求管理战略的普及。

在已固定可供选择的技术中，大多数注意力都集中在新供应扩大方案上；很少考虑通过有效利用现存供给或通过恢复和再利用废水流，来减少对"新"水量的需要。从现存容量增加有效产量的一个重要的潜在方法，是减少仍然发生在分配系统的大量损失。在英国，委婉的说法是"未记账"的平均水平占总供应量的30%；在苏格兰部分地区接近50%；很高的损失水平在北美和澳大利亚也有记录。虽然至少在近40年来，为缓和严重的供给压力而一再呼吁增加水管维修和泄漏检查的花费,但这些呼吁影响甚微。例如,小组调查发现,纽约市1949年的水危机中,泄漏检查和维修计划的扩大可能产生50%供应,而这种供应本来以低于下一个大规模堤坝项目(坎农斯维尔计划)1%的花费即可获得(按每一百万加仑计);然而,推荐的这个检查和消除水浪费的计划始终没有被采纳(Hirschleifer et al., 1960)。

这个故事已被重复了许多次。水管维修和泄漏控制仍处在供应和分布职能末尾的低地位上,没有哪个地方把他们看作充分成熟的供应扩大方法。按赫希莱弗等人的看法,这是"纪念碑综合症"的反映。纪念碑的古铜色匾在一堤坝上能起重要的作用,但修复泄漏却没有如此荣耀(出处同上,p.366)。虽然这种解释太简单,但它确实包含了真理的成分(Pearce, 1982; Rees, 1982)。

通过减少可饮用水的数量也能提供增加现存容量使用效率的
384 机会。可饮用水的处理,常常很昂贵,现在却使用于花园灌溉、工业处理和厕所冲洗,所有这些本来都能从低质水源得到完全充分的服务(Wijntjes, 1974)。通过发展双重质量系统可能减少高质量水的非重要性使用。虽然现在有少数双重系统在运转,例如在香港,但他们很少被当作一种选择而容纳进容量扩大计划的习惯评价中(Baumann and Dworkin, 1975; Rees, 1981b)。

雨水利用的潜力同样被忽视。通过废水更新,再利用本来可发生在消费者财产内,也可发生在城市水平。尽管在瑞典成功地实施了一个"白水/灰水"计划,那里的新房子安装了贮水罐,使洗澡用过的水能再被利用来冲洗厕所,但这样的节约技术在别处很少被考虑。同样,虽然城市废水更新的潜力在美国被联邦政府官方承认已超过10年,但实施的例子却仍然很少(US National Water

Commission,1973)。据说已处理过的废水的质量比现在许多社区可得到的水龙头上的水还要高,但是经营再利用的阻力仍然很大(Holcomb Research Institute,1976)。拒绝把废水更新作为一种供应选择的最一般的理由,就是假设公众会拒绝这种水,而对消费者态度所作的研究其实少得可怜(Johnson, 1971; Baumann and Kasperson, 1974)。实际上,消费者现在正无知地接受一个再利用形式,把河流当作供应源的现实不可避免地使流域下游用户消费上游用户的废水。

水供应和洪水控制工程师当然不是唯一坚持"技术途径观点"的群体;森林经营的评估(Steele, 1972),土壤侵袭的控制,盐碱化和沙漠化(Warren and Maizels, 1977)以及海岸侵袭(Clark, 1978)都表现出一种在供应选择方面可觉察的严重受限制的管理趋势。对这种基于技术供应的解决方法偏向,很难有单一的解释。它部分是源于实践的历史评估和管理者的职业训练(参见370页),部分是官僚们扩张目的的反映(399页);也可能由于大多数有关机构都趋向于关注有利于私人部门利润的社会投资政策。换句话说,在建设的职业利益和扩大生产的私人利益之间有一个很强大的联盟。

狭窄的选择范围对发达国家供应成本的增加有很大的影响,并且不可避免地造成一种有利于从建设偏向中获利的多数人的交叉补贴流复杂模式。要求在高峰期供水的消费者,洪积平原的居 385
民和拥有改善了排水条件之土地的农民都被别人有效地补贴。但只要供应和需求大致保持一致,技术固定战略不会产生资源商品或服务本身的实际短缺。然而,当这个可接受的"好的实践"转移到不太富裕的国家,那么,资本实际短缺就会阻止相当一部分人获得标准供应技术的产品(Koeningsburger et al., 1971)。

管制形式

在第七章已论证过:负责控制污染和减少资源消耗的机构对列维特(Levitt,1980)所说的规范控制的"书面条款"抱有明显的偏见,而相对忽视了影响用户行为的经济手段和增加环境系统有效产量的措施。站在与开发机构供应指向政策明显对立的立场看,管制方法是消极的;固定的自然限制被觉察,至少在名义上必须把用户控制在这样的限制内操作。但这就播下了失败的种子,如果控制被严格执行,而且又没有用价格刺激堵塞需求或增加环境容量的企图(同化能力的,使用和供应的),短缺就不可避免。另一方面,不严格的执行又会使污染和资源消耗成为令人关注的问题。

既然执行水平主要是行政辨别能力的事,官方觉察特定污染或保护问题的重要性的方式,以及他们给环境问题相对于其他经济、社会和政治问题的权重,必然都是影响执行实践的关键因素。最近,国际上一个对环境态度研究的有趣发现表明,公共官员始终认为污染和消耗问题不比大多公众所认为的严重,相对于别的政策目标,这些问题只给了很低的优先权(Milbrath, 1975; Cotgrove; 1982)(参见表9.1)。这显然暗示,当他们和经济发展目标冲突时,会不固定地偏向于规范制度而不是严格执行。

书面的规范条款大体上分为三种类型:

(a)法律的公开表达形式(国会法案,地方政府的法规、命令、规则和法案当局颁布的规章,以及在欧洲很重要的欧洲经济共同体指令);

(b)特许的条件、标准或要求(例如减少污染的"最可行手段"

所采用的那种):这些都有法律地位,但只有控制机构才能执行,在英国一般只有这些控制机构和被控制的企业才知道;

(c)自愿的协议(欧洲共同体的解决方法和劝告、政府文件中的建议,实践指令,正式的管理协定):这些协定的实际效果有很大差异,一些书面条款的边界是不遵守则受罚,另一些则不过是“君子”行为的陈述。其他方面的环境措施,由于已有众所周知的对 386
不服从管理的处罚之书面说明,就不那么有“君子”风度的措辞了[13]。

表 9.1　环境态度

(a) 对环境问题迫切性的百分比排队					
	环境保护者	贸易联盟官员	工业家	公共官员	一般公众
噪音	44.2	54.1	30.7	38.7	39.2
空气污染	62.8	66.1	26.4	33.6	67.0
水污染	66.1	69.7	51.4	41.6	75.7
人口过剩	65.9	35.5	38.1	29.0	52.9
固体废物排放	55.5	47.1	40.3	21.5	50.2
有毒废物排放	75.2	82.7	59.0	50.0	80.5
核废料	84.3	82.8	58.2	43.6	81.1
城市景观	82.2	65.3	53.3	54.0	67.2
资源耗竭	90.3	77.1	62.2	62.5	80.7
能源	87.3	74.3	73.0	57.9	78.1
(b) 各目标对政府法令的相对重要性					
福利	4	2	4	4	2
法律和法令	5	3	2	3	3
经济	2	1	1	1	1
能源	1	4	3	5	4
环境	3	5	6	6	5
外交事务	6	6	5	2	6

资料来源:Cotgrove,1982,p.16—17。[12]

这三种规范措施的相对重要性在不同的国家有很大的变化,按照奥赖尔登(O'Riordan,1976)的观点,采纳多数人的意见或采纳对手的意见,在不同决策方法的社会中是有区别的。在采纳对手意见的国家(例如美国、日本、西德)控制程序是"公开的";法律规则和司法机制在管理过程中起关键作用。另一方面,在英国,在共同体国家瑞典和法国,采纳大多数人意见的方法更多依赖在规范者和被规范者之间的协商、妥协和合作(Lundqvist, 1973a, 1973b)。因此,谈判达成的特许或标准以及自愿协议在管理中起更重要的作用。在这两种类型的国家中,规范风格必然显著不同,但任何赋
387 予整个管理系统特色的企图必定是生硬的和有先入之见的。采纳多数人意见的社会也广泛采用司法方法,在采纳对手意见的社会里,合作战略无疑也在公开规范外表的背后起作用。

此外,可以认为,政府的风格和所采用的特定规范手段对减少污染和资源消耗仅有有限的影响,虽然他们既能影响控制成本,又能影响利益团体之间成本和收益的分配。直接规范的事实本身暗示了控制机构必须与被规范者建立一种关系,用来保证他们在整个控制过程中的合作。在采纳多数人意见的体制里,清楚地认识必须在合意的环境改善和涉及到的社会经济成本之间权衡。从一开始谈判和妥协就作为利益调停方式而使用;被规范者的经济利益在政策及其运用注定倾向于私有公司的整个权衡过程中都得到考虑。在某些情况里,如瑞典,权衡过程充分地对公众检查开放(Lundqvist, 1973a; Richardson, 1979)。而在其他情况里,如英国,公众不仅被这个过程本身排除,而且就所达成协议的性质来看,公众实际上被忽视了。在采纳对手意见的体制中,控制是单方面强加和司法执行的。谈判和协商仍然也会发生,但权衡机制在某些

方面有改变。

所有的规范机构(在所有的社会类型中)不得不和被规范者维持密切的联系。这个事实已导致一种看法，即他们随着时间进程趋向于被他们打算控制的利益所俘虏，导致对环境质量或保护政策目标的伤害，他们开始时正是为这种目标而创立的。当机构被组织成为地区性和国家性管理的技术性单元并脱离理论上它应为之服务的公众的联系时，这尤其可能出现。权衡的需要和俘虏的可能性都表明，资源管理和调节的实质性结果在采取对手意见和采取一致意见的政府之间没有明显不同；下面美国和英国关于工业空气污染控制的例子将说明这一点。

工业大气污染

意见纷争系统中的污染控制：美国

美国被人视为一个典型的允许各种意见对立的体制，这种体制具有相当大的舆论自由，能接受来自许多环境利益集团的多重压力。然而，不断形成的污染控制政策是否比那些更为融和的封闭体制显得行之有效和公平合理，这是值得怀疑的。工业大气污 388
染控制的最近历史提供了这种方式的一个有趣的例子，一个调控体系能变成几乎难以置信的综合体，由于减少污染的回报微不足道，结果成为强大的既得利益者的牺牲品。

直到20世纪60年代晚期，联邦政府关于大气污染的工业源研究机构还很少，州政府和地方政府是设置标准和执行标准的权威。结果，在控制时各行其事，在许多地区，当局不愿接受控制标准,他们认为这会对现存公司产生不利影响或将阻止新工业发展。按妥善建立起来的调控惯例,这个解决方法被看作是一个新的管理条例,给出了一个更为明确的方向"来保证未来的大气污染问题将得到全面控制"(US Department of Health, Education and Welfare, 1969)。1967年的大气质量法授权给健康、教育与福利部,如果地方控制机构没有依法行事,不标明大气质量控制地区的界线,不提出重要污染物最大允许集中标准,不指明所推荐的控制技术,那么,污染者可就此事而被告到法庭。但各州仍然有权设置各自的排放标准并执行这些标准。就在三年后,清洁大气修改法认为很有必要提供一个更有效的计划来改善国家大气质量(Public Law 91 - 1783, December 1970)。

环境保护机构需要为所有"标准"污染物[14]设置主要和次要周边环境的大气污染标准。生效后的这些标准支配着控制政策的总目标。主要标准意味着要不损害那些哪怕是最敏感的人群的健康,要有一个充分的安全边际值。而次要标准将保护"公共福利"。然而,在缺少定量反映关系的数据时,即使主要的标准也只能是一种大致判断(见340页)。为各种沾染物而设置的国家统一标准,不管是地形、气候还是居住类型,最多只能对个人健康条件有松散的联系。而且,整体周边环境的大气污染标准设置方法假设,存在一个已知和固定的"安全"浓度临界值。可事情并不这样简单,不仅安全的浓度水平在个体之间变化显著,而且对许多污染物来说,长期暴露在即使很低浓度水平之下的不良影响能达到什么程度,也不得而知。例如,美国关于大气质量的国家委员会已声明:"引起或怀疑会引起癌症的污染物,现在证实任何水平的接触也许都有害"。在这样的环境里,对充分安全边际值的需要似乎将暗示没有周边环境的大气污染标准,这种标准是一个不现实的经济—技术主张。

主要标准的一个更大的困难在于如何定义公共健康。这仅仅 389
关系到过早的死亡,或严重增加的发病率,或是它也包括了不引人注意的喉咙不适和眼睛刺痛。在法律之下,所有的健康冒险,不管说起来多么轻巧,似乎都应该平等对待(Ferris and Speizer, 1981)。如果定义公众健康是困难的,定义公共福利就几乎不可能了。这术语可用来为最严格的标准辩护;但在实践上,环境保护机构除了特殊情况以外已通过设置同样的次要和主要标准而解决了问题。

由于缺少精确的健康数据,解释产生很不相同环境质量结果的立法可塑性就很大,而且很少有评论者怀疑国家标准是讨价还价的结果。环境保护机构在异常活跃的环境游说和业主运行的各种压力之下,不得不紧缩标准,强迫推行低标准的最大污染浓度法。然而,国家工业污染控制委员会也具很高的影响力,它是由尼克松总统创建的,为的是保证按国家最高水准的污染控制政策为工业提供适当的咨询(Steck, 1975)。它由来自主要工业公司和贸易协会的代理人组成,根据伦德奎斯特(Lundqvist, 1973a)的说法,该委员会在让公众接受环境保护机构的有关标准的建议之前,对这些标准进行了全面检查。然而另一种压力来自这个国家中的那些老工业区的各州和地方当局,委员会也向他们咨询标准的颁布情况。大体上,这些州和地方当局不赞成对立法进行严格的注释,因为这不可避免地会使他们的达标任务更加艰巨,并且将在有关立法领域影响工业合同。最后,国家标准的普遍推行是在一个中间设置水平而没有考虑到安全边际值(Bach, 1972, p. 105)。

关于控制各种排放物以实现这些由国家规定的标准的责任,

在环境保护机构和各州之间存在着分歧。每一个州不得不提出一个自己的实施计划。这些计划详细地描述了到1982年或1987年时,依照特殊的“标准”污染物为参照系,在大气流场范围内,实行按标排放的战略。所有的计划必须既通过州又通过联邦政府的管理过程,包括充分地与公众商讨,同时,任何细微的修订都必须经过同样的行政手续。正如克兰德尔(Crandall,1983,p.11)所说:“以公共途径的名义这样一个过程所产生的官僚纠缠是维持调控现状的一个有效力量”。在任何有待获得这些标准的大气流场范围内的地区,现存的污染厂家都得服从更严格的控制,以便带来“切实可行的技术”用以建立新的排放标准。这些比较严格的污染控制的详细条款必须编入各州计划之中,从而使环境保护机构相信将会导致“与目标一致的合理进步”。然而,尽管环境机构可能反对那些未提供充分控制标准的计划,但它并不迫使某个州以实际有效的手段实施某个计划(出处同上)。

既然现有污染物的排放标准是一个州的事情,那么,所有的新污染源都需要满足国家现行标准,这些标准是由环境保护机构创
390 立的,应用于全国各地而不论条件如何。这些标准建立在“已充分证明为减少排放的最好系统”(BACT),但不包括非获利性的气流区,这类有地区标准,即“可实现的最低排放率”(LAER)。它是设置标准的基础——在实践上,两个标准之间没有多大差别。建立这些大量的不同的现行标准不仅工作繁重,而且新污染源的含义相当含混不清。新污染源仅指全新工厂还是包括了把一件新设备或一件修理的设备组装成的现存工厂?如果这样,则意味着即使一个小分厂的变化就能使整个工厂控制在严格的新污染源标准之下吗?环境保护组织试图通过允许改造来解决这个问题,条件是

来自工厂的总排放量不增加。但这在法庭上遭到否决，其根据是：它会使公司避免在非达标地区装备最好的污染控制技术（ASARCO v.EPA，578 F.2d 319，D.C.Cir 1978）。这种类型的混乱以及任何变化都将导致公司易于受到比较严厉的国家标准的制裁，这样的冒险显然是一种强大的惯性力。

从一开始，国会就对有利于现有工业企业的整个控制系统抱有偏见，或是允许这些企业在满足外围标准的地区继续现存的排放惯例，或是要求他们只是在非达标地区才采用“切实合理的技术”。例如，克兰德尔已论证：在钢铁工业中，因要求削减某些悬浮颗粒物，新车间增加的污染控制费用就超过2 000美元/吨——“对许多装配车间来说，新污染源控制的花费非常高，严重挫伤了对旧设施更换的积极性”（出处同上，p.40）。马思·特克（Math Tech，1979）作了类似的论述，他指出，在芝加哥大气流场中，每年氮氧化合物的总控制费将从“合理”技术标准下的440 000美元增加到BACT下的2 540 000美元。许多评论家（Pashigian，1982；Crandall，1983）认为尽管这种偏见与环境目标关系不大，但它是由强有力的游说引起的，这种游说支持任何能限制公司从北部和东部旧工业地区移出的措施，同时增加了迅速发展的“阳光地带”各州的生产成本。

正如前面所提到的，有效的污染控制政策决定于执行与督监执行的措施是否得力。然而，关于实际大气污染标准的数据“严重缺乏，因为环境保护机构还未成功地建立和维持一个全面的监测网络。监测机构由州或地方政府操作……他们并没有自始至终保持运转，也没有纵横交错的地理司法权”（Crandall，1983，p.26）。1977年，环境保护机构报导在整个国家中只有524个臭氧监测机构，456个一氧化碳监测机构，933个二氧化氮监测机构和1 355个

二氧化硫的监测机构在提供有效的年度数据。既然这些监测机构不得不覆盖247个分离的大气流场,每个监测机构观察的数目太
391 有限,而无法对全部监测结果进行任何有意义的评论。甚至在监测各种排放物时也发生了很多错误。只有5%的主要污染源接受连续的烟囱测试,38%的污染源是由偶尔的样点检查监测出来的(常有先进的警报器),其余的接受"志愿确认",这意味着这些污染厂家应根据他们自己的承诺测试所有相关标准的监测项目并提交用以审计的书面报告(U.S. Council on Environmental Quality,1980)。这称得上是一项最高的信任法令,结果使这样一个监视系统很难揭示实际的服从水平。

服从水平也取决于污染控制机构一旦发现公司违背现行标准而给予重大惩罚的能力。然而,虽然公众有权因工业家和环境保护机构不守法而把他们推上法庭,但直到1977年,这个机构本身"缺乏执行民事罚款的实际能力……污染者面临巨大的污染控制开支,总是千方百计地想推迟或无限期地拖延与政府的合作"(Crandall, 1983, p.99)。在某些情况下,当法庭已判他们有罪该罚时,正如其他国家的官员一样,美国的执行官员在绝大多数案例中不愿使用刑罚条例。对那些众所周知的受到财政问题困扰的工业部门进行起诉,在政治上格外困难。在这种情况下,严重的惩罚可能导致工厂关闭和地方失业。实际上,环境保护机构和州执行机构,在免除这类公司执行现行标准上已作出了相当明智的选择。例如,许多钢铁工业公司已被允许不执行这些现行标准,1980年,只有13%的联合钢铁工厂达到排放标准。自1977年起,环境保护机构被授权允许征收延迟达标费,但收费程序错综复杂[15],涉及到许多法律问题。总之,达标费与罚金解决不了公司排污的问题,因

为公司声称他们自己既无力担负沉重的罚金,又无力担负达标费。“看来罚款单似乎不会有很大影响。罚款项目涉及到方方面面,结果只是增添了法律处理的难度,这是未来的管理者必须处理的难题”。(出处同上,p.106)

从已认可的杂乱数据表明:某些“标准”污染物外围浓度的下降率,在联邦控制系统建立之前实际上更快。例如,SO_2 的浓度,从 1964 年到 1971 年平均每年下降 11.3%,而从 1972 到 1980 年平均每年仅下降 4.6%。同样,在 1960 年到 1971 年期间,颗粒物每年下降 2.3%,后来年均下降率只有 0.6%。由于 1973 年后的石油危机和经济增长率较低,人们也许期望污染水平在后一个时期比前 10 年下降得更快,而不管控制政策如何。然而,这一局面并未出现,可能是因为存在着以下两方面的原因。第一,有的州曾一度实际上实施了比联邦政府所提出的标准还要严格的质量标准, 392
虽然他们选择严格达标要求,但实际上为了符合国家标准,他们承受着地方经济利益的巨大压力。第二,在担心燃料稀缺和经济增长率成为支配政治斗争的舆论工具的任何时期中,工业游说团体有较强的影响力,而且,在维持理论上的政策标准的同时,允许执行水平和达标水平发生变化。

环境保护机构早已认识到 1970 年的立法项目不切实际。那些存在污染源的州——即使被“合理的”标准所控制——也正在超过国家规定的标准,不得不对所有新工业发展持否定态度,包括现有工厂的改造。如果严格执行环境保护法,将不可避免地对地方经济产生巨大的影响,尤其在老工业区和该州污染程度最严重的部分地区。这导致了污染控制机构临时引入所谓的弥补政策和泡沫政策(见 308 页),1977 年的清洁大气法修正案获得了有限的法律地位,现在一直检验他们在法庭上的精确内含。虽然这些变化作为迈向可购买污染权的一步意义重大,但是,1977年的立法包括两个有直接冲突的修改条款。

首先,所有已符合国家周边大气标准的大气流场,都已蒙受明显退步的法规的妨碍。新污染源发出的污染每年仅允许增加一个很小的固定数量,而不管它对周边环境的大气污染标准所造成的影响。所允许污染增量在1类地区尤其小,包括国家公园和野生区。法律文本的动机是阻止清洁地区大气质量的恶化,避免产生巴赫(Bach,1972)所说的"污染者平等的国家",避免所有地区享有最小公分母的标准。然而,真正的动机看起来更可能是经济利益。修改条款最强大的支持者是人口密集的非达标的北部和东部地区的那些工业家;希望减少这些地区工业的外迁和阻止向"阳光地带"的发展似乎是真正的政策目标(Pashigian, 1982; Crandall, 1983)。第二条重要修正条款的背后也隐藏着其经济利益。在燃烧化石燃料的不可更新资源的例子中,现行标准为一个依靠最适技术减少污染排放的特殊的最小百分比所取代。设计这个百分比基本上是为了防止西部各州能源利用中逃避使用低硫煤,从而降低他们在污染控制技术上的花费。环境工作者与东部煤炭生产者之间邪恶联盟的结果是,确保了在所有的工厂里装配了本应淘汰的设备,估计一个这样的措施将使西南地区增加11—12%的电价(Crandall, 1983)。

393 根据这个例子,不可避免得出一个结论:调节过程的主要效果是形成了一个机构臃肿、代价昂贵的官僚机制,它看起来好像是对公众评论开放的,但实际上深藏在错综复杂的法律程序和繁文缛节中,成为经济利益驱驶的牺牲品。

意见一致系统的污染控制:英国

从文本上看,英国的调控系统与美国的调控系统形成鲜明的对比。它基本上不对公共检查开放,这是基于善意和合作而非强制和检举才是实现环境改善的最好途径为前提的。控制污染的责任分别授权给两个国家级检查团成员,是英格兰和威尔士的工业大气污染检查团(现在他是女王陛下污染检查团的成员,但迄今还是以阿尔卡里(Alkali)检查团而广为人知),二是苏格兰的工业污染检查团。这两个团体依阿尔卡里(Alkali)法行使职权,控制由最高国务大臣所"计划"好了的污染工业生产过程。今天,被用于约2 000个工厂、4 000多个不同操作方式中的60多种工艺过程,都处在这两个团体的司法权的控制之下。任何非计划内的工业过程,连同居民和商业企业排放的烟尘、沙尘和灰尘等污染源的控制,也是地方政府不可推卸的责任。地区委员会在相对独立的清洁大气立法和公共健康法的指导之下,更直接地通过他们的计划和发展控制职能行使自己的权力。

国家和地方团体之间责任的划分,主要归于历史事件而不是任何对理想的调控结构的合理评析[16]。这就是说,对一个工厂内的控制能在两个机构之间分离,他们在完全不同的司法权范围下工作,以完全不同的职业技能雇用官员,因此它们易于遭受不同的政治压力。

英国和美国所适用的两种调控形式的首要差异是:英国控制过程中周边环境的大气标准在传统上就没起作用。为防止"有毒或有害气体逸出"而对各种排放物的标准进行调控是其目的所在,而不是实现特殊大气质量目标的一种手段。英国一直拒绝采用周边大气质量,其理由是这些标准不切实际,太生硬,忽视了不断变化的地方自然和经济条件。这些标准在很大程度上也将缩小调节机构商谈排放标准的自由度,并妨碍他们对相关问题作出明智的选择。郡政府企图把大气质量目标与结构规划设计过程结合在一起,但被中央政府拒绝。虽然一些地方当局,例如大伦敦委员会就发布了质量指导原则,甚至英国皇家环境污染委员会(UK Royal Commission on Environmental Pollution, 1976)所推崇的全国指导,由于没有法律效力,即使已发布也无法实施。

394 这种普遍缺少周边大气质量标准的唯一例外是最近出现的,源于关于烟雾和 SO_2 的欧共体指令。目的在于保护人类健康,营造广泛的舒适环境的"限制阈值",应该在 1983 年 4 月得到满足且必须在 1993 年得到满足。很少有证据表明这个指令将对英国污染控制工作产生重大变化和使用现存的机构,在现在的立法指导下就能实现达标。政府对大气污染控制的真实意图和承诺的性质是相当清楚的,要求地方政府:

> **在公共开支的一般限制范围内**确定优先秩序,以便到 1983 年使完成必要烟雾控制的范围进一步扩大。此后,地方当局要在 1993 年前尽可能快地完成任何必要项目的企图都是不可能的。(DOE Circular 11/81, 引自 Haigh, 1984, p.177, 重点是后加的)

必须看到这种要求不仅会出现在地方政府花费受强制限制的情况下,还会出现在中央政府关于清洁大气承诺的花费被减少的情况。在 1977—1978 年度,这些花费总计达到 259 万英镑;但在 1982—1983 年度下降到大约 130 万英镑;因这些数字是以货币计算的，考虑到通货膨胀因素，实际压缩的开支更显著（ENDS Report 97, 1983, p.19）。如果地方政府找不到钱来满足欧共体指令，将会发生什么？这还有待观察。

正如前面所看到的，美国的立法要求现有的污染者使用新公司所采用的“切实可行的”“最适控制技术”。在英国，有同样的标准，即所有公司都要应用控制的“最佳的实用方法”（BPM）。这个不太精确的术语最早出现在1874年的阿尔卡里（Alkali）法中，显然，他给予了调控当局一种相当明智的选择，有助于解释减少污染所要求的水平，在定义“实用”技术时，必须“注重地方条件和环境，注重技术知识的现状，注重财政含义”（1974污染控制法）。但“注重”的程度以及应给这三个因素多大的权重，对如何进行明智选择，事关重大。实际的BPM要求在特殊公司内进行处理，这种方法所暗示的排放标准，从观念上说，可以在一个又一个案例基础上进行商讨，然而，实际上，类似的公司有相当一致的标准但却不适宜于公众检查，不管他们处在什么位置。正如一位总检查官所描述的那样：“使控制措施的应用具有一致性是贸易上的好处，让一个工厂比另一个更具商业优势将是不公平的”（Ireland, 1971）。

和有关工业的代表讨论之后，检查团出版“最佳实用方法手册丛书”，他们阐述了理想的减轻污染的技术、操作方法、监测要求和一个排污的“假定上限”，这些手册和各种假定上限象征性地应用于特殊工业集团内的既定过程中，但他们只是指导方针，本身并没有法律效力。虽然在许多例子中，当一个特殊的工厂建立起来时 395
各种标准则按有限的权限而设置（Frankel,1974），不能假设强加给某个公司的标准都须与假定的限制一样。虽然假定的限制周期性地，每隔10年到15年发生一次变化，但事实上一旦工厂运转起来了,那么,如果没有重大的经济生活方式的改变,它通常是能继续维持下去的,因为经济生活方式的改变对改进过的污染缓解技术的反应是极其缓慢的。

在商谈最佳实用方法的全过程中,检查人员所运用的手段实质上不是袖手旁观和口头支持,而是亲临其境,深入实际(UK Royal Commission on Environmental Pollution,1976)。这个手段所隐含的哲学思想的明晰表达,可以从一个总检查官所描述的阿尔卡里(Alkali)检查人员的作用中反映出来:

> 我们把我们的工作看成是对工业界进行教育和循循诱导。我们远非只靠这种方法来获得成功。美国人总是拿着大棒威胁要"解决你的问题"。我们则对工业界说:"瞧,老兄,麻烦事儿来了"。用此办法,我们将工业管理得有条不紊,服服帖帖。(引自 Bugler, 1972, p.11)

然而许多评论家坚持认为,现实生活中却是工业界使检查人员"服服帖帖",因为工业界看重的是公司的财政收益,而不是受其影响的公众观点(Frankel, 1974; Sandbach, 1982)。有关安格尔西地区瑞奥蒂姆锌冶炼厂的争论是一个经常被引用的例子,在这个例子中,公众对污染水平的关心似乎一直没有受到当局的重视。同意建造该工厂的民意调查所给出的控制标准在其建设时期就被及时放宽了。很显然,总检查官并不赞同放宽标准,他这样说道:

> 我们没有接受这样一个观点:在民意调查下由公司所提供的评估意见,无论如何都将有约束力……关键问题是该公司应满足阿尔卡里(Alkali)检查人员的要求……**为了确保该项目成立**,我们不得不在污染的预防和污染的扩散上改变我

们原来的想法，这一实事很快就会变得一目了然……工业界不能受硬性规则的限制妨碍。(West and Foot，1975，p.212，重点是后加的)

表 9.2　阿尔卡里(Alkali)检查团关于违法和起诉的记录

年　份	统计工厂数	违　法	成功的起诉	起诉占违法的百分数%
1970	1615	25	2	8
1975	2131	70	2	3
1976	2090	66	8	12
1977	2073	91	8	9
1978	2031	100	13	13
1979	1959	84	6	7
1980	1968	80	10	12
1981	1914	69	17	25
1982	1870	77	20	26
1983	1949	41	17	41
1984	1974	32	1	3
1985	1977	24	1	4
1986	1984	26	2	8

资料来源：阿尔卡里(Alkali)检查团/工业大气污染检查团各年度报告。

重在合作而不是对抗的整个控制过程意味着，按传统的观点看，没有几家公司因违反他们同意的标准而遭起诉；许多被人发现的违法行为从来就没有报道，这些违法行为只有小部分送交法庭。1920 至 1966 年期间，检查团和环境问题都不是大多数公众和政治关心的主题，只有两例起诉(Frankel，1974)。正如表 9.2 显示的，396
虽然遭起诉的数字在 70 年代晚期和 80 年代早期上升了，但受控制的工厂所占的数字还是很小。而且,1984 年之后,起诉数字剧降。很显然,现在的违法行为比 1954 年要少,尽管涉及到的工厂数字已是过去的四倍。这并不暗示公司达标排放的记录有了很大改善,而是单个检查员工作负荷大大增加的一个反映。目前,要发现整个违法事件的零头似乎都不大可能。阿尔卡里(Alkali)检查团 只有 38 个现场工作人员,覆盖着整个英格兰和威尔士;他们中的一些人不得不行程 200 多公里从他们的基地到达他们司法控制下的工厂。1989—1990 年度,检查团只计划对所列监控对象进行 6 000次实地考察,这意味着大多数达标排放的监控对象不可避免地由公司自己来执行[17]。

1974 年以来,检查团封掉那些排放污染物严重危害公众健康的公司,并且要求公司接受相关的最佳实用方法。这两种举措没有被广泛地推广实行,考虑到最近法院裁决的关于南威尔士阿伯拉曼的费纳塞特无烟燃料工厂的结果,这些举措眼下也不可能被采用。这个工厂由国家煤炭委员会下的一个附属机构经营。它被称为“英国最脏的工厂”。在检查团看来,这个工厂长期以来没有实行最佳实用方法操作,任何一个改进公告,作为反映广大公众利
397 益的一部分,它服务于国家无烟燃料领域的管理事业。然而,该公司主要以成本为理由,恳求取缔本公告,而且有这么一个工业仲裁所支持这个恳求;检查团却无法根据法律来反对这个裁决(ENDS Report 93,p.3,p.96,p.5)。看来这个例子清楚地说明了在建立污染控制的现实里,经济利益是主要的。

毫无疑问,英国控制系统富有弹性,成本低廉,这是它的优势。与美国相比不仅管理费用相对少,而且立案的花费也很少。此外,照章办事的工业经济成本似乎更低而污染减少的结果与美国相对

比没有明显区别。然而,检查团中精英主义者和专家治国论者的态度,以及他们在商讨过程中不考虑公众意见的情绪,已产生了许多敌意和猜疑。控制政策的政治性质被忽略了,整个过程被看作是一个中性的技术事件。要求更大信息自由的呼声被当成“浪费职业专家的时间”,当成对应雇用检查人员来做的“高技术工作”的一种误解而驳回(Ireland, 1977, p.8)。然而,技术运用不可能是中性的——所有关于污染控制标准的决策不可避免地影响到社会不同团体的实际收入和福利分配。

决策行为

考虑到给予公共资源管理机构的处理权的大小,达成决议的方式及其影响因素从根本上影响着“实用政策”。目前,有庞大的工作机构正在发展并将证实许多决策行为模式的合理性[18]。争论这些模式的相对启发价值毫无意义,他们在政治、科学和文化领域风靡了20多年。更确切地说,人们将接受的观点是,没有一种模式能提供一种简单实用的解释去适应整个时期或在一个管理机构内执行所有决策,原因是这种模式全都是由人建立起来的。显然,一种单一的模式不能对涉及可更新资源部门的多边组织的行为提供一个总体描述。

三类明确的模式——程序合理的模式,组织过程模式和政治上讨价还价的模式(Allison, 1971; Hall, 1980; McGrew and Wilson, 1982)——能被区分,上述模式在某些方面有助于了解所涉及的那些过程及影响选择的因素和近乎合理的暗示。人们认为寻求真正的合理性,企图设计一体化管理机构和客观的政策手段以及项目评定都很可能没有多大的实际效果。

程序的合理性

398 主要依照西蒙(H. A. Simon, 1947, 1955)和林德布洛姆(Lindblom, 1959)所做的工作,后人提出各种有限性模式或程序合理性模式及追加决策模式[19]。尽管对西蒙的有限合理性和林德布洛姆的渐进主义的相关优点有争议,但他们的根本分歧在于管理体制应该是什么样,而他们对现存实践的描述则惊人的相似(Richardson and Jordan, 1979; Smith and May, 1980; Carley, 1981)。正是他们描述的相似性在此具重要意义。第一,他们都强调决策者只有在其技能、知识和习惯思维方式的范围内决策才合理。第二,管理目标的提出是主观的,由个人的价值体系、社会阅历和知识面所决定,而且,这些目标是不固定的。西蒙明确指出如果正常实践活动不能满足目前的要求,那么其期望值将会被降低,然而林德布洛姆认为决策者按这种方式重新规定目标可以"混过去"。第三,只有调控工具或操作程序解答少量的问题,才能在任何时候都进行评估,他们再一次为个人技能、兴趣范围和习惯的操作方式所决定。第四,不用努力去寻找"最佳"方法,一种较"满意"的方法将被接受,这很可能会忽视个人和机构的利益范围之外的任何可能的后果。第五,在条件不确定情况下,决策者倾向于一种冒险行为,并且,只要可能,就会求助于传统的或习惯的选择,结果,因循守旧,固步自封,落入俗套。最后,在林德布洛姆明确的描述中,"蒙混过关的学问"谈的就是如何避免矛盾,如何在利益之间求同存异。

现在有一个重要的证据表明,包含在西蒙—林德布洛姆模式中的行为描述至少与某些可更新资源机构有关。多数工程师和其他自然科学家倾向于认为管理目标可通过物理学标准来表达，认为只有有限的干预技术已被采用，认为标准程序或“实用密码”主宰了机构决策。这些管理偏见很少仅限于机构自身。既然官方也建议提高行政管理级别和立法力度，那么，相同的职业姿态有助于确定需要解决的问题，以及有助于划分出适当的行政管理范围。当资源问题按其自然属性来定义时（水源短缺、海滨保护需要、增加木材的生产），相应技术就能提供明确的解决途径，考虑到由资源属性决定而非公众需求所决定空间的和功能的界限，设立“专家”机构似乎是合理的。同样，如果环境的质量涉及污染控制问题，那么，技术处理而非计划策略再次成为可接受的管理工具。而且，问题的职业悟性和适当服务水平的悟性也有助于影响一般公 399
众的态度。例如，在水供应方面，最发达国家消费者期望全由管道供给，且一律是高质量的水，做到在任何时候为任何目的提供不限数量的水。目前人均消费量被认为是一种基本需求，企图约束使用是会受到抵制的。由于这种方式，职业偏见由于公众期望而加强了。

官僚决策

然而渐进主义和程序合理性企图描述个人行为，组织化的理论家认为组织化过程本身基本上改变了那些来自机构的决策性质，对此，有三个主要因素用以解释这一问题。

第一，一旦个人成为一个官僚机构一部分，他们便获取到不同于他们职业本色的那些目标利益，那些与政治领袖和普通公众相分离的目标（或利益）（Downs，1967）。这些目标（或利益）有两类。一组目标与维持或增强作为一个整体的组织有关，包括增加组织规模和预算(Perlman, 1976),获得其他官僚机构对组织的好评,确保组织长期幸存并扩大组织的影响,树立组织的威望,使人感到本组织不可缺少(Downs, 1967)。另一组目标与个人的需要有关,目的在于增强或保护自己在组织中的地位,这组目标确保所有人效忠于官僚机构的目标,包括避免和上司冲突,最低限度地承担危险决策的责任,寻找支持"机构路线"的证据等等。正如唐斯指出,"官僚机构的官员,和社会上所有其他代理人一样,为私利所驱动。尽管不完全如此,但在很大程度上是这样"(出处同上,p.2)。

第二,官僚机构努力维持其对信息的垄断,利用它确保自己的利益得到保护。通过谨慎地选择证据,这些机构能够有助于形成公共观点,并借助于立法组织、咨询委员会和部长们操纵决策。

第三,各种组织都是利益集团的联合,内部在大事上讨价还价、相互妥协,而不是合理评价事实依据,这将影响到最终决策的效果。

有确切证据表明可更新资源机构展现出了官僚机构分析家所宣称的种种特性,某些组织机构无疑是十分成功的争权夺利机构;工程师协会和环保机构就是属于这一类型的美国的两个权威组织机构。其他组织机构显然一直专心于官僚们的福利,以求维持其自身的权力和管辖范围。

官僚政治的明争暗斗方式明显阻挠着立法意图,这一方面的经典事例是,在现有机构操纵下,成功地削弱了澳大利亚维多利亚
400 州立环保机构的权力。创立一个独立权力机构为所有环境媒介起草环保计划,获得发放所有废物排放许可证的执行权力,这是1970年的大选承诺所开的先河。建立该权力机构的法令,以文件形式授予了该机构相当大的权力来控制与操作其他州立组织。例

如:它能禁止发放建筑许可证,有效阻止了土地在环境敏感区的再分割,同时,拒绝签发污水排放到河流和滨海水域的许可证,这样一来,迫使墨尔本工会和地方机构进一步改进被长期忽视的污染处理设备。而且,过去为其他州立组织或地方政府所拥有的权力转移给了新的机构。然而,甚至在该法令被通过之前,就开始了包括环保机构(EPA)在内的权力转移。尽管立法委员会声明独立于任何内阁,直接对相关部长负责,它最初由国家发展部主管,然后在1972年转到级别较低的资源保护部,由于这个部无权控制森林委员会、农业和矿业部以及河流与水供应委员会,所以它的权力受到很大限制,是一个什么也保护不了的部门。

成立不到两年,环保机构的主席总是抱怨吸收不到新的工作人员,整个部门,包括图书馆和会计室,在没有和环保机构商量情况下搬到内阁;而且,基金短缺阻碍了机构履行其职责(1972—1973年度,仅收到预算的60%,1973—1974年度仅55%)。在1974年,这位满腹牢骚的主席被解职了,该机构的所谓地位也随之寿终正寝。有人这样评论:"环保机构成为其他政府机构争权夺利趋势的牺牲品,被可怜巴巴的经费所摧残,恐怕要扮演公开的党派政治斗争的角色"(Russ and Tanner, 1978, p.17)。

毫无疑问,建议许多资源机构用不着怎么检查自己的活动,便可在相当大的程度上获取和利用信息的垄断地位来从事其常规实践,这是徒劳的。可用各种各样的方法来企图约束机构的独立自主。这些方法归纳为粗略但相互关联的类型,一类方法要求着手经济、环境、公众参与和联合计划行动;另一类方法是进行某种形式的公众检查、司法检查或议会检查;还有一类方法是,通过选举产生的指导委员会实行民主控制。要调整一个受职业支配的官僚政体,这些没有一个是特别有效的。因为官僚政体拥有受到严格保护的目标,而且也有实际的工作经验。

在成本—收益分析的较早讨论时期,有人坚持认为这种技术方法能够被用来而且的确已经被用来验证根据其他理由所决定的决策是否合理。众多评论家认为环境冲突分析和公众参与或仲裁
401 答辩同样也受人操纵,为的是证明过去的项目选择的公正性,而不曾征求改进项目的意见(Ophuls, 1977; Fairfax, 1978; King, 1978; Schnaiberg, 1980)。于是,这些技术方法被“拿来”为这些机构的主要开发利益效力(Culhane, 1974; Friesema and Culhane, 1976)。

很显然,某些代表其雇员的可更新资源机构利益和专门组织愿参加分析训练也愿意从事提供参与机会的实践,至少从理论上说,这将限制他们的独立性。所有这些要求能够证实补充工作人员和增加预算是合乎情理的,同时也能够创立效率形象,形成环境忧患意识以及对公众观点开放,也还能够传播政党要求。然而,这一切都不一定对后果起什么大的作用。例如,颇有微词的美国工程师协会应用公众商议程度的这一举动,被看成是防御姿态的一部分,其目的在于加强公众和政党对它的重视程度,以便长期幸存下来。就在最近,受到里根政府威胁的美国环境质量委员会和其他环保机构对环境调解观念所给予的支持,也被人解释为一种起辩护作用的做法。据称在别的场合,这些机构要采取行动“动员来自不同选区的同盟者……确保恢复他们的法定管理权限和基金[20]”(Friedland et al., 1977, p. 458),以及使“国家干预”合法化(Cawson, 1978, p.348)。

理事会中民选成员的影响由于工作技术术语限制而不可避免地受到约束(Weber, 1947)。政治家们对所能采用的干预措施和

操作技术知之甚少或根本就是门外汉，他们在很大程度上不得不接受专家给予的建议。例如，在水供应方面，可替代的供应方法和需求减少的技术很少提供给委员会成员来做管理抉择，因此，传统运作方法被他们毫不客气地当成唯一可行的(Rees, 1975)。一家英国地方水资源机构总裁的申诉清楚地揭示当前的情况，委员会议被描述为“仅仅是做做练习，结论依旧如故”。“实际上，成员们不得不接受官方推荐的所有技术方法，会议的功能在于批准官方已经作出的决策”(个人通讯，1977年11月)。

当选的非专家成员的情况在其他技术导向的资源管理机构中是否好一些呢？这值得怀疑。环境反对派寻求与官方政府更大的接触，而不是与评议员保持接触，甚至在地方政府这一级也是如此，这一事实意义深远(Darke and Walker, 1977)。正如拉沃和戈伊德(Lowe and Goyder,1983)所指出的，这一问题在一定程度上反映这些计划程序越来越复杂，他们已经将权力从当选成员手中转移到主要计划官员及其幕僚手中。这些问题将在下一节详细讨论，在那里我们要讨论决策过程中公众的权力、影响和作用。

政治上的讨价还价过程 402

许多决策模式采用了大量思想，这些思想体现在程序的合理性及组织的过程模式之中。但这一观点并不等于说按政治背景来对决策进行透彻分析。决策涉及利益冲突和讨价还价的势力。政策和实践不被看作是个人或组织选择过程的产物，但被看作是社会利益集团间政治斗争的产物。换句话说，执行机构拥有所委托的责任授权并拥有相当大的选择自由这一事实，本身并没有给予他们的权力和自由去追求他们自己的目标并作出政策导向。他们只能在社会实权拥有者约束下活动。

直到最近,还很少发现致力于实际权力运行轨迹的理论争论与分析家的想法会不谋而合。多元论者坚持认为在20世纪民主社会的决策过程是公开的,因为这个社会充满着为数众多的利益者,他们为利益而竞争,没有一个集团能取得长期统治地位(Dahl,1961)。在每个问题上,各利益集团企图得到公众支持,与其他利益集团结成暂时联盟。他们的相对成功将依赖于政治的和经济的环境、流行的社会价值观,依赖于他们动员的资源。因此,冲突的结果难以预见,政策最终必须建立在一致的舆论基础上。少数既得利益者企图按自己的利益支配决策过程,受到多数人的反对,他们将阻止它通过检查,因为毕竟这是一个建立了民主体制的国家。因此,在这个国家,权力是分散的,实际上,它充分为"公众"所掌握。政策由公众偏好决定,管理机构必须根据社会价值和目标而工作。立法者和管理者很少被视为公众观点的领导者或形成者,相反,他们在来自外部因素所决定的公众需求压力下工作(Ashby,1976, 1978a)。

反过来说,令人信服的精英主义者坚决认为"代表官方的"集团既能使整个政策解释发展偏斜,也能使执行过程倒向自己利益这一边。各种利益集团不在同等条件下竞争,某些集团一直有较多资源,包括拥有为自己说话的决策者、讨价还价的技巧、信息以及与相关媒介有广泛联系。因此,他们更多地对管理者施压,参与"政治分肥",操纵立法和影响公众观点。激进的分析家的观点也许入木三分,他们断言,实权仅握在精英手中,那就是资产阶级。因此很大程度上政策结果事先就决定好了。资本在与其他利益集团的斗争中总是成功。公众服务和调控机构被认为是对私人资本的支持，通过减少社会冲突，提供非盈利但是基本的商品和服务以及健康保健和生产率等等。这不仅意味着公共服务和调控机构总是按资本所有者的短期利益来行事，而且也意味着他们是为了维 403
持一种社会制度而工作，这个制度有助于资本形成，在这个制度中资本经济发展利益占据统治地位（Poulantzas, 1973; Habermas, 1976a, 1976b; Macpherson, 1978）。

这两种社会权力不同看法之间尽管存在一个巨大的意识形态鸿沟，但有一个普遍的观点，即决策是政治活动的结果。因此，在机构内的决策不是一个“中立”的活动，在某种程度上受资源的自然特征或由客观决定的公众“需求”所支配，也不是一种用来实现管理机构及其成员的目标的活动。当考虑这种政治前景时，主要的问题发生了变化，从“如何”作出资源管理决策变成为“谁”有权力影响决定有效政策的选择。

公众的权利、影响和作用

多元化的标志

如前面（194 页）所说，不要期望一种理论能在所有时期所有条件下都有影响，确切的证据只能从可更新资源管理中加以选择，这似乎支持多元主义、精英主义和事件激进主义的解释。尤其当涉及环境质量和舒适性资源时，体制显出多元主义竞争的特征。有真正“数以百计的特殊小利益集团类型”代表不同的选区，如果有时选区重叠的话，他们就会竞争以影响偏向他们的决策（Polsby 1963, p. 118）。而且，这些集团能“千方百计”地去统一公众观点，在政策体制某些方面影响一些官员,目的是至少要实现自己的一些目标(Dahl,1967,p.386)。尤其在多数舆论开放、新闻自由的社会中,如美国,环境利益集团为了企图影响政策导向能利用某些好处而获得信息,获得新闻界的入情入理的同情以及公众参与等方方面面,公众参与这一条写进了决策程序。

单单用现有的精英操作和决策过程这类术语,很难解释20世纪60年代环境运动的兴起(Lowe and Goyder, 1983);当然,畅所欲言的压力集团冲击了公众利益,但是,更普遍关注的根深蒂固的社会状况也是这些集团生存的基础(Andrews, 1980; Buttel, 1980; Cotgrove, 1982)。到60年代初,环境质量不再被认为只是一种无足轻重的利益,尤其在美国,舆论普遍认为净化环境是每个人的利益。过去要是没有公众"海啸"般的支持,环境压力集团是否会产生影响是值得怀疑的。

404 很显然,政府对进一步控制资源利用的要求作出了响应。很多立法(NEPA,1969;1970的清洁空气法, 1972年水污染控制修正案,1972年噪声控制法,以及数以十计的其他法案)迅速扩展了调控管理的领域,他们围绕着私营工业和公众发展机构展开活动。如果认为这种反应仅是维持资本在国内运转,其目的是确保劳动生产率和调解危及整个资本主义体制的尖锐社会冲突,那是毫无实际意义的。正如已经指出的,美国的调控体制臃肿不堪,成本昂贵。如果国家仅考虑转嫁矛盾,保护资本主义,人们可能期望发展一种更为高效的成本政策来使工业达标排污成本负担最小化,同时不处罚新的投资。

甚至在英国,它通常有更多家长式的和封闭的决策系统,即使如此,它的环境利益集团也能够形成这样一种观念,即决策者觉得他们有必要对公众的意见作出反映。理查森(Richardson,1977)引用了公众对非法倾倒有毒废物的呼声和对拆毁古建筑而发出的呼吁和谴责,作为多元性仍在英国存在的证据。那时,人们似乎清楚地看到,70年代中期关于高速公路的争论导致了建设项目的诸多困难与停滞,致使政府不得不重新评价公路计划项目(Tyme, 1978; Levin, 1979)。说得更近些,禁止汽油、铅、限制海豹捕猎和麦杆燃烧、把比林厄姆从潜在核废物储存地的清单上划掉,都提供给环境集团能够动员公众观点并对政策施加影响方面的众多实例。尤其当媒介能接收这些争论时,这些实例更有说服力。

而且,正是由于舆论压力集团能支配媒介的注意力,并能反对调控机构的开发、政策或失误,所以它自身能够在改变决策者的行为和态度中起作用。很少有公众机构和私人公司愿意让自己卷入费时破财的诉讼之中。当然,大多数国家官僚机构一个心照不宣的目的是尽可能减少公开宣传和政策宣传,对此私人公司心中有数。他们知道,当投资计划为获得计划许可而进行没完没了的斗争和因法院漫长的程序而延误时,所涉及的财政花费是多么巨大(Elkington, 1980)。另外,大的私人公司对自己在公众中的形象特别敏感,不希望被贴上环境"污染者"和"掠夺者"的标签。那么,他们可以采用合理步骤以求避免哪怕是温和的抗议。有些步骤涉及"有条件"的公众观点和政治观点(众所周知的英国商业电视,提供的正是这样一个例子,它把一个主要石油公司描绘成乡村环境质量的救世主)。但其他步骤则意味着真正努力回避环境敏感区,减少发展的外部成本,并与收益集团达成一种妥协。

政治家,包括地方级的和国家级的,对于公众参与实践及选举 405
体制所施加的压力也并非不敏感,尤其当需求充满强烈道德色彩——保护公众健康、保留乡村风格、确保社区完整等等时,他们是很敏感的。已有证据表明,欧洲大陆现有政党对所谓“绿党”的出现就有这种方式的反应。他们的做法是在他们的政党宣言里写进环境要求方面的内容,引进保护环境质量的新法规和新制度保障。

许多精英主义者和激进分析家们一直坚持认为由环境集团取得的立法成就顶多是暂时的,说得难听一点,只不过是一种幻觉。发展虽延误但并未停止,控制被加强但未执行,决策程序的象征性变化并未改变企业的决策本质,起支配作用的政治精英始终维持着自己的权利和地位。换言之,政治体制表面上可能是多元化,但实际上民主过程和公众参与是“空洞仪式”和“逢场作戏”,实权所有者在幕后操纵关键决策。

显然,当失业和通货膨胀成为政治上的突出特点时,限制发展和实行污染控制规程等工作是会放松的,这并不一定与多元主义者形成对立面。的确,可以预料,当其他集团感到新控制的代价并转过来设法影响公众观点和决策者之时,会出现某些对抗(Dunlap and Dillman, 1976; Buttel, 1980)。多元论是建立在“公平”利益竞争概念基础上的。如果环境学家是少数,而且其观点大大超出环境价值界限,那么允许他们与政策冲突的相同民主过程也将减少其影响,然后会返回到这种“体系”中心。米尔布拉思(Milbrath, 1963)认为有一种“自然平衡因素”,任何一方的有力推动都几乎会自动冲击对方,或与对手联合走向相反方向。

有关社会运动兴衰的自然历史理论提倡者也认为,既然所有运动都经历了自然演化和循环,最初的积极性和公众支持会随着新的偏见不断赢得公众和新闻的关注而不断下降,那么环境利益的影响日渐衰微是不可避免的(Downs, 1972)。而且,由于能源危

机、经济衰退和失业水平上升，日益变化的环境将自动倾斜平衡力
量，倒向对发展利益起作用的权利与影响这一方。实际上，可以这
样说，由于就业和物质繁荣对人民群众有着不容置疑的重要意义， 406
环境利益集团十分成功地保持了广泛接受的减少污染、保护自然
和提高生活质量等合法的社会政策目标。

然而，至少就某些资源而言，当决策体系可能显示多样化趋势的时候，可以说大部分环境政策和可更新资源政策都是公开舆论的政治产物。尽管达尔（Dahl，1967）和其他关于多元化情形的杰出提议者都显然承认，并非所有个人和利益集团起初都享有平等的资源，都能接近决策体系，但他们认为这种种不平等不是积累的。因此，他们认为从政策结果上看不出体制对特殊利益的倾斜。正如牛顿（Newton，1982，p.236）所指出的，这种观点与社会科学的大量研究结果背道而驰，后者竭力主张资源的分配是按累加不平等条件进行的：那些越有钱的人越有时间过问政治，他们有更多政治技巧，有更多政治地位和信息，更自信，并有更多有效的组织去保证他们的利益，凡此种种，不一而足。于是，即使资源使用问题经由公开公众讨论和民主程序，特殊利益者和精英仍将由于其优势而得到政策的偏待。一个更为要紧的、限制了多元论者之观点广泛应用的因素是，许多资源管理机构的决策封闭性。

地方环境精英

偏斜的发展和退步的福利再分配

言行并举的压力集团已经能够在地方尺度上通过把讨厌的活动从特定地区转移出去，或通过把理想的投资方式吸引到特定地区而影响福利的再分配（Healy，1976；Lowe and Goyder，1983），对

这一点似乎已没有多少疑问。众所周知,绝大多数要求舒适环境集团的成员,也许更重要的是他们的领导,多半是中产阶级;他们基本上都寻求保护或进一步加强那些享有最惠待遇的环境地区。尽管成员们声称正努力按大多数人的利益来保护国家自然和文化遗产的一些重要方面,但地方上很难把任何对环境质量的无私奉献从保护自己"地位利益"的个人私利中分离出来(Pahl, 1965, Allison, 1975; Hirsch, 1977)。有一些有关工薪压力集团的例子,但实际情况往往是体力劳动者不可能加入或组织起来,为保护他们的地位和利益而游说。

因此,低收入地区一般很少受到很好的保护,这增强了污染活动向所谓"薄弱地区"转移的经济刺激,这种刺激本来就够大的了,因为在这类地区,损失和补偿支付是很低的。古德曼(Goodman, 1972)和其他人认为,高速公路的发展正是这种情形。然而,拉沃
407 和戈伊德(Lowe and Goyder, 1983, p. 100)看到的是另一种危险,即"由穷人和被剥削者所居住,并已经遭受环境恶化和抛弃之痛苦的某些地区,开始被人视为环境沦陷区,在这里各种不符合要求的有害土地利用范围被圈定而没有引起有效的反对"。

有一个重要的问题需要注意,那就是在关于经济活动场所的主要争论中,地方环境利益集团没有对发展要求提出疑问;也就是说,他们没有向任何起支配作用的社会价值观和物质主义目标挑战[21]。因此冲突不是存在于环保和发展之间,而是存在于不同的居民团体之间。于是,不可避免的情况是某些社区得到了较好的安置,以便确保他们从经济增长中获得好处而无需付出相应代价(Gregory, 1976)。

然而,体制中的偏见远远超过不同社区团体为保护自己的地

域免遭不受欢迎的活动的不均等能力。分析家们也认为城市保护区的指定,由于要保护“古”村落、“优美自然风景区”、绿色地带等,一直受到政治摆布。例如,加姆斯顿(Gamston,1975)对约克的研究就揭示了这样的事实:特殊历史性建筑群周围的保护区边界的划定,不是以财产的建筑价值和历史价值的“客观”评估为依据,而是在游说家的压力下划定的,这些人试图提高他们自己家园的价格和适意程度。类似的压力遍及英国各地,结果是为保护区特殊历史重要性而设计的立法变成了保护敏感居民区的一种武器(Barker, 1976)。同样的过程在欧洲其他地方也随处可见,在某种程度上说,美国和澳大利亚也差不多(Stretton, 1976; Castells, 1977; Skoog, 1983; Goodey and Gold, 1984)。

在农村,绿色带首先被设想成环形围绕城区蔓延。目前,由于地方舒适利益的压力,它已成为保护广大的土地地带免遭各种开发的对策(Munton, 1983)。例如,在萨里的乡村地区现在正处在指定保护区范围的形式之下(Connell, 1971, 1972; Anderson, 1981)。在与诸如沙和砾石的挖掘、固体废物的处置以及大规模公用工程和低收入私人住房工程等令人头痛的活动转移的斗争中,还没有用上绿色带等保护措施。

一整套研究(Connell, 1978; Newby et al., 1978; Buller and Lowe, 1982; Lowe and Goyder, 1983)得出的结论是,要求舒适环境的集团要保护名胜古迹以及一般意义上的环境保护,却不顾社会上更穷阶级的利益。他们所做的事就是限制就业机会,减少住房供应,并抑制整个公用事业和私营事业部门的发展。而且,既然保护的意图趋于增强地区可感受到的吸引力,并减少对发展压力的 408
表面脆弱性,那么,这些区域的房地产价格就会趋于比农村其他地方更高(Standing Conference of Rural Community Councils, 1979; Shucksmith, 1981)。这不仅导致大量的不劳而获资本收益落入现有居民手中,而且使房地产市场之外的低薪乡村劳动阶级付出代价。另外,"环境打扮"的支出——植树、铺设通讯电缆、建筑材料合理使用等——具有机会成本;这可能降低对不太富裕的人极有价值的服务基金的可得性,并迫使住房、运输和其他基础设施服务的成本上扬(Ferris, 1972; Gregory, 1976)。

令人啼笑皆非的是,为增强土地利用规划决策的公众参与而设计的、意义明确的度量标准,有助于增强中产阶级的力量和影响(Lowe,1977)。古迪和戈尔德(Goodey and Gold,1984,p.436)令人信服地指出,"参与是一种可购买的商品,多数公民还不得不随着"各种试验",随着变革的窃贼,或随着有购买力的那些人才能获得的环境去参与。

在英国,地方上积极的环境团体实际上已成为公众观点的代言人(Percival, 1972;Gamston,1975;Barker,1976)。这部分原因既在于所涉及的花费,也在于大多数参与实践所获得的反响不大,很少有人填满邮局的调查表,参观计划或发展规划的展览,也很少有人以书面形式对可能对他们产生不良影响的那些已公布的发展规划提出反对意见(Fagence,1977)[22]。

这也因为很多环境集团用以培植自己的既不是组织成员又负责任的专家,以及培植自己总体有益形象的方式(英格兰乡村保护委员会各郡分会,郡自然保护托管会和地方市民托管会是采用这种方式的典型)。长期以来他们一直企图和职业规划者一道建立相互支持系统,后者通常分享其价值和灵感;他们与地方规划机构协力工作,而不是唱对台戏。结果,他们取得了"现有"地位,成了这个“较机密的”合作网络的一员。该网络在规划形成阶段可以被咨询，也可以通过它给规划利用和委员会议事日程以事先警告(Buller and Lowe, 1982; Lowe and Goyder, 1983)。作为回报，他们一般不会“捣蛋”，因为大家知道，“斗争意味着公开，公开意味着矛盾，矛盾则可能意味着失去信誉和合同”(Allison, 1975, p. 121)。当然，即使在英国，也有一些集团对这样一个温馨的引人共鸣的合同冷眼相待，而采用那种更具有美国环境运动特点的对抗策略(Cotgrove, 1982)。然而，这些对抗性集团在地方的寿命不长，他们容易为某特别提议而开战，但一旦战斗胜利或失败后，也就寿终正寝了。一般而言，如果他们幸存，就得拓宽自己的联系，建立他们自己的专长和政治上的合法身份，并和计划部门发展一种良好的工作关系。

环境精英和国家政策 409

尽管多数现有环境组织不愿与经济部门发生直接对抗，但是，他们在使保护意图扩展方面所取得的成功，以及在大范围内对发展活动提出挑战时所取得的成功，都不可避免地使他们与一组相对立的精英们——工业家、建筑师、资产公司、商业界和工会组织——发生冲突[23]。在地方权威机构的代表不宜从地方商人和工会领袖中抽选出来的地区，要求舒适环境的阶层可能直接对政策产生边际影响(Morris and Newton, 1971; Saunders, 1980)。但是，像英国东南部大城市郊外各郡之类的地区，相当数量的政治上活跃的社区成员都依靠外部资源就业、挣钱和保健，那么，环境保护主义者的利益与地方计划就有一个明显冲突。在是委派严厉的人还是温和的人来执法这一点上，也是有冲突的。

然而,必须认清,即使在那些地区,要求舒适环境的组织在地方政府有实权决定政策时才有效。但地方自治在两个重要方面受到限制:第一,它只能在整个社区的社会、经济和政治的框架内活动(Dunleavy,1980);第二,许多国家的土地利用计划体制是允许中央政府干预地方决策,以使之与国家政策一致。

例如在英国,开发商拒绝计划许可或不顾发展条件,有权向中央政府发出呼吁。内阁"号召"的权力能有效地取消地方决议中所有主要的激进发展决策。而且,在总体发展计划指导下所制定的大政方针给了诸如农业和森林等主要经济部门以极大的自由而不受地方计划控制。多数地方计划要经内阁批准,并且期望地方机构注意部门信函上所登载的"建议"。而且,中央往往秘而不宣地通过控制地方政府财政和通过宏观国民经济管理来施加压力。

有些评论员坚持认为,中央部门不断利用其权力支持优先发展项目(见第 412 页)。当然,从 70 年代后期以来,明显的证据表明,地方政府在相当大的压力下才会放松对住房结构和工业活动计划的限制。环境国务大臣明确警告,政府计划必须密切配合政府关于恢复工业竞争力和创造新的工作机会等主要任务。住房建筑业不要被计划控制的"过热"所扼杀,委员会必须为新的工业发
410 展提供充分证据(帕特里克·詹金斯先生,区自治会联盟,1983 年 7 月 1 日)。这样的警告清楚地表明了任何反对地方计划决定的呼吁都会获得同情,他们的作用已经为部门信函所加强,这些信函建议,不能因为列入开发计划的土地在其他地方可获得,就拒发计划的许可证(ENDS Report 102,1983, p.3—4)。可以预见但具某种讽刺意味的是,保守的绿色组织和英国中部诸郡委员会强烈反对这些运动,他们利用与享乐阶层的共生关系动员公众和议会观点来

作为后盾。

为了观察要求舒适环境的阶层与发展集团之间的巨大冲突，我们必须认清保护组织在影响国家政策导向中的作用。19 世纪后期当时的所有工业化国家，各种团体发展起来了，他们支持保护文化和自然遗产，把社会从过分追求经济"进步"的状态扭转过来，保护公众免受市场力量和私人贪婪的影响（Buttel，1980；Lowe and Goyder，1983）。这些早期组织不畏精英权贵，他们通常不屑于支持传统社会等级制度（Cotgrove，1982），他们从一小部分有影响的知识分子及社会的上层阶级寻求支持，这些人（至少在英国）认为贸易和工业是基础活动，并利用其个人地位和特权推动变革。

从那时起，环境利益的社会基础已明显地得到了进一步拓展，尽管仍有些左翼评论家认为还存在着精英们与贫困者物质需求的对立运动。更新的研究表明，尽管上层阶级领导地位在中产阶级中仍占统治地位，但支持环境保护的基础在拓宽。虽然通常观点是，多数支持环保和污染控制的运动本会在失业和经济衰退面前烟消云散（在 20 世纪 60 年代的确如此），但事实并非如此。米切尔（Mitchell，1978）指出，在美国 52% 的调查者中认为政府对环境注意得太少，53% 的人认同加强污染控制要不惜代价。国际市场舆论研究所 1983 年 1 月在英国的一次民意调查结果也发现，58% 的人认为准备支持为保护资源而增加所得税，53% 的人支持增税作为保护野生动物和控制污染的基金，近来欧共体组织的更广泛研究指出，公众抽样调查的 60%（10 个成员国 10 000 人）认为环保比价格控制更重要，59% 的人认为即使这意味着限制经济增长也应优先保护。尽管给予环保和污染控制更多优先权的赞成比例在一些失业极高的地方已经下降，但是即使在那些地方，多数人仍然 411

把价格和下降的增长率视为环境改善可接受的代价(ENDS Report 109,1984)(见注释12)。

所有这类调查都会因下述问题而受到损害:口头上支持已经获得道德利益或教义信仰地位的某些事件,当要在物质拥有和环境质量之间作出实际选择时,这种口头支持对实际行动所起的作用不大。但是请牢记,这些问题很难说明环境组织完全不代表广大公众观点,因为企图保护企业特权地位的衰落的中产阶级在环境组织中仅占一席之地。环境利益集团有充分的权力和影响对政策方向产生实际冲击。

许多分析家得出结论,认为环境组织对政府的影响不如主要经济部门对政府的影响大。在英国,拉沃和戈伊德(Lowe and Goyder,1983,p.179—180)得出结论,"环境组织很少有政治资本并缺乏有力的法令认可……对政府的有效管理、经济的运行和各生产要素部门来说,他们不是主管中心。"但同时,作为环境运动的明显成绩我们可以看到,保护文化和自然环境要素的各种立法在稳步增加,历史性建筑保护、空气污染控制、国家公园开发、野生物种保护,甚至还有完整的土地利用规划体制等,这一切工作之端倪在英国都可以追溯到维多利亚改革小组的思想和行动;而在美国,诸如国家环境保护局之类的法令则被认为是20世纪60年代加强环境宣传的证明。因此,似乎是环境组织能撒下变革的种子,改变公众价值观,并通过长期对决策者施压,能真正实现自己的某些目标。另一方面,有这样一个共识,即环境精英单独行动无力克服引起政策变化的惯性力。然而,在环境思想获得作为立法行为或管理实践变革的成果之前,要求得到别的什么东西,却没有共识。

多元主义还是结构主义?

一组分析家借助多元论观点认为,只有当一种思想生逢其时,在某种意义上说就是有一边倒的公众观点的支持时,环境部门才能成功地改变其政策。阿什比(Ashby,1978b)在讨论1956年英国清洁空气法时,说它是"公众观点的冰川运动"的后果。这受减少烟雾游说宣传的影响,受1952年伦敦烟雾事件的影响,亦受无烟燃料不断增高的可得性和流行中央供暖等因素的影响。因此,公 412
众支持是变革的必要条件,是决定时机选择的力量。然而,即使这个事件的解释被人接受,很清楚,公众在很大程度上并未投身到关于控制的组织结构和调控的关键决策之中去。这些决策部分取决于过去立法和现有控制机构所确定的优先秩序;部分取决于烟雾减少组织的倡导。游说的影响能够在无烟地带的引入中清楚可见,无烟地带这个概念已经提出近50年,但它仅仅是有潜在可能达到减少烟雾目标的途径之一。

公众支持是政策变革的无形力量。这一观点受到了较激进的事件解释者的强烈反驳;实际上,普通公众和环境精英都被认为是与整个政策导向极不相干的因素。从结构主义的观点看,政治争论几乎是一个谜化游戏,参加游戏的人对其只有一点象征意义。更确切地说,有效的政策由经济部门决定,国家机器就是为支持他们而设计的。例如,桑德巴赫(Sandbach,1980,p.128)就认为,"环境游说者让人给骗了,还以为国家是多元论社会中的一个公正的仲裁者";相反,"国家已逐渐成为私营企业的仆人"。与此相似,在美国,分析家们(如古德曼〈Goodman,1972〉和巴尼特〈Barnet,1980〉)得出结论:整个经济计划系统和土地利用规划系统都受法人利益的支配[24]。

按照这一观点,环境组织只能赢得一些看得见的特殊战斗。表现在以下四种情形下:所提出的政策变革能符合整个资本的或相当一部分资本的利益;所作的让步有利于劳动生产率或消除潜在的破坏性冲突;所产生的实际结果没有使成本明显上升;控制系统为有同情心的、可被操纵的机构来松散地制约和管理,且在这种情况下企业能不顾立法、计划和其他控制程序而有效地追逐自己的目标。

按结构主义来解释事件,英国清洁空气法不能用公众观点的渐变来解释,而可以用有关开发煤的替代燃料等来解释(Sandbach, 1982)。天然气的利用取得了巨大的经济利益,用它可以开发取代副产品焦炭的便宜有效的设备。流行趋势的商业消费者和富有家庭的消费者从烧煤转为烧天然气;活动区位和结构的诸多变化、煤炭燃烧技术效率的极大改善,以及在一定程度上用天然气和电力替代燃料(尤其位于城市中心的公司)等等,所有这一切都减缓了工业法的经济冲突。而且,允许地方当局在履行无烟地带的条款时有自主选择的权利,加上立法方面的"漏洞"百出,企业实质上仍然追随他们自己的燃料政策。

413 内阁文件最近表示工业法的执行尚可宽限几年,这就既给了阿什比的多元主义解释以某种口实,也给了桑德巴赫的结构主义解释以某种口实。大臣们对烟雾控制肯定没多大热情,譬如,哈罗德·麦克米伦(首相)认为烟雾是自然现象。但是由于议会和媒介的轰动效力,尤其在公布1952年伦敦烟雾事件造成的过早死亡人数时,他们被弄得非常尴尬。那么,为了让公众看到他们正对此事有所行动,于是乎他们要起了所有官僚政客惯用的拖延伎俩。任命一个委员会(Beaver Committee,1954)来处理这件事,似乎是希望到委员会汇报烟雾处理的公众利益时,人们心中的痛苦记忆就会烟消云散。然而,事情并非如此。1956年,一个体成员关于减轻烟雾的法案递到了议院。政府不能公开地反对它,又不能失去对立法细节的控制。因此,政府对法案的毛遂自荐左右为难。在某种意义上,是民主程序把内阁推进了立法过程的思考中。但很明显,政治关心只是表面的行动,而与强有力的污染控制标准不相干。权力执行机构——一个巨系统——所获得的自由抉择(这意味着中央财政部仅支付煤炭转换直接成本的30%而不是全部直接花费)与享有立法豁免的特权合二为一,其结果是对烟雾污染的控制执行起来拖拖拉拉,这还算好的,还可能背地里支持这种烟雾控制力度明显下滑的局面。

隐含的决策议程

到目前为止,讨论关注于可见冲突集中在资源政策对公众批评相对公开的那些地区。理论上,在民主社会里公众资源管理机构对某一级或其他一级立法机关负责,实际上他们的各种计划和实践都可能成为仔细检查的目标。中间媒介和环境利益组织也可自由地向环境挑战,向普通公众参与挑战,向企图让政治家在相关的法庭上提出问题的人挑战。但实际上,绝大多数有效决策仍不会引起争议,不会受到仔细检查,公众也不知道。例如在英国,森林法、固体和危险废物处理、工业大气污染控制、滨海保护和水域管理实践至多偶尔被人所注意,通常留给相关的行政机构中的封闭决策系统来处理。现有政策很少公开因公众讨论而引起的主要问题,多元论者将其解释为政策的讨价还价过程。当考虑到在近来政

414 治学文献中争论而极富特色的两个相互关联的概念——“非决策”和“合作主义”时,我们就能洞察出上述场合中的决策特点是什么。

非决策与合作主义者的影响

尽管巴克拉克和巴拉兹(Bachrach and Baratz,1962,1963)两篇介绍“非决策”概念的简短理论文章并非未受到挑战,但它们对决策思想的影响已超出其文章范围(Lukes,1974;Parry and Morriss,1974;Jenkins,1978)。给非决策这一术语下一明确定义绝非易事,它被用来指代支持把偏向动员起来的一整套行动,因此现有的实践活动、价值观念和制度程序都将系统连贯地按照符合某个人和集团利益偏向的结果运转。以后在巴克拉克和巴拉兹(Bachrach and Baratz,1971年)的一部著作中,他们清楚地阐述了非决策不仅将包括不采用决策或的确不必要决策的情形,而且也将包括有意识选择不做什么、不支持变革的需求、不公开相关信息、通常也不允许公众参与决策过程。按这一系统论述,一项非决策是指:

> 一项导致压抑或阻挠对决策者价值或利益进行潜在的或公开的挑战的决策。说得更清楚些,非决策是一种手段,运用它能使要求变革社区现有利益和特权之分配格局的呼声来不及发出就被窒息掉,或使之保持沉默,或能使他们在接近相关的决策舞台之前就被击毙;要是这些都失败的话,就使他们在决策过程的决策—执行阶段中致残或被毁。(出处同上,p.44)

这里不是详细复述关于这一概念的已有方法论辩论的场所(Wolfinger,1971;Bradshaw,1976)。注意力将更多地集中在五大证据上，他们将使人相信非决策范围内各种观点的一般“适用条件”。

第一，现在有更多证据表明，政府和行政管理者能行动，并已经行动，为的是引导争论双方进入安全政治范围讨论问题，并企图转变压力集团对政府中心的注意力。关于资源分配和经济导向决策是由政府作出的。有意思的是，拉沃和戈伊德（Lowe and Goyder, 1983）在调查英国自然环境组织和中央政府部门之间的联系时发现，主要的发展部门通常不能得到信息也不接受环境学家的观点。农业大臣及经贸部、工业部、能源和交通运输部都加入不接受这些观点的行列，他们这种做法与中央电力委员会和林业委员会过去的做法完全相同，别无二致。

来自环境组织的压力向乡村委员会、自然保护委员会、英国水 415
运委员会、历史建筑委员会以及体育委员会等准独立机构倾斜。所有这些机构都只有很少的预算、微不足道的权力以及有限的决策优先权。他们处在政治边缘地带（出处同上，p.67）。利益集团能安全地涉足有关家庭立法保障的讨论，但如果他们不参与投资决策实践和能源工业定价实践的话，他们对燃料经济导向的影响会减少。同样，咨询委员会或顾问委员会可能允许评论特殊发展的项目计划细节或地位。但如果他们的参考意见允许他们对发展需求进行有效的挑战，才能对决策产生相对大的影响（见 Sandbach, 1980，论高速公路咨询的案例）。可以认为中央政府转过来提高公众参与的地位和利用地方环境媒介的直接结果是，转移了环境压力集团对诸如工业增长、交通运输、能源、农业和住房等基本决策的注意力，并使得他们陷入了两败俱伤的斗争旋涡里（Lowe and Goyder, 1983）。

第二，政治上可能让人为难的那些活跃集团已被制度同化成了冒牌货，其商议地位减少了组织对政策公开挑战的自由。这个特点在地方压力集团的早期讨论中已经被注意(见 408 页)。而且，国家规模这一级的压力集团也同样如此。甚至像地球之友这一组织，起初采用对抗策略，现已被吸收到政府的各种委员会中，成天与官方在一起。结果，“在环境特征的内容和时机的选择上”需更加关注“如何避免反对所涉及到的那些官员，也要避免让他们为难”，该组织“现在回避任何非法活动或分裂的活动”(出处同上，p.132)[25]。巴格勒(Bugler, 1981)认为这就是政府的同化影响，导致这些伙伴成员战斗力的丧失。著名的回收旧瓶运动，如回收给施维皮斯的数千个抛弃的容器，因地球之友卷入废品管理建议委员会的长期没完没了的策划而中止，这一事件，曾引起许多媒体的注意。

第三，技术资源开发的内部决策过程和调控机构给巴克拉克和巴拉兹的观点提供了更多证据，他们认为，向现有政策和实践挑战，通常会遭到反对。如前所述(440—401 页)，某些机构内的职业优势以及官僚机构趋于保留他们对信息的垄断，使得更难限制这种机构独立。评估技术也有待于“捕获”。然而公众的仔细审查和民主控制程序，要求具有一定技术知识和专业水平，这正是目前所
416 缺乏的。而且，既然这些大机构趋于成为大规模，并只对政府最高层负责，那么，在决策系统中，一般公众和“局外”利益集团有机会细查并对政策导向提出挑战的余地就很有限 。

正是在这点上，合作主义概念与之相关。公众机构内的官员不会独立工作，他们与特殊利益集团协商，提供投入并带走私营部门的产品，并受到他们相同职业的影响。所有这三方面联系起来，导致分析家得出以下结论：与公众紧密相关的机构要公开其主要

经济利益和与之发展互惠的相互依赖的关系。因此,英国农业大臣与国家农会的主要“当事人”发展共生的关系(Self and Storing, 1962)。然而,英国工业联盟与一些同贸易、经济发展和就业有关的政府部门保持着紧密的联系,当污染控制、自然保护和计划政策对商业活动造成威胁并冲击其发展时,这些部门与他进行协商是自然而然的事。公路运输游说集团正是以同样的方式交接了政府运输部内有影响力的朋友(Hamer, 1974; Painter, 1980)。而建筑业和房地产开发业在国家地方官僚机构中都有可靠代言人(Hood, 1973; Saunders, 1980; Dunleavy, 1980)。

当一个职业组织既为私营部门又为公众部门所雇用时,与国家机构合作关系的某种不同模式就将会出现。这可能有三个后果:(1)在一个部门需采用的解决问题的方法可能在另外的部门推广;(2)为私营部门工作的专业人员会以顾问的身份给公众机构以建议,这种建议将确保他们有“一个更好的回报,这是不合作所得不到的”(顾问设计师的影响在此得到了经典的解释);(3)两个部门职业上相互渗透,导致形成一个主要的影响途径,通过他,合作者的部门利益扭曲了公共政策(Dunleavy, 1980, p. 115)。当然,设计师不是这种联合的唯一职业组织,工程师提供了另一个经典的例子,如同经济学家和会计师一样。在所有情况下,合作利益集团发展了一种和公众官员相互协作的伙伴关系,这使得一个受令于人的环境组织,由于媒介的压力和公众的明显支持,也会对已确立的一致观点提出挑战。

第四,存在这些情况,调控机构明显地没有采用行动来面对众所周知的污染和资源耗竭问题,因为他们知道任何限制措施都将影响社区的经济利益。这个问题尚未提上议事日程。在克伦森

(Crenson,1971)引述的许多关于美国城市空气污染控制的研究中,他寻求解释为什么空气质量水平相当差的加里市直到1962年才引进了一项控制法令条文。然而,在其他城市(尤其芝加哥东部)
417 整个空气质量问题被公开争论,并在20世纪40年代就引进了控制标准。他认为污染行为这种政治问题被这个城市占统治地位的工业老板——美国钢铁经济部门所压制。公司没有采取直接行动把污染控制排除在议事日程之外,而是扮演成"慈祥的、弱不禁风的、消沉的巨人"(出处同上,p.60)。通过其声望的力量维持一种中立战略,影响事件的进展。甚至当这个城市被迫(主要是在州和联邦政府的压力下)行使一项控制条例时,这个公司仍然不采取任何公开的抑或隐藏的行动来影响法令。

说克伦森的结论多么适用于其他地区,这太缺少经验证据,因为在这些地区,社区主要依赖一个大雇主而感到压抑,原因是企业有绝对的权力削减投资。布洛尔斯(Blowers,1982)通过对贝德福郡砖厂的研究发现一些支持证据。他认为马斯滕·瓦列地区的来自伦敦制砖公司砖厂的污染作为一个政治问题长期被压制。但最近公司采取行动确保这件事避开公众耳目。佃农们不得不放弃所有由于污染造成的损失索赔权利;作为条件他们可以租用所拥有的农场。用经济手段解决其他农场主的问题也常常不上法庭。这些行动明显带有经济目的,但他们也减少了公开损失的可能性。当这个问题最后需要公开时,在一段时间内规划承诺就寻找新的方式,该公司仍"通过政治家操纵证据、最终以收回投资相威胁"来施加影响(出处同上,p.18)。

第五,在证据给非决策概念予以支持的地方,它基本上是第四种的延伸。但也用来阐述尖锐的批评意见。所有环境组织都面临着企图把政策从发展和消费方面改变到舒适和名义上的保护方面。目前仍占统治地位的假设是:经济增长是基本的和合法的社会目标。这种假设能用来解释:为什么一旦计划和立法被颁布,就能圆满地贯彻和执行。但它不能替代采用非决策观点来解释为什么这些问题尚未提到政治议事日程上来。

如同本章前面所述,一些正式决策似乎仅仅只有象征性价值(见363—367页)。当被选举出来执法的组织机构(他们分立的权力、财政来源、司法权和惯例实践)和控制的方法被仔细考虑过时,那么,政策实际推动力就会显现出来。有些官方政策声明,顶多可能被认为是虔诚的希望和长期的抱负;最坏情况是这些声明被解释为一种故作姿态,意在缓和政治冲突,其地位没有任何实质性改变。强加于立法精神和执行上的种种限制,诸如对英国污染控制 418
法(1974)和野生生物暨乡村法(1981)部分条款的限制,都是为了引起人们对经济利益的强大力量的注意,并以此来决定政策的现实性。在上述两个法令中,环境改善和保护显然属于一般性公共支出政策和经济的合理管理。英国一般通过协商来执法,这确保了在执法的全过程中,经济部门受到保护。例如美国工业空气污染例子所示,这些同样的部门都擅长于在一次强制标准和对抗性政策之下寻求表达方式。

小 结

关于被明确表达的环境政策的实质性争论,我们已通过许多观点使之具有其特点。然而,有一个正在形成的认识,单一的普遍适宜的解释与其说阐明了决策过程的实质,不如说是阐明了分析的思想体系,因此,他们并不恰当。从现实社会复杂性中概括出一些支持特殊的社会经济和政治体制的模式所需要的零散证据是相对比较容易的,毫无疑问,正确的认识是环境部门只能在政策形成和执法实践的边缘做些小修小补,而且他们一直对决策的本质有不同看法,存在着冲突。潜在的政策导向仍然朝向掠夺性资源开发和物质增长方向发展。从某个重要的方面来说,考虑到现有的政治、社会、立法和经济机构的力量,环境主义者(或任何认为现有秩序对自己不利的任何其他组织)的相对弱小是不可避免的。新的立法机构、资源管理机构的重组、力图改进投资方向以及引进别的再分配标准等等,仅对牢固树立的制度基础有局部影响,因而,仅对经济导向有部分冲击。然而,这种微小的变化逐渐积累,天长日久之后,可以使潜在的传统机构产生巨大的变化。在所有发达资本主义经济中,社会福利计划、资源管理和污染控制体制的发展,已逐渐形成一个新的构架,并在不同利益集团内执行。然而经济利益仍然是主要的,但很少有人认为必须排除环境和社会目标而片面追求现在的物质目标。

至少在表面上,推进决策变化模式具有多元性的所有标志:由于一整套对实践活动和政策目标的微调,且这类微调是根据正在出现的问题和冲突情况进行的,所以,决策系统能够“勉强过关”。也可以这样认为,作为决策推动力的经济发展的持续统治地位仅
419 仅反映多数人流行的价值观。如果价值观变化,正如近来民意认为的,价值观可能在改变,所以决策方向也会改变。然而,价值不是外生变量,而在很大程度上源于根深蒂固的社会、政治和经济传统,即使忽视“精英”们在操纵观点和劳务需求的作用,也必须认清“工业社会的中心价值观通过教化已经深深根植于我们多数人心

中,并已成为社会结构的传统"(Cotgrove,1982,p.120)。而且,多元论者认为所有公众价值观的变化在很大程度上都是相关的,是决策变化的直接动力,很难支持中央的观点,这不仅是因为公众本身相对很少有机会参与决策过程。

阿什比的"公众观点的冰川运动"概念对政策变化可能有一种间接的影响,其途径是通过改变主要官僚、工业家、职业家和政治家的态度来实现的。在许多有关决策特征的文章中,有一个使"决策者"失去个性的趋势,人消失在基本主题——工业、资本、官僚、劳动、国家等——之后。但个人研究关心的是公众所有部分,如此说来,社会价值的作用力量没有消除。例如,在英国,提高水的质量既是众多工业家自愿接受控制污染立法的产物,也是决策目标的产物,因为他们只有相当薄弱的执法系统。坚持这一观点是正确的。

要注意多元性对价值变化的解释,要求对变化如何产生提出疑问。一个分析结果表明,价值变化是经济发展过程中自身带来的问题,如工业化、城市化、耕地变化和资源开发过程等等。因此,政治、经济和社会体制,包括价值和期望,都将适应于那种被发觉是最有意义之影响的改良。

但不能认为原因—响应事件模式是中性的。关于发现什么问题最重要,以及有什么样的反响特征,如果不考虑现有的社会结构和不同利益集团的影响和作用,就不能理解他们。精英们,包括资本所有者,环境学家和职业学者都竞相把他们对现实的描述带入政治舞台的中心。然而,把政策变化仅仅解释为源于精英间利益斗争的不平等,这曲解了精英们不是从真空里冒出来的事实。他们是现存政治、经济和社会结构的产物,因此结构主义者的解释在理解有效政策的方向上是有用的。这并不是为某些解释的有效性争辩,解释把决策过程中所有起作用的东西归结为无价值的东西,因为他们在按照自己在资本主义体制下的经济功能扮演既定的角色。正如卢克斯(Lukes,1977, p.29)所指出的:“任何观点或方法论,如果没有内部或外部结构限制,将是代理人的一家之言;如果没有代理人,将只剩下结构;或他们没有提出他们相互联系的问题,所有这一切都不令人满意”。

420 注 释

1. 这就是说,地方当局没有对废物进行加工,而是堆放在那儿不管;只是在对其执行条例管理时,地方委员会才会对废物作出安排并支付费用。

2. 1972 年颁布的有毒废物存放法,现已被污染控制法所替代,它要求那些搬运或处理有毒或有害物质的人至少在行动的前三天通知废物处理局。对“重要的”或受控制的废物谈虎色变,结果把不被条例所特别排除的所有有毒或有害物质都囊括进去了。对有毒或有害物质的这一定义程序可谓一门鱼龙混杂的技巧,让人最后难以弄清到底什么是有毒或有害物质(Haigh,1984)。

3. 另一个著名的例子是 1956 年英国清洁空气法中所鉴定的黑色地区无烟地带极其缓慢的发展。

4. 由于废除大都市管理局,废物处理变得各自为政,各区/自治市镇各负其责。在大多数场合,已形成了废物处理联合会,试图维持整个大都市的废物处理系统。

5. 区域水管局不再存在。作为水业私有化过程的一部分,已成立国家河流局来负责环境保护、污染控制和其他与河流相关的职责。10 个新的水利用公司将提供水的供给、排水设备并负责污水处理。

6. 合作主义理论家们师出同门;意思是说各州的利益与国家的利益相互依存,各自都要履行帮助对方的义务,这样一来,所做的决策就能引起共鸣。

7. 实际上，皇家委员会的观点已为人所接受，而且，在1987年就成立了主管首脑检查团，它由四个独立的检查组所组成，分别处理空气污染、水污染、有害废物和放射性物质。这一新机构受令实施综合污染控制。

8. 这一过程决不限于可更新资源领域，已有许多文献论述了城市、经济和福利计划的众多领域的管理方法，运用他们来解决问题已成必然趋势（见Cawson, 1978）。

9. 商业化过程在1989年达到高潮，那时，工业处在重建时期（见注释5）。该年9月，区域水管局的利用部变成了大众有限公司，之后，他们于12月在股票交易所上市。

10. 当然，也有例外；鱼类保护人员就开发了鱼类孵化处，并试图增强环境的纳污能力。

11. 在英国，它是实践抵抗百年一遇干旱的标准，而在澳大利亚的部分地方，标准常常比这还要高。新南威尔士的悉尼目标瞄准已知的连续出现的最干旱8年中日峰用水量，再加一年的安全误差，采用有记载的最严重的12个干旱月来弥补安全误差年。

12. 正如在结束语那章中将要讨论的，过去五年我们目睹了公众对环境关心程度的明显上升。现在可以肯定环境与政府的目标密切相关。例如，盖普民意测验表明，到1988年，70%的英国人认为环境保护比经济增长更重 421
要；74%的英国人为了看到环境改善，显然准备接受上涨的物价（ENDS Report 166, November 1988）。

13. 为了在1988年的野生生物与乡村保护法所建立的充分警示系统开始运行之前，避免对重要的栖息地和有特殊科学价值的场所造成不能挽回的损失，英国农民遵守一个这样的自愿协议，这一观念是最后这种类型的显著例子。很少看到这里的农民不是“君子”（New Scientist, 22 March 1984, p.10）！

14. 这些都被认为是最普通的污染，现在还包括微粒、CO、SO_2、NO_2、碳氢化合物、氧化物和Pb。

15. 根据克兰德尔（Crandall, 1983）的观点，厂商必须获得所要求顺从的成本估价，然后，为了获得所拖延顺从惩罚的精确值，则要通过一组56个等式、70个变量的方程来计算。

16. 阿什比和安德森在1981年提供了一份英国清洁空气运动的详细历史研究报告，而弗兰克尔（Frankel, 1974）的报告则是一份关于阿尔卡里（Alkali）检查团的有用研究成果。

17. 1987年,工业空气污染检查组变成了主管首脑污染检查团的成员(见注释7)。从此以后,关于综合污染控制新机构内部的苦苦争吵、"最适宜的环境选项"之方法的分歧应统一执行,由新的欧共体要求而产生的工作压力有利于对污染控制问题进行通盘考虑。

18. 麦格鲁和威尔逊(McGrew and Wilson,1982)年所写的读物《决策、方法和分析》一书,可谓观点新颖、文笔精湛。

19. 两者都基于理性行为,但是,在两个重要方面的分歧使他们区分为实质性理性模型和理解性理性模型。后者假定目标由主观决定,本身就是理性的(如经济效益、利润最大化),而且个人在为实现目标而形成一种战略之前,将会衡量所有的可供选择的方法。西蒙和林德布洛姆两人都认为目标是客观的,由个人的价值系统所决定,因此,可以用来评估的方法仅仅只是所有可能方法的一个十分有限的子集。

20. 拉沃和戈伊德(Lowe and Goyder,1983, p.155)曾经争辩道,英国自然保护协会就是这样行动的;在1952年,该协会负责人"完全意识到本协会是一脆弱的自愿组织",因此,他寻求"建立一个强大的有官方政策保护的组织"。

21. 与此相反,存在一些明显的例外,反高速公路和反核能的游说是最典型的。同样,一些组织反对开发贝尔沃煤田,认为"需求"并不成其理由(见Manners, 1981b)。

22. 这些低的响应率说明大家不感兴趣,但部分人是因为无法对这类参与活动作出反响,更多的人则是冷嘲热讽,讥笑居然会有人听从他们的观点(见Cotgrove, 1982)。

23. 尽管在一些孤立的场合下,工会曾经向开发本身之需求挑战——澳
422 大利亚短命的"绿色禁令"运动就是一个例子(Roddewig, 1978),但是,他们大体上拥护开发部门。也就是说,除非某一经济活动威胁到了其成员的安全——煤矿工会反对核电站就是一例。

24. 这是一个公司部门本身所持有的心照不宣的观点,就像塔沃拉里亚斯早先所引用的说法一样(见142页)。

25. 相应地,地球之友组织已经采纳更有竞争性的姿态,以避免直接与政府部门纠缠在一起。

第十章 通过社会变革摆脱困境还是生态灾难?

当然,无论何处……总有些政客、神职人员和经济学家试图按他们的观点来解释现实。永远不要相信他们,宁愿去相信小说家。(Malcolm Bradbury,"*Rates of Exchange*",1983, p.8)

没有任何讨论资源和资源政策的书能避开对未来的关注。虽然任何政策评价都必须是前瞻性的,注重行动的潜在过程,但争论的焦点仍集中在贫困、资源枯竭、环境质量和公平分配等有关未来资源开发和福利分配模式等关键问题上。然而,考虑未来资源利用的趋势是一回事,未来学、科幻小说和乌托邦式的幻想又是另一回事。我们这里不打算去预测未来,尽管大家已经为此做了大量的工作(Jahoda and Freeman, 1978),但心有余而力不足,把一些工作留给小说家去做或许更好。我们在这一章也不想说服任何人,无意去支持一种为了创造一个更美好的社会而打算做些什么的乌托邦式的幻想。

所有关于令人向往的资源开发途径、环境开发的未来和全球福利再分配,以及为实现它们所作的制度安排等关键问题,都是一些使用了无数修辞、令人眼花缭乱的预测和一堆应该如何如何的规劝。理想主义和乌托邦式的幻想本身并没有什么过错,他们毕竟是人类改造自然的原始推动力量，意在“改造历史”(Mannheim, 1966; Cotgrove, 1982)。但是乌托邦的概念本身就有很多歧义，而环境学家太频繁的关于天堂般田园牧歌式的未来展望，只会成为对许多人的诅咒。就像皮尔逊和普赖尔(Pearson and Pryor, 1978, p.347)所指出的那样，“那种坚持和谐是建立在全球生态一致性基础之上的观点，是有些虔诚和天真的”。此外，从描绘一种美好的未来到实际设计一种有效的政策纲领去实施它，还需要迈出很大的一步。当然，这些品格高尚的规劝与政治几乎毫无关联。

424 我们必须同心协力地把握时代赋予我们的各种机会，去终结那种剥削的时代，怀着重建过去的那种令人愉快、俭朴和快乐的共享愿望，去开创一种人道主义的相互关心和通力合作。(O'Riordan, 1976, p.310)

在这里，与其从事预言式的炼金术或着手制定一项在地球上建立一个新耶路撒冷的宏伟计划，还不如做些更为实际的讨论。在此我们要做的事是，以我们在本书已经给出的许多事实为基础，把谬误与未来真正要考虑的那些资源利用问题区别开来。必须再次强调的是，这样一种尝试不可避免地会带有主观臆断的色彩。附带说一句，不同的解释、不同的意思，可能会源于同一种事实；没有什么是绝对客观的真实。

某些假象

自然资源稀缺是发达国家经济持续发展的障碍

20世纪60年代晚期、70年代早期爆发的对资源稀缺的恐惧，不过是对一种重复出现的担心的最新证明,即关键矿产资源和能源输入的短缺将危及“现代”增长进程的经济基础。一种悲观的预言认为工业文明的大厦即将坍塌,会在物质系统的固有限制面前又一次退却。但是直到1982年,在公众中广泛流传的一种观念是:严重的、破坏性的关键原料短缺将要发生。大约59%的美国公众显然相信严重的石油匮乏将在1989年出现,而37—52%的英国人、澳大利亚人、德国人和美国人认为,严重而且是毁灭性的材料短缺可能会发生(Milbrath, 1983)。但是这种恐惧是站不住脚的。公众的感觉部分是受1973年和1979年石油危机的影响,但是他们同时也被两种对立的利益集团的宣传所左右。一方面,环境和社会组织要求一种新的“非物质”的政策导向,一直把稀缺性作为支持其“以扩张为其基本精神的工业生产方式……是不可持续的”观点(Goldsmith et al., 1972, p. 15)。另一方面,短缺的幽灵、排队领救济的队伍和“最低生活水平线”一再被各种各样的经济利益集团提出来,他们总是希望扩大经济活动、减少环境和计划限制、有较高的矿产品价格、增加核能投资,如此等等。

之所以认为自然稀缺的存在是一种错误观点,是基于资源开发系统的三种相互关联的特征。首先,自然资源是人类心智的产物,他们的极限不是有形的,而是被人类需要、制度、想像力和创造性等所决定的。第二,技术变迁的进程已牢固地确立,几乎没有迹象表明创新活动的速度会放慢,以至有必要去重新限定那些**以资源为基础、对保持垄断资本的增长至关重要的要素**[1]。第三,也是最重要的一点,发达国家的经济体制(无论是混合的、资本主义的 425
还是计划的)都与生俱来地存在某种适应机制,能弥补维持增长进程和资本积累所必需的某种特定资源产品的短缺。替代的潜力,以它所有的形式,包括再生、资源保护、新材料供给的开发和生产性输出的变换,使得资源的开发过程具有较高的动态性。事实表明,正是这些活跃在创新组合中的适应机制使得系统变得如此强壮。一种错误的论断是:"在20世纪前半叶,还不能指望能无限地加速增加输出过程的效率以弥补矿产品(例如铜)等级的下降"(Sandbach, 1980, p. 209)。它忽视了这样一点,即某种"新"矿产资源的供给并不一定是持续增长的关键所在。只有很少的矿产资源在经济使用中不能找到替代品。正如桑德巴赫自己后来指出的,发达国家的增长甚至不一定(并且越来越不一定)依赖于资源型的工业,而依赖于输出服务。声称资源的适应性能无条件地存在(不需要付出相当的代价)是愚蠢的,但是关键原料输入的自然短缺并不包括在其中。经济增长机制可能会是无效率或者是不公平的,也可能是不完全就业的,甚至还可能是环境敏感的,但是它展示出了一种惊人的能力去维持必要的输入流以保证其持续增长。

地缘政治造成的资源稀缺是发达国家经济增长的障碍和对国家安全的威胁

地缘政治阻碍论的支持者由讲多种语言的古怪人群组成,汇集了西方政客、利益保护集团和本地资源的生产者及某些马克思主义评论家的各种奇谈怪论(Gedicks, 1977)。他们都争辩说,"北方"发达国家在历史上对本国资源长期的过度开发和现存的不均衡的资源分布状况,使得"北方"国家依赖于以较便宜的价格从"南方"国家进口资源。这样,随着欠发达国家中民族主义的兴起和他们对更加平等的全球财富分配的渴望,可能导致主要资源供给国之间的分裂和供给成本的上升,这些事情可能会使对资源的权力发生戏剧性的转移,并影响"资本主义的动态"。无论如何,和谐结束了,在一方看来,这种可能性会被当作是一种威胁(US National Commission on Materials Policy,1973;Bergsten, 1974);而另一方正在庆祝成功。

无疑,石油输出国组织(OPEC)的行动清楚地表明,地缘政治引发的稀缺能够对资本主义国家的经济产生严重的干扰,从而进一步使相互关联的全球经济系统产生震荡。但是很少有迹象表明有某种重要的、普遍的权力从北部的发达国家转移出来。欠发达国家的生产者想"敲资源消费国一笔钱",或者是"使用他们的商品 426
权利去建立一种新的社会经济秩序",这些观念依赖于这样一种假设,即资本主义国家的经济增长依赖于从"南方"输入资源。但是从大的空间尺度上看,这种假定是站不住脚的。

发达国家是主要的矿产资源生产者和他们自己的共同资源的主要消费者(见85—100页),这一点在相当程度上使得欠发达国家手中的牌威力大减。此外,如在第四章所指出的,即使对于相对较小的矿产组织来说,只要对北方的进口依赖到相当程度,其有效使用商品武器的权利就大打折扣。有攻击性的供给限制和价格上升只能在下列条件下发挥作用:对矿产品的需求是无价格弹性的;对以工业为基础的进口国来说,矿产资源的用途的是相当关键的;并且这种用途无其他较为接近的替代品存在;消费国不存在价格上升时能够有开发价值的条件储量。然而,在非燃料矿产品中,没有一种具备上述条件。"敌视性"的生产者行动,或者生产中心的政治波动,最多只能引起短期的供给混乱,但是这种影响因存在大量储备而减小了。只有在石油的例子中,可能会存在有利于资源权力形成的经济条件,但从目前趋势看,这也不过是短期存在的现象。石油输出国组织在世界石油供给中的份额戏剧性的下降、石油在能源产品中相对重要性的下降和石油输出国对西方发达国家经济健康发展的依赖性等,所有这些都使得通过有计划地制造供给混乱来制造大规模的能量短缺问题越来越不可能。

当然,这并不意味着在中东发生大规模的政治动荡不会对世界石油市场造成混乱,但是这种事件所具有的经济意义对发达国家来说,随着海湾国家在世界能源供给量中份额的下降而日益减小。可能有人会辩解说,石油输出国组织行动(对未来供给的任何限制)中的主要输家是第三世界国家,他们永远也别想在限产提价中占已经实现工业化的国家的便宜。

正如矿产开发体系中包含某种适应机制能弥补自然稀缺的出现,这也同样适应地缘政治所引发的短缺。即使在 1973 年的石油危机到来之前,主要的矿产跨国公司就通过重新调整他们的投资格局来对付政治风险。勘探和资源开发支出转向相对"安全"的地区,技术创新又使得在非传统资源供给部门进行商业开发和投资多元化成为可能,这些都在空间上超越生产领域,有助于减少公司和"北方"国家对地缘短缺的脆弱性。

427 同样,矿产消费国也能够将他们自己的防卫方式制度化,包括提高使用效率,增加资源保护和重复利用的支出,扩大替代性资源开发等。此外,发达国家政府并非坐以待毙地去接受那些他们认为会对其国家经济福利和安全造成影响的威胁。他们不仅通过减少进口依赖以减小供给混乱和价格上升造成的影响,还同时利用他们的政治经济实力去削弱有"敌意"的资源生产国政府。

正是这种跨国公司强大利益的有力汇集,使发达国家的资源消费者与其政府沆瀣一气，以阻止任何重要的权力从"北方"转向欠发达国家矿产资源生产者。第三世界在较高程度上依赖于发达国家的出口市场、资本和技术。除非这种依赖格局被打破，我们难以看到资源出口国有办法"敲发达国家一笔"或者"打破资本主义霸权"。

环境保护和计划控制是资源开发和产业发展的障碍

无疑，环境保护组织的运作、计划和污染控制措施的实施，已经在实际中延缓了本国资源供给项目的开发和运输加工设施的建设。在大多数西方发达国家中，我们可以找到核能项目、露天采矿、石油和天然气开发、熔矿和炼矿、森林项目和水资源供给扩大项目等由于遭受坚决的反对而被迫延迟的例子。同样有例子表明，某些项目被计划当局否定了，或一些大公司放弃了获得开发权的企图。然而，除了核能开发项目，很少有事例表明环境压力使得总的资源生产投资规模减小了。事实上显而易见的是，在 20 世纪 60 年代后期和 70 年代，当环保主义达到高潮时，矿产勘探和资源开发投入转向了发达国家。这有力地说明，矿产公司在通过计划程序调整他们的生产方式，以达到减少污染和资源循环利用条件等方面所付出的代价，这并没有在很大程度上影响他们的投资策略。

只要是替代性资源供给或加工场地的更换在经济上可行，环境压力组织就能够将那些不受欢迎的活动的场所转移到受较少抵制的地区。在所有的国家中，总有一些地区准备以接受环境的恶化为代价，通过开发矿产资源项目带动就业增加并形成经济开发优势。显然，公司把调查环境压力强度和据此调整投资计划的空 428

间格局作为他们评估替代性场地的一部分，同样包括意料之中的因计划获得批准所需的推延。只有很少的例子表明，当开发许可受阻时，企业不正常地放弃了他们计划中的投资；相反，他们总是成功地在本国其他地方寻找替代场所，只有很少的企业被迫到海外去寻找“排污天堂”(Gladwin, 1977)。

当重要的开发机会存在于某些特定地点，并且在经济上有巨大吸引力时，反对环境污染的势力很少有机会能阻碍开发的进行，尽管厂商需要在工厂的选址方面作出让步，实行污染控制措施，或在回收利用项目等方面满足环境保护者们。开发的吸引力实在太大了，以至于厂商很难作出不生产的选择。大的资源公司与政府之间容易沟通，事实上，特别是在欧洲，它们中的很多都是政府的分支机构；资源被作为经济增长进程中至关重要的投入物；所有国家的政府出于国际收支平衡和安全的因素，都十分重视本国资源的供给来源；并且，大多数在重要领域中相当有影响力的公众，都欢迎由资源开发带来的就业增加和潜在的扩散效应(通过发展服务和加工工业)。在上述情况下，很难看到征收环境税和计划控制对资源开发的持续投入存在任何显著的障碍。

同样，资源保护和污染控制措施会对经济活动的水平产生任何实质影响也似乎是极不可能的。这个观点基于两个相互联系的基本理由。第一，如在第九章所讨论的，有效的政策形成过程阻碍了除勉强地、缓慢地向既定现实作调整以外的一切活动。已正式形成的对重要经济部门征收直接的、重要的污染减少附加费的政策，很少会有彻底的改变。因为这种改变造成的政治、经济和社会后果实在是太严重了，值得大多数政府深思。当立法被作为处理“危机”和减少冲突的必要手段时，生产者被给予足够的时间去调整他们的生产技术。现有的生产者受到立法中所谓的"祖宗条款"保护,通过既定的时间表,或者更经常的是,在项目实施过程中采取非正式的方式调整时间安排。在强制性机构中存在着谨慎、有责任心的代表在此是很关键的。在所有国家里,即使在那些存在对抗系统的国家中,强制性活动也是倾向于经济利益的。很少会有强制性机构会因企业不听话而企图去关闭它(即便它们有这样的权力去做),并且承担由此而引起的失业和地方经济的动荡的责任。

这些并不意味着环境保护和污染控制措施不会被实施,但它 429
们将出现在那些与其工业系统的技术和经济能力相适合的地方。强制性控制的威胁,迫使企业研究如何对加工处理技术、原料输入和产品结构等做可行的调整。一旦这种研究找到了解决的方法,那么对强制机构的服从就不会影响已既定的经济增长进程。正是因为这种调整潜力使得生产实践活动更符合环境质量要求,这是认为资源保护和环境污染控制对经济活动水平不会产生任何物质影响的第二个基本理由。经济活动的形式无疑会发生变化,但其规模则未必会变。

绝非任何形式的经济增长,都存在重大的环保问题,使用破坏性较小的技术,不一定会比现有的既定生产技术更昂贵。另外,一些生产者将从资源保护和环境控制中获益。某些人会因投入成本的减少而获益,或因河流水质的改进降低了供给成本,或者由于利用了废物回收利用所提供的廉价再生材料等等。其他人将看到对他们产品的需求增加了,或出现许多利用降低污染的技术或生产环境"许可"商品的厂家。如图 10.1 所示,商人能从改善环境污染中发挥他们天才的创造力去谋利! 显然,没有任何潜在调整能自动发生,系统的惰性是巨大的,并且只有持久的压力才能使环境损害趋向减小。然而,由于强大的既得利益集团的存在,环境学家能否成功地扭转单纯对经济增长的追求是令人怀疑的。

为什么?

环境专家认为,酸雨是雨、雪、雾或含有硫酸或硝酸的干分子引起的。

问:在与我密切相关的直接领域里我没有意识到这个问题,因此,我为什么要担心?

答:酸雨是被风从别处吹过来的,因此不再是一个地区性问题。酸雨对汽车油漆造成损害的问题是日趋严重的国际性问题。

问:我什么都不做又会怎样?

答:专家们关心的问题之一是大多数人不注意酸雨造成的危害,直到家里的烟囱罩和屋顶都脱了色。这还仅仅是损害的第一步。

问:什么是防止这种损害的最好办法?

答:不管天气怎样,一个星期至少洗一次车,因为这是防止酸雨和生锈的最好办法。

问:为什么我要考虑洗车商的?毕竟听起来有那么点意思。

答:不要只听他一个人说的——不仅有很多的科学报告,你也可能已经在《时代》杂志上读到过英国的酸雨"相当于醋的酸度的六倍"。

所以记住……在这里洗车

酸　　雨

拯救你的汽车

在这里洗车

问:什么是酸雨?
为什么要关注它?

图 10.1　减少酸雨造成的污染损失的一个天才办法

真正的问题

真正的资源问题是去伪存真的必然结果。一直有人断言，当强大的经济利益集团直接受到资源稀缺、枯竭和冲突的影响时，经济和政治系统都会利用它们的适应机制去消除压力，以便确保经济增长和资本积累的持续存在。因此，如果仅有的解决方式与占主导地位的经济利益集团的利益直接对立，问题是不可能得到解决的。另外，如果各种形式的资源稀缺、枯竭和退化等与该利益集团的利害毫无关系时，问题的解决也是绝对不容乐观的。

国际资源贸易和分配公平

自从建立国际经济新秩序被当作政治问题出现在20世纪70 430
年代，已经引出了无数的讨论文章。虽然，市场机制将最终减少空间上的不公平已经又一次成为时髦概念，但来自资源部门的事实却很难证明这一点。显而易见的是，矿产开发和输出贸易已为欠发达国家的生产者提供了十分需要的资本投资，但是并没有能导致其全国范围的经济可持续增长或扩散，也没有能缩小其贫富间的收入差异。无疑，许多第三世界国家经济管理的不善、国内的争权夺利，浪费了由资源输出带来的经济增长机会。笼统地批评所有的欠发达国家在资本主义贸易体系中的缺陷，特别是针对跨国公司，是一种天真和简单化。然而，正是国际贸易体系中的某些长期性特征，事实上加剧了空间上的不公平。

经济发展进程的总趋势是生产的商品越来越复杂。这意味着初级产品价格在最终产品中的份额必须降低到相当程度。因此，除非第三世界国家能改变他们作为初级矿产品输出国的角色,他们对产品总价值的贡献必然下降,他们的相对收入也随之下降。
431 企图以提高出口价格和增加生产国资源"地租"的方式,并不能改变他们在资源贸易中所扮演的角色,尽管如果这样做能够成功的话,会获得额外的收入用于诱发其他形式的发展。然而,通常存在的若干限制条件制约了出口价格的提高和"地租"的水平。保护矿产公司和消费者避免物质上的和地缘政治造成的短缺的调整机制,也同样限制了资源出口国的热望。

如果欠发达国家的生产者想要在由他们的资源引起的收入和经济增长中保留相当的份额,显然应该发展加工工业与相关服务行业。但是国际矿产公司与资源消费国都不允许发生这种生产转移。具有经济优势的资产多元化公司,加上消费者政府利益集团,后者出于对进口矿产加工品不利于国际收支平衡、安全和就业等因素的考虑,形成了反对加工工业重新布局的强大势力。当欠发达国家在政治上不安定,喜欢经常改变税收和关税体制,并且还有没收资产的传统时,这种势力就会变得更加强大。从 1960 年到 1970 年,在 1 447 个被收归国有的公司中,只有 200 个发生在发展中国家以外的国家(United Nations,1978)。由此我们毫不惊讶,跨国公司不愿在矿产资源中心对维持他们初级矿产品供给所必须的投入之外追加更多的投入。尽管来源于国际银行体系的本国资本和基金有可能(且已经)会被用于加工工业的开发,但是这种投入的生产力水平依赖于市场销路,它们受制于欠发达国家内部较低的有效需求水平和加工产品交易中严重的贸易壁垒。

因此,通过资源贸易来纠正全球不公平的可能几乎微乎其微,除非设立强大的国际机构去建立国际经济新秩序。从目前看,只有微弱的迹象支持廷伯根(Tinbergen,1976)的乐观看法——国际机构的出现仅仅是个时间问题,这个机构如在一个国家范围内所做的那样,去计划、协调经济发展,追求社会福利目标的实现。福尔克(Falk,1980,p. 87)可能是对的,“国际社会的改革要求在全球范围建立一些重要的制度”。但是是否真的需要由那些有权提出建议的国家来改革国际社会?当然,我们可以怀疑华尔街日报是否反映了主流观点,在“对第三世界国家的一个忠告”(1975 年 7 月 17 日,p.19)一文中指出,“不要指望美国会给你繁荣,也不要认为你能通过勒索而获得,如果第三世界国家希望像我们一样富有,他们应该跟我们学做一些事。”

可更新资源稀缺:对欠发达国家的展望

诸如水、木柴和土地生产力这样的流动性资源,从绝对的物质意义上看并不一定稀缺。未被开发的土地和海洋生物能力是巨大的,从所有实际角度看,水资源是可以无限循环供给的。然而,如果人类制度(经济、社会和政治)不能利用并把它们分配给那些真正需要它们的人,那么,这种潜在的资源仍与人们的生活不相干。毋庸置疑,数以百万计的人受到食物、水和燃料短缺的困扰,并且没有多少可能指望通过技术和善意的安慰摆脱困境;从国际专家和政治大会上寻求对这个问题的更好理解是更为渺茫的事。“绿色革命”并没有能创造奇迹去解决食物短缺问题,实际上,它反而使得大多数社会底层人民的生活进一步恶化,使得他们在国家经济中的地位更加边缘化。现在我们可以认为,雄心勃勃的联合国荒漠改造计划并没有能阻止沙漠边缘的土地生产力进一步退化。并且引人注目的“水十年”计划的成果,并没能覆盖那些贫困人口 432

的零头。

大多数欠发达国家基本的贫困问题根植于它的社会经济结构之中,这种结构剥夺了最贫困人口的有效需求和政治影响。但是相信仅仅依靠重新调整社会关系就能完全解决这个问题是很天真的。这并没有能使中国避免由于土壤侵蚀而在过去的20年里失去大约30%的耕地的命运(Smil, 1984);也不能解决由于森林被毁坏,而使大约5亿人在一年中至少有3—5个月遭受燃料短缺的困扰(Rigdon, 1983)。舒姆皮特(Schumpeter, 1950)、舍曼(Sherman, 1972)、斯特雷顿(Stretton, 1976)、施奈伯格(Schnaiberg, 1980)及其他许多人都认为,只有社会主义计划经济能阻止生态环境退化,并且在稀缺资源分配上实施人人平等的政策。他们可能是对的,但是在政治秩序改变与解决可更新资源稀缺问题之间没有任何直接联系。社会主义国家已有的实践与罗斯曼的乌托邦观点并不一致:

> 与资本主义社会不同,社会主义社会是建立在满足全体人民需要的基础之上的。社会成员有权行使其法律和政治权利以获得一个健康的环境。(Rothman, 1972, p. 33)

这已不仅仅是一个通过重新调整社会关系以适应人民群众需要的问题,而是必须决定哪种需要在时间尺度上有优先权。

433 解决这种形式的资源稀缺问题是非常复杂的。无疑,它需要对真实收入的再分配在国内和国外范围上做大量的工作,并且,它需要重新安排国家发展的优先次序。不得不先把短期效益和工业基地的扩张问题放在一边,更多地去重视增加乡村部门的长期生产力的提高。许多国家能否克服可怕的政治和制度障碍是令人怀疑的;同样,很多政府在如此沧海桑田般的巨变中能否战胜那些面临权力损失的强大既得利益集团，也是一件让人怀疑的事。我们同样也不能太相信那种被普遍接受的观点，即认为穷人将通过暴力获得最终解放，并获得那些曾经被拒绝给予他们的权利。在绝望中挣扎的穷人很少领导革命运动，他们对自身命运的漠然接受使他们的生存条件更加恶化。

可更新资源稀缺：对发达国家的展望

对发达国家，说可更新资源稀缺或可能稀缺，是没有任何实际意义的。稀缺是长期存在的问题。从生态革命的前景展望，已经出现许多紧迫的稀缺问题，因为环境变化是不容置疑的事实，并且人类之外的物种生存的"权利"还未得到尊重。在那些认为诸如蓝鲸、黄条背蟾蜍、斯堪的纳维亚湖还有德国的森林等等毫无用处的人看来，这些资源的消失和退化并不构成一个稀缺问题。发达国家的资源稀缺问题，可基本归结为有效的环境产品和服务与它们在不同的社会集团之间的分配方式上的矛盾。当然，如果仅仅从单个物种和景观考虑，关于未来环境的争论就显得微不足道；但从根本上看，事实是这个问题通常被表达为一种赤裸裸的权衡：是要北极圈的冰山还是要水资源供给，是要湿地还是要食物生产，是要斯堪的纳维亚湖泊的生物资源还是要增加电能负荷。如果每种环境产品和服务都没有确定的价格和价值，那么供给不足和过度使用就是市场交换体系中固有的特质。此外，代表、参与和影响等民主程序绝不会确保政治决策体系能公平地分配非市场决定的环境资源。然而，并非中央计划的社会主义经济或对小国寡民社会生活的回归，就一定能解决人们对不同环境产品需求的种种矛盾。乌托邦的社会不能臆想：能在那些想要尊重野鸭生物权利的人和那些想要射杀并吃掉它们的人之间达成完全一致。

434 尽管我们周围充满了警告性的预言,但维持生命的生物地球化学循环系统并不会立即崩溃。然而,环境变化看起来已不可避免。问题的关键并不在于生命能否持续,而在于我们将会在什么样的社会环境中生活。正如曼·博格斯(Mann Borgese,1980,p.193)所言,“历史将按它自己的方式摸索着前进”。空间和社会不公平将不会消逝,马尔萨斯极限的存在将继续使数百万人的生活“肮脏、野蛮和短暂”;发达国家的环保精英们将继续通过用以提供他们最喜爱的环境质量产品的方式,来推进经济增长的进程;令人瞩目的物质生产方式和“后物质”消费方式将继续与第三世界国家形成令人厌恶的鲜明对照。社会运动将继续循环往复,但是那些指望依靠欠发达国家的资源权力或环境运动去制造“后工业化”革命的人,看来还得苦苦等候。事实表明,发达国家中相当多的人越来越不重视功利主义,而且政府也开始考虑环境风险。然而惰性是巨大的,它深深地根植于价值体系、社会经济和政治结构之中。

马季亚维里在1513年的《王子》一书中指出了问题的核心所在,但自那以后,没有发生什么以使人类制度的基本精神或人类心智发生变化。马季亚维里写道:

> 没有什么比建立一个新秩序更难于实施,更让人怀疑其成功,并更难于驾驭。因为改革者面对的敌人是所有那些从旧制度中谋利的人,而在那些将从新秩序中获益的人里,只有一些态度暧昧的支持者。暧昧主义的出现部分是出于他们对那些处于有利条件的对手的畏惧,另一方面源于怀疑主义,他们不相信任何新生事物,直到他们自己亲身经历过之后。

注　释

1. 这并不是否定：技术装备能提供解决资源稀缺（例如，欠发达国家中乡村水资源稀缺、木柴缺乏和土壤肥力耗尽）的办法，而且不会严重触犯发达国家资本利益集团的利益。

435

第十一章　结束语：寻求可持续性

人类发展的生态学和经济学“正变得更加相互缠结，成为一个无缝的因果网，无论是从地方、区域还是从全球尺度看都是如此”。按照世界环境与发展委员会(即广为人知的布朗特兰委员会)(World Commission on Environment and Development，1987)的看法，这些相互关系要求所有国家的人民和各界人士赶紧重建国家的和国际的政策与体制，以促进社会与经济发展的可持续性。其基本立场是：有可能设计出既满足当代社会—经济需要，又不损害后代福利的战略。这种论调并非新的(Clark and Munn，1986；O'Riordan，1988)，但该委员会的报告标志着国际政治态度的重要转变已得到认可。政治家和政府官员现在使用着环境保护论者的语言。可持续性已变成一个令人尊敬的概念融汇进国际关系的词汇中。确实，环境问题在各种最高级会议上已成为时髦的论题，撒切尔夫人甚至宣称：她的政府“采纳可持续发展的概念……经济的健康以及我们环境的健康整个是相互依存的”(在皇家学会的演讲，1988年9月27日)。

然而，可持续性概念在从环境保护文献转移到国家领导人讲话的过程中，已迅速改变了其意义。在新的概念中已没有了环境道德的地位，环境仅仅被看成是提供财货和服务的功能性概念。包括环境系统在内的全球资源基础对经济发展施加了不可回避的绝对限制，这个观点已被抛弃。这种抛弃表明70年代早期曾经如此流行的解决环境问题的非增长办法(见257页)已经过时。关注的中心已显著转移，需要整个重建社会以适应环境，这已不成问题；问题在于如何维持环境的生产力以推进长期的社会—经济发展。可持续发展的观点为什么变得如此盛行，其中的原因是显而易见的，根本原因是它使我们有饭可吃。环境保护再也不意味着对物质主义的牺牲和对抗。

这种对可持续性概念的重新定义，显然为未来环境的争论注 436
入了更多的乐观情绪(很多人也认为注入了更多的困惑)。生态与经济看来是可以协调的，环境质量与经济增长不再是不可兼容的了，相反，它们可以相互支持。用《欧洲共同体第四次环境行动计划》(1987)的话说：

> 若没有经济和社会方面的进步，就不可能有完美的环境政策；……若不充分考虑环境并把它看成是经济与社会发展的基本部分，就不可能有可持续的经济与社会进步。

可持续性概念的操作化

尽管可持续性这个术语被广泛使用，但其准确意义却不是很清楚的(Turner, 1988)；确实，有些人认为它已成为一个包罗万象的词汇，实际上用来为一切利益集团关于未来的观点辩护。更难以捉摸的是将这个概念转换为实施工具和管理策略的机制。许多分析家区分了使用这个概念的两种不同的形式(或模式)。遵循特纳(Turner,1988)的用语[1]，对可持续的增长模式再没有进行过关于当今环境和社会之间关系的任何根本性再思考。环境仍然被看作是纯粹的实用功利性的名词。保护是政治目标之一;为了把经济发展道路逐步转向那种能保持可更新资源的再生能力并且从使用不可更新资源转向可更新资源的方向,许多技术的、行政管理的、经济的手段已被采用(见图 11.1)。相对而言,可持续的发展模式表述出一些实质性的转变。保护和维持成为用来判断政策标准的唯一基础。环境伦理观成为分析家们的主要议题(p.8)。毋须多言,在后一种模式中世界各国的政治家们很少使用可持续性这一概念。

自从实用主义者(即那些在可持续的增长模式中把环境看作所需物品和服务的纯粹供应者)被分成许多派系后,讨论争辩之中有了更多的混淆。其中四个派别尤具重要性。这些派系在他们对社会未来的看法上及他们关于适当的管理机制的观点上有着显著的差异。

首先,有些人机会主义地使用这一概念来促进(或减少反对)特定的产品或发展项目。一个明显的例子是日益普遍地声称核能是环境上最清洁的大规模发电方法,并且是确保可持续能源供给
438 的唯一途径(Mrs. Thatcher *The Times* Interview, 26 October 1988)。核工业也正在证明它作为"未来清洁能源的一个安全来源"的提供者的能力(英国核燃料公司产品目录通报, New Scientist, 15 July 1989)。很显然,这些声称忽视了通过事故带来灾难性破坏的危险,例如切尔诺贝利,没有顾及尚未解决的放射性废物处理的问题。

同样,林业利益已试着证实大量种植策略有助于全球大气系统的可持续性,而遗传工程师则为生物技术将通过增加食物产量

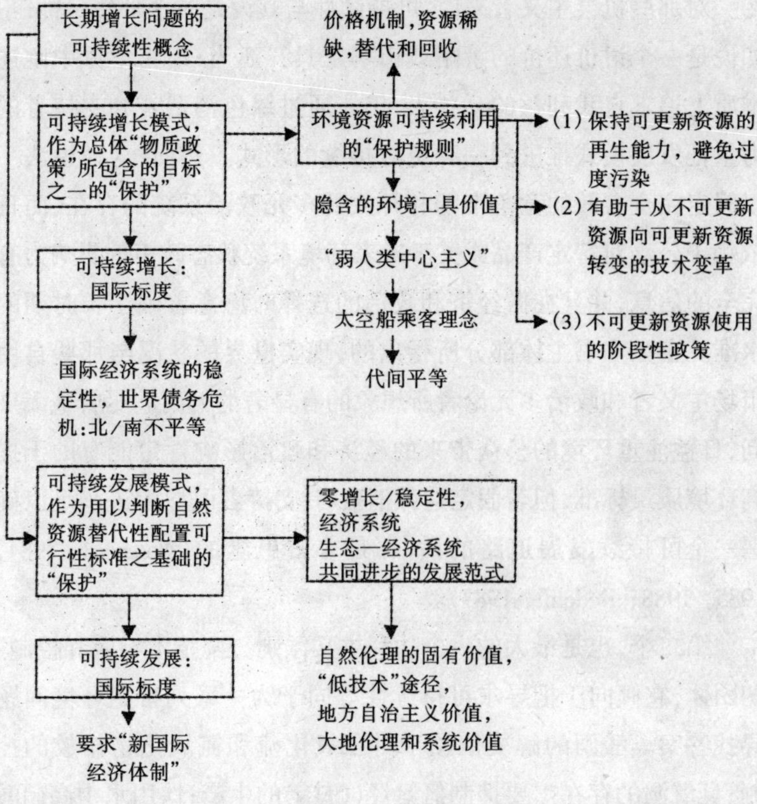

图 11.1　可持续增长和发展

资料来源:Turner, 1988, p.7。

和减少对农业的化学投放物来提高可持续性找到合理依据。同样,一些制造商们意识到明显的"绿色"食品大有市场潜力,并且,正如奥赖尔登(O'Riordan,1988)所指出的,开发商们开始意识到"在可持续性的伪装下,任何本来在环境上敏感的项目都可以变得合理"。那些政治家们,不顾一切地推崇可持续发展来争取绿色拥护者的支持,当然也被归入机会主义者这一类里[2]。

对那些机会主义者来说,可持续性与其说是一个环境目标,不如说是一个讨价还价的策略或市场工具。亚当·斯密学派中阐述本质上追求自我利益的一些人,仍能通过绿色消费者和支持者的力量把发展模式推进到一种更可持续的形式。然而,这种说法不仅假定完全有效的竞争市场和开放的多元政治系统的存在,而且依赖于公众对特定产品或关于未来环境系统状态政策的影响力有完全的信息,并且在做经济和政治的选择时愿意着眼于长时期的水准。正如本书主体部分所指出的,现实世界的状况与那些自由市场主义者和政治多元论者所想象的有显著的偏离。尽管毫无疑问,日益注重环境的公众带来的经济和政治影响肯定能有助于提高环境质量标准,但若假定这种消费者/支持者引导的进步足以确保一个可持续发展道路的话,那是非常愚蠢的(Norgaard, 1984, 1985, 1988; Redclift, 1987)。

第二个,也是最大的一个功利主义派别,是“技术响应和控制”的团体,它倾向于把寻求可持续性等同于为一系列特定环境问题寻找答案。酸雨的解决依赖于对二氧化硫和氮氧化物排放的控制;臭氧洞的存在需要抑制氯氟烃(CFCs)的生产;饮用水中高硝酸盐含量要求加强对处理厂等的调查。自始至终都突出了该派的着重点。当已知问题发生后就会作出反应,并且每个问题都被当作
439 一个独立统一体来对待,而忽视了环境系统和人类系统中的复杂的相互作用。尽管这种修补损失的方法代价昂贵而且从未抓住环境问题的根源(Simonis, 1984; Janicke, 1985),但它对政治有利,因为不需要对管理制度、投资模式、经济政策或经济结构做重大调整。而且,它使得政府被看作是在科学证据已说明问题真相的地方采取了措施,同时保护消费者和商业团体免受为解决模糊的、不

确定的风险而引入的"不恰当昂贵方法"的损害(Mr. N. Ridley,引自 ENDS Report 165, October 1988)。在本质上,这种对环境的方法的拥护者们在倡导传统污染控制策略的连续;可持续性重点从侵害地方的污染转向了那些对全球产生影响的问题。

第三个正日益变得重要的派系,设想"通过经济进步所追求的平衡方法的转变给现状带来更加根本性的变化……可持续发展意味着消费模式转向有益于环境的产品,投资模式也朝着提高环境资本的模式转变"(Pearce et al., 1989, p.xiv)。通过转变发展道路,很可能使后代可以使用的资产存量(自然的和人造的)保持不变(或有所增加)(参看 138—140 页)。当然,这并不意味着个人资源存量将保持不变,对不可更新资源来说绝对不可能,而指的是"后代应当因为当代人的活动而造成的自然赋存的减少受到补偿"(Pearce et al., 1989, p.3)。

尽管并非所有的"转换经济发展途径"的支持者都能清晰地说出促使这种转变的机制,但越来越多的人支持利用修正了的市场系统,它能确保一种基于环境考虑的价值判断(参看 260—262 页和第七章关于环境改进中使用价格机制的讨论)。这种支持正表明了时代潮流,反映了对管理控制系统的醒悟和对个人自由和喜好的强调。由于生产者和消费者面临着他们的行为带来的真正的社会成本——不仅发生在今天,而且影响着后代,个人偏好就会对决定现在使用的和留待将来资产赋存的特定资源的份额起作用。在使用或耗竭某一特定环境资产影响到整个全球系统可持续性的情形下,例如臭氧层,个人选择一定要受限于"安全"范围内。决定了这些限制是什么后,市场机制能刺激减少使用以及可利用量在用户之间的分配。

440 尽管并不否认基于市场驱动的系统能在可持续发展战略中起作用，但也有其问题和局限性(参见第七章)。除了涉及到对环境服务设置货币价值和在收费系统中抓住污染问题的实质(参见第八章及 Miltz, 1988)这些有相当分量的困难外，有三方面的关键问题必须提到。

首先，环境收费的实施要获得政治上的同意绝不是一项微不足道的任务，这种收费要足以真正地刺激生产商转变其生产过程、原料投入和产品范围，就必须足够地高。尽管可持续发展也许是一个公共政策目标，但其他目标不可避免地会缓和这一目标的可达性；关于就业、通货膨胀、国际竞争和政治同情等方面被充分鼓励的收费策略的影响，在制订决策过程中起着关键作用。有意思的是，尽管基于区域或国家的污染收费系统有了四分之一个世纪的经验，却很少能起到真正的刺激作用；大部分是筹集税收和再分配的方法。虽然对可持续性的担心会随着能注重全球污染和耗竭问题的税收策略的发展而显得日益紧迫，但要认定在税收方面有快速的实现仍需超凡的信赖感。例如，现在对含碳燃料的征税是对付全球变暖的广泛讨论的问题，但是很少有政府热心地实施这一主张。石油和煤炭出口国家(及多国公司)反对它，尤其当化石燃料开采部门存在大量盈余的阶段。第三世界国家认为这一税收是企图遏制他们发展的又一个阴谋，而许多北半球国家仅在其竞争对手这样做的时候才反对它的实施。

第二，任何税收系统对可持续发展的贡献从根本上依赖于生产商和消费者在实际中对价格的反应。如第七章第 298 页所述，很多原因解释了为什么“合理”的反应没有像经济家们所预期的那样发生，尤其在短期内。经验研究已经清楚地表明企业的信息、技术和资金的限制是抑制反应的重要因素(Rees, 1988)。而且,高度不完全竞争企业的存在使企业简单地将污染税转嫁到消费者头上而不着手减少污染的做法显得很合理。当这些不完全竞争企业的产品缺乏需求弹性时,消费者的反应也就无法限制生产和使用带来污染的产品。单靠定价来刺激为达到可持续发展而需要的生产和消费模式的转变就很不可行了。

第三,很重要的是,价格解决办法的困难来自于这样一个假设,愿意支付是环境产品和服务给消费者带来效用的一个途径。
这一点,在创建可持续发展道路的背景下,不仅带来了当今的支付 441
意愿要反映环境资源对后代人的效用这一问题,而且忽略了"支付能力"这一事实。在任何本质上认为资源分配取决于一元钱代表一个投票意愿的制度中,这就不可避免地偏向于相对富有者而远离了贫穷者的基本需求。例如,为促进保护而征收的能源使用税被普遍认为是一种退化(参见166页)。尽管在单个国家中通过所得税和福利系统可以减缓对穷人的冲击,但当需要对收入进行国际再分配时一些更加难以解决的问题就会随之而来。很明显,对全球有限的环境资源容量进行价格竞争时,发达的富国总能比相对不发达的国家出更高的价格。这暗示了只有福利状态的全球性转变被引入到实际收入的再分配中南部国家才能同意加入任何国际税收系统。

财富问题及其关于资源分配的含义,引导我们进入功利主义的第四个派系,即那些把平等和财富再分配看作可持续性讨论的核心的人们。埃米尔·萨利姆(Emil Salim,1988)(印度尼西亚国家人口和环境部长)认为,可持续发展意味着经济增长"走向人均收入的提高、生命的平等、更加公平和贫困的消除……"(p.150)。从国内尺度考虑,更重视地区可更新资源库的过度开采,而区内森林砍伐、土壤侵蚀和荒漠化正在破坏支持当地人口的即使是最基本物质生存的环境承载力。贫穷和环境恶化已经成为正在加深的欠发达陷阱的一部分。贫穷留给人们很少选择的余地,并尽量从资源库中攫取短期所得;土壤、森林、地表水的耗竭又加深了乡村的贫困程度,如此恶性循环。可持续发展战略被看作对这些问题的普遍共同的反应(Chambers, 1986; Tolba, 1987)。

然而,乡村发展要基于可持续的原则说起来比实施起来要容易得多。可以预见,分析家们之间存在着巨大的意识形态分歧,他们基本上在重述20世纪70年代关于创建新经济秩序的争论。争论内容也许已转到了乡村部门和本地生态系统的生产力,但采取的立场和论证在本质上是一致的。激进的分析者们认为第三世界的贫穷和乡村穷人的边缘化从根源上是结构性的,不完全重新构建全球经济系统就无法找到解决办法。从对当前资本主义性质的重新断言和社会主义经济功绩的幻灭上看,这样一种分析是很悲观的。由不同主张的"兼容者"带来的较乐观的态度是通过现存经济系统的变化以能找到解决办法。有些人遵循技术传统,把生物
442 技术看作救星,当然应有防范措施以确保绿色革命中遇到的问题不会再反复(Ghatak, 1988)。还有些人更注重正确的税收(Pearce, 1988)、国家投资倾向从城市转移到乡村部门、缓和环境敏感的包装和其他相对温和的政策转变(Repetto, 1986)的作用。然而,虽然讨论声一浪高过一浪,第三世界穷人的地位依然如故。

从全球尺度看,那些把平等置于可持续发展核心地位的人们强调成本和利益的分配,并且努力去减缓环境变化的影响。在全球大气变化的背景下,萨利姆(Salim,1988)总结了第三世界国家的

地位,认为要缓和变化,“对已引起的问题共同承担责任就必须共同努力,这是第一位的事情”(p.161)。可核算成本的分担应基于:

1. 应负责任的一方(或国家)从给大气带来变化的活动中获得的利益或利润。

2. 这个(些)国家能提供的处理或减缓不良影响的能力水平。

3. 受影响国家所遭受的损害,用来对付或减缓这种损害所需的可能成本和努力。

4. 受影响国家获得所需努力的能力水平(p.162)。

萨利姆均等分配的要求,一个在管理全球共同体上伦理公平的义务分配,清楚地要求建立能够不可避免地影响有效收入大规模再分配的机制和管理系统。

一些北方的国家,尤其是挪威、芬兰和荷兰,已经接受需要一个有执行权利的新的全球环境机构和资助发展中国家的专门基金。例如,挪威已提出提供其 GNP 的 0.1%——大概每年 6 000 万英镑——给全球气候基金,只要其它工业化国家支持这个动机(ENDS Report 172, May 1989)。然而这个建议并没有得到国际性的支持。英国尽管准备在另一个关于气候变化的全球性会议中起领导作用,但将“最后一个把我们的主权典当给”一个国际执行机构,并且拒绝挪威提出的拨出一部分国家收入的计划(尼古拉斯·里德利,当时的环境问题国务秘书,引自 ENDS Report 172, May 1989)。

443 成本分担的难题

可持续发展概念的欺骗性特征在于,它指出环境限制似乎不一定牺牲经济增长,物质财富的生产能长期持续,尽管整体接受这个建议在口头上是可行的,但要假定没有人被要求为全球利益做出牺牲就没那么简单了。发展道路的转变必定意味着有胜利者和失败者;正如巴特林(Butlin,1981)所强调的,没有一个政策转变会对所有的人都产生中性的或有利的影响。

除非指出分配问题,否则任何一个关于达到可持续发展的机制(如价格、标准等)都不会成功。很清楚,大部分欠发达国家不会加入环境控制方,除非北方国家接受对当今问题的责任并且愿意支付使之减缓的成本而不论成本发生在哪里。实际上,发达国家的当代人应偿付通过耗竭环境同化吸收能力而得到的利润,并且承担限制他们对环境系统的使用而带来的成本。

成本分配问题的重要性在对氯氟烃使用的控制中一直很明显,氯氟烃和其他气体一起促成了平流层中臭氧层的破坏。自1987年蒙特利尔条约签定以来50%的产量缩减并不能防止臭氧层的进一步耗竭,这一点已得到世界范围的认可。现在广泛呼吁到2000年至少减少85%的释放物(House of Lords' Select Committee on the European Communities, 1988)。然而,降低到这一水平需要技术革新来找到有效的、不污染的氯氟烃替代物以满足绝缘材料、空调、电冰箱的需要以及对现存工厂和设施的昂贵改造。对发达国家来说这些成本是很可观的,但像英国、美国等国家毫无疑问会在出口有利于臭氧的技术中得到大部分补偿。可是对于新近进行工业化的国家,成本问题相当严峻。印度和中国已经明确表态,只有当先前使用氯氟烃导致现在需要大变革的富国们支付新旧技术的成本差价,他们才会使用新技术(New Scientist, 6 May 1989)。成本补偿问题并没有达成一致,尽管2000年前印度和中国氯氟烃产品的剧增可以由其他地方的减产来弥补,因此一切都还处于基点。

虽然成本再分配在臭氧层问题中很重要,但它所涉及的钱的总额比起真正采取措施缓和温室效应带来的成本还是微不足道的
(Pearce et al., 1989)。尽管发达国家仍是二氧化碳(主要温室气 444
体)的主要制造者,但今后10年中新工业化的欠发达国家将对排放量的增加负主要责任(参见表11.1)。例如,1987年,中国的排放量增加了4.8%,并且一项雄心勃勃的发展计划正依赖于到2000年煤炭产量翻四番,而1987年中国已经在源于化石燃料的二氧化碳排放量中占世界的10%以上。致力于发展的国家对要求他们承受减少二氧化碳的代价来迎合发达国家可持续发展的需要表示怀疑,这并不奇怪。

表11.1　源于化石燃料的二氧化碳排放量

国家	年份			
	1960	1970	1980	1985
美国	783	1149	1249	1186
西欧	523	779	853	780
日本	60	195	243	244
苏联	389	613	871	958
中国	214	211	395	508
其他发展中国家	188	336	658	819

资料来源:Mintzer (1988)。

对欠发达国家从化石燃料转向低二氧化碳排放的燃料或采用其他降低碳的技术所涉及的潜在成本,并没有一个公认的估计,但

数字肯定是惊人的。这可以从艾伦·曼纳最近的一项研究中找到些证据,其中指出在当前技术状况下,到2020年美国将需要花去国家消费的5%(大概4万亿美元)来保证稳定其二氧化碳排放量在现在的水平上直到2010年,然后实行20%的缩减(New Scientists, 1 July 1989)。美国真正着手于这项花费的可能性由于这样一个事实而降低,即该支出不会停止全球二氧化碳排放量的增加除非苏联和欠发达国家也履行限制要求。而后者只有当美国和北部其他国家支付他们时才接受控制。保守地估计一下,仅仅把排放量稳定在当前水平就需要转移50 000—60 000亿美元。

影响这一转移的一个方法是使用价格机制作为再分配手段。可以在全球征收碳税;然后年税收就可以用来补偿相对贫穷的国家,以资助他们减少碳的计划。然而,这一系统依赖于所征税的年收入能力。显然,北方有效减少化石燃料消耗的高刺激税会限制
445 可用于再分配的税收;另一方面,产生低收入的收费又可能无法将能源使用模式转向一个可持续发展的方式。

结 论

人类引起的自然生命支持系统基本特点的变化正以一种不可持续的方式进行,对这一点已达成广泛的共识。这种一致带来了不计其数的国际科学研究项目、大会和最高级会议,但很少有行动直接指向处于核心的分配问题。反响依旧那么活跃,问题依旧那么鲜明和具有管制性质。如此下去注定要失败,不仅因为制订规章者随着新的科学证据的出现总落后在问题后面,而且由于对最根本的成本分配问题没有解决办法,规章也不可能在必要的国际

尺度上实施。

尽管一些政府(最突出的是挪威和加拿大政府)已经意识到,如果不强调第三世界的发展和债务问题,全球环境变化的威胁就不会得到缓和;但目光短浅的国家自身利益仍然在国际政治经济中占主要地位。只有布朗特兰委员会关于我们共享一个未来的呼吁从政治修辞转到经济现实中时,在全球范围内寻求可持续发展才不会失败。正如70年代关于建立一个国际经济新秩序的争论并没有减少空间不平等一样,80年代关于可持续发展道路的论战也将是无益的,除非财富和福利的分配问题最终得到重视。

注 释

1. 广义上看,这些观点已被其他作者提出过,尽管所用术语不尽相同。例如,奥赖尔登在特纳的可持续增长模式中使用可持续利用这个词,而把可持续性留给可持续的发展模式。

2. 汤姆·伯克(绿色联盟的理事长)曾经指出:撒切尔夫人在1988年9月明显转向可持续发展并不是基于环境的考虑,而是出于三个政治动机:(1)借助将环境问题置于民主党政策核心的民主党领导人帕迪·阿什当的呼声;(2) 在面临环境问题困境的保守党召开大会之前,“戳破迈克尔·赫塞尔廷先生的气球”;(3) 显示西方领导人和戈尔巴乔夫一样热衷于“绿色”,而后者将裁减武器同环境改善联系在一起——把从武器上节省下来的经费用于环境(引自 ENDS Report 164, 1988, p.21)。

参 考 文 献

Abrams, M. (1974) 'Changing values', *Encounter*, October, 29 – 38.

Adams, J. G. U. (1974a) 'Obsolete economics', *Ecologist*, 4, 280 – 289.

Adams, J. G. U. (1974b) '... and how much for your grandmother?' *Environment and Planning*, 6, 619 – 626.

Agarwal, A. (1983) 'The poverty of nature: environment, development, science and technology', *IDRC Report*, 12, 4 – 6.

Ahmed, J. (1976) 'Environmental aspects of international income distribution', in Walter, I. (ed.) *Studies in International Environmental Economics*, New York, Wiley, 225 – 240.

Allen, G. C. (1961) *The Structure of Industry in Britain*, London, Longman.

Allen, R. (1980) *How to Save the World: Strategy for World Conservation*, London, Kogan Page.

Allison, G. T. (1971) *Essence of Decision: Explaining the Cuban Missile Crisis*, Boston, Mass., Little, Brown.

Allison, L. (1975) *Environmental Planning: A Political and Philosophical Analysis*, London, Allen & Unwin.

American Bureau of Mining Statistics (annual) *Non-Ferrous Metal Data*, New York, ABMS.

Amin, S. (1976) *Unequal Development: An Essay on the Social Formations of Peripheral Capitalism*, New York, Monthly Review Press.

Amin, S. (1977) *Imperialism and Unequal Development*, Hassocks, Harvester Press.

Amin, S. (1979) 'NIEO: how to put Third World surpluses to effective use', *Third World Quarterly*, I, (1), January, 65 – 72.

Anders, G., Gramm, W. P., Maurice, S. C. and Smithson, C. W. (1980) *The Economics of Mineral Extraction*, New York, Praeger.

Anderson, F. (1973) *NEPA in the Courts: A Legal Analysis of the National Environmental Policy Act*, Baltimore, Md, Johns Hopkins University Press.

Anderson, F. R., Kneese, A. V., Reed, P. D., Stevenson, R. B. and Taylor, S. (1977) *Environmental Improvement through Economic Incentives*, Baltimore, Md, Resources for the Future/Johns Hopkins University Press.

Anderson, M. (1981) 'Planning policies and development control in the Sussex Downs', *Town Planning Review*, 52, 5 – 25.

Andrews, R. N. L. (1980) 'Class politics or democratic reform; environmentalism and American political institutions', *Natural Resources Journal*, 20, 221 – 242.

Arad, R. W., Arad, U. B., McCulloch, R., Pinera, J. and Hollick, A. L. (1979) *Sharing Global Resources*, 1980s Project/Council on Foreign Relations, New York, McGraw-Hill.

d'Arge, R. C. (1972) 'Economic growth and the natural environment', in Kneese, A. V. and Bower, B. T. (eds) *Environmental Quality Analysis*, Baltimore, Md, Resources for the Future/Johns Hopkins University Press, 11 – 34.

Arnstein, S. R. (1969) 'A ladder of citizen participation', *Journal of the American Institute of Planners*, 25, 216 – 224.

Arrow, K. J. (1971) *Essays in the Theory of Risk-Bearing*, Chicago, Markham.

Arrow, K. J. and Lind, R. (1970) 'Uncertainty and the evaluation of public investment decisions', *American Economic Review*, 60, (3), 364 – 378.

Asch, P. and Seneca, J. (1978) 'Some evidence on the distribution of air quality', *Land Economics*, 54, 278 – 297.

Ashby, E. (1976) 'Protection of the environment: the human dimension', *Proceedings of the Royal Society of Medicine*, 59, 721 – 730.

Ashby, E. (1978a) *Reconciling Man with the Environment*, Oxford, Oxford University Press.

Ashby, E. (1978b) *Engineers and Politics: A Case History*, 22nd Graham Clark Lecture, London, Council of Engineering Institutions.

Ashby, E. and Anderson, M. (1981) *The Politics of Clean Air*, Oxford, Oxford University Press.

Atwood, G. (1979) 'The strip-mining of western coal', in *Readings from Scientific American: Energy and Environment*, with introductions by Singer, S. F., San Francisco, Calif., W. H. Freeman, 155 – 163.

Auliciems, A. and Burton, I. (1973) 'Trends in smoke concentrations before and after the Clean Air Act of 1956', *Atmospheric Environment*, 7, 1063 – 1070.

Australian Government, Bureau of Statistics (1981) *Year Book of the Commonwealth of Australia: 1981*, Canberra, ABS.

Auty, R. M. (1983) 'Multinational corporations, the product-life cycle and product strategy: the oil majors' response to heightened risk', *Geoforum*, 14(1), 1 – 13.

Ayres, R. U. (1972) 'A materials-process-product model', in Kneese, A. V. and

Bower, B. T. (eds) *Environmental Quality Analysis, Theory and Method in the Social Sciences*, Baltimore, Md, Johns Hopkins University Press, 35 – 68.

Ayres, R. U. and Kneese, A. V. (1969) 'Production, consumption and externalities', *American Economic Review*, 59(3), 282 – 297.

Bach, W. (1972) *Atmospheric Pollution*, Problems in Geography series, New York, McGraw-Hill.

Bachrach, P. and Baratz, M. S. (1962) 'The two faces of power', *American Political Science Review*, 56, 947 – 952.

Bachrach, P. and Baratz, M. S. (1963) 'Decisions and non-decisions: an analytical framework', *American Political Science Review*, 57, 641 – 651.

Bachrach, P. and Baratz, M. S. (1971) *Power and Poverty: Theory and Practice*, Oxford, Oxford University Press.

Bain, J. S. (1954) 'Economies of scale, concentration and the condition of entry in 20 manufacturing industries', *American Economic Review*, 44, 15 – 39.

Balbus, I. D. (1971) 'The concept of interest in pluralist and Marxian analysis', *Politics and Society*, 1(2), 151 – 178.

Barde, J., Brown, G. M. Jr, and Buchot, P. F. T. (1979) 'Water pollution control policies are geting results', *Ambio*, 8(4), 152 – 159.

Barker, A. (1976) 'Local amenity societies—a survey and outline report', in *The Local Amenity Movement*, London, Civic Trust, 21 – 31.

Barnet, R. J. (1979) 'Multinationals and development', in Jegen, M. E. and Wilber, C. K. (eds) *Growth with Equity*, New York, Paulist Press, 149 – 162.

Barnet, R. J. (1980) *The Lean Years: Politics in the Age of Scarcity*, New York, Simon & Schuster.

Barnett, H. J. and Morse, C. (1963) *Scarcity and Growth: The Economics of Natural Resource Availability*, Baltimore, Md, Johns Hopkins University Press.

Barnett, H. J., Van Muiswinkel, G. M., Shechter, M. and Myers, J. G. (1984) 'Global trends in non-fuel minerals', in Simon, J. L. and Kahn, H. (eds) *The Resourceful Earth*, Oxford, Blackwell, 155 – 163.

Barratt-Brown, M. (1976) 'The crisis of capitalism and commodity production', in Barratt-Brown, M., Emerson, T. and Stoneman, C. (eds) *Resources and the Environment: A Socialist Perspective*, Nottingham, Spokesman, 5 – 9.

Bartlett, R. V. (1980) *The Reserve Mining Controversy*, Bloomington, Ind., and London, Indiana University Press.

Bauer, P. T. (1972) *Dissent on Development*, London, Weidenfeld & Nicolson.

Baum, W. C. (1958) *The French Economy and the State*, Rand Corporation Research Studies, Princeton, NJ, Princeton University Press.

Baumann, D. D. and Dworkin, D. (1975) *Planning for Water Reues*, Washington, DC, US Army Corps of Engineers/Institute of Water Resources.

Baumann, D. D. and Kasperson, R. E. (1974) 'Public acceptance of renovated waste water: myth and reality', *Water Resources Research*, 10(4), 667 – 674.

Baumol, W. J. and Oates, W. E. (1975) *The Theory of Environmental Policy: Externalities, Public Outlays and the Quality of Life*, Englewood Cliffs, NJ, Prentice-Hall.

Beaver Committee (1954) *Report of the Committee on Air Pollution*, Cmd 1322, London, HMSO.

Beckerman, W. (1972a) 'Environmental policy and the challenge to economic theory', in Sachs, I. (ed.) *Political Economy of Environment: Problems of Method*, Paris École Pratique des Hautes Études/Mouton, 103 – 112.

Beckerman, W. (1972b) 'Economists, scientists and environmental catastrophe', *Oxford Economic Papers*, n. s., 24, 3 November, 327 – 344.

Beckerman, W. (1974) *In Defence of Economic Growth*, London, Jonathan Cape.

Beddington, J. R., Watts, C. M. K. and Wright, W. D. C. (1975) 'Optimal cropping of self-reproducible natural resources', *Econometrica*, 43, 789 – 802.

Behrman, J. N. (1974) *Toward a New International Economic Order*, Atlantic Papers No. 3, Paris, Atlantic Institute of International Affairs.

Berger, E. L. (1974) *Unions, Parties and Political Development: A Study of Mineworkers in Zambia*, New Haven, Conn., Yale University Press.

Bergsten, C. F. (1974) 'The threat is real', *Foreign Policy*, 14, 84 – 90.

Berry, B. J. (1977) *The Social Burdens of Environmental Pollution*, Cambridge, Mass., Ballinger.

Bhagwati, J. N. (ed.) (1977) *The New International Economic Order: The Nroth-South Debate*, Cambridge, Mass., MIT Press.

Bienefeld, M. and Godfrey, M. (eds) (1982) *The Struggle for Development*, Chichester, Wiley.

Bingham, G. (1981) *Environmental Conflict Resolution: An Annotated Bibliography*, Washington, DC, The Conservation Foundation.

Bisset, R. (1978) 'Quantification, decision-making and environmental impact assessment in the United Kingdom', *Journal of Environmental Management*, 7, 43 – 58.

Bisset, R. (1983) 'A critical survey of methods for environmental impact assessment', in O'Riordan, T. and Turner, R. K. (eds) *An Annotated Reader in Environmental Planning and Management*, Oxford, Pergamon, 168 – 186.

Blowers, A. (1982) 'The triumph of material interests—geography, pollution and the environment', paper delivered to Institute of British Geographers' Conference, Southampton, January.

Bohm, P. (1981) *Deposit-Refund Systems*, Baltimore, Md, Resources for the Future/Johns Hopkins University Press.

Bosson, R. and Varon, B. (1977) *The Mining Industry in the Developing Countries*, New York, Oxford University Press/World Bank.

Boulding, K. E. (1966) 'The economics of the coming spaceship earth', in Jarrett, H. (ed.) *Environmental Quality in a Growing Economy*, Baltimore, Md, Johns Hopkins University Press.

Bowman, M. (1979) *Australian Approaches to Environmental Management: The Response of State Planning*, Hobart, Environmental Law Reform Group.

Bradshaw, A. (1976) 'A critique of Steven Lukes' "Power: a radical view", *Sociology*, 10, 121 – 128.

Brandt Commission (1980) *North-South: A Programme for Survival*, London, Pan Books.

British Geological Survey (1984) *World Mineral Statistics: 1978 – 1982*, Natural Environmental Research Council, London, HMSO.

British Petroleum (1979) *Oil Crisis ... Again*, London, BP.

Bronfenbrenner, M. (1982) 'The Japanese development model re-examined: why concern ourselves with Japan?' in Bienefeld, M. and Godfrey, M. (eds) *The Struggle for Development*, Chichester, Wiley.

Brookings Institution (1975) *Trade in Primary Commodities: Conflict or Cooperation?* tripartite report by fifteen economists from Japan, the European Community and North America, Washington, DC, Brookings Institution.

Brown, G. M. (1973) 'The efficiency of subsidies and standards for managing water quality', circulated paper.

Brown, L. R. (1975) 'The multinational corporation: economic colossus of modern times', *Horizon USA*, 9, 8 – 12.

Brown, W. M. (1981) 'Can OPEC survive the glut', *Fortune*, 30 November, 89 – 90.

Bugler, J. (1972) *Polluting Britain*, Harmondsworth, Penguin.

Bugler, J. (1981) 'Friends of the Earth is 10 years old', *New Scientist*, 30 April, 294 – 297.

Buller, H. and Lowe, P. D. (1982) 'Politics and class in rural preservation', in Moseley, M. (ed.) *Power, Planning and People in Rural East Anglia*, Norwich, Centre of East Anglia Studies, 21 – 41.

Burenstam-Linder, S. (1982) 'How to avoid a New International Economic Disorder', *World Economy*, 5, 275 – 284.

Burt, O. R. (1967) 'Temporal allocation of ground water', *Water Resources Research*, 3, 45 – 56.

Burton, I., Kates, R. W. and White, G. F. (1978) *The Environment as Hazard*, New York, Oxford University Press.

Burton, I. and Pushchak, R. (1984) 'The status and prospects of risk assessment', *Geoforum*, 15(3), 463 – 475.

Butlin, J. A. (1981) *Economics of Environmental and Natural Resources Policy*, London, Longman.

Buttel, F. H. (1980) 'The environmental movement: historical roots and current trends', in Humphrey, C. R. and Buttel, F. H. (eds) *Environment, Energy and Society*, Belmont, Calif., Wadsworth.

Byers, W. M. (1970) *An Economic Impact Study of Olympic and Mt Rainier National Parks, Washington*, Washington, DC, National Park Service.

Canada, Commission on Pacific Fisheries Policy (1982) *Turning the Tide: A New Policy for Canada's Pacific Fisheries-Final Report*, Ottawa, Supply and Services.

Cardoso, F. H. (1972) 'Dependency and development in Latin America', *New Left Review*, 74, 83 – 95.

Carley, M. (1981) *Rational Techniques in Policy Analysis*, London, Heinemann Educational.

Carpenter, S. L. and Kennedy, W. J., D. (1980) 'Environmental conflict management', *Environmental Professional*, 2(1), 67 – 74.

Carson, R. (1962) *Silent Spring*, London, Hamilton.

Carson, W. G. (1971) 'White-collar crime and enforcement of factory legislation', in Carson, W. G. and Wiles, P. (eds) *The Sociology of Crime and Delinquency in Britain*, London, Martin Robertson, 192 – 206.

Castells, M. (1977) *The Urban Question: A Marxist Approach*, London, Edward Arnold.

Cawson, A. (1977) *Environmental Planning and the Politics of Corporatism*, Working Papers in Urban and Regional Studies, No. 7, Brighton, University of Sussex.

Cawson, A. (1978) 'Pluralism, corporatism and the role of the state', *Government and Opposition*, 13(2), 178 – 198.

Chisholm, A. (1972) *Philosophers of the Earth: Conversations with Ecologists*, London, Sidgwich & Jackson.

Chisholm, M. (1966) *Geography and Economics*, Bell's Advanced Economic Geographies, London, Bell.

Ciriacy-Wantrup, S. V. (1938) 'Social conservation in European farm management', *Journal of Farm Economics*, 20(3), 86 – 101.

Ciriacy-Wantrup, S. V. (1952) *Resource Conservation Economics and Policies*, Berkeley, Calif., University of California Press.

Clark, B. D., Chapman, K., Bisset, R. and Wathern, P. (1978) *Environmental Impact Assessment in the USA: A Critical Review*, Research Report 26, London, Department of the Environment/Department of Transport.

Clark, B. D., Bisset, R. and Wathern, P. (1980) *Environmental Impact Assessment, a Bibliography with Abstracts*, London, Mansell; and New York, Bowker.

Clark, C. W. (1976) *Mathematical Bioeconomics*, New York, Wiley.

Clark, M. J. (1978) 'Geomorphology in coastal zone management', *Geography*, 63, 273 – 282.

Clawson, M. (1959) *Methods of Measuring the Demand for and the Value of Outdoor Recreation*, Washington, DC, Resources for the Future.

Clawson, M. (1974) 'Comment on A. C. Fisher and J. V. Krutilla, "Managing the public lands: assignment of property rights and valuation of resources"', in Haefele, E. T. (ed.) *The Governance of Common Property Resources*, Baltimore, Md, Johns Hopkins University Press.

Clifford, S. (1978) 'EIA: some unanswered questions', *Built Environment*, 4, 152 – 160.

Clower, R. W., Dalton, G., Horwitz, M. and Walters, A. (1966) *Growth without Development: An Economic Survey of Liberia*, Evanston, Ill., Northwestern University Press.

Coase, R. H. (1960) 'The problem of social cost', *Journal of Law and Economics*, 3, 1 – 44.

Coate, L. E. and Bonner, P. A. (1975) *Regional Environmental Management*, London, Wiley.

Coates, B. E. Johnston, R. J. and Knox, P. L. (1977) *Geography and Inequality*, Oxford, Oxford University Press.

Cobbe, J. H. (1979) *Governments and Mining Companies in Developing Countries*, Westview Special Studies in Social, Political and Economic Development, Boulder, Colo., Westview Press.

Coddington, A. (1970) 'The economics of ecology', *New Society*, 9 April, 595 – 597.

Cohen, S. D. (1978) 'Changes in the international economy – old realities and new myths', *Journal of World Trade Law*, 12(4), July, 273 – 288.

Common, M. S. (1977) 'A note on the uses of taxes to control pollution', *Scandinavian Journal of Economics*, 79, 347 – 349.

Commoner, B. (1972a) 'The environmental cost of economic growth', in Schurr, S. (ed.) *Energy, Economic Growth and the Environment*, Baltimore, Md, Johns Hopkins University Press, 30 – 66.

Commoner, B. (1972b) *The Closing Circle: Man, Nature and Technology*, New York, Knopf.

Connell, J. (1971) 'Green Belt county', *New Society*, 25 February.

Connell, J. (1972) 'Amenity societies: the preservation of central Surrey', *Town and Country Planning*, 40, 63 – 81.

Connell, J. (1978) *The End of Tradition*, London, Routledge & Kegan Paul.

Coombes, D. (1971) *State Enterprise*, London, Allen & Unwin.

Cooper, R. (1977) 'The oceans as a source of revenue', in Bhagwati, L. N. (ed.) *The New International Economic Order*, Cambridge, Mass., MIT Press.

Cooper, R. N. and Lawrence, R. Z. (1975) 'The 1972 – 1975 commodity boom', *Brookings Papers on Economic Activity*, 3, 671 – 723.

Copes, P. (1981) 'Rational resource management and institutional constraints: the case of the fishery', in Butlin, J. A. (ed.) *Economics and Resources Policy*, London, Longman, 113 – 128.

Cormick, G. W. (1980) 'The "theory" and practice of environmental mediation', *Environmental Professional*, 2(1), 24 – 33.

Cotgrove, S. (1976) 'Environmentalism and Utopia', *Sociological Review*, 24, 23 – 42.

Cotgrove, S. (1982) *Catastrophe or Cornucopia?* Chichester, Wiley.

Cotgrove, S. and Duff, A. (1980) 'Environmentalism, middle-class radicalism and politics', *Sociological Review*, 28, 333 – 351.

Crandall, R. W. (1983) *Controlling Industrial Pollution: The Economics and Politics of Clean Air*, Studies in the Regulation of Economic Activity, Washington, DC, Brookings Institution.

Crenson, M. (1971) *The Unpolitics of Air Pollution: A Study of Non-Decision Making in Cities*, Baltimore, Md, Johns Hopkins University Press.

Crowson, P. C. F. (1977) *Non-Fuel Minerals and Foreign Policy*, London, Royal Institute of International Affairs.

Crowson, P. C. F. (1981) 'Reversing the declining investment in metals exploration', *Metals and Materials*, March, 49 – 53.

Culhane, P. J. (1974) 'Federal agency organizational change in response to environmentalism', *Humboldt Journal of Social Relations*, 2(1), 31 – 44.

Culyer, A. J. (1977) 'The quality of life and the limits to cost-benefit analysis', in Wingo, L. and Evans, A. (eds) *Public Economics and the Quality of Life*, Baltimore, Md, Johns Hopkins University Press, 141 – 153.

Cunha, L. V., Figueiredo, V. L., Correia, M. L. and Gonçalves, A. S. (1977) *Management and Law for Water Resources*, Fort Collins, Colo., Water Resources Publications.

Dahl, R. A. (1961) *Who Governs? Democracy and Power in an American City*, New Haven, Conn., Yale University Press.

Dahl, R. A. (1967) *Pluralist Democracy in the United States*, Chicago, Rand McNally.

Dales, J. H. (1968) *Pollution, Property and Prices*, Toronto, University of Toronto Press.

Daly, H. E. (1973) *Towards a Steady State Economy*, San Francisco, Calif., W. H. Freeman.

Daly, H. E. (1976) 'The steady state economy', in Wilson, K. D. (ed.) *Prospects for Growth*, New York, Praeger, 263 – 281.

Daly, H. E. (1982) 'The steady-state economy: what, why and how', in Birrell, R. (ed.) *Quarry Australia?* Melbourne, Oxford University Press, 251 – 260.

Darke, R. and Walker, R. (eds) (1977) *Local Government and the Public*, London, Leonard Hill.

Dasgupta, B. (1977) 'India's green revolution', *Economic and Political Weekly*, 12, 241 – 260.

Dasgupta, P. (1982) *The Control of Resources*, Oxford, Blackwell.

Dasgupta, P. and Heal, G. (1979) *Economic Theory and Exhaustible Resources*, Cambridge, James Nisbet/Cambridge University Press.

Davidson, J. and MacEwen, A. (1983) 'The livable city', pt 2 in *The Conservation and Development Programme for the UK: A Response to the World Conservation Strategy*, London, Kogan Page.

Davis, B. W. (1979) *Politics of Development: The Struggle for South-West Tasmania*, Hobart, University of Tasmania.

Davis, B. W. (1980) 'Problems of Tasmanian economic development: perceptions and reality', paper presented at Three Nations Conference, Development and Underdevelopment in Canada. Australia and New Zealand, University of Canterbury, Christchurch, NZ, 16 – 20 November.

Davis, R. (1969) 'English foreign trade 1660 – 1700', in Minchinton, W. E. (ed.) *The Growth of English Overseas Trade in the 17th and 18th Centuries*, London,

Methuen, 78 – 98, 99 – 120.

Davis, R., Wilen, J. E. and Jergovic, R. (1983) 'Oil and gas royalty recovery policy on federal and Indian lands', *Natural Resources Journal*, 23, April, 391 – 401.

Deese, D. A. and Nye, J. S. (eds) (1981) *Energy and Security*, Cambridge, Mass., Ballinger.

Dennison, S. R. (1942) 'A dissenting report', in Scott, Mr Justice (chairman) *Report of the Committee on Land Utilization in Rural Areas*, Cmnd 6378, London, HMSO.

Devaux Charbonne, J. (1964) 'The role of the state in French oil exploration', in Hedberg, H. *et al*. (eds) *The Role of National Government in the Exploration of Mineral Resources*, Ocean City, NJ. Littoral Press, 111 – 124.

Dickens, P. and Lloyd, P. E. (1981) *Modern Western Society*, London, Harper & Row.

Dolman, A. J. (ed.) (1980) *Global Planning and Resource Management: Toward international Decision Making in a Divided World*, Foundation Reshaping the International Order, New York, Pergamon.

Donald, J. R. (1966) *The Cape Breton Coal Problem*, Ottawa, Department of Energy, Mines and Resources.

Dorfman, R. (ed.) (1965) *Measuring the Benefit of Government Investments*, Washington, DC, Brookings Institution; and London, Allen & Unwin, 1968.

Dorfman, R. (1977) 'Incidence of costs and benefits of environmental programs', *American Economic Review, Papers and Proceedings*, 67, 331 – 340.

Downs, A. (1967) *Inside Bureaucracy*, Boston, Mass., Little, Brown.

Downs, A. (1972) 'Up and down with ecology—the issue attention cycle', *Public Interest*, 28, 38 – 50.

Dunlap, R. E. and Dillman, D. A. (1976) 'Decline in public support for environmental protection: evidence from a 1970 – 1974 panel study', *Rural Sociology*, 41(3), 382 – 390.

Dunleavy, P. (1980) *Urban Political Analysis: The Politics of Collective Consumption*, London, Macmillan.

Eagles, P. F. J. (1984) *The Planning and Management of Environmentally Sensitive Areas*, Themes in Resource Management Series, New York, Longman.

Eckert, R. D. (1979) *The Enclosure of Ocean Resources*, Stanford, Calif., Hoover Institution.

Eckstein, O. (1958) *Water Resource Development: The Economics of Project Evaluation*, Cambridge, Mass., Harvard University Press.

Ehrlich, P. R. (1970a) *The Population Bomb*, New York, Ballantine Books.

Ehrlich, P. R. (1970b) 'Famine 1975: fact or fallacy?' in Helfrich, H. W. Jr (ed.) *Agenda for Survival: The Environmental Crisis*, New Haven, Conn., Yale University Press. 47 – 64.

Ehrlich, P. R. and Ehrlich, A. H. (1970) *Population, Resources, Environment: Issues in Human Ecology*, San Francisco, Calif., W. H. Freeman.

EIU (Economists Intelligence Unit) (1984) *North/South Countertrade* Special Report No. 174, London, The Economist Publications Ltd.

Elkington, J. (1980) *The Ecology of Tomorrow's World-Industry's Environment*, London, Associated Business Press.

Engler, R. (1961) *The Politics of Oil*, New York, Macmillan.

Environmental Protection Agency (EPA) (1972) *Comprehensive Studies of Solid Waste Management*, Final Report, SER No. 72 – 73, Berkeley, Calif., US Environmental Protection Agency, University of California.

EPA (1974) *Cost Effectiveness of a Uniform National Sulfur Emission Tax*, Washington, DC, Office of Air Programs, US Environmental Protection Agency, February.

Estall, R. C. and Buchanan, R. O. (1980) *Industrial Activity and Economic Geography*, 4th rev., edn, London, Hutchinson.

Evely, R. and Little, M. D. (1960) *Concentration in British Industry: An Empirical Study of Industrial Production* 1935 – 1951, Cambridge, Cambridge University Press.

Exxon (1978) 'Exploration in developing countries', paper presented at Energy Committee Seminar, Aspen Institute for Humanistic Studies, Boulder Colo., 16 – 20 July.

Fagence, M. (1977) *Citizen Participation in Planning*, Oxford, Pergamon.

Fairfax, S. K. (1978) 'A disaster in the environmental movement', *Science*, 199, 17 February, 743 – 748.

Faith, N. (1972) *The Infiltrators: The European Business Invasion of America*, New York, Dutton.

Falk, R. A. (1980) 'The institutional dimension of a New International Order', in Dolman, A. J. (ed.) *Global Planning and Resource Management*, Oxford, Pergamon, 87 – 102.

Feacham, R., McGarry, M. and Mara, D. (eds) (1977) *Water, Wastes and Health in Hot Climates*, London, Wiley.

Feder, E. (1976) 'McNamara's little Green Revolution: World Bank scheme for the self-liquidation of Third World peasantry', *Economic and Political Weekly*, 11, 532 – 541.

Feist, M. J. (1978) *A Study of Management Agreements*, CCP 114, Cheltenham, Countryside Commission.

Ferris, B. G. and Speizer, F. E. (1981) 'Criteria for establishing standards for air pollutants', *The Business Roundtable Air Quality Project*, Vol. 1, New York, Business Roundtable.

Ferris, J. (1972) *Participation in Urban Planning: The Barnsbury Case*, London, Bell.

Fisher, A. C. (1981) *Resource and Environmental Economics*, Cambridge Surveys of Economic Literature, Cambridge, Cambridge University Press.

Fisher, A. C. and Krutilla, J. V. (1974) *Valuing Long Run Ecological Consequences and Irreversibilities*, RFF Reprint Paper No. 117, Washington, DC, Resources for the Future.

Flegg, A. (1976) 'Methodological problems in estimating recreational demand functions and evaluating recreational benefits', *Regional Studies*, 10(3), 353 – 362.

Fleischman, P. (1969) 'Conservation, the biological fallacy', *Landscape*, 18, 23 – 27.

Forrester, J. W. (1970) *World Dynamics*, Cambridge, Mass., Wright-Allen Press.

Fox, I. K. and Craine, L. E. (1962) 'Organisational arrangements for water development', *Natural Resources Journal*, 2, 1 – 44.

Frank, A. G. (1967) *Capitalism and Underdevelopment in Latin America: Historical Studies of Chile and Peru*, New York, Monthly Review Press.

Frank, A. G. (1978) *Dependent Accumulation and Underdevelopment*, London, Macmillan.

Frank, A. G. and Diaz, G. (1974) 'Los ladrónes quieren indemnización', in *Carta abierta en al aniversario del golpe militar en Chile*, Madrid, Corazon (Alberto).

Frankel, M. (1974) 'The Alkali Inspectorate: the control of industrial air pollution', *Social Andit*, 1(4), Spring, supplement, 1 – 48.

Freeman, A. M. (1972) 'The distribution of environmental quality', in Kneese, A. V. and Bower, B. T. (eds) *Environmental Quality Analysis*, Baltimore, Md, Resources for the Future/Johns Hopkins University Press, 243 – 280.

Freyman, A. J. (1974) 'Mineral resources and economic growth', *Finance and Development*, 11(1), March, 20 – 23, 34.

Fried, E. R. (1976) 'International trade in raw materials: myths and realities', *Science*, 191, 641 – 646.

Friedland, R., Piven, F. F. and Alford, R. R. (1977) 'Political conflict, urban structure and the fiscal crisis', *International Journal of Urban and Regional Research*, 1(3), 447 – 471.

Friedman, M. (1962) *Price Theory*, Chicago, Aldine.

Friesema, H. P. and Culhane, P. J. (1976) 'Social impacts, politics and the environmental impact statement', *Natural Resources Journal*, 16, 339 – 356.

Gamston, D. (1975) *The Designation of Conservation Areas*, York, Institute of Advanced Architectural Studies, University of York.

Gardner, R. N., Okita, S. and Udink, B. J. (1977) 'A turning point in North-South economic relations', in *Trilateral Commission Task Force Report*, New York, New York University Press, 57 – 74.

Garnaut, R. and Clunies Ross, A. (1983) *Taxation on Mineral Rents*, Oxford, Clarendon Press.

Garner, J. F. (1980) 'Land use planning in the light of environmental protection', in Bothe, M. (co-ordinator) *Trends in Environmental Policy and Law*, Berlin, Erich Schmidt Verlag, 155 – 168.

Garvey, G. (1972) *Energy, Ecology and Economy: A Framework for Environmental Policy*, New York, Norton.

Gedicks, A. (1977) 'Raw materials: the Achilles' heel of American Imperialism?' *Insurgent Sociologist*, 7, 31 – 33.

Gerasimov, I. P. (1983) 'Land resources of the world; their use and reserves: definition of land quality and agricultural potential by soil survey maps', *Geoforum*, 14(4), 427 – 439.

Gillis, M. (1982) 'Evolution of natural resource taxation in developing countries', *Natural Resources Journal*, 22 July, 619 – 648.

Gilpin, A. (1978) *Air Pollution*, 2nd edn, St Lucia, University of Queensland Press.

Girvan, N. (1970) 'Multinational corporations and dependent underdevelopment in mineral export economies', *Social and Economic Studies*, 19 (4), December, 490 – 526.

Girvan, N. (1973) 'Development and dependence economics in the Caribbean and Latin America', *Social and Economic Studies*, 22(1) 1 – 33.

Girvan, N. (1974) 'Las multinacionales del cobre in Chile', in Ffrench-Davis, R. and Tironi, E. (eds) *El Cobre en el Desarrollo Nacional*, Santiago, Centro de Estudios de Planification National.

Girvan, N. (1976) *Corporate Imperialism: Conflict and Expropriation, Transnational Corporations and Economic Nationalism in the Third World*, White Plains, NY, M. E. Sharpe.

Gladwin, T. (1977) *Environment, Planning and the Multinational Corporation*, Contemporary Studies in Economic and Financial Analysis, Vol. 8. Greenwich, Conn., JAI Press.

Glaeser, M. G. (1957) *Public Utilities in American Capitalism*, New York, Macmillan.

Goldsmith, E., Allen, R., Allaby, M., Davoll, J. and Lawrence, S. (1972) 'Blueprint for survival', *Ecologist*, 2; reprinted, Harmondsworth, Penguin.

Goldstein, W. (1983) 'Can OPEC survive 1984?' *Energy Policy*, September, 196 – 203.

Goodey, B. and Gold, J. R. (1984) 'Some qualitative aspects of the urban environment in developed countries', *Geoforum*, 15(3), 433 – 445.

Goodman, R. (1972) *After the Planners*, Harmondsworth, Penguin.

Gordon, H. S. (1954) 'The economic theory of a common property resource—the fishery', *Journal of Political Economy*, 62, 124 – 142.

Graham, D. and Herrick, D. C. (1973) 'World dynamics', IEEE, *Transactions on Automatic Control*, August, 415 – 416.

Green, B. (1981) *Countryside Conservation*, Resource Management series, Vol. 3, London, Allen & Unwin.

Gregory, R. (1976) 'The voluntary amenity movement', in MacEwen, M. (ed.), *Future Landscapes*, London, Chatto & Windus.

Greis, P. T. (1973) 'The environmental impact statement: a small step instead of a giant leap', *Urban Lawyer*, 5, 264 – 303.

Gresser, J. (1975) 'The Japanese law for the compensation of pollution-related health damage: an introductory assessment', *Environmental Law Reporter*, December, 50229 – 50251.

Habermas, J. (1976a) 'Systematically distorted communication' and 'Problems of legitimation in late capitalism', in Connerton, P. (ed.) *Critical Sociology*, Harmondsworth, Penguin, 348 – 387.

Habermas, J. (1976b) *Legitimation Crisis*, London, Heinemann.

Hägerstrand, T. (1952) *The Propagation of Innovation Waves*, Lund Studies in Geography, series B4, Lund, Lund University Press.

Hägerstrand, T. (1967) *Innovation Diffusion as a Spatial Process*, Chicago, University of Chicago Press.

Haigh, N. (1984) *EEC Environmental Policy and Britain: An Essay and a Handbook*, London, Environmental Data Services.

Hall, P. (1980) *Great Planning Disasters*, London, Weidenfeld & Nicolson.

Hamer, M. (1974) *Wheels within Wheels: A Study of the Road Lobby*, London, Friends of the Earth.

Hammack, J. and Brown, G. M. (1974) *Waterfowl and Wetlands: Toward Bio-Economic*

Analysis, Baltimore, Md, Johns Hopkins University Press.

Harberger, A. (1955) 'The taxation of mineral industries', *Federal Tax Policy for Economic Growth and Stability*, 84th Congress, 1st session, Washington, GPO, November.

Hardin, G. (1968) 'The tragedy of the commons', *Science*, 162, 1243 – 1248.

Hardoy, J. E. and Satterthwaite, D. (1984) 'Third World cities and the environment of poverty', *Geoforum*, 15(3), 307 – 333.

Hare, F. K. (1984) 'Changing climate and human response: the impact of recent events on Climatology', *Geoforum*, 15(3)383 – 394.

Harns, J. and Davis, B. (1981) 'The fifth fuel: energy conservation', *Lloyds Bank Review*, April, 22 – 35.

Harrison, P. and Sewell, W. R. D. (1980) 'Water pollution control by agreement: the French system of contracts', *Natural Resources Journal*, 20(4), 765 – 768.

Harrison, R. (1978) 'The offshore mineral resources agreement in the maritime provinces', *Dalhousie Law Journal*, IV(2), 245 – 276.

Harter, P. J. (1982) 'Negotiating regulations: a cure for the malaise', *Environmental Impact Assessment Review*, 3(1), 75 – 91.

Hartshorn, J. E. (1962) *Oil Companies and Governments: An Account of the International Oil Industry and its Political Environment*, London, Faber.

Haussman, F. C. (1981) *Environmental Mediation: A Canadian Perspective*, Ottawa, Ontario, Environment Canada.

Haveman, R. H. (1977) 'The economic evaluation of long-run uncertainties', *Futures*, 9, 365 – 374.

Haveman, R. H. and Margolis, J. (1970) *Public Expenditures and Policy Analysis*, Chicago, Markham.

Hawkins, K. O. (1983) *Environment and Enforcement. Regulation and the Social Definition of Pollution*, Oxford, Clarendon Press.

Heal, G. (1975) 'Economic aspects of natural resource depletion', in Pearce, D. W. (ed.) *The Economics of Natural Resource Depletion*, London, Macmillan, ch. 8, 118 – 139.

Healy, R. G. (1976) *Land Use and the States*, Baltimore, Md, Johns Hopkins University Press.

Hedberg, B. (1981) 'Large scale underground mining—an alternative to open cast mining', *Mining Magazine*, September, 177 – 183.

Hedberg, H., Bonini, W. E. and Kalliokoski, J. (eds) (1964) *The Role of National Government in the Exploration for Mineral Resources*, Ocean City, NJ, Littoral Press.

Heilleiner, G. K. (1973) 'Manufactured exports from less developed countries and multinational firms', *Economic Journal*, 83(329), 21 – 47.

Helmers, F.L.C.H. (1979) *Project Planning and Income Distribution*, London, Martinus Nijhoff.

Henning, D. H. (1974) *Environmental Policy and Administration*, Environmental Science series, New York, Elsevier.

Hicks, J.R. (1939) 'The foundations of welfare economics', *Economic Journal*, 49, 696 – 712.

Higgins, R. (1978) *The Seventh Enemy: The Human Factor in the Global Crisis*, London, Hodder & Stoughton.

Hill, M. (1968) 'A goals achievement matrix for evaluating alternative plans', *Journal of the American Institute of Planners*, 39, 19 – 29.

Hirsch, F. (1977) *Social Limits to Growth*, London, Routledge & Kegan Paul.

Hirschleifer, J., De Haven, J. P. and Milliman, J. W. (1960) *Water Supply: Economics, Technology and Policy*, Chicago, University of Chicago Press.

Hirschman, A.O. (1971) *A Bias for Hope: Essays on Development and Latin America*, New Haven, Conn., Yale University Press.

Hodson, H.V. (1972) *The Diseconomics of Growth*, New York, Ballantine Books.

Holcombe Research Institute (1976) *Planning Alternatives for Municipal Water Systems*, background monograph for conference, French Lick, Indiana, 10 – 14 October.

Holdgate, M. W. (1979) *A Perspective of Environmental Pollution*, Cambridge, Cambridge University Press.

Holdgate, M.W., Kassas, M. and White, G.F. (1982) *The World Environment*: 1972 – 1982, Dublin, Tycooly International Publishing.

Holt, S. V. (1975) 'Marine fisheries and world food supplies', in Steele, F. and Bourne, A. (eds) *Man/Food Equation*, New York, Academic Press, 77 – 96.

Hood, C. (1973) 'The rise and rise of the British quango', *New Society*, 16, August, 386 – 388.

Howe, C. W. (1971) *Benefit Cost Analysis for Water System Planning*, Washington, DC, American Geophysical Union.

Hubbert, M.K. (1969) 'Energy resources', in National Academy of Sciences *Resources and Man*, San Francisco, Calif., W.H. Freeman, 157 – 242.

Hubbert, M.K. (1974) *US Energy Resources, a Review as of* 1972, Report prepared for the Senate Committee on Interior and Insular Affairs, No. 93 – 40, Washington, DC, GPO.

Inglehart, R. (1977) *The Silent Revolution: Changing Values and Political Styles among*

Western Publics, Princeton, NJ, Princeton University Press.

Institut Français du Pétrole (1978) Executive summaries, in *World Energy Resources 1985 – 2020*, World Energy Conference Conservation Commission Report, Guildford, IPC Science & Technology Press.

Ireland, F. E. (1971) 'Control of special industrial emissions in Britain', *Proceedings of the Second International Clean Air Congress*, London and New York, Academic Press, 1189 – 1192.

Ireland, F. E. (1977) 'Reflections of an alkali inspector', *Clean Air*, 7(25), Summer, 4 – 9.

Issawi, C. P. and Yeganeh, M. (1962) *The Economics of Middle Eastern Oil*, New York, Praeger.

IUCN (International Union for the Conservation of Nature) (1980) *World Conservation Strategy*, 1196 Gland, Switzerland, IUCN.

Jacks, G. V. and Whyte, R. O. (1955) *The Rape of the Earth: A World Survey of Soil Erosion*, London, Faber.

Jahoda, M. and Freeman, C. (eds) (1978) *World Futures: The Great Debate*, Oxford, Martin Robertson.

Jeger Report (Ministry of Housing and Local Government) (1970) *Taken for Granted*, Report of the Working Party on Sewage Disposal, London, HMSO.

Jenkins, W. I. (1978) *Policy Analysis: A Political and Organizational Perspective*, London, Martin Robertson.

Johnson, H. G. (1975) 'Man and his environment', in *On Economics and Society*, Chicago, University of Chicago Press, 317 – 339.

Johnson, J. F. (1971) *Renovated Waste Water: An Alternative Supply of Municipal Water Supply in the United States*, Research Paper No. 135, Chicago, Department of Geography, University of Chicago.

Johnson, R. W. and Brown, G. M. (1976) *Cleaning Up Europe's Waters*, New York, Praeger.

Johnson, S. P. (1983) *The Pollution Control Policy of the European Communities*, London, Graham & Trotman.

Jubak, J. (1982) 'EPA starves the states', *Environmental Action*, 13(9), 20 – 22.

Juster, K. (1977) 'Foreign policy-making during the oil crisis', *Japan Interpreter*, XI, Winter, 293 – 312.

Kahn, H., Brown, W. and Martel, L. (1976) *The Next 200 Years*, New York, Morrow.

Kalbermatten, J. M., Julius, D. S. and Gumerson, C. G. (1980) *Appropriate Technology for Water Supply and Sanitation: A Summary of Technical and Economic Options*, Washington, DC, World Bank.

Kaldor, N. (1939) 'Welfare propositions and interpersonal comparisons of utility', *Economic Journal*, 49, 549 – 560.

Kapp, K. W. (1970) 'Environmental disruption and social costs: a challenge to economics', *Kyklos*, 23(4), 833 – 848.

Kapp, K. W. (1972) 'Social costs, neo-classical economics, environmental planning: a reply', in Sachs, I. (ed.) *Political Economy of Environment: Problems of Method*, Paris, École Pratique des Hautes Études/Mouton, 113 – 124.

Kates, R. W. (1962) *Hazard and Choice Perception in Flood Plain Management*, Research Paper No. 78, Chicago, Department of Geography, University of Chicago.

Kaufman, H. (1975) *Are Government Organizations Immortal?* Washington, DC, Brookings Institution.

Kay, J. A. and Mirrlees, J. A. (1975) 'The desirability of natural resource depletion', in Pearce, D. W. (ed.) *The Economics of Natural Resource Depletion*, London, Macmillan, 140 – 176.

Kellogg, W. W. and Schware, R. (1981) *Climatic Change and Society: Consequences of Increasing Atmospheric Carbon Dioxide*, Boulder, Colo., Aspen Institute for Humanistic Studies/Westview Press.

Kellogg, W. W. and Schware, R. (1982) 'Society, science and climatic change', *Foreign Affairs*, Summer, 1076 – 1109.

Kelman, S. J. (1983) 'Economic incentives and environmental policy: politics, ideology and philosophy, in Schelling, T. C. (ed.) *Incentives for Environmental Protection*, Cambridge, Mass., MIT Press, 291 – 331.

Kincaid, J. (1983) 'The contest of body and soul: resource scarcity in western political theory', in Welch, S. and Miewald, R. (eds) *Scarce Natural Resources: The Challenge to Public Policymaking*, Sage Yearbooks in Politics and Public Policy, Vol. 2, Beverly Hills, Calif., Sage, 25 – 46.

King, W. (1978) 'Documents indicate Corps misled Congress on major southern canal', *New York Times*, 26 November.

Kitamura, H. (1982) 'Rationale and relevance of the new international economic order', *The Developing Economies*, X-VIII(4), Tokyo, Institute of Developing Economies, 341 – 354.

Klass, M. W., Burrows, J. C. and Beggs, S. (1980) *International Mineral Cartels and Embargoes: Policy and Implications for the US*, New York, Praeger.

Kneese, A. V. (1964) *The Economics of Regional Water Quality*, Baltimore, Md, Johns Hopkins University Press.

Kneese, A. V. and Bower, B. T. (1968) *Managing Wager Quality: Economics, Technology and Institutions*, Baltimore, Md, Johns Hopkins University Press.

Kneese, A. V. and Schultze, C. L. (1975) *Pollution, Prices and Public Policy*, Washington, DC, Brookings Institution.

Knetsch, J. (1974) *Outdoor Recreation and Water Resources Planning*, Washington, DC, American Geophysical Union.

Koeningsburger, O., Bernstein, B., Foot, M., Rees, J. A., Roberts, M., Tyler, M. and Wylie, J. (1971) *Infrastructure Problems of the Cities of Developing Countries*, New York, Ford Foundation.

Krutilla, J. V. (1967) 'Conservation reconsidered', *American Economic Review*, 67, 777 – 786.

Krutilla, J. V. and Eckstein, O. (1959) *Multiple Purpose River Development*, Baltimore, Md, Resources for the Future/Johns Hopkins University Press.

Krutilla, J. V. and Fisher, A. (1975) *The Economics of Natural Environments*, Baltimore, Md, Resources for the Future/Johns Hopkins University Press.

Labys, W. C. (1980) *Market Structure, Bargaining Power, and Resource Price Formation*, Lexington, Mass., D. C. Heath (Lexington Books).

Lanning, G. and Mueller, M. (1979) *Africa Undermined: Mining Companies and the Underdevelopment of Africa*, Harmondsworth, Penguin.

Layton, E. T. (1977) 'Conditions of technological development', in Spiegel-Rosing, I. and Price, D. de S. (eds) *Science, Technology and Society*, London, Sage, 197 – 222.

Lecomber, R. (1979) *The Economics of Natural Resources*, London, Macmillan.

Lee, T. and Yao, C. L. (1970) 'Abundance of chemical elements in the earth's crust and its major tectonic units', *International Geology Review*, July, 778 – 786.

Levin, P. (1979) 'Highway inquiries', *Public Administration*, 57, 21 – 49.

Levitt, R. (1980) *Implementing Public Policy*, London, Croom Helm.

Lewis, W. A. (1955) *The Theory of Economic Growth*, London, Allen & Unwin.

Lichtblau, J. H. and Frank, H. J. (1978) *The Outlook for World Oil into the 21st Century with Emphasis on the Period to 1990*, Palo Alto, Calif., Electric Power Institute.

Liebenow, J. G. (1969) *Liberia: The Evolution of Privilege*, Ithaca, NY. Cornell University Press.

Lindblom, C. E. (1959) 'The science of "muddling through"', *Public Administration*

Review, 19, 79 – 99.

Liroff, R. A. (1979) *Air Pollution Offsets: Trading, Selling and Banking*, Washington, DC, Conservation Foundation.

Lister, L. (1960) *Europe's Coal and Steel Community: An Experiment in Economic Union*, New York, Twentieth Century Fund.

Little, I. M. D. and Mirrlees, J. A. (1969) *Manual of Industrial Project Analysis in Developing Countries, Vol. 2, Social Cost-Benefit Analysis*, Paris. OECD.

Little. I. M. D. and Mirrless, J. A. (1974) *Project Appraisal and Planning for Developing Countries*, London, Heinemann.

Little, I. M. D., Scitovsky, T. and Scott, M. (1970) *Industry and Trade in Some Developing Countries: A Comparative Study*, Oxford, Oxford University Press.

Löf, G. O. G. and Kneese, A. V. (1967) *The Economics of Water Utilization in the Beet Sugar Industry*, Washington, DC, Resources for the Future.

Logan, T. and Ogilvy, E. (1981) 'The statutory planning framework', in Troy, P. N. (ed.) *Equity in the City*, Sydney, Allen & Unwin, 172 – 194.

Lovell, C. H. (1983) 'Intergovernmental "deregulation": readings from the first Reagan years', *Environment and Planning C: Government and Policy*, 1, 273 – 284.

Lovelock, J. E. (1979) *Gaia: A New Look at Life on Earth*, Oxford, Oxford University Press.

Lowe, P. D. (1977) 'Amenity and equity: a review of local environmental pressure groups in Britain', *Environment and Planning*, A, 9, 39 – 58.

Lowe, P. D. and Goyder, J. (1983) *Environmental Groups in Politics*, Resource Management series, Vol. 6. London, Allen & Unwin.

Lukes, S. (1974) *Power: A Radical View*, London, Macmillan.

Lukes, S. (1977) *Essays in Social Theory*, London, Macmillan.

Lundqvist, L. J. (1973a) 'Environmental policies in Canada, Sweden and the United States: a comparative overview', paper given at Special Session on Comparative Public Policy of the Committee on Political Sociology, IPSA Ninth World Conference, Montreal, September.

Lundqvist, L. J. (1973b) 'Environmental policy and administration in a unitary state: Sweden', in Caldwell, L. K. (ed.) *Organization and Administration of Environmental Programmes*, New York, United Nations, 126 – 148.

Mabey, R. (1980) *The Common Ground*, London, NCC/Hutchinson.

Mabogunje, A. L. (1984) 'The poor shall inherit the earth: issues of environmental quality and Third World development', *Geoforum*, 15(3), 295 – 306.

McDonald, S. L. (1961) 'Percentage depletion and the allocation of resources: the case of oil and gas', *National Tax Journal*, December, 323 – 336.

McDonald, S. L. (1967) 'Percentage depletion, expensing of intangibles and petroleum conservation', in Gaffney, M. (ed.) *Extractive Resources and Taxation*, Madison, Wis., University of Wisconsin Press, 269 – 288.

MacEwen, A. and MacEwen, M. (1982) *National Parks: Conservation or Cosmetics?* Resource Management series, Vol. 5, London, Allen & Unwin.

McGrew, A. G. and Wilson, M. J. (eds) (1982) *Decision-Making, Approaches and Analysis*, Manchester, Manchester University Press/Open University.

McHarg, I. L. (1969) *Design with Nature*, New York, Natural History Press.

MacInerney, J. (1981) 'Natural resource economics: the basic analytical principles', in Bultin, J. A. (ed.) *Economics of Environmental and Natural Resources Policy*, London, Longman, ch. 3, 30 – 58.

McIntosh, P. (1978) 'Water pollution, charging systems and the EEC', *Water*, 23, November, 2 – 6.

McKean, R. (1958) *Efficiency in Government through Systems Analysis*, New York, Wiley.

MacNeill, J. W. (1971) *Environmental Management*, constitutional study prepared for the Government of Canada, Ottawa, Information Canada.

Macpherson, C. B. (1978) 'Do we need a theory of the state?', *European Journal of Sociology*, XVIII(2), 223 – 244.

Majone, G. (1976a) 'Standard setting and the theory of institutional choice: the case of pollution control', *Policy and Politics*, 4, 35 – 51.

Majone, G. (1976b) 'Choice among policy instruments for pollution control', *Policy Analysis*, 2, 589 – 613.

Malthus, R. T. (1798, reprinted 1969) 'An essay on the principle of population', in Hardin, G. (ed.) *Population, Evolution and Birth Control*, San Francisco, Calif., W. H. Freeman, 4 – 17.

Mann Borgese, E. (1980) 'Expanding the common heritage', in Dolman, A. J. (ed.) *Global Planning and Resources Management*, Oxford, Pergamon, 181 – 194.

Manners, G. (1971) *The Changing World Market for Iron Ore, 1950 – 1980: An Economic Geography*, Baltimore, Md, Johns Hopkins University Press.

Manners, G. (1977) 'Three issues of minerals policy', *Journal of the Royal Society of Arts*, 125, 386 – 401.

Manners, G. (1979) 'The geography of mineral supply: the mainsprings of future uncertainties', *Geoforum*, 10(3), 323 – 332.

Manners, G. (1981a) 'Our planet's resources', *Geographical Journal*, 147, pt 1, 1 – 22.

Manners, G. (1981b) *Coal in Britain: An Uncertain Future*, Resource Management series, Vol. 4, London, Allen & Unwin.

Mannheim, K. (1966) *Ideology and Utopia*, London, Routledge & Kegan Paul.

Mansfield, N. W. (1969) 'Recreation trip generation', *Journal of Transport Economics and Policy*, 3, 1 – 13.

Margolis, J. (1957) 'Secondary benefits, external economies and the justification of public investment', *Review of Economics and Statistics*, 39, August, 284 – 291.

Marsh, A. (1981) 'Environmental issues in contemporary European politics', in Goodman, G. T. (ed.) *The European Transition From Oil*, London, Academic Press, 121 – 154.

Martindale, R. (1976) 'How should industry view pollution charges?' *CBI Review*, 21, 11 – 20.

Martindale, R. (1979) 'Charging for direct discharges', *Chemistry and Industry*, 17 March, 195 – 198.

Marwell, G. (1970) 'Who is worried about the environment?' *Bulletin of Peace Proposals*, 2, 187.

Maslow, A. H. (1954) *Motivation and Personality*, New York, Harper & Row.

Math Tech (1979) *The Effect of New Source Pollution Control Requirements on Industrial Investment Decisions*, report prepared for EPA, Arlington, Va, Math Tech, January.

Meacher, M. (1976) 'Global resources, growth and political agency', in Barratt-Brown, M., Emerson, T. and Stoneman, C. (eds) *Resources and the Environment: A Socialist Perspective*, Nottingham, Spokesman, 42 – 47.

Meadows, D. H., Meadows, D. L., Randers, J. and Behrens III, W. (1972) *The Limits to Growth*, New York, Universe Books.

Meadows, D. L. (1974) *Dynamics of Growth in a Finite World*, Cambridge, Mass., Wright-Allen Press.

Meadows, D. L. and Meadows, D. H. (eds) (1973) *Towards Global Equilibrium: Collected Papers*, Cambridge, Mass., Wright-Allen Press.

Metal Bulletin (annual) *Metal Bulletin Handbook*, Vol. II, Worcester Park, Metal Bulletin.

Meyer, R. A. (1975) 'Monopoly pricing and capacity choice under uncertainty', *American Economic Review*, 64(3), June, 326 – 337.

Meyers, S. (1976) 'US experience with national environmental impact assessment', in O'Riordan, T. and Hey, R. D. (eds) *Environmental Impact Assessment*, Farnborough,

Saxon House, 45 – 55.

Mezger, D. (1980) *Copper in the World Economy*, London, Heinemann.

Miewald, R. and Welch, S. (1983) 'Natural resources scarcity: an introduction', in Welch, S. and Miewald, R. (eds) *Scarce Natural Resources: The Challenge to Public Policymaking*, Beverly Hills, Calif., Sage, 9 – 22.

Mikdashi, Z. (1974) *The International Politics of Natural Resources*, Ithaca, NY, Cornell University Press.

Mikesell, R. F. (ed.) (1971) *Foreign Investment in the Petroleum and Mineral Industries: Case Studies on Investor-Host Relations*, Baltimore, Md, Resources for the Future/Johns Hopkins University Press.

Mikesell, R. F. (1979) *The World Copper Industry: Structure and Economic Analysis*, Baltimore, Md, Resources for the Future/Johns Hopkins University Press.

Mikesell, R. F. (1983) *Foreign Investment in Mining Projects*, Cambridge, Mass., Oelgeschlager, Gunn & Hain.

Milbrath, L. W. (1963) *The Washington Lobbyists*, Chicago, Rand McNally.

Milbrath, L. W. (1975) *Environmental Beliefs: A Tale of Two Countries*, Buffalo, State University of New York.

Milbrath, L. W. (1983) 'Images of scarcity in four nations', in Welch, S. and Miewald, R. (eds) *Scarce Natural Resources: The Challenge to Public Policymaking*, Beverly Hills, Calif., Sage, 105 – 124.

Miller, C. and Wood, C. (1983) *Planning and Pollution*, Oxford, Oxford University Press.

Milliband, R. (1973) *The State in Capitalist Society*, London, Quartet Books.

Mining Annual Review (annual) London, Mining Journal.

Mishan, E. J. (1967) *The Costs of Economic Growth*, Harmondsworth, Penguin.

Mishan, E. J. (1972) *Elements of Cost-Benefit Analysis*, London, Allen & Unwin.

Mitchell, B. and King, P. (1984) 'Resource conflict, policy change and practice in Canadian fisheries management', *Geoforum*, 15(3), 419 – 432.

Mitchell, R. C. (1978) 'The public speaks again: a new environmental survey', *Resources for the Future*, 60, 1 – 6.

Moran, T. H. (1975) *Multinational Corporations and the Politics of Dependence: Copper in Chile*, Princeton, NJ. Princeton University Press.

Morris, D. S. and Newton, K. (1971) 'The social composition of a city council: Birmingham, 1925 – 1966', *Social and Economic Administration*, 5, 29 – 33.

Mosher, L. (1981) 'Environmentalists sue to put an end to regulatory massive resistance', *National Journal*, 13(6), 256 – 259.

Mosher, L. (1982) 'Reagan's environmental federalism—are the states up to the challenge', *National Journal*, 14(5), 184 – 188.

Muldoon, R. D. (1983) 'Rethinking the ground rules for an open world economy', *Foreign Affairs*, Summer, 1078 – 1098.

Munro, G. R. (1981) 'The economics of fishing: an introduction', in Butlin, J. A. (ed.) *Economics and Resources Policy*, London, Longman, 129 – 140.

Munton, R. (1983) *London's Green Belt: Containment in Practice*, London, Allen & Unwin.

Myrdal, G. (1957) *Economic Theory and Underdeveloped Regions*, London, Duckworth.

Nash, C., Pearce, D. W. and Stanley, J. (1975a) 'Criteria for evaluating project evaluation techniques', *Journal of the American Institute of Planners*, 41(2), 83 – 89.

Nash, C., Stanley, J. and Pearce, D. W. (1975b) 'An evaluation of cost-benefit analysis criteria', *Scottish Journal of Political Economy*, 22(2), 121 – 134.

National Water Council (1978) *Water Industry Review* 1978, London, NWC.

National Water Council (1981) *River Quality: The* 1980 *Survey and Future Outlook*, London, NWC.

Nelkin, D. (1977) *Technological Decisions and Democracy*, London, Sage.

Newby, H. Bell, C., Rose, D. and Saunders, P. R. (1978) *Property, Paternalism and Power*, London, Hutchinson.

Newton, K. (1982) 'The theory of pluralist democracy', in McGrew, A. C. and Wilson, M. J. (eds) *Decision Making: Approaches and Analysis*, Manchester, Manchester University Press, 231 – 245.

Newton, T. (1972) *Cost-Benefit Analysis in Administration*, London, Allen & Unwin.

Nichols, A. L. (1983) 'Case study 2, the regulation of airborne benzene', in Schelling, T. C. (ed.) *Incentives for Environmental Protection*, Cambridge, Mass., MIT Press.

Nicholson, E. M. (1970) *The Environmental Revolution*, London, Hodder & Stoughton.

Nobbs, C. and Pearce, D. W. (1976) 'The economics of stock pollutants: the example of cadmium', *International Journal of Environmental Studies*, 8(4), 245 – 255.

Nordhaus, W. D. (1973) 'World dynamics: measurement without data', *Economic Journal*, 83, December, 1156 – 1183.

Nordhaus, W. D. (1974) 'Resources as a constraint on growth', *American Economic Review*, 64, 22 – 26.

North West Regional Water Authority (1977) *Annual Report and Accounts*, Warrington, NWRWA.

Nurkse, R. (1953) *Problems of Capital Formation in Underdeveloped Countries*, Oxford,

Blackwell.

Nye, J. S. (1981) 'Japan', in Deese, D. A. and Nye, J. S. (eds) *Energy and Security*, Cambridge, Mass, Ballinger, 211 – 227.

Odell, P. R. (1970) *Oil and World Power*, Harmondsworth, Penguin; 2nd rev. edn, 1983.

Odell, P. R. (1977) 'Optimal development of the North Sea's oil fields—a summary', *Energy Policy*, 5(4), December, 282 – 283.

Odell, P. R. and Rosing, K. E. (1977) 'Optimal development of the North Sea's oil fields—the reply', *Energy Policy*, 5(4), December, 295 – 306.

Odell, P. R. and Rosing, K. E. (1980) *The Future of Oil. A Simulation Study of the Inter-Relationships of Resources, Reserves and Use 1980 – 2080*, London, Kogan Page.

Odell, P. R. and Rosing, K. E. (1983) *The Future of Oil*, 2nd rev. edn, London, Kogan Page; New York, Nichols.

Odum, H. E. (1971) *Environment, Power and Society*, New York, Wiley.

OECD (1976a) *Pollution Charges: An Assessment*, Paris, OECD.

OECD (1976b) *Water Management in France*, Paris, OECD.

OECD (1976c) *Economic Measurement of Environmental Damage*, Paris, OECD.

OECD (1977) *Water Management Policies and Instruments*, Paris, OECD.

OECD (1980a) *Pollution Charges in Practice*, Paris, OECD.

OECD (1980b) *The Contribution of Economic Instruments to Solid Waste Management*, Paris, OECD.

OECD (1980c) *Water Management in Industrialized River Basins*, Paris, OECD.

Ophuls, W. (1977) *Ecology and the Politics of Scarcity: Prologue to a Political Theory of the Steady State*, San Francisco, Calif., W. H. Freeman.

Organization for Economic Co-operation and Development (OECD) (1975) *The Polluter Pays Principle: Definition, Analysis, Implementation*, Paris, OECD.

O'Riordan, T. (1976) *Environmentalism*, London, Pion.

O'Riordan, T. (1977) 'Environmental ideologies', *Environment and Planning*, 9(1), 3 – 14.

O'Riordan, T. (1983a) 'Environmental issues', in *Progress in Human Geography*, London, Edward Arnold, Vol. 7(3), 403 – 413.

O'Riordan, T. (1983b) 'Putting trust in the countryside', Part 3, *The Conservation and Development Programme for the UK*, London, Kogan Page. 171 – 259.

O'Riordan, T. and Hey, R. D. (1976) *Environmental Impact Assessment*, Farnborough,

Saxon House.

O'Riordan, T. and Turner, R. K. (1983) *An Annotated Reader in Environmental Planning and Management*, Urban and Regional Planning series, Vol. 30, Oxford, Pergamon.

O'Toole, R. P. and Walton, A. L. (1982) 'Intergenerational equity as it relates to conservation and coal extraction standards', *Natural Resources Journal*, 22(1), January, 53–69.

Paddock, W. and Paddock, P. (1967) *Famine—1975! America's Decision: Who Will Survive?* Boston, Mass., Little, Brown.

Page, T. (1981) 'Economics of a throwaway society; the one-way economy', in Butlin, J. A. (ed.) *Economics of Environmental and Natural Resources Policy*, London, Longman, 74–87.

Pahl, R. E. (1965) *Urbs in Rure: The Metropolitan Fringe in Hertfordshire*, Geographical Papers No. 2, London, London School of Economics.

Painter, M. (1980) 'Whitehall and roads: a case study of sectoral politics', *Policy and Politics*, 8, 163–186.

Parker, D. J. and Penning-Rowsell, E. C. (1980) *Water Planning in Britain*, Resource Management series, Vol. 1, London, Allen & Unwin.

Parry, G. and Morriss, P. (1974) 'When is a decision not a decision?' in Crewe, I. (ed.) *British Political Sociology Yearbook. Vol. 1, Elites in Western Democracy*, London, Croom Helm.

Pashigian, B. P. (1982) *Environmental Regulation: Whose Self-Interests Are Being Protected?* Chicago, Graduate School of Business, University of Chicago.

Pearce, D. W. (1976) *Environmental Economics*, London, Longman.

Pearce, D. W. (1977) 'Justifiable government intervention in preserving the quality of life', in Wingo, L. and Evans, A. (eds), *Public Economics and the Quality of Life*, Baltimore, Md, Resources for the Future/Johns Hopkins University Press, 125–140.

Pearce, D. W. (ed.) (1978) *Valuation of Social Cost*, London, Allen & Unwin.

Pearce, D. W. (1980) 'The social incidence of environmental costs and benefits', in O'Riordan, T. and Turner, R. K. (eds) *Progress in Resource Management and Environmental Planning*, Vol. 2, Chichester, Wiley, 63–87.

Pearce, D. W. and Walter, I. (1977) *Resource Conservation: The Social and Economic Dimensions of Recycling*, New York, New York University Press Longman.

Pearce, F. (1982) *Watershed: The Water Crisis in Britain*, London, Junction Books.

Pearce, F. (1984) 'The great drain robbery', *New Scientist*, 15 March 10–16.

Pearse, P. H. (1972) 'Rationalization of Canada's west coast salmon fishery', in '*Economic Aspects of Fish Production*, Paris, Organization for Economic Cooperation and Development, 172–202.

Pearson, C. and Pryor, A. (1978) *Environment: North and South—an Economic Interpretation*, New York, Wiley.

Pedlar, K. (1979) *The Quest for Gaia*, London, Granada.

Penning-Rowsell, E. C. and Chatterton, J. B. (1977) *The Benefits of Flood Alleviation: A Manual of Assessment Techniques*, Farnborough, Saxon House.

Penrose, E. T. (1968) *The Large International in Developing Countries*, London, Allen & Unwin.

Percival, A. (1972) *The Amenity Society Movement: Success or Failure?* London, Civic Trust.

Perlman, M. (1976) 'The economic theory of bureaucracy', in Tullock, G. (ed.) *The Vote Motive*, London, Institute of Economic Affairs, 70–79.

Perloff, H. S., Dunn, E. S., Lampard, E. E. and Muth, R. F. (1960) *Regions, Resources and Economic Growth*, Baltimore, Md, Johns Hopkins University Press.

Perloff, H. S. and Wingo, L. (1960) 'Natural resource endowment and regional economic growth', RFF Reprint 24, Washington, DC, RFF. Reprinted in Burton. I. and Kates, R. W. (1969) *Readings in Resource Management and Conservation*, Chicago, University of Chicago Press, 427–442.

Pickens, D. K. (1981) 'Westward expansion and the end of American exceptionalism: Summer, Turner, Webb', *Western Historical Quarterly*, 12 October, 409–418.

Pigou, A. C. (1932) *The Economics of Welfare*, 4th edn, London, Macmillan.

Plamanetz, J. (1954) 'Interests', *Political Studies*, 2, 3–17.

Polsby, N. W. (1963) *Community Power and Political Theory*, New Haven, Conn., Yale University Press; 2nd edn, 1980.

Porter, E. A. (1978) *Water Management in England and Wales*, Cambridge, Cambridge University Press.

Poulantzas, N. (1973) *Political Power and Social Classes*, London, New Left Books.

Prain, Sir R. (1975) *Copper: The Anatomy of an Industry*, London, Mining Journal.

Prebish, R. (1961) 'Economic development or monetary stability: the false dilemma', *Economic Bulletin for Lation America*, VI(1), 1–25.

Price, E. T. (1955) 'Values and concepts in conservation', *Annals of the Association of American Geographers*, XLV(1), March, 65–84.

Programmes Analysis Unit (1972) *An Economic and Technical Appraisal of Air Quality in the United Kingdom*, London, HMSO.

Puschak, R. and Burton, I(1983)'Risk and prior compensation in siting low-level nuclear waste facilities: dealing with the NIMBY syndrome', *Plan Canada*, 23(3), 68 – 79.

Raggatt, H. G. (1964)'Australia: the participation of the Australian goverment in exploration for mineral resources', in Hedburg, H. *et al*. (eds) *The Role of National Government in the Exploration for Mineral Resources*, Ocean City, NJ, Littoral Press, 61 – 79.

Ramsey, F. P. (1928)'A mathematical theory of saving', *Economic Journal*, 38, December 554 – 559.

Randell, A. (1975)'Growth, resources, and environment: some conceptual issues', *American Journal of Agriculture Economics*, 57(5), 803 – 309.

Rees, J. A. (1970)'Industrial water abstractions and the 1963 charging schemes', report to Water Resources Board, Reading, WRB, mimeo.

Rees, J. A. (1975) *The North-West Tasmanian Regional Water Scheme: Optimal Development and Financial Implications*, Canberra, Department of Urban and Regional Development.

Rees, J. A. (1976)'Rethinking our approach to water supply provision', *Geography*, 61 (4), 232 – 245.

Rees, J. A. (1977)'The economics of environmental management', *Geography*, 62(4), 311 – 324.

Rees, J. A. (1981a)'Urban water and sewerage services', in Troy, P. N. (ed.) *Equity in the City*, Sydney, Allen & Unwin, 85 – 103.

Rees, J. A. (1981b)'Irrelevant economics: the water pricing and pollution charging debate', *Geoforum*, 12(3), 211 – 225.

Rees, J. A. (1982)'Profligacy and scarcity: an analysis of water management in Australia', *Geoforum*, 13(4), 289 – 300.

Rees, J. A. and Rees, R. (1972)'Water demand forecasts and planning margins in south-east England', *Regional Studies*, 6, 37 – 48.

Renshaw, E. F. (1957) *Toward Responsible Government*, Chicago, Idyia Press.

Repetto, R. (1983)'Air quality under the Clean Air Act', in Schelling, T. C. (ed.) *Incentives for Environmental Protection*, Cambridge, Mass., MIT Press, 221 – 290.

RESOLVE (quarterly) newsletter on environmental dispute resolution, Washington, DC, The Conservation Foundation.

Ricardo, D. (1817, reprinted 1962) *Principles of Political Economy and Taxation*, London, Dent.

Richardson, G., with Ogus, A. and Burrows, P. (1982) *Policing Pollution: A Study of Regulation and Enforcement*, Oxford, Clarendon Press.

Richardson, H. W. (1969) *Regional Economics: Location Theory, Urban and Regional Change*, London, Weidenfeld & Nicolson.

Richardson, J. A. and Scott, L. C. (1983) 'Resource location patterns and state severance taxes: some empirical evidence', *Natural Resources Journal*, 23, April, 352 – 364.

Richardson, J. J. (1977) 'The environmental issue and the public', in *Decision Making in Britain: Pollution and Environment*, D203V, Milton Keynes, Open University.

Richardson, J. J. (1979) 'Agency behaviour: the case of pollution control in Sweden', *Public Administration*, 57, 471 – 482.

Richardson, J. J. and Jordan, A. G. (1979) *Governing under Pressure. The Policy Process in a Post-Parliamentary Democracy*, Oxford, Martin Robertson.

Ridker, R. G. (ed.) (1972) *Population, Resources and the Environment*, Washington, DC. Government Printing Office.

Ridker, R. G. and Watson, W. D. (1980) *To Choose a Future. Resource and Environmental Consequences of Alternative Growth Paths*, Baltimore, Md, Resources for the Future/Johns Hopkins University Press.

Rigdon, S. (1983) 'Resource policy in communist states', in Welch, S. and Miewald, R. (eds) *Scarce Natural Resources: The Challenge to Public Policy*, Beverly Hills, Calif., Sage, 65 – 84.

Roberts, P. W. and Shaw, T. (1982) *Mineral Resources in Regional and Strategic Planning*, Aldershot, Gower.

Robinson, J. (1981) *Economic Philosophy*, Harmondsworth, Penguin.

Robson, W. A. (ed.) (1937) *Public Enterprise*, London, Heinemann.

Roddewig, R. J. (1978) *Green Bans*, Sydney, Hale & Iremonger.

Rosenberg, N. (1976) *Perspectives on Technology*, Cambridge, Cambridge University Press.

Rosenblum, V. G. (1974) 'The continuing role of courts in allocating common property resources', in Haffele, E. T. (ed.) *The Governance of Common Property Resources*, Baltimore, Md, Resources for the Future/Johns Hopkins University Press.

Rosing, K. E. and Odell, P. R. (1983) *The Future of Oil: A Re-Evaluation*, Paper 83—1a, Centre for International Energy Studies, Erasmus University, Rotterdam, Eurices.

Ross, T. D. (1985) 'The status and strategies of the international oil corporations', LSE, International Resources Programme 1984 – 1985, typescript.

Rothman, H. (1972) *Murderous Providence: A Study of Pollution in Industrial Societies*,

London, Rupert Hart-Davis.

Rothwell, R. and Gardiner, P. (1983) *The Impact of Environmental Regulations on Technological Change Processes in the UK Sugar Processing and Metal Plating Industries*, SPRU, Brighton, University of Sussex.

Russ, P. and Tanner, L. (1978) *The Politics of Pollution*, Melbourne, Visa.

Russell, C. S. (1973) *Residuals Management in Industry: A Case Study of Petroleum Refining*, Baltimore, Md, Resources for the Future/Johns Hopkins University Press.

Sachs, I. (1972) 'Approaches to a political economy of environment', in *Political Economy of Environment, Problems of Method*, papers presented at the Symposium held at the Maison des Sciences de 1'Homme, Paris 5 – 8 July, 1971, Paris, École Pratique des Hautes Études/Mouton, 125 – 137.

Sampson, A. (1975) *The Seven Sisters*, London, Coronet.

Sandbach, F. (1980) *Environment, Ideology and Policy*, Oxford, Blackwell.

Sandbach, F. (1982) *Principles of Pollution Control*, Themes in Resource Management, London and New York, Longman.

Saunders, P. R. (1976) *The Estimation of Pollution Damage*, Manchester, Manchester University Press.

Saunders, P. R. (1980) *Urban Politics: A Sociological Interpretation*, Harmondsworth, Penguin.

Saunders, P. R. (1981) *Social Theory and the Urban Question*, London, Hutchinson.

Sawhill, J. C. (1981) 'Foreword', in Deese, D. A. and Nye, J. S. (eds) *Energy and Security*, Cambridge, Mass., Ballinger, xv – xvi.

Sax, J. (1970) *Defending the Environment: A Strategy for Citizens Action*, New York, Knopf.

Schaefer, M. B. (1957) 'Some consideration of population dynamics and economics in relation to the marine fisheries', *Journal of the Fisheries Research Board of Canada*, 14, 669 – 681.

Schaeffer, F. A. (1970) *Pollution and the Death of Man: The Christian View of Ecology*, Wheaton, I11., Tyndale Press.

Schelling, T. C. (ed.) (1983) *Incentives for Environmental Protection*, Regulation of Economic Activity series, Cambridge, Mass., MIT Press.

Schervish, P. G. (1979) 'Employment problems in a global perspective', in Jegen, M. E. and Wilber, C. K. (eds) *Growth with Equity*, New York, Paulist Press, 97 – 123.

Schnaiberg, A. (1980) *The Environment: From Surplus to Scarcity*, New York, Oxford University Press.

Schumacher, E. F. (1973) *Small Is Beautiful: Economics as if People Really Mattered*, New York, Harper Torch Books.

Schumpeter, J. A. (1950) *Capitalism, Socialism and Democracy*, 3rd edn, New York, Harper.

Schwing, R. C. and Albers, W. (eds) (1980) *Societal Risk Assessment: How Safe is Safe Enough?* New York, Plenum Press.

Schwob, M. (1964) 'Pre-investment activities of the United Nations in the mineral field', in Hedberg, H. *et al*. (eds) *The Role of National Government in the Exploration for Mineral Resources*, Ocean City, NJ, Littoral Press, 185 – 193.

Scitovsky, T. (1976) *The Joyless Economy: An Inquiry into Human Satisfaction and Consumer Dissatisfaction*, New York, Oxford University Press.

Scott, A. D. (1955a) *Natural Resources: The Economics of Conservation*, Canadian Studies in Economics No. 3, Toronto, Canadian Social Science Research Council.

Scott, A. D. (1955b) 'The fishery: The objectives of sole ownership', *Journal of Political Economy*, 63, 116 – 124.

Scott, A. D. (1975) *Natural Resources Revenues. A Test of Federalism*, Vancouver, University of British Columbia Press.

Scott, Mr Justice (chairman) (1942) *Report of the Committee on Land Utilization in Rural Areas*, Cmnd 6378, London, HMSO.

Self, P. (1970) 'Nonsense on stilts: the futility of Roskill', *Political Quarterly*, 41, 249 – 260.

Self, P. (1975) *Econocrats and the Policy Process. The Politics and Philosophy of Cost-Benefit Analysis*, London, Macmillan.

Self, P. and Storing, H. (1962) *The State and the Farmer*, London, Allen & Unwin.

Sharkansky, I. (1970) *The Routines of Politics*, New York, Van Nostrand Reinhold.

Sharp, C. and Jennings, T. (1976) *Transport and the Environment*, Leicester, Leicester University Press.

Sherman, H. (1972) *Radical Political Economy: Capitalism and Socialism from a Marxist-Humanist Perspective*, New York, Basic Books.

Shoard, M. (1980) *The Theft of the Countryside*, London, Temple Smith.

Shucksmith, M. (1981) *No Homes for Locals*, Aldershot, Gower.

Simon, H. A. (1947) *Administrative Behaviour*, New York, Macmillan.

Simon, H. A. (1955) 'A behavioural model of rational choice', *Quarterly Journal of Economics*, 69, February, 99 – 118.

Simon, J. L. (1977) *The Economics of Population Growth*, Princeton, NJ, Princeton University Press.

Simon, J. L. (1981) *The Ultimate Resource*, Princeton, NJ, Princeton University Press.

Simonis, U. E. (1984) *Preventive Environmental Policy: Concept and Data Requirements*, Discussion Paper 84 – 12. International Institute for Environment and Society, Berlin, IIUG.

Singer, S. F. and Stamas, S. (1982) 'An end to OPEC', *Foreign Policy*, 45, Winter, 115 – 125.

Skoog, B. (1983) *Immigrants and Cultural Development in European Towns*, Strasburg, Council for Cultural Co-operation.

Smil, V. (1984) *The Bad Earth, Environmental Degradation in China*, New York, M. E. Sharpe and London, Zed Press.

Smith, D. N. and Wells, L. T., Jr (1975) *Negotiating Third-World Mineral Agreements*, Cambridge, Mass., Ballinger.

Smith, G. and May, D. (1980) 'The artificial debate between rationalist and incrementalist models of decision making', *Policy and Politics*, 8(2), 147 – 161.

Smith, P. J. (ed.) (1975) *The Politics of Physical Resources*, Harmondsworth, Open University/Penguin.

Smith, R. J. and Kavanagh, N. J. (1969) 'The measurement of benefits of trout fishing', *Journal of Leisure Research*, 4, 316 – 322.

Snyder, E. E. (1971) *Please Stop Killing Me*, New York, Signet, New American Library.

Spence, A. M. (1974) 'Blue whales and applied control theory', in Gottinger, H. W. (ed.) *Systems Approaches and Environmental Problems*, Göttingen, Vanderhoeck and Ruprecht.

Squire, L. and Van der Tak, H. (1975) *Economic Analysis of Projects*, Baltimore, Md, Johns Hopkins University Press.

Standing Conference of Rural Community Councils (1979) *Whose Countryside?* London, National Council for Social Service.

Stankey, G. H. and Lime, D. W. (1973) *Recreational Carrying Capacity: An Annotated Bibliography*, Ogden, Utah, Intermountain Forest and Range Experiment Station.

Starkie, D. and Johnson, D. (1975) *The Economic Value of Peace and Quiet*, London, D. C. Heath.

Steck, H. J. (1975) 'Private influence on environmental policy: the case of the National Industrial Pollution Control Council', *Environmental Law*, 5, 241 – 281.

Steele, R. C. (ed.) (1972) *Lowland Forestry and Wildlife Conservation*, Monks Wood, Monks Wood Experimental Station.

Stewart, F. (1977) *Technology and Underdevelopment*, London, Macmillan.

Stillman, P. G. (1982) 'The tragedy of the commons: a re-analysis', in O'Riordan, T. and Turner, R. K. (eds) *An Annotated Reader in Environmental Planning and Management*, Oxford, Pergamon, 299 – 303.

Stocking, G. W. (1954) *Basing Point Pricing and Regional Development*, Chapel Hill, NC, University of North Carolina Press.

Storey, D. J. and Elliott, D. J. (1977) 'An effluent charging scheme for the River Tees', *Chemistry and Industry*, May, 335 – 338.

Storey, D. J. and Walker, M. (1975) *An Evaluation of Alternative Systems for Controlling Direct Discharges to Estuaries and Tidal Waters*, Tees Industrial Discharge Study Workshop Paper No. 3, University of Newcastle upon Tyne.

Streeton, P. (1961) *Economic Integration*, Leyden, A. W. Sythoff.

Streeton, P. (1972) 'Cost-benefit and other problems of method', in Sachs, I. (ed.) *Political Economy of Environment: Problems of Method*, Paris, École Pratique des Hautes Études/Mouton, 47 – 59.

Streeton, P. (1979) 'Transnational corporations and basic needs', in Jegen, M. and Wilber, C. K. (eds) *Growth with Equity*, New York, Paulist Press, 163 – 174.

Stretton, H. (1976) *Capitalism, Socialism and the Environment*, Cambridge, Cambridge University Press.

Styrikovich, M. A. (1977) 'The long range energy perspective', *Natural Resources Forum*, 1(3), April, 252 – 253.

Sunkel, O. (1972) 'Big business and "dependencia": a Latin American view', *Foreign Affairs*, 50(3), April, 517 – 531.

Susskind, L. (1982) 'Restoring the credibility and enhancing the usefulness of the EIA process', *Environmental Impact Assessment Review*, 3(1), 6 – 7.

Sutcliffe, B. (1972) 'Imperialism and industrialisation of the Third World', in Owen, R. and Sutcliffe, B. (eds) *Studies in the Theory of Imperialism*, London, Longman, 171 – 192.

Talbot, A. (1983) *Settling Things: Six Case Studies in Environmental Mediation*, Washington, DC, The Conservation Foundation.

Tanzer, M. (1969) *The Political Economy of Internatioal Oil and the Underdeveloped Countries*, Boston, Mass., Beacon Press.

Tanzer, M. (1980) *The Race for Resources, Continuing Struggles over Minerals and Fuels*, New York and London, Monthly Review Press.

Tavoulareas, W. and Kaysen, C. (1977) *A Debate on a Time to Choose*, Cambridge, Mass., Ballinger.

Thomas, R. S. and Conkling, E. C. (1976) *Geography of International Trade*, Foundations of Economic Geography series, Englewood Cliffs, NJ, Prentice-Hall.

Tilton, J. E. (1977) *The Future of Nonfuel Minerals*, Washington, DC, Brookings Institution.

Tinbergen, J. (co-ordinator)(1976) *Reshaping the International Order: A Report to the Club of Rome*, New York, E. P. Dutton.

Tinker, J. (1975) 'River pollution: the Midland dirty dozen', in Porteus *et al*. (eds) *Pollution: The Professionals and the Public*, Milton Keynes, Open University, 108 – 117.

Tivy, J. and O'Hare, G. (1981) *Human Impact on the Ecosystem*, Edinburgh, Oliver & Boyd.

Townroe, P. M. (1984) 'The changing economic environment for spatial policies in the Third World', *Geoforum*, 15(3), 335 – 347.

Tsuru, S. (1972) 'In place of GNP', in Sachs, I. (ed.) *Political Economy of Environment*, Paris, École Pratique des Hautes Études/Mouton, 11 – 26.

Tuan, Y.-F. (1974) *Topophilia: A Study of Environmental Perception, Attitudes and Values*, Englewood Cliffs, NJ, Prentice-Hall.

Tucker, R. (1975) 'Oil: the issue of American intervention', *Commentary*, 59, January, 21 – 31.

Turvey, R. (1963a) 'On divergence between social and private cost', *Economica*, 30, 309 – 313.

Turvey, R. (1963b) 'Present value versus internal rate of return: an essay on the theory of third best', *Economic Journal*, 73, 93 – 98.

Tyme, J. (1978) *Motorways versus Democracy*, London, Macmillan.

UK Department of the Environment (1978) *Pollution Control in Britain: How it Works*, 2nd edn, Pollution Paper No. 9, London, HMSO.

UK Government (1961) *Financial and Economic Obligations of Nationalized Industries*, Cmnd 1337, London, HMSO.

UK Government (1967) *Financial and Economic Obligations of Nationalized Industries*, Cmnd 3437, London, HMSO.

UK Government (Secretary of State for Energy) (1978) *Energy Policy: A Consultative Document*, Cmnd 7101, London, HMSO.

UK House of Lords, Select Committee on Science adn Technology (1981) *Hazardous Waste Disposal*, vol. 1, London, HMSO.

UK Royal Commission on Environmental Pollution (1976) *Air Pollution Control: An*

Integrated Approach, Fifth Report, Cmd 6371, London, HMSO.

United Nations (1978) *Transnational Corporations in World Development*, New York, UN, 20 March.

United Nations Conference on Trade and Development (UNCTAD) (1982a) *Handbook of International Trade and Development Statistics*, 1981 *Supplement*, New York, UNCTAD.

UNCTAD (1982b) *Trade and Development Report*, New York, UNCTAD.

United Nations Economic Commission for Europe (1978) *Coal*: 1985 *and Beyond*, Oxford, Pergamon.

US Bureau of Mines (1974) *Recovery of Secondary Copper and Zinc in the United States*, Information Circular 8622, Washington, DC, US Department of the Interior.

US Congress (1974) *Outlook for Prices and Supplies of Industrial Raw Materials*, Hearings before the Subcommittee on Economic Growth of the Joint Economic Committee 93 – 2, Washington, DC, Government Printing Office.

US Council on Environmental Quality (1978) *Environmental Quality* 1978, Paper 25244, Council on Environmental Quality, Washington, DC, Government Printing Office.

US Council on Environmental Quality (1980) *Environmental Quality*, 1980 Annual Report, Washington, DC, Government Printing Office.

US Department of Health, Education and Welfare (1969) *Guidelines for the Development of Air Quality Standards and Implementation Plans*, Washington, DC, NAPCA.

US Department of the Interior (annual) *Minerals Yearbook*. *Vol*. 3, *Area Reports International*, Bureau of Mines, Washington, DC, Government Printing Office.

US National Academy of Sciences (1975) *Mineral Resources and the Environment*, Committee on Mineral Resources and Environment, Washington, DC, NAS, February.

US National Academy of Sciences (1977a) *Decision-Making in the Environmental Protection Agency*, Report of the Environmental Studies Board, Commission on Natural Resources, Washington, DC, NAS/NRC.

US National Academy of Sciences (1977b) *Research and Development in the Environmental Protection Agency*, Report of the Research Assessment Committee, Commission on Natural Resources, Washington, DC, NAS/NRC.

US National Academy of Sciences (1978) *Technological Innovation and Forces for Change in the Mineral Industry*, Committee on Mineral Technology, Board on Mineral and Energy Resources, Commission on Natural Resources, Washington, DC, NAS.

US National Commission on Air Quality (1981) *To Breathe Clean Air*, Washington, DC, Government Printing Office.

US National Commission on Materials Policy (1973) *Material Needs and the Environment. Today and Tomorrow*, Final Report, Washington, DC, Government Printing Office.

US National Water Commission (1973) *Water Policies for the Future*, Washington, DC, Government Printing Office.

US President's Science Advisory Committee (1967) *World Food Problem Reports*, Pr 35.8: Sc2/F73, Washington, DC, Government Printing Office.

Van Rensburg, W. C. J. and Bambrick, S. C. (1978) *The Economics of the World's Mineral Industries*, Johannesburg, McGraw-Hill.

Vaughan, W. J. and Russell, C. S. (1973) 'A residuals management model for the integrated iron and steel industry', paper presented at American Iron and Steel Institute Conference, Dekalb, I11., April.

Vogt, D. U. (1983) *US Government International Barter*, Congressional Research Service, Library of Congress, Washington, DC.

Waddell, T. E. (1974) *The Economic Damages of Air Pollution*, Washington, DC, US Environmental Protection Agency.

Walker, M. and Storey, D. J. (1977) 'The "standards and price" approach to pollution control: problems of iteration', *Scandinavian Journal of Economics*, 79(1), 99 – 109.

Walker, R. and Storper, M. (1978) 'Erosion of the Clean Air Act of 1970: a study of the failure of government regulational planning', *Environmental Affairs*, 7, 189 – 257.

Wall, C. G. Wilson, D. C. and Jones, W. (1977) 'Optimal development of the North Sea's oil fields – the criticisms', *Energy Policy*, 5(4), December, 284 – 294.

Wandesforde-Smith, G. (1980a) 'Environmental impact assessment in Europe', in O'Riordan, T. and Turner, R. K. (eds) *Progress in Resource Management and Evironmental Planning*, Vol. 2, Chichester, Wiley, 205 – 237.

Wandesforde-Smith, G. (1980b) 'Environmental impact assessment', in Bothe, M. (coordinator) *Trends in Environmental Policy and Law*, Berlin, Erich Schmidt Verlag, 101 – 130.

Ward, B. (1979) *Progress for a Small Planet*, London, Temple Smith.

Ward, B. and Dubos, R. (1972) *Only One Earth*, Harmondsworth, Penguin.

Warman, H. R. (1972) 'The future of oil', *Geographical Journal*, 138, pt 3, September, 287 – 297.

Warren, A. and Maizels, J. K. (1977) 'Ecological change and desertification', in *Deser-*

tification: Its Causes and Consequences, UN Conference on Desertification, Oxford, Pergamon, 169 – 260.

Warren, K. (1966) 'Steel pricing and public policy', *Urban Studies*, 3(3), November, 185 – 199.

Warren, K. (1973) *Mineral Resources*, Problems in Modern Geography series, Newton Abbot, David & Charles.

Wathern, P. (1976) 'The role of impact statements in environmental planning in Britain', *International Journal of Environmental Studies*, 9, 165 – 168.

Webb, M. G. and Ricketts, M. J. (1980) *The Economics of Energy*, London, Macmillan.

Webb, M. G. and Woodfield, R. (1979) *Standards and Charges in the Control of Trade Effluent Discharges to Public Sewers*, Discussion Paper 43, Institute of Social and Economic Research, Department of Economics, University of York.

Weber, M. (1947) *The Theory of Social and Economic Organization*, New York, Macmillan.

Weisbrod, B. (1968) 'Income redistribution effects and benefit-cost analysis', in Chase, S. (ed.) *Problems in Public Expenditure Analysis*, Washington, DC, Brookings Institution.

Weisbrod, B. (1978) *Distrbutional Effects of Collective Goods: A Survey Approach*, Madison, Wis., University of Wisconsin Press.

Wenner, L. M. (1978) 'Pollution control: implementation alternatives', *Policy Analysis*, 4(1), 47 – 65.

Wertz, K. L. (1976) 'Economic factors influencing household production of refuse', *Journal of Environmental Economics and Management*, 2(4), 263 – 272.

West, R. and Foot, P. (1975) 'Anglesey: aluminium and oil', in Smith, P. J. (ed.) *The Politics of Physical Resources*, Harmondsworth, Penguin, 202 – 302.

White, G. F. (1942) *Human Adjustment to Floods: A Geographical Approach to the Flood Problem in the United States*, Research Paper 29, Department of Geography, University of Chicago.

White, G. F., Bradley, D. J. and White, A. U. (1972) *Drawers of Water: Domestic Water Use in East Africa*, Chicago, University of Chicago Press.

Whyte, A. V. and Burton, I. (1982) 'Perception of risks in Canada', in Burton, I., Foule, C. D. and McCullough, R. A. (eds) *Living with Risk: Environmental Risk Management in Canada*, Institute for Environmental Studies, University of Toronto, 39 – 69.

Wijntjes, I. W. C. (1974) 'Waste water and undue consumption in the Netherlands', in *Proceedings of Symposium on Waste Control*, London, Institution of Water Engineers.

Wilen, J. E. (1976) 'Common property resources and the dynamics of over exploitation: the case of the North Pacific fur seal', Resources Paper No. 3, Research Programme on Natural Resource Utilization, Vancouver, University of British Columbia, September.

Williamson, J. G. (1965) 'Regional income inequality and the process of national development: a description of the patterns', *Economic Development and Cultural Change*, 13, 3 – 84.

Wilson, C. (ed.) (1970) *Man's Impact on the Global Environment: Assessments and Recommendations for Action*, Cambridge, Mass., MIT Press.

Wilson, L. O. (1981) 'Water: wins and losses', *State Government*, November, 4 – 6.

Wise, D. and Ross, T. B. (1964) *The Invisible Government*, New York, Random House.

Wolfinger, R. (1971) 'Nondecisions and the study of local politics', *American Political Science Review*, 65(4), December, 1063 – 1080.

Woodwell, G. M. (1978) 'The carbon dioxide question', *Scientific American*, 238(1), January, 39 – 44.

Yandle, B. (1978) 'The emerging market in air pollution rights', *Regulation*, July-August, 21 – 29.

Young, O. R. (1980) *Resource Regimes: Natural Resources and Social Institutions*, Berkeley, Calif., University of California Press.

Young, O. R. (1981) *Natural Resources and the State: The Political Economy of Resource Management*, Berkeley, Calif., University of California Press.

Zimmermann, E. W. (1951) *World Resources and Industries*, rev. edn, New York, Harper.

Zysman, I. and Cohen, S. S. (1983) 'Double or nothing: open trade and competitive industry', *Foreign Affairs*, Summer, 1113 – 1139.

第二版参考文献

Auty, R. M. (1988) 'Internal constraints on prudent oil windfall deployment for resource-based industrialisation: Nigeria and Cameroon', *Geoforum*, 19.2, 147-160.

British Geological Survey (BGS) (1988) *World Mineral Statistics* 1982-1986, London, HMSO.

British Petroleum (1988) *Statistical Review of Energy*, London, BP.

Brown, G. M. Jr and Johnson, R. W. (1984) 'Pollution control by effluent charges: it works in the Federal Republic of Germany, why not in the US?' *Natural Resources Journal*, 24, 4.

Brown, L. C. (various) *State of the World*, New York and London, Norton.

Caldwell, L. K. (1982) *Science and the National Environmental Policy Act*, Tuscaloosa, AL, University of Alabama Press.

Caldwell, L. K., Bartlett, R. V., Parker, D. E. and Keys, D. L. (1982) *A Study of Ways to Improve the Scientific Content and Methodology of Environmental Impact Analysis*, Advanced Studies in Science, Technology and Public Affairs, Bloomington, Indiana University.

Carmichael, M. J. (1987) 'Manganese', *Mining Annual Review*, London, Mining Journal Ltd, pp. 60-63.

Chambers, R. (1986) 'Sustainable livelihoods: an opportunity for the World Commission on Environment and Development', Institute of Development Studies, University of Sussex, Brighton.

Clark, W. and Munn, R. (1986) *Sustainable Development of the Biosphere*, Cambridge, Cambridge University Press.

Commission of the European Communities (1987) *Fourth Environmental Action Programme* (1987-1992), Official Journal, C328, 7 December, Brussels.

ERL (1985) *Charging Systems for Pollution Control in some EC Member States*, Report for Department of the Environment, London, Environmental Resources Ltd.

Fisher, A. C. and Haverman, W. M. (1985) 'Endangered species: the economics of irreversible damage', in Hall, D. *et al*. (eds) *Economics of Ecosystem Management*, Dordrecht, Junk.

Freeman III, A. M. (1984) 'The sign and size of option values', *Land Economics*, 60, 1.

Ghatak, S. (1988) 'Towards a second Green Revolution: from chemicals to new biological techniques in agriculture in the tropics for sustainable development', in Turner, R.K. (ed.) *Sustainable Environmental Management*, London, Belhaven Press and Boulder, CO, Westview Press, pp. 145-169.

Hare, F. K. (1989) 'The global greenhouse effect', in World Meteorological Organization UNEP *The Changing Atmosphere*, Proceedings of Toronto Conference, 27-30 June 1988, Geneva, WMO, pp. 59-67.

House of Lords' Select Committee on the European Communities (1988) *The Ozone Layer: Implementing the Montreal Protocol*, Session 1987-1988. 17th Report, London, HMSO.

Humphreys, D. (1987) 'Aluminium', *Mining Annual Review*, Mining Journal Ltd, pp. 41-46.

International Iron and Steel Institute (1988) *Steel Statistical Yearbook*, p. 1151.

Janicke, M. (1985) 'Preventive environmental policy as ecological modernization and structural policy', International Institute for Environment and Society, Discussion Paper 77UG, pp. 82-85, Berlin.

Liroff, R. A. (1986) *Reforming Air Pollution Regulation: The Toil and Trouble of EPA's Bubble*, Washington, DC, Conservation Foundation.

Metallgesellschaft Aktiengesellschaft (1988).

Miltz, D. (1988) *The Use of Benefits Estimation in Environmental Decision-Making*, Environmental Directorate, OECD, Paris.

Mintzer, I. (1988) 'Our changing atmosphere: energy policies, air pollution and global warming', in WMO, *The Changing Atmosphere*, WMO, Geneva, pp. 117-139.

Nash, C. and Bowers, J. (1988) 'Alternative approaches to the valuation of environmental resources', in Turner, R.K. (ed.) *Sustainable Environmental Management*, London, Belhaven Press and Boulder, CO, Westview Press.

Norgaard, R. (1984) 'Coevolutionary development potential', *Land Economics*, 60.2.

Norgaard, R. (1985) 'Environmental economics: an evolutionary critique and a plea for pluralism', *Journal of Environmental Economics and Management*, 12(4).

Norgaard, R. (1988) 'Sustainable development: a co-evolutionary view', *Futures*, 20 (6).

Odell, P.R. (1988) *Draining the World of Energy*, Eurices Paper No.88-3, Centre for International Energy Studies, Erasmus University, Rotterdam.

O'Riordan, T. (1988) 'The politics of sustainability', in Turner, R.K. (ed.) *Sustainable Environmental Management*, London, Belhaven Press and Boulder, CO, Westview Press, pp.29-50.

Pearce, D. (1988) 'Optimal prices for sustainable development', in Collard, D. *et al*. (ed.) *Economics, Growth and Sustainable Environment*, London, Macmillan.

Pearce, D., Markandya, A. and Barbier, E.B. (1989) *Blueprint for a Green Economy*, London, Earthscan Publications.

Pepper, D. (1984) *The Roots of Modern Environmentalism*, London, Croom Helm.

Pezzey, J. (1988) 'Market mechanisms of pollution control', in Turner, R.K. (ed.) *Sustainable Environmental Management*, London, Belhaven Press and Boulder, CO, Westview Press, pp.190-242.

Randell, A. (1983) 'The problem of marker failure', *Natural Resources Journal*, 23, 1.

Redclift, M. (1987) *Sustainable Development*, London, Methuen.

Rees, J.A. (1988) 'Pollution control objectives and the regulatory framework', in Turner, R.K. (ed.) *Sustainable Environmental Management*, London, Belhaven Press and Boulder, CO. Westview Press, pp.170-189.

Repetto, R. (1986) *World Enough and Time*, New Haven, CT, Yale University Press.

Rudig, W. and Lowe, P. (1990) *The Green Wave; Ecological Parties in Global Perspective*, Cambridge, Polity Press.

Salim, E. (1988) 'Managing the changing global atmosphere through sustainable development', in World Meteorological Organisation, *The Changing Atmosphere* Geneva, WMO, pp.159-166.

Simonis, U.E. (1984) *Preventive environmental policy*, International Institute for Environment and Society, Discussion Paper 11UG, pp. 84-12, Berlin.

Taylor, S. (1984) *Making Bureaucracies Think*, Stanford, CA, Stanford University Press.

Thompson, M. Y. (1987) 'Copper', *Mining Annual Review*, London, Mining Journal Ltd, pp. 23-31.

Tolba, M. (1987) *Sustainable Development—Constraints and Opportunities*, London, Butterworths.

Turner, R. K. (1988) 'Sustainability, resource conservation and pollution control: an overview', in Turner, R. K. (ed.) *Sustainable Environmental Management*, London, Belhaven Press and Boulder, CO. Westview Press.

UNCTAD (1988) *Handbook of International Trade and Development Statistics 1987*, New York, UNCTAD.

Wathern, P. (ed.) *Environmental Impact Assessment: Theory and Practice*, London, Unwin Hyman.

Wellesley-Wood, M. M. (1987) 'A distant light?' *Mining Annual Review*, London, Mining Journal Ltd, pp. 7-9.

World Commission on Environment and Development (Brundtland Commission) (1987) *Our Common Future*, WCED, London, Oxford University Press.

World Resources Institute (various) *World Resources*, New York and London, Harper & Row.

作者索引

数字系英文原版页码,即本书中边码。页码后的缩略语 f、n、t 分别表示图、注释、表格。

主题索引

数字系英文原版页码，即本书中边码。页码后的缩略语 f、n、t、p 分别表示图、注释、表格、照片。

人名对照表

Ahmed 阿赫默德
Allen 艾伦
Amin 阿明
Amoco-Cadiz 阿莫科—卡迪兹
Anders 安德斯
Anderson 安德森
Arnstein 阿恩斯坦
Asch 阿施
Ashby 阿什比
Atwood 阿特伍德

Bach 巴赫
Bachrach 巴克拉克
Bain 贝恩
Baratz 巴拉兹
Barnet 巴尼特
Bartlett 巴特利特
Bauer 鲍尔
Baumol 鲍莫尔
Berry 贝里
Blowers 布洛尔斯
Boulding 博尔丁
Buchanan 布坎南
Bugler 巴格勒
Burenstam-Linder 布伦斯坦—林德
Burton 伯顿
Butlin 巴特林

Caldwell 考德威尔
Canyon, Torrey 卡尼翁,托里
Carpenter 卡彭特
Carson 卡森
Chisholm 奇泽姆
Ciriacy-Wantrup 西里阿锡—万特鲁普
Clawson 克劳森
Coates 科茨
Cobbe 科布
Coddington 科丁顿
Cohen 科恩
Coonbes 库姆斯
Cormick 科密克
Cotgrove 科特格罗夫
Crandall 克兰德尔
Crenson 克伦森
Crowson 克劳森
Culhane 卡尔汗

Dahl 达尔
Daly 戴利
Dasgupta 达斯古普塔
Dennison 丹尼森
Dickens 迪肯斯
Downs 唐斯
Dubos 杜博斯
Duff 达夫

Eagles 伊格尔斯
Eckstein 埃克斯坦
Ehrlich 埃利希
Engler 恩格勒
Estall 埃斯托尔

Falk 福尔克
Feder 费德

Fleischman 弗莱希曼
Ferrester 福里斯特
Frankel 弗兰克尔
Frank 弗兰克
Freeman 弗里曼
Friedland 弗里德兰
Friesema 弗里塞马

Gamston 加姆斯顿
Gardner 加德纳
Garnaut 加尔诺
Gillis 吉利斯
Girvan 格文
Goldsmith 戈德史密斯
Goodey 古迪
Goodman 古德曼
Goyder 戈伊德

Hardin 哈丁
Hardoy 哈多
Harrison 哈里森
Hawkins 霍金斯
Heal 希尔
Hedberg 赫德伯格
Henning 亨宁
Higgins 希金斯
Hirsch 赫什
Hirschleifer 赫希莱弗
Hirschman 赫希曼
Hodson 霍德森
Holdgate 霍尔德盖特

Ingelhart 英格尔哈特

Johnson 约翰逊
Junner, N.R. 琼纳

Kahn, Herman 赫尔曼·卡恩
Kapp 卡普
Kates 凯茨
Kay 凯
Kellogg 凯洛格
Kelman 克尔曼
Kennedy 肯尼迪
Kincaid 金凯德
Kitamura 基塔姆拉
Kneese 克尼斯
Krutilla 克鲁蒂拉

Labys 拉比斯
Lanning 兰宁
Lecomber 勒孔勃
Levitt 列维特
Lindblom 林德布洛姆
Lloyd 劳埃德
Lof 洛夫
Lovelock 洛夫洛克
Lowe 拉沃
Lukes 卢克斯
Lundqvist 伦德奎斯特

Mabogunje 马博冈杰
MacEwens 麦克尤恩斯
McGrew 麦格鲁
McHarg 麦克哈格
Machiavelli 马季亚维里
MacNeil 麦克尼尔
Majone 马约内
Manne, Alan 艾伦·曼纳
Manners 曼纳斯
Maslow 马斯洛
Meacher 米彻
Meadous 梅多斯
Mezger 梅茨格尔
Miewald 米瓦尔德
Mikesell 米克塞尔
Milbrath 米尔布拉思
Mirrlees 米尔利斯
Mishan 米尚
Moran 莫兰

Morse 莫尔斯
Mueller 米勒
Munro 芒罗
Myrdal 米尔达尔

Newton 牛顿
Nicholson 尼科尔森
Nordhaus 诺德豪斯
Nurkse 纳克斯

Oates 奥茨
Odell 奥德尔
Odum 奥德姆
O'Hare 奥黑尔
O'Riordan 奥赖尔登
O'Toole 奥托尔

Paddocks 帕多克斯
Pearce 皮尔斯
Pearson 皮尔逊
Pedlar 佩德拉
Perlman 珀尔曼
Pigou 皮古
Prebish 普雷比希
Price 普赖斯
Pryor 普赖尔

Randell 兰德尔
Rees, Judish 朱迪·丽丝
Repetto 里佩托
Ricardo 李嘉图
Richardson 理查森
Ridker 里德克
Rosing 罗辛
Ross, Clunies 克卢尼斯·罗斯
Russell 拉塞尔

Sachs 萨克斯
Salim, Emil 埃米尔·萨利姆
Sandbach 桑德巴赫
Satterthwaite 萨特思韦特
Saunders 桑德斯
Sax 萨克斯
Schaeffer 谢弗
Schelling 谢林
Schmaiberg 施奈伯格
Schumacher 舒马赫
Schumpeter 顺皮特
Schware 施韦尔
Scott 斯科特
Sehultze 塞胡泽
Self 塞尔夫
Seneca 塞尼卡
Sewell 休厄尔
Sherman 舍曼
Simon 西蒙
Snyder 斯奈德
Starkie 斯塔基
Stewart 斯图尔特
Stillman 斯蒂尔曼
Stocking 斯托金
Storey 斯托里
Storper 斯托珀
Stretton 斯特雷顿
Sutcliffe 萨克利夫

Tanzer 坦泽
Tavoulareas 塔沃拉里亚斯
Tech, Math 马思·特克
Tilton 蒂尔顿
Tinbergen 廷伯根
Tivy 蒂维
Tubman 图布曼
Tumer 蒂默
Turner 特纳
Turvey 特维

Vangham 范海姆

Waddell 沃德尔

Walker　沃克
Walton　沃尔顿
Ward　沃德
Warman　沃曼
Warren　沃伦
Watson　沃森
Weisbrod　韦斯布罗德
Welch　韦尔奇
Well　韦尔
Wenner　温纳
Wethern　韦瑟恩
White　怀特
Whitehead　怀特黑德
Wilson　威尔逊
Word　沃德

Yamani, Sheikh　谢赫·亚马尼
Yandle　扬德尔
Young　扬

图书在版编目(CIP)数据

自然资源:分配、经济学与政策/(英)丽丝著;蔡运龙等译. -北京:商务印书馆,2002
ISBN 7-100-03223-7

Ⅰ.自… Ⅱ.①丽… ②蔡… Ⅲ.自然资源-研究-世界 Ⅳ.X37

中国版本图书馆 CIP 数据核字(2000)第 55479 号

自 然 资 源
分配、经济学与政策
〔英〕朱迪·丽丝 著
蔡运龙 杨友孝 秦建新 等译
蔡运龙 校

商 务 印 书 馆 出 版
(北京王府井大街36号 邮政编码 100710)
商 务 印 书 馆 发 行
北 京 民 族 印 刷 厂 印 刷
ISBN 7-100-03223-7/X·3

2002年5月第1版　　开本 850×1168 1/32
2005年4月北京第2次印刷　　印张 21 1/8
定价:30.00 元